W0264301

Jährlich erscheint ein Band (6 Hefte, etwa 1200 Seiten). Jahresbezugspreis für 1967: S 1100.–, DM 176.–, $ 44.– zuzüglich Portospesen.

Für Monographien aus dem Gebiet der Mikrochemie ist die Veröffentlichung von Supplementbänden vorgesehen, die von den Abonnenten der Zeitschrift zu einem ermäßigten Preis erworben werden können.

Zur Veröffentlichung gelangen Originalarbeiten aus dem Gebiet der allgemeinen und angewandten Mikrochemie einschließlich der Spurenanalyse in deutscher, englischer und französischer Sprache, wenn sie nicht mehr als $1^1/_2$ Druckbogen umfassen. Die Reihenfolge der Veröffentlichung richtet sich im allgemeinen nach dem Datum des Eingangs der Manuskripte bei der Redaktion.

Für die Zeitschrift bestimmte Manuskripte aus Amerika und Asien sind zu senden an:

Prof. T. S. Ma, Department of Chemistry, City University of New York, Brooklyn, N. Y. 11210

Sonstige Manuskripte in englischer Sprache sind zu senden an:

Dr. R. A. Chalmers, Department of Chemistry, University of Aberdeen, Old Aberdeen

Manuskripte in französischer Sprache sind zu senden an:

Prof. Clément Duval, Laboratoire de Recherches micro-analytiques de l'E. N. S. C. P., 11, rue Pierre Curie, Paris, 5

Manuskripte in deutscher Sprache sind zu senden an:

Prof. Dr. M. K. Zacherl, 1010 Wien, Mölkerbastei 5

Geschäftliche Mitteilungen sind zu richten an:

Springer-Verlag, 1010 Wien, Mölkerbastei 5
Fernsprecher: 63 96 14 Serie, Telegrammadresse: Springerbuch Wien

Aus den U. S. A. an:

Springer-Verlag New York Inc., 175 Fifth Avenue, New York, N. Y. 10010.

Grundsätzlich werden nur Arbeiten angenommen, die vorher weder im Inland noch im Ausland veröffentlicht worden sind; der Autor verpflichtet sich, diese auch nachträglich nicht anderweitig zu veröffentlichen. Mit der Annahme und Veröffentlichung des Manuskriptes geht das ausschließliche Verlagsrecht für alle Sprachen und Länder auf den Verlag über. Es ist ferner ohne ausdrückliche Genehmigung des Verlages nicht gestattet, photographische Vervielfältigungen, Mikrofilme u. ä. von Heften der Zeitschrift, einzelnen Beiträgen oder von Teilen daraus herzustellen.

Die ausländischen Autoren werden im Interesse rascher Veröffentlichung gebeten, bei der Abfassung der Manuskripte *Flugpostpapier* zu verwenden und eine Abschrift bei sich zu behalten, um die Rücksendung des Originals mit den Fahnen vermeiden zu können. Den Manuskripten soll eine Zusammenfassung in deutscher, englischer und französischer Sprache angefügt werden. Eine Zusammenfassung ist auf jeden Fall vom Verfasser mitzuliefern, ihre Übersetzungen werden nötigenfalls vom Verlage besorgt. Im allgemeinen sollen die Manuskripte so kurz abgefaßt sein, als es ohne Beeinträchtigung klarer und präziser Darstellung des behandelten Themas möglich ist. Vor dem Titel soll der Name des Institutes angeführt sein, in dem die Arbeit ausgeführt wurde. Es wird erwartet, daß die Manuskripte in Maschinschrift in übersichtlicher Form vorgelegt werden. Eigennamen im Text sollen unterstrichen, Titel einzelner Abschnitte doppelt unterstrichen und Titel von Unterabschnitten mit einer Wellenlinie unterstrichen sein. Abbildungen und Tabellen sollen auf getrennten Blättern in klarer und übersichtlicher Ausführung dem Manuskripte beigegeben werden, mit deutlicher Beschriftung versehen und numeriert sein. Die Stellen ihrer Einschaltung in den Text sind am Rand des Manuskriptes anzugeben. Da Abbildungen die Drucklegung verzögern und verteuern, soll davon sparsamster Gebrauch gemacht werden. Autorenkorrekturen, d. h. nachträgliche Textänderungen, werden, soweit sie 10 Prozent der Satzkosten überschreiten, den Verfassern in Rechnung gestellt.

Fortsetzung auf der III. Umschlagseite

MIKROCHIMICA ACTA

ARCHIV FÜR MIKROCHEMIE, SPURENANALYSE UND PHYSIKALISCH-CHEMISCHE MIKROMETHODEN

JOURNAL FOR MICROCHEMISTRY, TRACE ANALYSIS AND PHYSICO-CHEMICAL MICROMETHODS

ARCHIVES DE MICROCHIMIE, ANALYSE DES TRACES ET MICROMÉTHODES PHYSICO-CHIMIQUES

SCHRIFTLEITUNG / EDITORIAL OFFICE / RÉDACTEUR EN CHEF

M. K. ZACHERL -Wien

SUPPLEMENTUM II

Drittes Kolloquium uber metallkundliche Analyse
mit besonderer Berücksichtigung der Elektronenstrahl-Mikroanalyse
Wien, 25. bis 27 Oktober 1966

MIT 192 ZUM TEIL FARBIGEN TEXTABBILDUNGEN
AUSGEGEBEN IM OKTOBER 1967

1967
Springer-Verlag Wien GmbH

Ursprünglich erschienen bei Springer-Verlag/Wein New York 1967
Library of Congress Catalog Card Number: 67-26418

ISBN 978-3-662-37692-8 ISBN 978-3-662-38498-5 (eBook)
DOI 10.1007/978-3-662-38498-5

Titel-Nr. 9221

Inhaltsverzeichnis

Institut für Kernforschung, Warschau 91, Ulica Dorodna 16

Beobachtungen über Kristallwachstum bei synchronisierter Fällung*

Von

Tadeusz Adamski

Mit 22 Abbildungen

(Eingegangen am 23. Dezember 1966)

Synchronisierte Fällung ist eine neue, vom Autor dieses Referats vorgeschlagene Methode zur Ausführung von Fällungsreaktionen. Der Arbeitsgang wurde früher[1] beschrieben.

Die Fällung schwerlöslicher Salze aus Lösungen ist ein komplexer Prozeß, in dem chemische Vorgänge der Bildung neuer Substanz und physikalische Vorgänge der Formung der festen Phase ineinanderspielen. Die chemischen Prozesse verlaufen, insbesondere wenn es sich um Ionenreaktionen handelt, praktisch gleichzeitig mit der Zugabe des Fällungsmittels. Die diffusionsbedingten physikalischen Prozesse, vor allem aber die Bildung einer geordneten Phase, eines Kristalls, verlaufen viel langsamer. Deshalb entsteht unter den gewöhnlichen Fällungsbedingungen oft überhaupt keine geordnete feste Phase, sondern amorpher Niederschlag. Die Grundidee der synchronisierten Fällung besteht darin, das Fällungsmittel so einzuführen, daß Zeit gegeben wird für die Bildung einer kristallinen Phase. Erreicht wird dies durch sehr langsame und kontinuierliche Einführung eines stark verdünnten Fällungsmittels und sorgfältige Mischung. Die entsprechenden Bedingungen müssen für jede Substanz gesondert gefunden werden; Zeichen dafür, daß diese erreicht wurden, ist die Bildung eines mikrokristallinen Niederschlags (s. Abb. 1).

Das Hauptmerkmal der Methode, die strenge Berücksichtigung der Kinetik der Fällung, kann mit Hilfe eines einfachen Schemas erläutert werden.

---

* Vortrag anläßlich des Kolloquiums über metallkundliche Analyse mit besonderer Berücksichtigung der Elektronenstrahl-Mikroanalyse, Wien, 25. bis 27. Oktober 1966.

Die Gerade OA in der Abb. 2 zeigt etwa den zeitlichen Verlauf einer gewöhnlichen Fällung, die Linie OBC den einer homogenen Fällung, wobei der Verlauf der Kurve BC gewöhnlich unbekannt ist, OD entspricht einer besonders langsamen Fällung, die schon den Bedingungen einer synchronisierten Fällung entsprechen kann, und OK, $OEFG$ und $OEFH$ sind Beispiele programmierter Fällungen, die je nach den Anforderungen gewählt werden können. Besonders wichtig ist der kurze Abschnitt OE und die Wartezeit EF, von deren Verlauf Bildung und Wachstum der Kristallisationskeime stark abhängen. Selbstverständlich können auch irgendwie anders programmierte Fällungen ausgeführt werden.

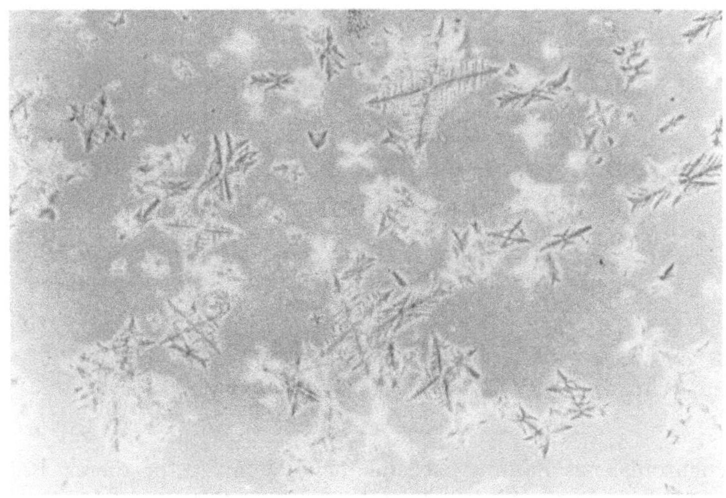

Abb. 1. Bariumchromat. Synchronisierte Fällung. × 170 (Phasenkontrast)

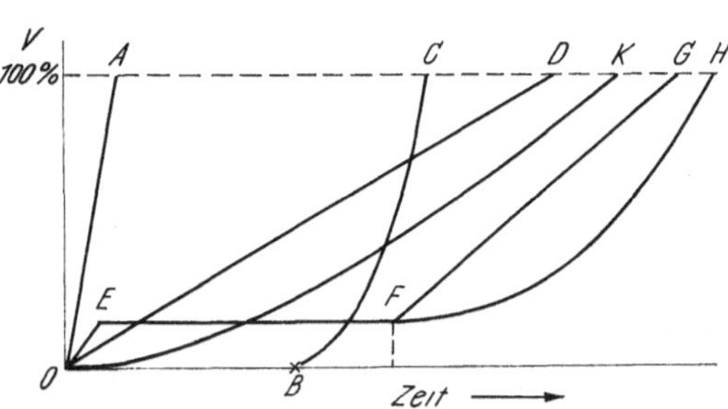

Abb. 2. Graphische Darstellung der verschiedenen Fällungsmethoden

Experimente mit dieser Fällungsmethode wurden bisher vor allem an Bariumchromat und Cadmiumoxalat, aber auch an Orthophosphaten des Calciums, Strontiums und Bariums sowie an Oxalaten und Sulfaten des Bleis, Thoriums u. a. ausgeführt. An diesen wenigen Beispielen konnten bereits über *vierzig* neue Erscheinungen des Kristallwachstums beobachtet und studiert werden. Es sind Phänomene der Kristallkeimbildung, des Dendritenwachstums, des Einflusses von Spurenelementen auf den Habitus der Kristalle und des Einflusses geringster Mengen radioaktiver Spurenelemente auf das Kristallwachstum sowie Änderung und Zerstörung des Kristallgitters.

Obwohl die Arbeiten auf dem neuerschlossenen Gebiet immer noch in den Anfängen sind und auf Mitarbeiter warten, ist die Zahl der Beobachtungen schon zu groß, um alle in einem Bericht darzustellen. Die Auswahl wurde beschränkt auf Erscheinungen, die für dieses Kolloquium von Interesse sein dürften.

Allgemeines über Kristallisation bei synchronisierter Fällung

Die Kristallisation aus Lösungen wird meistens an leichtlöslichen Substanzen studiert. Solche Lösungen enthalten nur wenig Lösungsmittel (Wasser) im Verhältnis zum gelösten Stoff. Eine gesättigte Natriumchloridlösung enthält z. B. ungefähr 9 Moleküle Wasser je Molekül Natriumchlorid. In einer gesättigten Lösung von z. B. Bariumchromat ist aber, im Durchschnitt genommen, jedes Molekül (oder Ionenpaar) Bariumchromat von über 4 Millionen Wassermolekülen umgeben. Dieselbe Rechnung trifft zu für Kristallisationskeime und Kristalle selbst. Die Diffusion neuer Substanz zur Keim- und Kristalloberfläche erfolgt also bei schwerlöslichen Salzen durch eine Schicht von etwa 160 Wassermolekülen, die als starkes Hindernis eine auswählende Wirkung haben muß. Die sich bildenden Kristallisationspotentiale werden deshalb selektiv entladen und kommen in sehr reiner Form zur Geltung. Bei synchronisierter Fällung, wie sie derzeit ausgeführt wird, erfolgt die Kristallisation bei gewöhnlicher Temperatur, deshalb sind Temperaturunterschiede und Wandeinflüsse gering. Der Verlauf der Kristallisation kann programmiert werden, kann auch jederzeit angehalten werden. Aus diesen Gründen ist das Studium allgemeiner Kristallisationserscheinungen mit Hilfe der synchronisierten Fällung schwerlöslicher Salze viel lehrreicher und sauberer als das der leichtlöslichen Salze.

Keimbildung

Ein Niederschlag von Bariumchromat, nach der synchronisierten Fällungsmethode erhalten, besteht zunächst aus Kristalliten verschiedener Gestalt (Abb. 3).

Die Verschiedenheit der Kristallformen ist allerdings nicht groß, und man kann etwa 8 bis 10 Grundformen unterscheiden. Alle Kristallite enthalten im Zentrum einen deutlich sichtbaren Körper, den Kristallisationskeim (Abb. 4).

Andererseits zeigt die symmetrische Gestalt der Kristallite, daß der Ausgangspunkt gerade dieser zentrale Körper, also der Kristallisationskeim war. Dieser sichtbare Körper scheint übrigens schon ein Keim zwei-

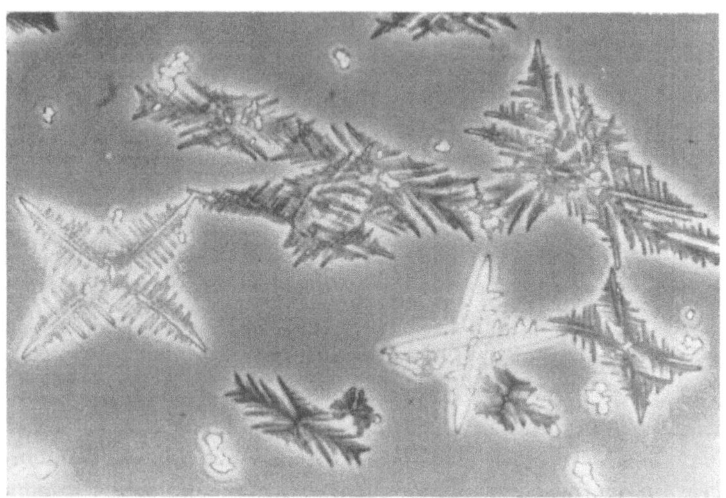

Abb. 3. Bariumchromat. × 650 (Phasenkontrast)

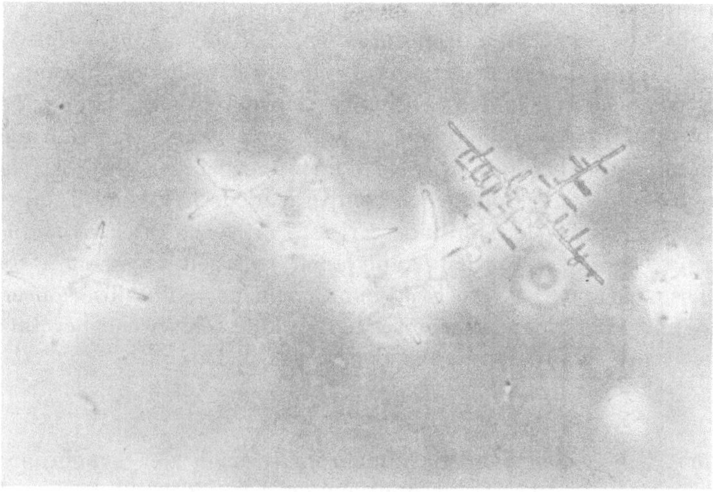

Abb. 4. Bariumchromat. Sichtbare Kristallisationskeime. × 650 (Phasenkontrast)

ter Stufe zu sein. Nun ist aber sicher, daß alle Kristallformen einer Fällung unter denselben Bedingungen entstanden sind, also bei derselben Konzentration, derselben Temperatur, Viskosität, Oberflächenspannung, derselben Wasserstoffionenkonzentration und allgemeinen Ionenkonzentration. Wenn also unterschiedliche Kristallformen unter denselben Bedingungen entstanden sind, gibt es nur eine Möglichkeit: den spezifischen Einfluß bestimmter Spurenelemente. Kaliumchromat, auch *pro analysi*, enthält bestimmt Kationen von Leicht- und Schwermetallen, aber auch Anionen wie Sulfate, Vanadate, Molybdate, Wolframate, Uranate usw., die den gewöhnlichen Analysengang nicht stören, da sie in subanalytischen Mengen auftreten, deren Einfluß aber auf Kristallisationsprozesse, besonders bei der beschriebenen, sehr selektiven Methode, stark zum Vorschein kommt. Die Annahme lag nahe, daß eine Lösung von Chromaten schon von vornherein äußerst kleine Kristalle von Chromaten oder Wolframaten usw. enthalten kann, die als feste Phase keimwirksam sind. Tatsächlich konnte gezeigt werden, daß Zugabe geringer Mengen von Fremdsalzen, wie Ferri-, Nickel-, Mangansalzen, von Arsenaten und Vanadaten, ganz ausgeprägte, neue Kristallformen hervorbrachte (Abb. 5 bis 8), wobei aber immer nur Bariumchromat gefällt wurde. Auch konnte gezeigt werden, daß Reagenzien verschiedener Herkunft verschiedene Kristallformen ergaben. Später wird gezeigt werden, daß auch Spuren von 10^{-12} bis 10^{-15} g/g ganz ausgesprochene Keimwirkung haben können. Eine große Schwierigkeit für experimentelle Arbeiten liegt darin, daß wir

Abb. 5. Bariumchromat mit einer Spur $(AsO_4)^{3-}$-Ionen. × 3200

bisher, mit Ausnahme der radiometrischen, nicht über Methoden verfügen, diese Größenordnungen analytisch zu erfassen. Deshalb ist auch Vorsicht vor anscheinend gerechtfertigten, aber vereinfachten Schlüssen geboten. Wenn z. B. durch Zugabe eines geringen Prozentsatzes (0,1%) Eisen(III)-salz ein bestimmter Effekt erzielt wird, so muß dieser nicht unbedingt durch die Eisen(III)-ionen selbst verursacht sein, da er auch

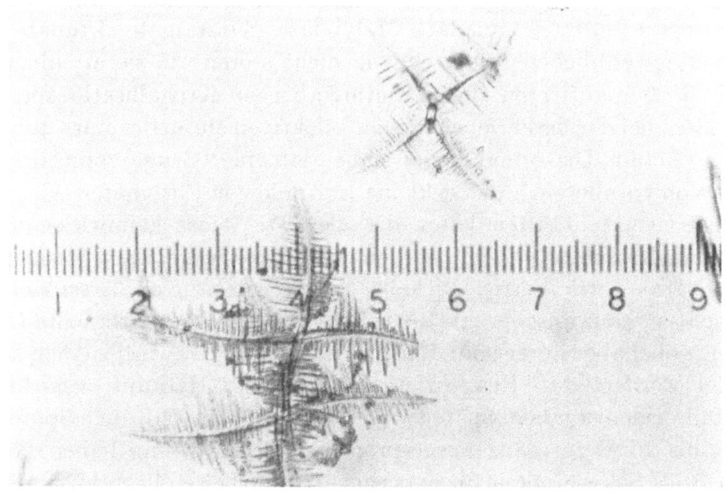

Abb. 6. Bariumchromat mit einer Spur Oxalat-Ionen. × 800

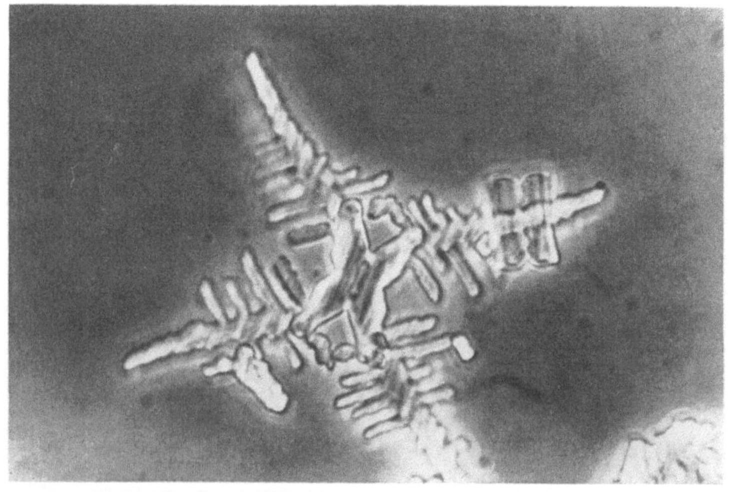

Abb. 7. Bariumchromat mit einer Spur Ferri-Ionen. × 3200

von einem Begleitelement des Eisens, einer Verunreinigung, verursacht sein könnte. Ein gutes Beispiel hierfür ist die Herstellung von ganz reinem Chromsalz durch Destillation von Chromylchlorid. Dieses wurde mit Ammoniak hydrolysiert, und damit hoffte man ein sehr reines Chromat herzustellen. Wir erhielten Kristallformen (siehe Abb. 9), die vielleicht durch Arsenat hervorgerufen wurden. Arsen ist immer in

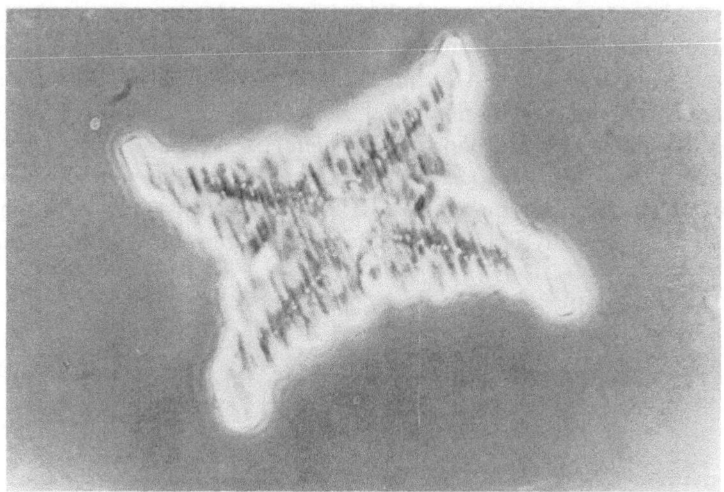

Abb. 8. Bariumchromat mit einer Spur Ferri-Ionen. × 1700

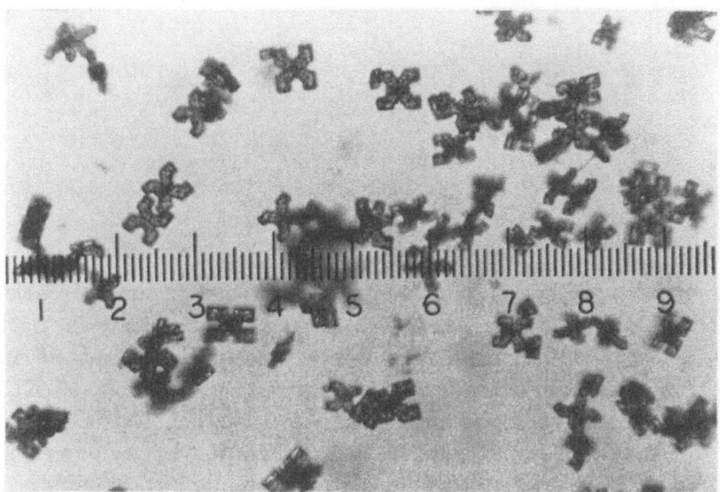

Abb. 9. Bariumchromat aus destilliertem Chromylchlorid hergestellt. × 800

Schwefelsäure enthalten. Da Schwefelsäure in größerer Menge für die Destillation des Chromylchlorids benützt wurde, konnte dabei Arsentrichlorid mit der Chromylverbindung überdestillieren.

Einfluß radioaktiver Elemente

Eine besondere Gruppe von Begleitelementen bilden die radioaktiven Elemente Uran 238, Uran 235 und Thorium 232, von denen jedes wiederum von acht bis elf ihrer Tochterelemente begleitet wird. Analytisch kann nachgewiesen werden, daß alle Schwermetallsalze, auch analytischer Reinheit, immer 0,1 bis 1 ppm Uran und Thorium enthalten. Die radioaktiven Tochterelemente (Radium, Blei, Polonium u. a.) sind meistens kurzlebig. Erfolgt nun radioaktiver Zerfall der ins Kristallgitter eingefügten Atome, so werden enorme Energiemengen frei, die pro Atom etwa millionenmal größer sind als die chemischen Bindungsenergien. Sie verursachen stärkste Störungen des Kristallwachstums und sogar Zerstörungen des fertigen Kristalls. Diese Beobachtungen sind sehr überzeugend

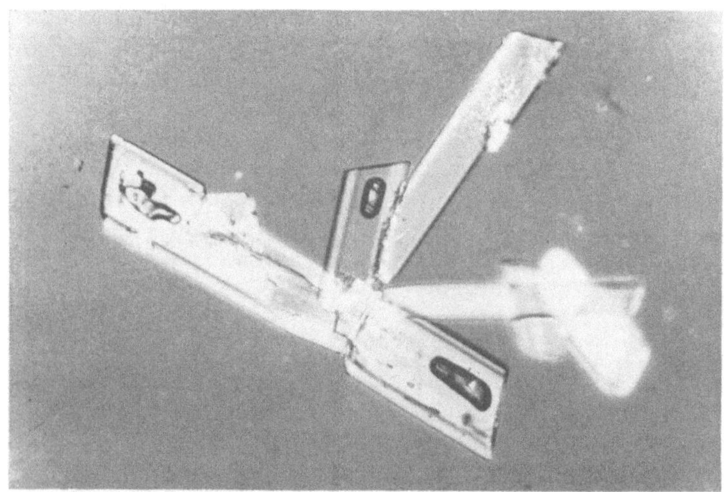

Abb. 10. Cadmiumoxalat. Störungszentrum. × 170 (polarisiertes Licht)

und gleichzeitig Beweise für die keimbildende Wirkung von Spurenelementen. Die hier angeführten Beispiele zeigen Cadmiumoxalat, das nach der synchronisierten Methode gefällt wurde, wobei Cadmiumsalze immer etwa 1 ppm Thorium enthalten. Man sieht starke Störungen des Kristallgitters, die von einem Punkt ausgehen (Abb. 10), langgestreckte „whiskers", die nach den bisherigen Beobachtungen auf α-Strahlung zurückzuführen sind (Abb. 11 und 12), und Kavernen, die wahrscheinlich durch Einwirkung von Elektronen der β-Strahlung entstehen (Abb. 13).

Diese Erscheinungen sind sehr lehrreich, weil sie mit einfachen optischen Methoden beobachtet werden können. Diese Beobachtungen waren es, die die Masse der Keime zu etwa 10^{-17} g und ihre Konzentration auf etwa 10^{-12} abschätzen ließen; ihr Studium ist aber immer noch im Gang.

Dendritenwachstum

Ganz besondere Bedeutung wird den Erscheinungen des Dendritenwachstums zugeschrieben. Dendritische Kristalle sind für die Kristallisation von Metallen bezeichnend. Hier haben wir aber die Möglichkeit,

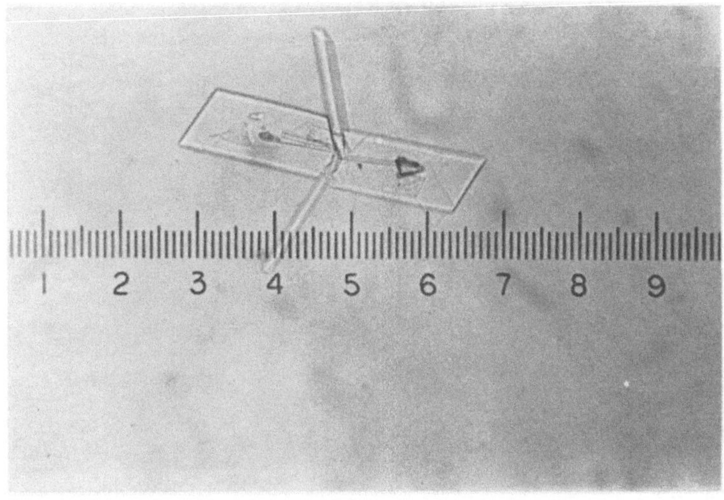

Abb. 11. Cadmiumoxalat. Nadelformige Auswuchse. × 400

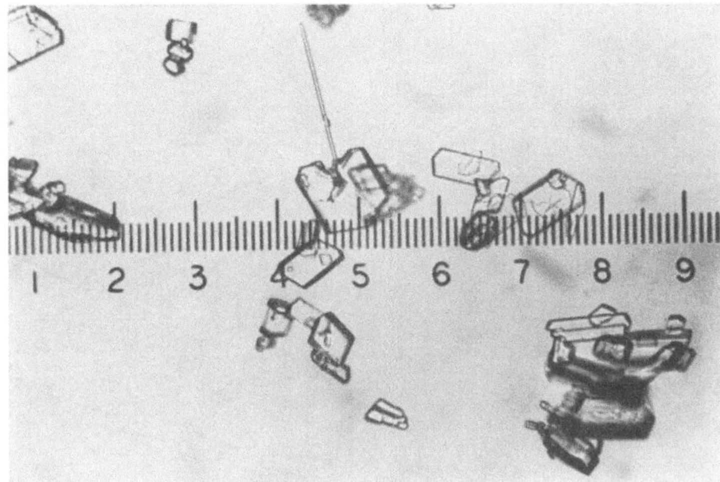

Abb. 12. Cadmiumoxalat. Nadelformiger Auswuchs aus dem Zentrum (Keim) eines zersprungenen Kristalls. × 400

dieses Phänomen an einer transparenten Substanz und bei gewöhnlicher Temperatur zu studieren. Es zeigt sich, daß Dendritenwachstum den Schlüssel zum Kristallwachstum überhaupt enthält. Die bisher veröffentlichten Deutungen des Dendritenwachstums vermögen die vielen neubeobachteten Erscheinungen nicht zu erklären. Unter anderem ist die ausgesprochene Tendenz zur Symmetrie sowie zur symmetrischen Wiederholung aller Abweichungen sehr charakteristisch (Abb. 14).

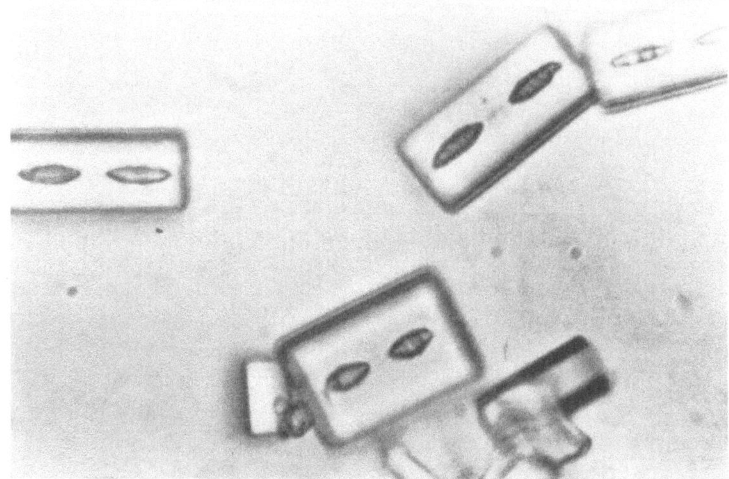

Abb. 13. Bariumchromat. Kavernen. × 3200

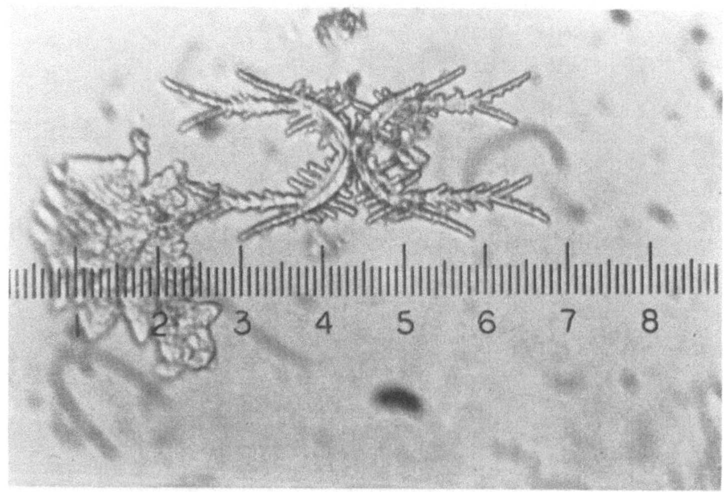

Abb. 14. Bariumchromat. Dendritisches Wachstum. × 2000

Dendriten sind nach diesen Beobachtungen Zwillingsformen. Ihr Aufbau zeigt, daß der Kristallisationsprozeß diskontinuierlich verläuft. Man nimmt an, daß die Diskontinuität wiederum durch fremde Atome bewirkt wird. Diese Hypothese kann aber nicht geprüft werden, da entsprechend empfindliche Analysenmethoden nicht verfügbar sind. Dendritische Kristalle sind jedenfalls echte Kristalle, keine Agglomerate, wie oft angenommen wird. Sie sind auch äußerst stabil. Der Autor besitzt eine ganze Sammlung Suspensionen dendritischer Niederschläge, in verlöteten Glasampullen aufbewahrt, die seit etwa fünf Jahren unverändert bleiben. Es sind also Kristalle von niedrigster Oberflächenenergie trotz stark entwickelter Oberfläche. Dies ist einleuchtend, wenn man bedenkt, daß bei synchronisierter Fällung die Kristallisation fast unter Gleichgewichtsbedingungen erfolgt.

Untersuchungsmethoden

Der Mangel an zweckentsprechenden Untersuchungsmethoden ist stark spürbar. Die bestehenden müssen erst erprobt werden, ganz bestimmt aber muß nach neuen gesucht werden. Beobachtungen werden bisher vor allem mikroskopisch ausgeführt, wobei Phasenkontrast und polarisiertes Licht bedeutende Hilfe leisten. Elektronenmikroskopie von Replikas gibt Auskunft über die Struktur der Dendriten.

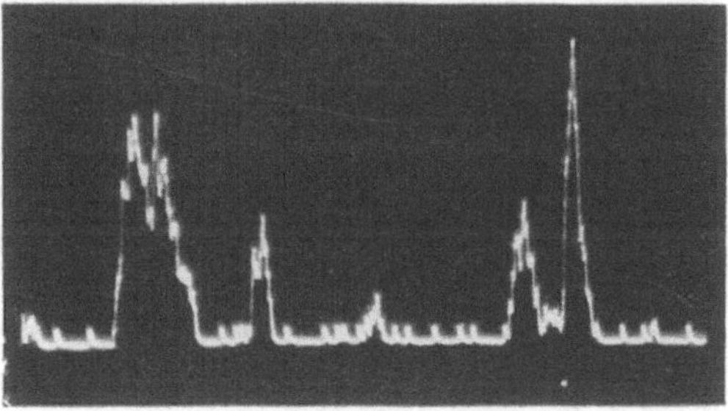

Abb. 15. Elektronenstrahl-Mikroanalyse. Schnitt durch ein Feld von Bariumchromatkristallen. Ba-Lα-Linie

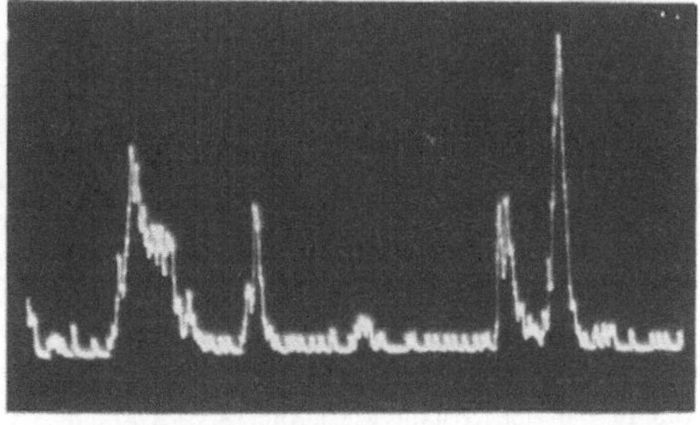

Abb. 16. Dasselbe Feld wie in Abb. 15. Cr-Kα-Linie

Die einzelnen Kristallarten sollten auch chemisch identifiziert werden. Wenn nämlich ein Niederschlag aus Kristallen verschiedener Gestalt besteht, kann vermutet werden, daß jede Kristallform einer anderen Verbindung angehört. Auch wenn Bariumchromat gefällt wird und angenommen werden kann, daß alle Kristalle nur Bariumchromat sind, sollte überprüft werden, ob dies tatsächlich der Fall ist. Die Masse eines Kristalls beträgt etwa 10^{-8} bis 10^{-11} g, deshalb ist eine direkte Analyse nicht möglich. Wir versuchten anfangs, die einzelnen Kristallarten mechanisch zu trennen, um größere Mengen möglichst einer Kristallart zu erhalten. Dies gelang aber nicht.

Zur Analyse einzelner Objekte dieser Art erwies sich die Elektronenstrahl-Mikroanalyse direkt unersetzbar. Wir haben die Untersuchungen mit Hilfe eines Cambridge X-Ray Scanning Microanalyser Mark II ausgeführt. Es wurden punktförmige, eindimensionale wie auch zweidimensionale Analysen ausgeführt.

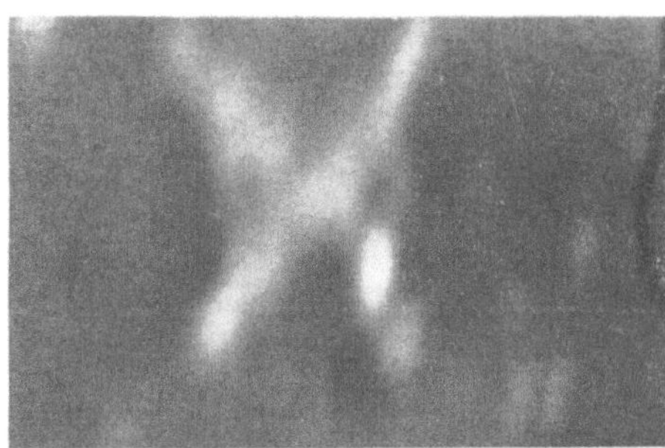

Abb. 17. Bariumchromatkristallit. Elektronenbild

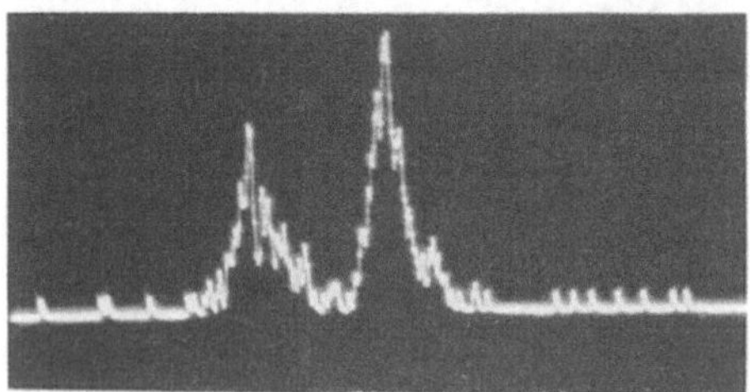

Abb. 18. Elektronenstrahl-Mikroanalyse. Schnitt durch den Kristalliten wie Abb. 17. Ba-Lα-Linie

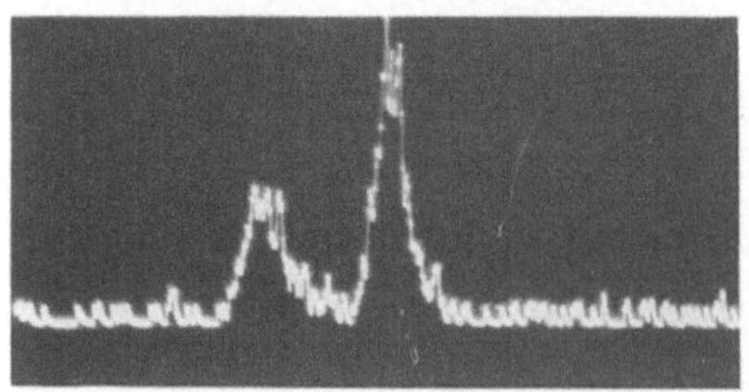

Abb. 19. Derselbe Kristallit wie in Abb. 18. Cr-Kα-Linie

Zunächst wurde versucht, eine Analyse des Kristallkeimes zu erhalten, also den Elektronenstrahl auf das Zentrum des Kristalls zu richten. Es erwies sich aber, daß bei punktförmiger, also unbewegter Bestrahlung der Kristall fast sofort schmilzt und aus dem Gesichtsfeld verschwindet. Es wurde versucht, durch Bedampfen mit Kohlenstoff die Wärmeleitfähigkeit zu verbessern, ohne jedoch zu besseren Resultaten zu kommen. Die später auf Grund radiometrischer Messungen erhaltenen Zahlen weisen darauf hin, daß Kristallkeime äußerst geringe Mengen Spurenelemente enthalten, von der Größenordnung 10^{-17} g und weniger, und deshalb wäre es auch nicht möglich gewesen, eine so kleine Masse mit der Elektronenstrahl-Mikroanalyse zu bestimmen, zumindest mit dem zur Verfügung stehenden Gerät.

Demgegenüber ist die Anwendung der Elektronenstrahl-Mikroanalyse zur Identifizierung der Substanz des ganzen Kristalliten ausgezeichnet. Sehr gute Ergebnisse erhält man zunächst beim linienförmigen Durchqueren einzelner Kristalle mit feststehendem Analysator, also bei einer gegebenen Wellenlänge. Die Abb. 15 und 16 zeigen Schnitte eines Feldes von Kristalliten in Cr-Kα- und Ba-Lα-Strahlung.

Man sieht, daß alle Maxima für Barium und Chrom genau übereinstimmen. Das sagt aber, daß alle durchquerten Teilchen des Niederschlages, ob sie Kristallite sind oder nicht, Bariumchromat sind oder

Abb. 20. Elektronenstrahl-Mikroanalyse. Elektronenbild eines Niederschlags von Bariumchromat

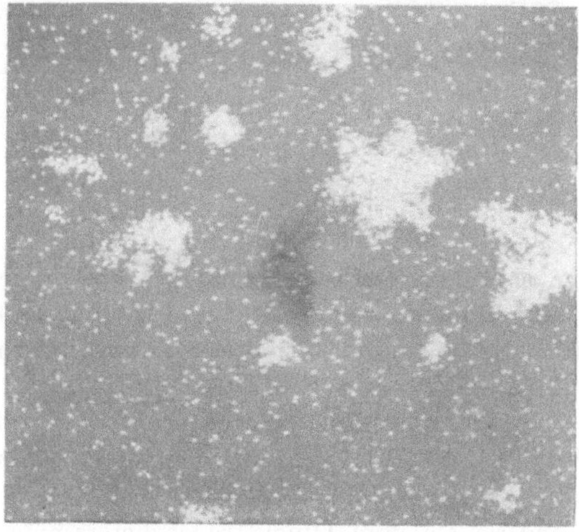

Abb. 21 Dasselbe Feld wie in Abb. 20. Ba-$L\alpha$-Linie

dieses zumindest enthalten. Abb. 17 bis 19 zeigen einen Schnitt durch einen X-förmigen Kristalliten und die entsprechenden Kurvenbilder dazu.

Die erhaltenen Kurvenbilder sind sehr überzeugend und gut reproduzierbar. Sie zeigen jedenfalls, daß der Kristallit Barium und Chrom in äquivalenten Mengen an den entsprechenden Stellen enthält.

Zweidimensionale Untersuchungen konnten auf zweierlei Art ausgeführt werden: durch Abtasten der ganzen untersuchten Oberfläche bei feststehendem Analysator und durch Herstellung eines vollständigen Röntgenspektrums der ganzen Oberfläche. Ein Beispiel nach der ersten Methode zeigen die Abb. 20 bis 22.

Auch bei genauer Betrachtung konnte festgestellt werden, daß alle Teilchen des Niederschlages sowohl in der Bariumlinie (Lα) wie in der Chromlinie (Kα) in derselben Gestalt erscheinen, ein Beweis, daß der

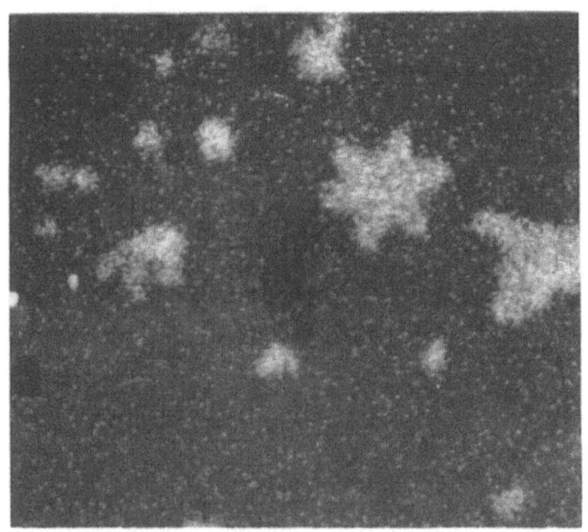

Abb. 22. Dasselbe Feld wie in Abb. 20. Cr-Kα-Linie

Niederschlag aus reinem Bariumchromat besteht. Eine Lücke bleibt jedoch offen: nur Elemente von der Ordnungszahl 12 und höher können bestimmt werden. Somit sind z. B. Doppelsalze mit Ammonium und etwa verschiedene Hydrate nicht ausgeschlossen.

Nach der integrierenden Methode erhält man eine Aufzeichnung des Spektrums. Auch hier erhielten wir nur Linien des Bariums und Chroms. Spuren von Eisen, Kupfer und Zink, die im Spektrum sichtbar wurden, konnten einwandfrei als vom Objektträger herstammend identifiziert werden.

Der Elektronenstrahl-Mikroanalysator ist also ein derzeit unersetzbares Instrument für die Ausführung von Analysen einzelner kleiner Objekte, wie sie bei der synchronisierten Fällung entstehen. Die weitere Entwicklung dieser Methode ist deshalb für unsere Zwecke sehr erwünscht.

Für die Identifizierung und Bestimmung von Spurenelementen sind die verschiedenen radiometrischen Methoden sehr gut brauchbar. Einige, besonders aber die Bestimmung der inhärenten Radioelemente, wurden vom Autor und seinen Mitarbeitern bereits angewandt.

Der Autor dankt hiermit dem Institut für Ne-Metalle, Freiberg/Sachsen, DDR, insbesondere den Herren Dr. *B. Beyer*, Dr. *D. Bergner* und Ing. *W. Mehnert* für die Ausführung der Elektronenstrahl-Mikrosondeanalysen.

Zusammenfassung

Eine neue Methode zur Ausführung von Fällungen schwerlöslicher Salze in mikrokristalliner Form wird beschrieben. Die Methode gestattet systematische Beobachtungen über Keimbildung und Dendritenwachstum. Es wird gezeigt, daß Spurenelemente spezifische Wirkungen auf das Kristallwachstum haben, besonders die natürlichen radioaktiven Spurenelemente. Neben den theoretischen Erkenntnissen ergab sich die Möglichkeit der praktischen Anwendung für die Konzentrierung von Spurenelementen und die Herstellung hochreiner Substanzen.

Summary

A new method is described for carrying out precipitations of difficultly soluble salts in microcrystalline form. The method permits systematic observations of nuclear formation and dendritic growth. It is shown that trace elements exert specific effects on the crystal growth, especially the natural radioactive trace elements. In addition to theoretical knowledge, the possibility became apparent of practical applications in the concentrating of the trace elements and the preparation of highly pure substances.

Literatur

[1] *T. Adamski*, Mikrochim. Acta [Wien] **1967**, 67.

Institut für Material- und Festkörperforschung, Kernforschungszentrum Karlsruhe

Massenschwächungskoeffizienten von Röntgenlinien *

Von

R. Theisen**, **K. Tögel***** und **D. Vollath******

Mit 4 Abbildungen

(Eingegangen am 23. Dezember 1966)

1. Einleitung

Bei quantitativen Untersuchungen mit der Mikrosonde ist zur Berechnung der Absorptionskorrektur die genaue Kenntnis der Massenschwächungskoeffizienten erforderlich. Massenschwächungskoeffizienten werden darüber hinaus noch bei der Röntgenfluoreszenzanalyse, der Röntgenbeugung und einer Reihe anderer röntgenphysikalischer Meßverfahren verwendet. Dennoch existieren hierfür bislang noch keine befriedigenden Tabellen.

Massenschwächungskoeffizienten wurden noch nicht für alle Elemente gemessen. Bei den Elementen, für die Werte vorliegen, sind zwischen den einzelnen Literaturangaben Abweichungen von $\pm 50\%$ keine Seltenheit. Selbst bei sogenannten guten Werten sind noch beträchtliche Abweichungen festzustellen. Tabelle 1 zeigt dies am Beispiel der Schwächung der Al-$K\alpha$-Strahlung in Aluminium, obwohl Aluminium ein Metall ist, das sich sehr rein darstellen und sehr gut zu Folien verarbeiten läßt. Die größte Unsicherheit besteht bei den Lanthaniden, den Aktiniden, den hochschmelzenden Metallen und den leichten Elementen mit Ordnungszahlen unter 12.

---

* Diese Arbeiten wurden im Rahmen des Assoziationsvertrages zwischen der Europäischen Atomenergie-Gemeinschaft (Euratom) und der Gesellschaft für Kernforschung, Karlsruhe, auf dem Gebiet der Entwicklung von schnellen Brutreaktoren durchgeführt. – Vortrag anläßlich des Kolloquiums über metallkundliche Analyse mit besonderer Berücksichtigung der Elektronenstrahl-Mikroanalyse, Wien, 25. bis 27. Oktober 1966.

** Euratomdelegierter im Institut für Material- und Festkörperforschung.

*** Siemens AG., Karlsruhe.

**** Institut für Material- und Festkörperforschung.

Zur Bestimmung dieser fehlenden bzw. fragwürdigen Werte wurde ein Interpolationsverfahren ausgearbeitet, mit dem die fehlenden Werte errechnet und fragwürdige Werte überprüft werden können.

Tabelle 1. Massenschwächungskoeffizienten für Al-Kα in Aluminium

Allen	Heinrich	Biermann	Bearden	Mat. Res.	Descamps Philibert	Theisen	Neue Inter.
330	385,7	396	390	408	425	429	425,9

In erster klassischer Näherung läßt sich der Absorptionskoeffizient für Röntgenstrahlen durch die Formel

$$\tau = C \cdot \lambda^n \cdot Z^m \tag{1}$$

darstellen. Die experimentell bestimmten Werte für C, m und n stimmen dabei nicht mit den von der Theorie geforderten Werten überein.

Für nicht zu kurze Wellenlängen kann man die Streuung vernachlässigen und den Massenschwächungskoeffizienten mit dem Absorptionskoeffizienten gleichsetzen.

2. Frühere Interpolationsverfahren

Die Formel (1) wird in der Form

$$\frac{\mu}{\varrho} = C' \cdot \lambda^a \tag{2}$$

häufig zum Überprüfen von Meßwerten benutzt. *Leroux*[1] benutzte diese Formel zur Interpolation der Massenschwächungskoeffizienten. Dabei bestimmte er zunächst für jeden Wellenlängenbereich ein mittleres α. Damit errechnete er sich für alle Elemente, für die Meßwerte vorlagen, C'.

Für $\lambda = 1$ läßt sich die Formel (1) in die Gestalt

$$\frac{\mu}{\varrho} = C \cdot Z^\beta = C'$$

bringen. Die fehlenden C'-Werte bestimmte er durch graphische Interpolation auf logarithmischem Papier, wie es in Abb. 1 zu sehen ist.

Heinrich[2] stellte mit Hilfe der Formel (2) eine komplette Tabelle der Massenschwächungskoeffizienten auf. Bei *Heinrich* variieren im Gegensatz zu *Leroux* die α-Werte von Element zu Element. Fehlende C- und α-Werte ermittelte er durch graphische Interpolation. Abb. 2 zeigt die Interpolation der C'-Werte für drei verschiedene Wellenlängenbereiche.

Ähnlich ist die Interpolation der α-Werte, die für den Bereich zwischen der K- und der L_I-Kante in Abb. 3 zu sehen ist.

Da *Heinrich* bei der Interpolation von C' nicht in doppelt logarithmischen Koordinaten arbeitete und deshalb nicht auf einer linearen Gesetzmäßigkeit aufbauen konnte, ist seine graphische Interpolation sicher mit größeren Fehlern behaftet als die von *Leroux*.

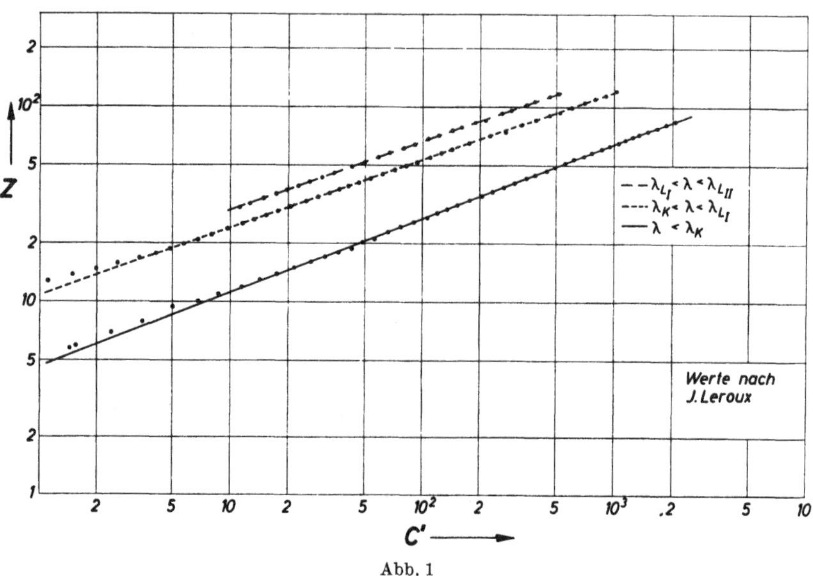

Abb. 1

Die mit den so ermittelten Koeffizienten von *Heinrich* errechneten Werte sind zwar die besten, die es derzeit gibt, weisen jedoch noch große Fehler auf. Diese Fehler sind auf die Benutzung unsicherer experimenteller Daten und möglicherweise auch auf die Art der Interpolation zurückzuführen.

3. Interpolation nach der Methode der kleinsten Quadrate

In der vorliegenden Arbeit wurde versucht, die oben erwähnten Fehler zu vermeiden. Als Grundlage wurden nur solche Meßwerte herangezogen, die vom Autor mit einer Fehlerabschätzung versehen waren und bei denen das Meßverfahren bekannt war. Interpolierte Werte wurden prinzipiell nicht berücksichtigt. Abb. 4 zeigt in einer graphischen Darstellung, für welche Elemente und Wellenlängen verläßliche Daten existieren. In dieser Skizze ist auch der Verlauf der Absorptionskanten eingezeichnet.

Unsere Interpolation wurde nach der Formel

$$\frac{\mu}{\varrho} = C \cdot \lambda^{\alpha} \cdot Z^{\beta} \tag{3}$$

mit Hilfe der Rechenanlage IBM 7074 vorgenommen.

Es wurde also gleichzeitig über λ und Z interpoliert. Die für die Interpolation notwendigen Größen C, α und β wurden so berechnet, daß die durch das Differenzenquadrat zwischen den experimentellen und den interpolierten Werten gegebene Funktion

$$f(\ln, C, \alpha, \beta) = \sum_{=1}^{n} \left[\ln \left(\frac{\mu}{\varrho}\right)_{exp} - \ln C - \alpha \ln \lambda_i - \beta \ln Z_i \right]^2 = \text{Min}$$

ein Minimum wird.

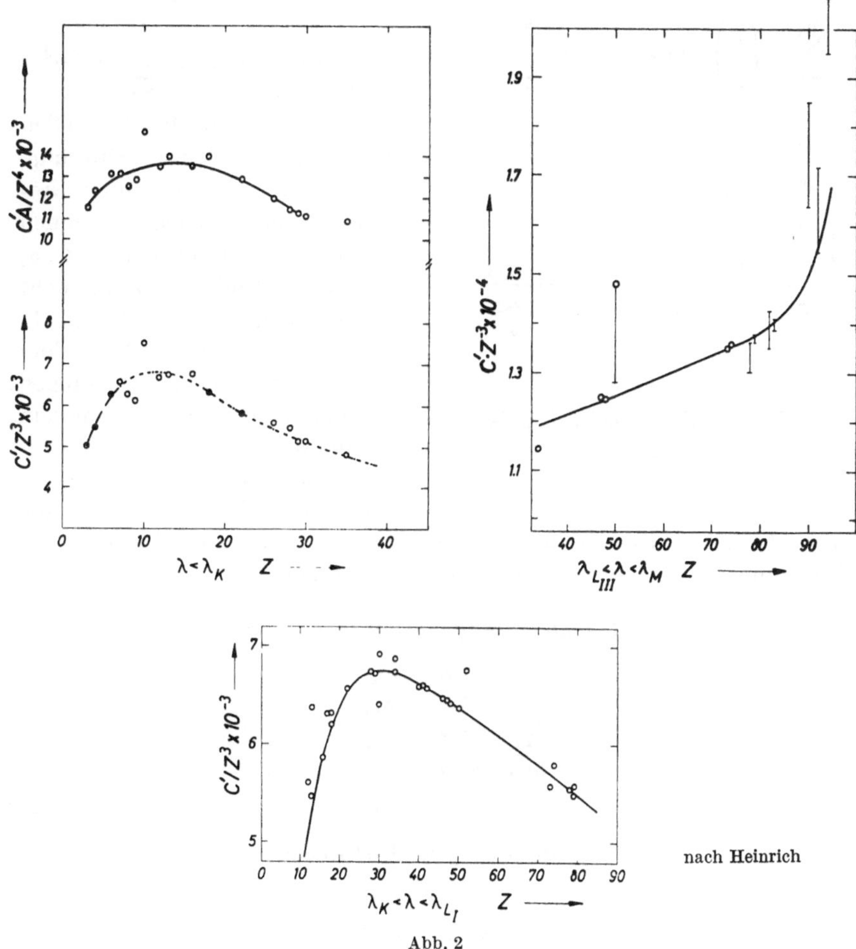

Abb. 2

Die Summation erstreckte sich über alle n-Meßwerte. Mathematisch ist die notwendige Bedingung für das Auftreten eines solchen Minimums das Verschwinden der ersten partiellen Ableitungen.

$$\frac{\partial f}{\partial \ln C} = 0 \qquad \frac{\partial f}{\partial \alpha} = 0 \qquad \frac{\partial f}{\partial \beta} = 0$$

Das führt zu einem System von drei Normalgleichungen:

$$\sum_{i=1}^{n} \ln\left(\frac{\mu}{\varrho}\right)_i = n \cdot \ln C - \alpha \sum_{i=1}^{n} \ln \lambda_i - \beta \cdot \sum_{i=1}^{n} \ln Z_i$$

$$\sum_{i=1}^{n} \ln\left(\frac{\mu}{\varrho}\right)_i \cdot \ln \lambda_i = \ln C \sum_{i=1}^{n} \ln \lambda_i - \alpha \sum_{i=1}^{n} (\ln \lambda_i)^2 - \beta \sum_{i=1}^{n} \ln Z_i \cdot \ln \lambda_i$$

$$\sum_{i=1}^{n} \ln\left(\frac{\mu}{\varrho}\right)_i \cdot \ln Z_i = \ln C \sum_{i=1}^{n} \ln Z_i - \alpha \cdot \sum_{i=1}^{n} \ln \lambda_i \cdot \ln Z_i - \beta \sum_{i=1}^{n} (\ln Z_i)^2$$

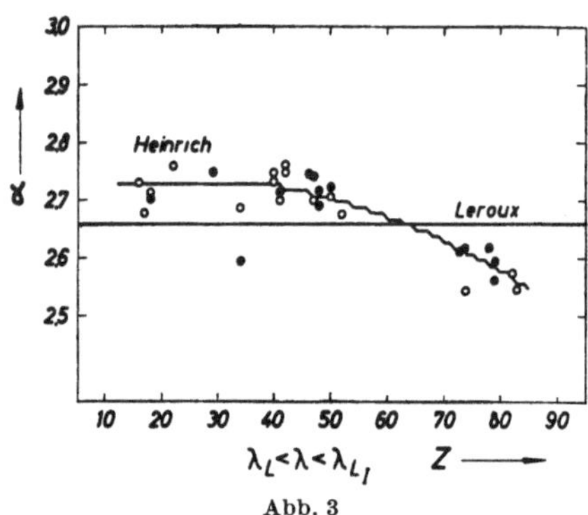

Abb. 3

Dies ist ein lineares Gleichungssystem dritter Ordnung, aus dem sich die gesuchten Größen C, α und β leicht errechnen lassen. Da die Funktion $f(\ln C, \alpha, \beta)$, deren Minimum aufgesucht werden soll, in ihren Variabeln linear ist, handelt es sich bei dem durch die drei Normalgleichungen errechneten Extrem sicher um ein Minimum.

In der Formel (3) wurde der Schalencharakter der Atomhülle nicht berücksichtigt, deshalb mußten die experimentellen Werte für die Rechnung in folgende Gruppen unterteilt werden:

1. Unterteilung nach Wellenlängen

$$\lambda < \lambda_K$$
$$\lambda_K < \lambda < \lambda_{L_I}$$
$$\lambda_{L_I} < \lambda < \lambda_{L_{II}}$$
$$\lambda_{L_{II}} < \lambda < \lambda_{L_{III}}$$
$$\lambda_{L_{III}} < \lambda < \lambda_{M_I}$$

Unterteilung nach Perioden

$$3 \leq Z \leq 10$$
$$11 \leq Z \leq 18$$
$$19 \leq Z \leq 36$$
$$37 \leq Z \leq 54$$
$$55 \leq Z \leq 86$$
$$87 \leq Z \leq 102$$

Die Notwendigkeit der Unterteilung nach Perioden war im Bereich der leichten Elemente schon in Abb. 1 zu erkennen. So streng, wie hier angegeben, konnte die Unterteilung bei der Rechnung nicht durchgeführt

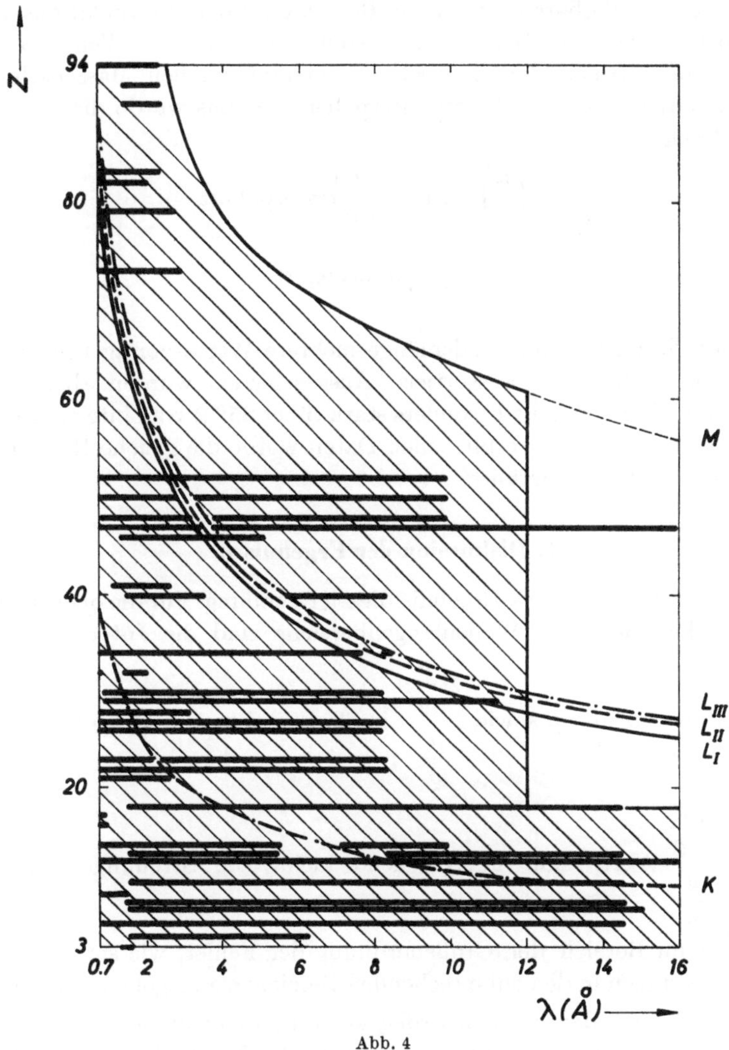

Abb. 4

werden. So wurden, mangels an Meßwerten, die Bereiche zwischen den L-Kanten nicht nach Perioden unterteilt. Bei der Berechnung der Massenschwächungskoeffizienten für die seltenen Erden wurde, da es in diesem Bereich keine experimentellen Daten gibt, so vorgegangen, daß jeweils die Werte der 5. und 6. Periode zur Berechnung von C, α und β eingegeben wurden. Zur Berechnung der Massenschwächungskoeffizienten der Aktiniden wurden zusätzlich die Werte der 6. Periode mit verwendet.

Der Vorgang bei der Rechnung war folgender: Zuerst wurden in jeder Gruppe alle verfügbaren Daten zur Berechnung der Interpolationskonstanten herangezogen. Mit diesen Werten wurden für die Wellenlängen und Ordnungszahlen der eingegebenen experimentellen Massenschwächungskoeffizienten neue Werte interpoliert. Daraus wurde die relative Abweichung

$$R = \frac{\left(\frac{\mu}{\varrho}\right) \text{exp.} - \left(\frac{\mu}{\varrho}\right) \text{interpoliert}}{\left(\frac{\mu}{\varrho}\right) \text{interpoliert}}$$

errechnet. Wenn für eine Wellenlänge mehrere Werte vorlagen, wurden die schlechteren Werte aussortiert. Ausgeschieden wurden aber auch experimentelle Werte, die besonders stark (über 25%) vom interpolierten Wert streuten. Mit den verbliebenen Daten wurde die gleiche Rechnung ein zweites Mal durchgeführt.

4. Diskussion der Ergebnisse

Die Tabelle 2 zeigt das Ergebnis dieser Rechnung. Für die oben angegebenen Perioden und Wellenlängenbereiche sind die Interpolationskonstanten C, α und β sowie $\frac{\Delta \frac{\mu}{\varrho}}{\frac{\mu}{\varrho}}$ im 3σ-Streubereich angegeben.

Die $\frac{\Delta \frac{\mu}{\varrho}}{\frac{\mu}{\varrho}}$-Werte sind überraschend klein. Die Streuungen liegen durchweg im Bereich der Größenordnung der Fehler, wie sie für sorgfältige Messungen in den entsprechenden Bereichen angegeben werden.

Da im Bereich der seltenen Erden keine experimentellen Daten vorlagen, kann man den für die Streuung errechneten Wert schwer beurteilen. Die tatsächlichen Abweichungen dürften aber nicht wesentlich größer sein als die errechneten.

Im Bereich zwischen der L_{I}- und L_{II}-Kante konnten mangels einer genügenden Zahl geeigneter Meßwerte die Interpolationskonstanten nicht berechnet werden.

Die Bereiche, in denen die Absorptionskoeffizienten berechnet und tabelliert wurden, sind in Abb. 4 schraffiert eingezeichnet. Die kurzwellige Grenze wurde einheitlich mit 0,7 Å festgelegt. Das ist einerseits die kürzeste Wellenlänge, die man wegen der Sekundäranregung in der

Tabelle 2

		$\lambda < \lambda_K$	$\lambda_K < \lambda < \lambda_{L_I}$	$\lambda_{L_I} < \lambda < \lambda_{L_{II}}$	$\lambda_{L_{II}} < \lambda < \lambda_{L_{III}}$	$\lambda_{L_{III}} < \lambda < \lambda_M$
$3 \leq Z \leq 10$	C	$5{,}40 \cdot 10^{-3}$				
	α	2,92				
	β	3,07				
	ν	0,022				
$11 \leq Z \leq 18$	C	$1{,}38 \cdot 10^{-2}$	$5{,}33 \cdot 10^{-4}$			
	α	2,79	2,74			
	β	2,73	3,03			
	ν	0,023	0,039			
$19 \leq Z \leq 36$	C	$3{,}12 \cdot 10^{-2}$	$9{,}59 \cdot 10^{-4}$			$2{,}73 \cdot 10^{-5}$
	α	2,66	2,70			2,44
	β	2,47	2,90			3,47
	ν	0,015	0,011			0,029
$37 \leq Z \leq 54$	C		$1{,}03 \cdot 10^{-3}$			
	α		2,70			
	β		2,88			
	ν		0,008			
$55 \leq Z \leq 71$	C		$1{,}24 \cdot 10^{-3}$		$8{,}03 \cdot 10^{-4}$	$1{,}58 \cdot 10^{-4}$
	α		2,70		2,62	2,50
	β		2,83		2,82	2,98
	ν		0,014		0,056	0,026
$72 \leq Z \leq 86$	C		$1{,}03 \cdot 10^{-4}$			$9{,}39 \cdot 10^{-5}$
	α		2,50			2,55
	β		3,38			3,09
	ν		0,039			0,011
$87 \leq Z \leq 94$	C					$5{,}76 \cdot 10^{-7}$
	β					2,63
	β					4,26
	ν					0,030

$$\frac{\mu}{\varrho} = C \cdot \lambda^{\alpha} \cdot Z^{\beta}$$

$$\nu = \left[\frac{\Delta \frac{\mu}{\varrho}}{\frac{\mu}{\varrho}}\right]_{3\sigma}$$

Probe bei quantitativen Mikrosondenanalysen verwenden wird. Andererseits ist bei dieser Wellenlänge die Streuung, auch für die leichten Elemente, praktisch vernachlässigbar.

Die langwellige Grenze bildet die M_I-Absorptionskante. Dort, wo die Wellenlänge dieser Absorptionskante größer als 12 bzw. 16 Å ist, sind 12 bzw. 16 Å ($3 \leq Z \leq 18$) die obere Grenze.

Die Wellenlängen, für die die Massenschwächungskoeffizienten gerechnet wurden, sind der neuesten Zusammenstellung von *Bearden*[3] entnommen. Die nach der oben beschriebenen Methode berechneten Massenschwächungskoeffizienten wurden inzwischen in Tabellenform veröffentlicht[4].

Überblickt man die gerechneten Werte und die von uns angegebenen Streuungen, so kann man sagen, daß in dem Bereich, in dem wir Massenschwächungskoeffizienten berechnen konnten, keine weiteren experimentellen Werte nötig sind. Wichtig wäre es, neue Werte für die Lanthaniden sowie für die Wellenlängenbereiche

$$\lambda_{L_I} < \lambda < \lambda_{L_{III}}$$
$$\lambda_{M_I} < \lambda < \lambda_{M_V}$$
$$\lambda_{M_V} < \lambda$$

und besonders

$$10\,\text{Å} < \lambda$$

zu bekommen.

Zusammenfassung

Ein Interpolationsverfahren wurde vorgeschlagen, um neben den errechneten Massenschwächungskoeffizienten die zugehörigen Vertrauensbereiche angeben zu können. Mit dem von uns verwendeten Rechenprogramm können schlechte Meßwerte leicht erkannt und eliminiert werden.

Die Massenschwächungskoeffizienten wurden für die $K\alpha_{1,2}$-, $K\beta$-, $L\alpha_1$-, $L\beta$-, $M\alpha$- und $M\beta$-Linien berechnet und tabelliert.

Summary

An interpolation method is proposed to permit the statement of the pertinent reliability regions along with the calculated mass weakening coefficients. Poor observed data can be readily recognized and eliminated by means of the computational program employed by us. The mass weakening coefficients for the $K\alpha_{1,2}$, $K\beta$, $L\alpha_1$, $L\beta$, $M\alpha$ and $M\beta$ lines were calculated and tabulated.

Literatur

[1] *J. Leroux*, Advances in X-Ray Analysis, Vol. 5, p. 153; Editor *W. M. Mueller*, New York: Plenum Press. 1961.

[2] *K. F. J. Heinrich*, The Electron Microprobe. Herausgegeben von *McKinley*, *K. F. J. Heinrich* und *D. B. Wittry*. New York: Wiley. 1966. S. 291.

[3] *A. J. Bearden*, X-Ray Wavelengths NYO-10586 (1964), U.S. A.E.C. Contract AT (30-1)-2543.

[4] *R. Theisen* und *D. Vollath*, Tabellen der Massenschwächungskoeffizienten von Röntgenlinien. Verlag Stahleisen, Düsseldorf 1967.

Aus dem Max-Planck-Institut für Eisenforschung in Düsseldorf

Über die Möglichkeit der chemischen Isolierung von Carbiden *

Von

Helmut Keller und **Karl-Heinz Sauer**

(Eingegangen am 31. Januar 1967)

Die Verfahren zur chemischen Isolierung von Carbiden durch Lösen der Stähle in Säuren sind bereits über hundert Jahre alt. Allerdings gelang es damit praktisch nie, diese Gefügebestandteile auch nur annähernd quantitativ freizulegen. So war die elektrolytische Isolierungsmethode, womit man die Carbide im allgemeinen vollständig und unzersetzt erhalten kann, ein entscheidender Fortschritt; die Anwendung der chemischen Methoden wurde dadurch völlig verdrängt.

W. Oelsen, *K. H. Sauer* und *H. Keller*[1] beschrieben kürzlich ein Verfahren zur chemischen Isolierung oxidischer Einschlüsse in unberuhigten Stählen, das auf der Beständigkeit der Oxide gegen gekühlte Salpetersäure beruht. Voraussetzung für eine einwandfreie Durchführung dieser Salpetersäureisolierung sind Stähle, in denen keine Carbide ausgeschieden sind. Bei den gewählten Versuchsbedingungen zerstört kalte Salpetersäure kohlenstoffhaltige Gefügebestandteile nur unvollständig, sie verunreinigen mithin die gefundenen Oxideinschlüsse.

Angeregt durch diese Beobachtungen wurde nun das Verhalten von Carbiden beim Lösen von Stahlspänen in gekühlten verdünnten Salpetersäuren untersucht.

In der Tabelle 1 ist die Abhängigkeit der isolierten Carbidmengen von der Lösungstemperatur und der Säurekonzentration angeführt. Untersucht wurde ein unlegierter Stahl, der 15,0% Zementit enthält. Die günstigsten Isolierungsergebnisse werden bei den jeweils niedrigsten Lösungstemperaturen und beim Auflösen in Salpetersäuren beob-

* Vortrag anläßlich des Kolloquiums über metallkundliche Analyse mit besonderer Berücksichtigung der Elektronenstrahl-Mikroanalyse, Wien, 25. bis 27. Oktober 1966.

achtet, die im Verhältnis 1 : 1, 1 : 2 und 1 : 6 mit Wasser verdünnt sind. Für die folgenden Isolierungen wurde die halbkonzentrierte Säure gewählt, da sich in ihr die Stähle am schnellsten lösen.

Tabelle 1. Abhängigkeit der Isolatmenge von Säurekonzentration und Temperatur

C-Stahl mit 15,0% Fe_3C		1 g Stahlspäne in 75 ml HNO_3 gelöst	
HNO_3	°C	Lösungszeit min	% Fe_3C
1+1	+5	14	10,5
	0	19	10,7
	−5	24	12,8
	−10	30	13,7
1+2	−5	30	11,6
	−10	33	13,7
1+3	−5	37	6,4
	−10	40	9,9
1+4	−5	33	7,9
	−10	40	9,7
1+5	+5	20	3,9
	0	30	11,1
1+6	+5	30	13,1
	0	35	13,5

Neben Temperatur und Konzentration beeinflußt auch die zum Lösen verwendete Säuremenge die Zementitausbeute. Wie aus Tabelle 2 hervorgeht, steigt die Carbidmenge mit abnehmendem Säurevolumen an, und bei 25 bis 30 ml Säure je Gramm Stahlspäne wird die theoretische Ausbeute erreicht.

Tabelle 2. Abhängigkeit der Isolatmenge vom Säurevolumen

C-Stahl mit 15,0% Fe_3C, Lösungstemperatur −5° C, Lösungsmittel HNO_3 1+1			
ml HNO_3	g Stahl	Lösungszeit min	% Fe_3C isol.
200	1	30	6,5
200	2	30	9,8
70	1	30	12,7
70	2	40	14,5
50	1	40	13,7
50	2	40	15,0
30	1	40	14,8
30	2	45	15,2

In dem untersuchten Stahl waren die Gefügebestandteile grobkörnig ausgeschieden. Sind die Carbide dagegen sehr feinkörnig oder liegen sie als lamellarer Perlit vor, dann wird ihre Isolierung kritischer; denn je kleiner die Teilchen, d. h. je größer ihre relativen Oberflächen sind, um so mehr besteht die Gefahr der Zersetzung während des Lösungsvorganges. In diesen Fällen muß die Temperatur der Säure geändert werden.

In Tabelle 3 sind die Carbidmengen aufgezeichnet, die durch Isolieren aus einem Stahl mit 0,75% Kohlenstoff und 0,85% Wolfram bei unterschiedlichen Lösungstemperaturen erhalten wurden. Die Carbidphasen bestehen aus $Me_{23}C_6$ und Fe_3C, und die Lamellendicke schwankt zwischen 0,1 und 0,5 μm. Der Carbidanteil dieses Stahles, ermittelt nach dem elektrolytischen Verfahren, beträgt 11,5%. Bei Temperaturen von —5 und —10° C wurde ein beachtlicher Teil der Carbide zersetzt, wie aus den Ausbeuten von 5,9 bzw. 7,0% zu ersehen ist. Löst man die Späne jedoch zunächst bei —20° C und steigert, um das restliche Probegut aufzulösen, die Temperatur später auf —5° C, dann werden auch die lamellaren Gefügebestandteile vollständig isoliert, wie aus den Zahlenwerten der Tabelle hervorgeht.

Tabelle 3. Abhängigkeit der Carbidausbeute von der Temperatur
W-Stahl mit 0,75% C und 0,85% W ($Me_{23}C_6 + Fe_3C$)
Dicke der Lamellen 0,1 bis 0,5 μm
Ausbeute der elektrolytischen Isolierung 11,5%

Temp. °C	Lösungszeit min	Carbidmenge %
−5	45	5,9
−10	45	7,0
−15 −10 −5	10 10 20	9,1
−20 −15 −5	15 10 10	11,3
−20 −5	30 15	11,2

Auf die beschriebene Weise konnten bei einer Anzahl von Stählen die verschiedensten Carbide isoliert werden. Die Ergebnisse dieser Isolierungen sind in Tabelle 4 zusammengestellt. Zum Vergleich sind die nach dem chemischen Verfahren erhaltenen Ergebnisse denen der elektrolytischen Isolierung gegenübergestellt. Es sind jeweils die Mittelwerte mehrerer Untersuchungen angegeben. In den letzten Spalten sind die durch Röntgenanalyse ermittelten Strukturen und die mikroskopisch gemessenen Teilchengrößen der freigelegten Gefügebestandteile aufgeführt. Bis auf den sehr feinlamellaren Sorbit, der chemisch nur zu etwa 50% erfaßt werden konnte, stimmen die Ausbeuten und Analysenwerte der Zementite, die aus unlegierten und manganhaltigen Stählen isoliert wurden, nach beiden Methoden befriedigend überein. Ebenso lassen sich das TiC, V_4C_3, Cr_7C_3 und selbst die Phasen $Me_{23}C_6$, W_6C

Tabelle 4. Ergebnisse der Isolierung

Stahl	Elektrolytische Isolierung					Chemische	
	Isolat %					Isolat %	
C-Stahl	14,9	7,05% C	92,8% Fe			14,7	7,25% C
C-Stahl	10,3	7,0% C	88,1% Fe			9,7	8,05% C
C-Stahl	1,38	9,75% C	71,4% Fe	5,19% SiO_2		1,46	10,4% C
C-Stahl	9,86	7,82% C	78,0% Fe			5,32	14,8% C
Mn-Stahl	6,70	7,68% C	19,0% Mn	0,23% S	70,0% Fe	7,03	7,59% C
Mn-Stahl	7,96	7,31% C	12,5% Mn	0,18% S	80,9% Fe	7,89	7,86% C
Mn-Stahl	6,78	7,01% C	2,82% Mn	0,20% S	89,2% Fe	7,25	7,50% C
Ti-Stahl	6,61	7,87% C	86,5% Fe	5,5% Ti		5,72	9,41% C
Ti-Stahl	7,57	6,2% C	42,0% Fe	42,2% Ti		7,38	6,94% C
V-Stahl	0,66	17,4% C	2,95% Fe	72,9% V		0,65	16,3% C
Cr-Stahl	5,15	8,51% C	43,8% Fe	41,1% Cr	3,31% Mn	5,41	9,56% C
Cr-Stahl	4,59	8,95% C	34,4% Fe	49,3% Cr	0,61% Mn	4,79	9,24% C
W-Stahl	11,5	6,95% C	82,0% Fe	2,01% W		10,7	7,92% C
W-Stahl	4,76	4,14% C	39,8% Fe	46,5% W		4,74	4,54% C
Mo-Stahl	17,3	6,32% C	73,2% Fe	14,5% Mo		13,2	7,42% C

und W_2C sowohl chemisch als auch elektrolytisch mit gleichem Erfolg freilegen, auch wenn die Dicke der Lamellen oder der Durchmesser der Carbidkörner weit unter 1 μm liegt. Das Mo_2C ließ sich bisher chemisch noch nicht fassen, wie das letzte Beispiel zeigt.

Die Kohlenstoffgehalte der chemisch freigelegten Isolate sind häufig etwas höher als die der elektrolytisch isolierten Carbide. Diese Unterschiede ließen sich später auf die Teflonrührer, die beim Lösen der Späne leicht angerauht werden, zurückführen. Dadurch gelangen feinste Teflonteilchen in das Carbid. Durch Verwendung eines Glasrührers wird dieser kleine Fehler beseitigt.

Das Salpetersäureverfahren erfordert keinen apparativen Aufwand und ist einfacher und schneller in der Durchführung als die elektrolytische Isolierung. Es werden 2 g gespantes Untersuchungsmaterial in 50 ml halbkonzentrierter Salpetersäure, die durch pulverisiertes Trockeneis auf $-20°$ C gekühlt wurde, unter kräftigem Rühren gelöst. Nach etwa 15 min wird die Temperatur auf $-15°$ C und nach weiteren 10 bis 15 min auf $-5°$ C erhöht. Nach dem Lösen der Stahlspäne — die gesamte Lösungszeit beträgt 40 bis 50 min — wird die Flüssigkeit durch ein dichtes Membranfilter gesaugt und Filter und Rückstand mit gekühltem Wasser gewaschen. Das Membranfilter wird nun in einem gewogenen Zentrifugenglas in Aceton gelöst. Man zentrifugiert und saugt das Aceton ab. Zur Reinigung werden die Carbide viermal mit Aceton aufgeschlämmt und zentrifugiert. Die anschließend im Vakuum getrockneten Isolate werden gewogen und analysiert.

von Stählen und Analyse der Carbide

Isolierung			Struktur	Teilchengröße (μm)	
91,8% Fe			Fe_3C	körnig	0,2 bis 6
86,8% Fe			Fe_3C	lamellar	0,1 bis 0,4
67,1% Fe	5,36% SiO_2		Fe_3C	lamellar	~0,1
			Fe_3C	Troostit	
18,8% Mn	70,6% Fe		$(Fe, Mn)_3C$	körnig	0,5 bis 4
12,0% Mn	79,7% Fe		$(Fe, Mn)_3C$	körnig	0,5 bis 2
2,45% Mn	88,8% Fe		$(Fe, Mn)_3C$	körnig	0,5 bis 4
86,9% Fe	5,57% Ti		Fe_3C+TiC	feinkörnig	0,1 bis 1
41,9% Fe	41,4% Ti		$TiC+Fe_2Ti$	körnig	0,2 bis 5
5,16% Fe	72,8% V		V_4C_3	feinkörnig	~0,1
42,5% Fe	39,0% Cr	2,86% Mn	Cr_7C_3	feinkörnig	~0,2
32,4% Fe	49,5% Cr	0,60% Mn	Cr_7C_3	lamellar	~0,2
83,5% Fe	2,56% W		$Fe_3C+Me_{23}C_6$	lamellar	0,1 bis 0,5
39,5% Fe	44,1% W		$Me_6C+Me_{23}C_6+Me_2C$	körnig	0,1 bis 1
83,1% Fe	3,28% Mo		$Fe_3C+Me_{23}C_6+Mo_2C$	körnig	0,1 bis 2

Zusammenfassung

Durch Lösen der Stähle in gekühlter halbkonzentrierter Salpetersäure lassen sich viele körnige und lamellare Carbide, selbst dann quantitativ freilegen, wenn ihre Größe unter 1 μm^2 liegt. Zur Kühlung der Säure dient pulverisiertes Trockeneis, das einfach in die Lösung eingetragen wird. Das „Salpetersäureverfahren" erfordert keinen besonderen apparativen Aufwand und ist in der Durchführung einfach und schnell. Die nach dieser Methode erhaltenen Ergebnisse weisen im allgemeinen die gleiche Genauigkeit auf, wie die der elektrolytischen Isolierung.

Summary

When steels are dissolved in cool half-concentrated nitric acid, many granular and lamellar carbides are set free, even quantitatively, if their size is below 1 μm^2. Pulverized dry ice is used to cool the acid; it is simply added to the solution. The "nitric acid procedure" requires no special apparatus and may be carried out rapidly and simply. The results obtained with this method show in general the same precision as the electrolytic isolation.

Literatur

[1] *W. Oelsen, K. H. Sauer* und *H. Keller*, Arch. Eisenhüttenwes. **36**, 529 (1965).

Kernforschungszentrum Karlsruhe

Zersetzungspotentiale von Gefügebestandteilen in Stählen *

Von

H. Sundermann

(Eingegangen am 23. Dezember 1966)

Vor einer elektrochemischen Isolierung von Gefügebestandteilen für die metallkundliche Analyse[1] steht stets die Frage, inwieweit die interessierenden Phasen isolierbar bzw. einer Zersetzung ausgesetzt sind. Ein störender Angriff auf die Gefügebestandteile kann durch zwei prinzipiell verschiedene Reaktionstypen erfolgen:

Einmal durch rein chemische Reaktion, wie z. B. bei der Auflösung von Eisensulfid in Salzsäure, wobei $FeS + 2\,H^+$ in $Fe^{++} + H_2S$ übergehen. Derartige Reaktionen ohne Beteiligung von Leitungselektronen bilden kein elektrisches Potential aus und sind somit durch kein äußeres Potential beeinflußbar. Sie lassen sich nur durch chemische Abänderung des Systems, so z. B. durch andere p_H-Einstellung, umgehen.

Der andere Reaktionstyp, der hier behandelt werden soll, wird durch Redoxsysteme dargestellt, bei denen die Reaktion nur unter Beteiligung von Leitungselektronen ablaufen kann, so daß sich an der reagierenden Elektrode ein elektrisches Potential einstellt. Nur diese elektrochemischen Reaktionen lassen sich durch eine geeignete äußere Potentialvorgabe unterdrücken, so daß selektiv isoliert werden kann.

Die dann bei der elektrochemischen Freilegung erreichbare Selektivität[2, 3] in Hinblick auf den interessierenden Gefügebestandteil ist durch das Verhältnis der Stromdichte an der Matrix der Metallprobe zur Stromdichte an der zu isolierenden Phase gegeben.

Wenn für die Metallprobe wie für ihre Gefügebestandteile die zugehörigen Stromdichte-Spannungskurven experimentell ermittelt vorliegen, ist die Wahl des vorzugebenden Potentials, bei dem aufzulösen ist, kein

* Vortrag anläßlich des Kolloquiums über metallkundliche Analyse mit besonderer Berücksichtigung der Elektronenstrahl-Mikroanalyse, Wien, 25. bis 27. Oktober 1966.

Problem; es ist dann einfach aus dem Stromdichte-Spannungsdiagramm zu entnehmen. Wenn keine Stromdichte-Potentialkurven der Gefügebestandteile bestimmt sind, ist man gezwungen, sich erst durch wiederholte Isolierung bei unterschiedlichen Potentialen an das jeweils günstige Potential heranzutasten. Um jedoch vorher schon eine gewisse Orientierung über mögliche Störungen zu erhalten, sind hier die Ruhepotentiale, oberhalb derer eine elektrochemische Zersetzung eintreten kann, rechnerisch ermittelt.

Das Potential E einer Elektrode gegenüber einer Normal-Wasserstoffelektrode als Bezugspunkt (das Vorzeichen bezieht sich also auf die Arbeitselektrode) ist gegeben durch

$$E = G/zF = (1/zF) \sum (v_i u_i^0 + v_i RT \ln a_i) \tag{1}$$

wobei u_i^0 = Standardwerte der chemischen Potentiale,
a_i = Aktivitäten,
z = Zahl der an Reaktionen beteiligten Elektronen.

Zur Auswertung wird Gl. (1) in der Form

$$E = v_i u_i^0/(z \cdot 23065) + (0{,}060/z) \lg a_i, \quad E = [\text{Volt}], \quad u_i^0 = [\text{cal}], \quad T = 25^\circ \text{C}$$

benutzt.

In Tabelle 1 sind die benötigten Werte der chemischen Potentiale in Kalorien angegeben. Tabelle 2 enthält die betrachteten Reaktionen und ihre nach (1) berechneten Potentiale.

Tabelle 1. Standardwerte der freien Bildungsenthalpien in cal

H_2	0	Fe^{++}	−20.300
H^+	0	FeO	−58.400
H_2O	−56.690	Fe_2O_9	−177.100
OH^-	−37.600	$Fe(OH)_3$	−138.170
C	0	$Fe(OH)_2$	−115.570
S	0	FeS	−23.320
N_2	0	Mo_2C	+2.900
O_2	0	MoO_3	−161.450
$Cr_{23}C_6$	−101.000	MnO	−86.750
Cr_7C_3	−43.500	Mn^{++}	−53.400
Cr^{++}	−25.700	Mn^{+++}	−15.900
Cr_2N	−21.300	MnO_2	−111.400
CrN	−20.500	MnO_4^-	−101.600
Fe_3C	−3.500	MnS	−49.900

Die Berechnung dieser Ruhepotentiale, bei denen kein elektrischer Auflösungsstrom fließt, sagt nichts darüber aus, mit welcher Stromdichte oberhalb des Ruhepotentials eine Reaktion abläuft oder ob sie abläuft. In diesem Sinne stellen die ermittelten Potentiale eine Sicherheitsschranke dar, unterhalb derer die jeweils in Betracht gezogene Reaktion sicherlich nicht auftreten kann.

Die Auflösung der Stähle auf Eisenbasis setzt oberhalb von minus 0,4 V ein. Meistens ist ein Arbeitspotential unter 0 V möglich. Bei fast allen in der Tabelle 2 in Erwägung gezogenen Reaktionen kann die Sicherheitsschranke eingehalten werden. Lediglich Chromcarbide liegen im Ruhepotential darunter.

Tabelle 2. Potentiale elektrochemischer Reaktionen*

Reaktion	Potential
$Cr_{23}C_6 = 23Cr^{++} + 6C + 46e^-$	$E = -0{,}650 + 0{,}030 \lg Cr^{++}$ [Volt]
$Cr_7C_3 = 7Cr^{++} + 3C + 14e^-$	$-0{,}690 + 0{,}030 \lg Cr^{++}$
$Cr_2N = 2Cr^{++}\frac{1}{2} + N_2 + 4e^-$	$-0{,}326 + 0{,}015 \lg Cr^{++}$
$CrN = Cr^{++} + \frac{1}{2}N_2 + 2e^-$	$-0{,}112 + 0{,}030 \lg Cr^{++}$
$Fe_3C = 3Fe^{++} + C + 6e^-$	$-0{,}080 + 0{,}010 \lg Fe^{++}$
$2FeO + H_2O = Fe_2O_3 + 2H^+ + 2e^-$	$-0{,}078 - 0{,}060 \cdot p_H$
	$E_n = -0{,}491$
$FeO = Fe^{++} + \frac{1}{2}O_2 + 2e^-$	$+0{,}530 + 0{,}030 \lg Fe^{++}$
$FeO = H_2O + OH^- = Fe(OH)_3 + e^-$	$+0{,}630 + 0{,}060(14 - p_H)$
	$E_n = 1{,}043$
$FeS = Fe^{++} + S + 2e^-$	$+0{,}065 + 0{,}030 \lg Fe^{++}$
$FeS + 2OH^- = Fe(OH)_2 + S + 2e^-$	$+0{,}455 + 0{,}060(14 - p_H)$
	$E_n = 0{,}868$
$Mo_2C + 6H_2O = 2MoO_3 + 12H^- + 12e^-$	$+0{,}048 - 0{,}060 \cdot p_H$
	$E_n = 0{,}006$
$MnO + H_2O = MnO_2 + 2H^+ + 2e^-$	$+0{,}694 - 0{,}060 \cdot p_H$
	$E_n = 0{,}281$
$MnO + 3H_2O = MnO_4^- + 6H^+ + 5e^-$	$+1{,}090 + 0{,}012 \lg(MnO_4^-) -$
	$-0{,}071 \cdot p_H$
	$E_n = 0{,}593 + 0{,}12 \lg(MnO^{4-})$
$MnO = Mn^{++} + \frac{1}{2}O_2 + 2e^-$	$+0{,}772 + 0{,}030 \lg Mn^{++}$
$MnO = Mn^{+++} + \frac{1}{2}O_2 + 3e^-$	$+1{,}550 + 0{,}020 \lg Mn^{+++}$
$MnO + 2H^+ = Mn^{+++} + H_2O + e^-$	$+1{,}99 + 0{,}060(\lg Mn^{+++} + 2 \cdot p_H)$
	$E_n = 2{,}83 + 0{,}060 \lg Mn^{+++}$

Eine elektrochemische Zersetzung tritt dennoch nicht ein, da hier die zugehörigen Stromdichten weit unter der der Stahlmatrix liegen.

Es sei erwähnt, daß die Berechnung unterer Potentialwerte für möglicherweise eintretende Zersetzungen keinen Ersatz für die experimentell aufzunehmenden Stromdichte-Potentialkurven am Gefüge darstellt, sondern daß sie nur einer ersten Orientierung genügen kann.

Für die Aufnahme der Stromdichte-Spannungsdiagramme wie auch für die Isolierung wurde inzwischen der im letzten Kolloquium angekündigte, vereinfachte und auf die technischen Belange ausgelegte Potentiostat fertiggestellt, worüber gesondert berichtet wird[4].

* $E_n \equiv E(p_H = 7)$

Zusammenfassung

Im Hinblick auf die quantitative elektrochemische Freilegung von Gefügebestandteilen aus Stählen werden mögliche Störreaktionen erörtert. — Für die elektrochemischen Zersetzungsreaktionen sind aus thermodynamischen Daten die zugehörigen Gleichgewichtspotentiale berechnet.

Summary

Possible interfering reactions are discussed with regard to the quantitative electrochemical exposure of structural constituents from steels. — The respective equilibrium potentials are calculated for the electrochemical decomposition reactions from the thermodynamic data.

Literatur

[1] *W. Koch* und *H. Sundermann*, J. Iron Steel Inst. **190**, 373 (1958); Forschungsbericht 599 des Wirtschafts- u. Verkehrsministeriums NRW, Köln und Opladen: Westdeutscher Verlag. 1958.

[2] *H. Sundermann*, Arch. Eisenhüttenwes. **30**, 371 (1959).

[3] *H. Sundermann* und *H. Wagner*, Mikrochim. Acta [Wien] **1966**, Suppl. I, 40.

[4] *H. Sundermann* und *W. Baum*, Mikrochim. Acta [Wien], in Vorbereitung.

Metallurgische Abteilung Ruhrort der August-Thyssen-Hütte AG, Duisburg, und Max-Planck-Institut für Eisenforschung, Düsseldorf

Über die Verteilung der Seltenen Erden im Stahlgefüge bei Anwendung von Cermischmetall *

Von

S. Eckhard und **K.-H. Sauer**

Mit 1 Abbildung

(Eingegangen am 11. Februar 1967)

Im Eisenhüttenwesen nimmt das Interesse an Cer weiter zu. Innerhalb *des analytischen Bereichs* hat seine Bedeutung bei der Ausbildung von Kugelgraphit in Gießereiroheisen, auf die zuerst *Morrogh* und *Williams* [1] hingewiesen und so eine bemerkenswerte technische Entwicklung eingeleitet haben, *Gerhardt*, *Kraus* und *Frohberg* [2] veranlaßt, bei der Stickstoffbestimmung nach dem Vakuumaufschmelzverfahren der Schmelze im Graphittiegel Cer zuzufügen. Die Ausscheidung lamellaren Graphits aus der kohlenstoffgesättigten Eisenschmelze soll zu einer Erhöhung der Viskosität und damit zu einer starken Hemmung der Gasentbindung führen. Die Zugabe von Cer zur Eisenschmelze erzwingt die Ausscheidung des Graphits in kugeliger Form und erhält so eine niedrige Viskosität der Schmelze aufrecht.

Im *Produktionsbereich* werden die Arbeiten über Menge, Ausbildung und Zusammensetzung der nichtmetallischen Einschlüsse und ihre Verringerung an den Korngrenzen fortgesetzt. Eine Desoxydation mit Aluminium und danach mit Seltenen Erden verbessert die Warmverformbarkeit austenitisch-ferritischen, nichtrostenden Stahls nach *Vinograd* und Mitarb. [3], da sich wenig verformende, globulare Einschlüsse in den Achsen und in den Restfeldern der Dendriten abscheiden. Diese Einschlüsse enthalten Cer.

---

* Vortrag anläßlich des Kolloquiums über metallkundliche Analyse mit besonderer Berücksichtigung der Elektronenstrahl-Mikroanalyse, Wien, 25. bis 27. Oktober 1966.

Metallurgische Untersuchungen von *Popova* und Mitarb.[4] sowie *Beljakova* und Mitarb.[5] haben zu ähnlichen Ergebnissen geführt. Bei einem Chrom-Molybdän-Stahl finden *Kulkova* und Mitarb.[6] durch Anwendung von Cermischmetall Menge und Verteilung der Sulfide so verändert, daß die mechanischen Eigenschaften dieses Stahls deutlich verbessert werden. Weitere Hinweise über die metallurgische Bedeutung des Cers finden sich bei *Eckhard*, *Sauer* und *Marotz*[7]. Für die Jahre 1942 bis 1963 hat *Hirschhorn*[8] eine ziemlich vollständige Zusammenstellung der Cerarbeiten gegeben.

Elektronenstrahl-Mikrosonde und elektrolytische Isolierungsverfahren

Während der ersten beiden Kolloquien für metallkundliche Analyse ist klar herausgestellt worden, daß dieses neue Wissensgebiet trotz der umfangreichen, durch die Elektronenstrahl-Mikrosonde erzielten Ergebnisse nicht auf die älteren Verfahren der elektrolytischen Isolierung verzichten kann und will. Richtig eingesetzt ergänzen sich, wie *Koch* und *Büchel*[9] gezeigt haben, beide Arbeitsweisen eindrucksvoll zu einem in sich geschlossenen analytischen System metallischer Werkstoffe. Hinsichtlich einer am Ort der einzelnen Phasen im Gefüge durchgeführten Lokalanalyse ähnelt dabei die jetzt stark ins Blickfeld gerückte Lasertechnik so sehr der der Mikrosonde, daß sich an dieser Beurteilung auch bei Einsatz der Laser-Mikrospektralanalyse nichts ändern dürfte.

Die Betrachtung des Cers in der metallkundlichen Analyse ist zur Zeit noch über die zahlreichen Veröffentlichungen [1, 3–8] verstreut und noch nicht in die Handbuchliteratur eingedrungen. Die bekannte Monographie von *Koch*[10] rechnet das Cer noch zu den außergewöhnlichen Desoxydationsmitteln, die nicht behandelt werden. Die vorliegende Arbeit soll daher dazu beitragen, das Element Cer im Sinne der Wiener Kolloquien über metallkundliche Analyse zu erschließen.

Reihenanalyse von Stahlgefügebestandteilen

Zur Identifizierung der durch die elektrolytische Isolierung freigelegten Gefügebestandteile wird das Mikroskop, die Röntgendiffraktion und die *chemische Analyse* herangezogen. Naßchemische Bestimmungsverfahren gefährden häufig wegen ihres Aufwandes die Durchführung größerer Reihenuntersuchungen, ohne die eine erfolgreiche metallkundliche Analyse gar nicht denkbar ist. Für die Erfassung des Cers und der übrigen Seltenen Erden gilt das wegen der hier auf naßchemischem Gebiet auftretenden analytischen Schwierigkeiten ganz besonders.

In dieser Erkenntnis haben bereits *Eckhard*, *Sauer* und *Marotz*[7] untersucht, welche Möglichkeiten die spektrographische Analyse im lichtoptischen Wellenlängenbereich bietet, und dabei ein früher für die

Analyse oxidischer Einschlüsse im Max-Planck-Institut für Eisenforschung entwickeltes Verfahren[11] so abgewandelt, daß der Cernachweis ermöglicht wurde. Als sich die so erreichbaren Nachweisgrenzen und Standardabweichungen als unbefriedigend erwiesen, wurden die von der Röntgenfluoreszenzspektrometrie her gegebenen Möglichkeiten eingesetzt. Mit Hilfe einer auf Filtrierpapier durchgeführten Lösungsanalyse wurde eine Standardabweichung von ca. 2% für eine Konzentration von 50 μg Ce/ml erreicht. Als Nachweisgrenze wurde, je nach Zählzeit, für den Stahl ein Gehalt von 0,001 bis 0,002% Ce bestimmt. Damit waren wesentliche analytische Voraussetzungen auch für umfangreiche metallkundliche Untersuchungen über die Rolle des Cers im Stahlgefüge bei Verwendung von Cermischmetall erfüllt.

Versuchsschmelzen

Kirschning, *Hombeck*, *Schenck* und *Carius*[11] haben für metallkundliche Untersuchungen an Stelle von Cermischmetall ein praktisch reines Cer mit einem Gehalt von nur 0,1% an anderen Seltenen Erden verwendet. Sie finden in den von ihnen isolierten Einschlüssen kein Cer. Dies erschien uns schwer verständlich und war der Anlaß zu eigenen ersten Vorversuchen, bei denen wir cerhaltige Oxideinschlüsse freilegen konnten. Um zu umfangreicheren Aussagen über die Zusammensetzung der Einschlüsse in cerhaltigen Eisenlegierungen zu gelangen, wurden einige Versuchsschmelzen im Tammanofen durchgeführt, die dann analytisch untersucht wurden.

Für jede Schmelze wurden ungefähr 100 g Eisen in Form schwedischer Rohschienen mit 0,1% Sauerstoff im Aluminiumoxidtiegel unter Argon als Schutzgas niedergeschmolzen. Dann wurden der Schmelze jeweils weitere ca. 20 g Eisen zugefügt, die in einer Bohrung 2 bis 4 g Cermischmetall enthielten. Nach erneutem Aufschmelzen wurde kurz gerührt und in eine 1-cm-Kokille abgegossen. Die Art der Zugabe des Cermischmetalls wurde gewählt, um die möglichst gleichmäßige Verteilung des spezifisch relativ leichten Desoxydationsmittels in der Eisenschmelze zu erzielen. Es wurden zwei Mischmetalle (Bezeichnungen Ce und F) eingesetzt, die aus zwei Lieferungen des gleichen Lieferanten stammten. Die Analysen dieser beiden Legierungen unterscheiden sich nicht wesentlich voneinander; sie sind im Kopf der Tabelle 1 angeführt. Auf die beschriebene Weise wurden zwanzig Schmelzen gewonnen, deren Cergehalte von 0,02 bis 0,30% Ce reichten.

Bestimmung der einzelnen Seltenen Erden

Für die Erfassung des Gehaltes der übrigen Seltenen Erden neben dem Cer ist grundsätzlich der Weg über ein röntgenfluoreszenzspektralanalytisches Verfahren gangbar. Jedoch schien uns allein vom Aufwand her der Einsatz eines Massenspektrographen eher gerechtfertigt, um so jeweils in einer massenspektrographischen Aufnahme die Massenverhältnisse zum Cer zu gewinnen, die Niveauhöhe jedoch an den Konzentrationswert des Cers anzuhängen, der über die Röntgenfluoreszenz mit hoher Genauigkeit bestimmt wurde. Um die Zulässigkeit dieses Verfahrens zu erhärten, wurde daneben eine Reihe röntgenfluoreszenzspektrometrischer Kontrollanalysen durchgeführt.

Tabelle 1. Verteilung der Seltenen Erden im Mischmetall und in den isolierten Oxideinschlüssen

Schmelze	Ce %	La %	Pr %	Nd %	Dy %	Ho %
Mischmetall F	55,7	20,3	6,7	17,3	—	—
Mischmetall Ce	56,4	21,4	7,0	15,2	—	—
Ce 5/1	73,7	12,5	4,2	9,7	0,013	—
5/2	74,9	7,1	12,7	5,2	0,051	0,0082
5/3	69,1	14,5	5,7	10,8	—	—
5/4	67,4	12,8	5,1	9,4	—	—
10/1	63,2	16,7	7,4	12,6	0,15	0,018
10/2	68,6	19,2	8,9	15,1	0,069	0,024
10/3	69,4	11,0	5,8	13,9	—	—
10/4	72,5	12,3	5,4	9,8	0,013	—
F 5/2	59,2	15,4	5,5	19,5	0,3	0,05
5/3	59,3	17,2	6,5	16,6	0,3	0,04
5/4	52,2	23,0	7,3	17,2	0,3	0,03
10/1	64,5	17,4	7,7	10,3	0,084	—
10/2	62,9	17,0	6,9	13,2	—	—
10/3	64,1	14,7	7,7	13,5	—	—
10/4	71,1	13,5	5,4	10,0	—	—

Zunächst wurden die beiden Mischmetalle analysiert. Die Aufnahme der Massenspektren erfolgte mit einem doppeltfokussierenden Spektrographen (C E C, Typ 21/110), die Ionisation der Probe im Hochfrequenzfunken. Abb. 1 oben zeigt einen Ausschnitt aus dem Spektrum. Die qualitative Auswertung der Spektren ergab als Hauptbestandteile Cer, Lanthan, Neodym und Praseodym. In merklichen Spuren liegen vor Al, Zn, Mg, Si, Fe, Ho und Dy. Auf besonders hohe Empfindlichkeit und Erfassung letzter Elementspuren wurde bewußt verzichtet. Für die quantitative Auswertung wurde auf der Grundlage der bekannten Isotopenhäufigkeiten eine Schwärzungskurve aufgestellt und mit deren Hilfe aus den Schwärzungen der Analysenlinien der Hauptbestandteile die entsprechenden Intensitäten ermittelt. Diese wurden als den Konzentrationen proportional betrachtet, wobei also vorausgesetzt wurde, daß bei den Seltenen Erden die Plattenempfindlichkeiten und insbesondere auch die Ionenergiebigkeiten im Funken für die einzelnen Erden gleich sind. Aus der Summe der bestimmten Intensitäten und den einzelnen Linienintensitäten unter Berücksichtigung der Isotopenhäufigkeit wurde die Verteilung der Hauptbestandteile des Mischmetalls bestimmt, wobei also

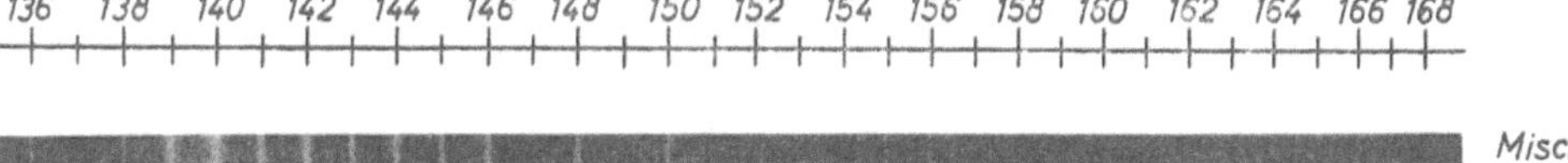

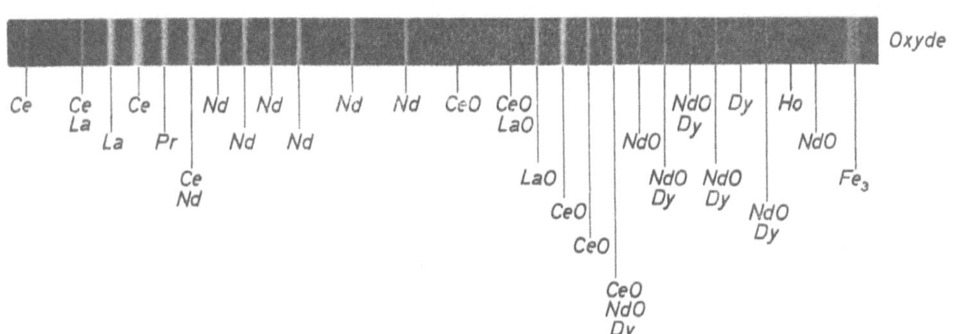

Abb. 1. Ausschnitte aus den Massenspektren
oben: Mischmetall (Lieferung F)
unten: Oxidspektrum (Schmelze Ce 5/2)

die Anwesenheit der Spurenelemente vernachlässigt wurde. Deren Gesamtkonzentration liegt nach Abschätzung ihrer Linienintensitäten deutlich unter 3%. Tabelle 1 enthält die Analysenwerte. Die Übereinstimmung mit den röntgenfluoreszenzspektrometrisch durchgeführten Kontrollanalysen ist besser als 10%. Das deutet auf die Zulässigkeit der wesentlichsten Voraussetzung hin: die Ionenergiebigkeiten der einzelnen Seltenen Erden im Funken weisen keine großen Unterschiede auf. Die beschriebene, recht einfache Art der Auswertung der Massenspektren reicht in der erzielten Genauigkeit für die Beantwortung der hier zu klärenden Fragen wahrscheinlich aus.

Isolierung der Oxideinschlüsse

Aus den Versuchsschmelzen wurden die Oxideinschlüsse nach der von *Oelsen*, *Sauer* und *Keller*[13] beschriebenen Salpetersäuremethode freigelegt, nach der auch Wüstit unzersetzt isoliert wird. In 100 ml verdünnter Salpetersäure (7 + 3) wurden 3 g fein gespantes Untersuchungsgut gelöst. Während des Lösens wurde kräftig gerührt (Magnetrührer) und die Temperatur durch Zuführen zerdrückter fester Kohlensäure unter 5° C gehalten. Nach beendetem Lösungsvorgang wurde durch ein Membranfilter (mittlere Porenweite 0,3 μ) gesaugt, anschließend Filter und Rückstand mit kalter verdünnter Salpetersäure eisenfrei gewaschen und in einem Zentrifugenglas in Aceton zerrührt. Dann wurde zentrifugiert und das Aceton abgesaugt. Zur vollständigen Entfernung des Filters wurde wiederholt aufgeschlämmt und zentrifugiert. Aus einer Isolierung wurden Oxidmengen zwischen 0,03 und 0,15% der eingesetzten Spanmenge gewonnen. Um für die Analyse eine ausreichende Menge Probegut zu erhalten, wurden die Rückstände mehrerer Isolierungen vereinigt.

Analyse der Oxideinschlüsse

Die Bestimmung des Cers in den Einschlüssen erfolgte röntgenfluoreszenzspektrometrisch nach dem von *Eckhard*, *Sauer* und *Marotz*[7] beschriebenen Verfahren. Die Ausdehnung dieser Arbeitsweise auf die Gesamtanalyse von Einschlüssen überhaupt ist auf dem Wiener Kolloquium von *Eckhard* und *Marotz*[14] diskutiert worden. Wegen der Einzelheiten sei deshalb auf diese beiden Arbeiten verwiesen.

Die Erfassung der übrigen Seltenen Erden erfolgte auch in den Einschlüssen massenspektrographisch. Für diese Untersuchung wurden etwa 5 mg Oxide mit der hundertfachen Menge Kupferpulver vermischt und zu Stäbchen verpreßt. Um diesen eine größere mechanische Stabilität zu geben, wurden sie bei 900° C im Vakuum gesintert. Massenspektrograph und Anregung waren die gleichen wie bei der Untersuchung der Cermischmetalle. Abb. 1 unten zeigt eines der erhaltenen Spektrogramme, das auch für die übrigen typisch ist. Zwischen 136 und 166 sind die meisten Massenzahlen durch Linien besetzt. Da Störungen durch andere Elemente nicht in Betracht kommen, erbringt eine Durchmusterung der Spektren zunächst den — scheinbaren — Beweis der Anwesenheit von La, Ce, Pr, Nd, Sm, Gd, Tb, Dy, Ho und Er in den analysierten Oxiden. Die Intensitätsbestimmungen der einzelnen Massenlinien unter Berücksichtigung der Isotopenkonzentrationen ergeben jedoch, daß gesichert nur mit der Gegenwart von La, Ce, Pr und Nd, daneben in geringen Konzentrationen mit Dy und Ho gerechnet werden kann. Die Linien bei den Massenzahlen 152 bis 162 und bei 164 sind auf Oxidionen vom Typ MeO der Elemente La, Ce, Pr und Nd zurückzuführen. Dagegen wurden Oxidlinien vom Typus Me_2O_3 oder MeO_2, die Aufklärung über die Wertigkeit des Cers und des Praseodyms in den Oxiden geben könnten, auch bei sehr hohen Expositionen nicht beobachtet.

Die quantitative Auswertung der Oxidspektren erfolgte analog dem für die Cermischmetalle beschriebenen Vorgehen. Für die Aufstellung der Schwärzungskurven wurden die ungestörten Massenlinien der Neodymisotope 143, 144, 145, 146 und 148 benutzt. Auf diese Weise wurde das Konzentrationsverhältnis der Seltenen Erden zueinander bestimmt. Die Ergebnisse sind in Tabelle 1 zusammengestellt. Die sich dort wider-

Tabelle 2. Bildungswärmen von Al_2O_3 und einiger Oxide der Seltenen Erden

Oxid	Kcal/Mol
Al_2O_3	404
Ce_2O_3	440
$2CeO_2$	490
La_2O_3	539
Nd_2O_3	438
Pr_2O_3	439

spiegelnde Verteilung der Seltenen Erden in den Oxiden entspricht nicht derjenigen in den beiden Mischmetallen; mit einer Ausnahme liegen die Cergehalte in den Oxiden vergleichsweise niedriger. Eine Erklärung für diese Verschiebung kann zur Zeit nicht gegeben werden. Die in der Tabelle 1 mitgeteilten Analysenwerte für Dysprosium und Holmium zeigen, daß auf eine weitere Betrachtung dieser Elemente verzichtet werden kann. Im übrigen ist, abgesehen von den Beobachtungen beim

Tabelle 3. Die Analysen der isolierten Oxideinschlüsse

Schmelze	Zusammensetzung der Oxide in %						
	FeO	SiO_2	Al_2O_3	Ce_2O_3	La_2O_3	Pr_2O_3	Nd_2O_3
Ce 5/1	56,76	2	2	28,98	4,92	1,65	3,79
5/2	29,30	1,5	2	50,22	4,76	8,50	3,48
5/3	51,61	8,3	7,9	22,27	4,68	1,83	3,47
5/4	57,62	1	1	28,73	5,46	2,18	3,99
10/1	52,48	1	1	28,77	7,61	3,37	5,71
10/2	24,59	6,2	5,8	38,83	10,89	5,03	8,51
10/3	48,73	1	1	33,45	6,20	2,79	6,67
10/4	41,84	4,2	3,5	37,17	5,41	2,77	4,93
F 5/2	49,85	1,5	1	28,29	7,37	2,63	9,28
5/3	34,28	2,4	2	36,46	10,58	3,99	10,16
5/4	29,28	3,1	2	34,31	15,15	4,80	11,55
10/1	42,32	6,4	7,2	28,39	7,67	3,42	4,51
10/2	63,45	1	1	22,55	5,59	2,26	4,31
10/3	29,96	2,5	2	41,75	9,58	5,17	8,75
10/4	61,97	2	1	25,75	4,82	1,92	3,74

Cer, keinerlei Systematik in der Verteilung der Seltenen Erden zu erkennen, auch nicht für Lanthan, dessen Oxid La_2O_3 (vgl. Tabelle 2) eine recht hohe Bildungswärme aufweist.

Aus der in der Tabelle 1 gezeigten Verteilung der Seltenen Erden in den Oxiden erfolgte nun unter Berücksichtigung der Isolatausbeuten und der übrigen Oxidgehalte (Fe, Si, Al), die nach üblichen Verfahren bestimmt wurden, die Berechnung der in Tabelle 3 verzeichneten Oxidzusammensetzungen. Für die Berechnung wurden bei den Seltenen Erden Oxide des Typs Me_2O_3 zugrunde gelegt, was unbedingt für La und Nd zutrifft. Ce und Pr bilden auch Oxide des Typs MeO_2. Zur Klärung dieser Frage wurde die Röntgenfeinstrukturanalyse herangezogen*. Das Röntgenogramm der Oxide aus der Schmelze Ce 5/2 ist einphasig. Diese Phase besitzt keine feste Gitterkonstante, befindet sich also nicht im Gleichgewicht. Es handelt sich um eine kubische Phase, wie sie im pseudobinären System CeO-Ce_2O_3 bekannt ist. Ob und welche Elemente zusätzlich in den Mischkristall eingelagert sind, konnte durch die Röntgenfeinstrukturanalyse nicht geklärt werden. Jedoch ergibt sich aus der chemischen Zusammensetzung der Oxide einwandfrei, daß FeO entweder eingelagert oder mechanisch umschlossen sein muß. Da zumindest die Schmelzen mit den höheren Cergehalten auch im Grundmetall Seltene Erden in metallisch gelöster Form enthalten, ist der beobachtete hohe

Tabelle 4. **Sauerstoffbilanzen und Vergleich mit Analysenwerten nach dem Trägergasverfahren**

Schmelze	p. p. m. Sauerstoff gebunden an:							p. p. m. Sauerstoff	
	Fe	Si	Al	Ce	La	Pr	Nd	Σ	Trägergas-Verfahren
Ce 5/1	43	4	3	15	2	1	2	70	70
5/2	58	7	8	66	6	11	4	160	150
5/3	42	25	14	12	3	1	2	99	170
5/4	65	3	2	21	4	2	3	100	100
10/1	164	8	7	59	16	7	11	272	300
10/2	38	23	19	39	11	5	8	143	170
10/3	156	8	7	78	10	5	9	273	170
10/4	62	15	11	36	5	3	5	137	160
F 5/2	186	13	8	69	18	6	22	322	310
5/3	80	13	9	56	16	6	15	195	190
5/4	74	19	11	57	25	8	19	213	200
10/1	61	22	22	27	7	3	4	146	180
10/2	43	2	1	10	2	10	2	70	70
10/3	105	21	15	96	22	12	20	291	270
10/4	46	4	2	13	2	1	2	70	70

Eisengehalt in den Oxiden nicht leicht verständlich. Die Frage, ob die Schmelzen beim Abgießen wieder Sauerstoff aufgenommen haben, oder ob der CeO-Ce_2O_3-Mischkristall tatsächlich Wüstit enthält, muß hier unbeantwortet bleiben.

* Herrn Dr. *H. Kudielka*, Max-Planck-Institut für Eisenforschung, Düsseldorf, sei für seine Hilfe sehr gedankt.

Aus der chemischen Zusammensetzung der Oxide und den Isolatausbeuten wurden schließlich die Sauerstoffgehalte der Schmelzen berechnet und mit Sauerstoffgehalten verglichen, die nach dem Trägergasverfahren bestimmt wurden. Tabelle 4 bringt die Ergebnisse. Die Oxide La_2O_3, CeO_2, PrO_2 und Nd_2O_3 werden, wie Versuche zeigten, unter den Bedingungen des Trägergasverfahrens reduziert und liefern die theoretischen Sauerstoffgehalte.

Mit wenigen Ausnahmen zeigen die gemessenen und die berechneten Sauerstoffwerte eine für solche metallkundlichen Untersuchungen befriedigende Übereinstimmung, wodurch umgekehrt die Berechnungsgrundlage für die in der Tabelle 3 dargestellte Oxidzusammensetzung eine gewisse Berechtigung erhält.

Auf Grund der durchgeführten Untersuchungen kann nunmehr angenommen werden, daß die Beobachtungen von *Kirschning*, *Hombeck*, *Schenck* und *Carius*[12], die in den Oxideinschlüssen kein Cer fanden, auf die besonderen metallurgischen Verhältnisse bei den Versuchen dieser Autoren zurückzuführen sind. Im allgemeinen kann bei der Verwendung Seltener Erden als Desoxydationsmittel mit der Anwesenheit von Cer in den isolierten Oxideinschlüssen gerechnet werden.

Zusammenfassung

Die Desoxydationsbedingungen haben häufig Einfluß auf die Warmverformbarkeit von Stählen, wodurch in letzter Zeit die Seltenen Erden in der Metallurgie des Stahles auf zunehmendes Interesse stoßen. Nachdem in einer früheren Arbeit wesentliche analytische Voraussetzungen für metallkundliche Reihenuntersuchungen geschaffen worden waren, wurden jetzt einige im Tammanofen erschmolzene und mit Cermischmetall beruhigte Stahlproben auf ihre Oxideinschlüsse und die Verteilung der Seltenen Erden in diesen untersucht. Außerdem wurden Sauerstoffbilanzen aufgestellt und mit den nach dem Trägergasverfahren gefundenen Werten verglichen.

Im Gegensatz zu Beobachtungen anderer Autoren wurden unter den gewählten Versuchsbedingungen Cer und andere Seltene Erden in den Einschlüssen nachgewiesen und bestimmt. Die Verteilung der Seltenen Erden in den isolierten Oxideinschlüssen entspricht nicht derjenigen des eingesetzten Cermischmetalls, jedoch läßt sich in den beobachteten Abweichungen keine Systematik erkennen.

Summary

The deoxidation conditions frequently have an influence on the hot workability of steels in which connection the rare earths recently have aroused increased interist in the metallurgy of steel. After essentially analytical conditions were created en a previous paper with respect to metallurgical series investigations, several specimens of steel that had been melted in the Tammann furnace and killed with cerium mixed metal were studied with regard to their oxide inclusions and to the distribution of the rare earths in these. Furthermore, oxygen balances were set up and compared with the values found by the carrier gas method.

In contrast to the observations of other writers, cerium and other rare earths were detected under the chosen conditions in the inclusions and determined. The distribution of the rare earths in the isolated oxide inclusions does not correspond to those of the cerium mixed metal introduced, but no systematic behavior in the observed deviations could be discerned.

Literatur

[1] *H. Morrogh* und *W. J. Williams*, J. Iron Steel Inst. **155**, 321 (1947).

[2] *A. Gerhardt, Th. Kraus* und *M. G. Frohberg*, Gießerei, techn.-wiss. Beih. **17**, 203 (1965).

[3] *M. I. Vinograd, S. M. Gnučev, G. P. Gromova, A. V. Smirnova, A. G. Ryl'nikova, V. A. Osnovin, A. K. Krasnova, I. V. Lichnova* und *T. V. Egoršina*, Stal (deutsch) **6**, 793 (1966).

[4] *N. N. Popova, N. I. Sandler* und *N. I. Butko*, Metalloved. Term. Obra. Met. **1965**, Nr. 11, 21.

[5] *A. F. Beljakova, I. V. Paisov, Ju. V. Krjakovskij* und *V. Ja. Tatarintsev*, Metalloved. Term. Obra. Met. **1965**, Nr. 11, 41.

[6] *M. N. Kul'kova, E. P. Ponomareva, Ju. I. Rubencik, Ju. V. Krjakovskij* und *V. I. Javojskij*, Stal (deutsch) **6**, 490 (1966).

[7] *S. Eckhard, K.-H. Sauer* und *R. Marotz*, Z. analyt. Chem. **221**, 285 (1966).

[8] *I. S. Hirschhorn*, The use of Mischmetal in Steels, Newark, N. J. 1964. (Firmenschrift der Ronson Metals Corp.)

[9] *W. Koch* und *E. Büchel*, Mikrochim. Acta (Wien) **1965**, 429.

[10] *W. Koch*, Metallkundliche Analyse, Zusammensetzung, Struktur und Habitus der Phasen in heterogenen Legierungen. Düsseldorf u. Weinheim: 1965.

[11] *S. Eckhard, W. Koch* und *C. Mahr*, Angew. Chem. **68**, 296 (1956).

[12] *H. J. Kirschning, F. Hombeck, H. Schenck* und *C. Carius*, Arch. Eisenhüttenwes. **34**, 269 (1963).

[13] *W. Oelsen, K.-H. Sauer* und *H. Keller*, Arch. Eisenhüttenwes. **36**, 529 (1965).

[14] *S. Eckhard* und *R. Marotz*, Mikrochim. Acta (Wien) **1967**, Suppl. II, 70.

Aus dem Forschungslaboratorium der Uddeholms AB, Hagfors, Schweden

Die Koerzitivkraft als Hilfsmittel zur Kennzeichnung metallkundlicher Vorgänge in ferritischen Stählen *

Von

F. Hofer

Mit 18 Abbildungen

(Eingegangen am 23. Dezember 1966)

Die Koerzitivkraft ist neben der Permeabilität diejenige physikalische Größe ferromagnetischer Werkstoffe, die bei verschiedenen Behandlungszuständen der größten Änderungsmöglichkeit unterworfen sein kann. Während andere Werkstoffgrößen, wie Sättigung, Remanenz, Leitfähigkeit, Dichte, Ausdehnung, Härte usw., sich über den gesamten in der Metallkunde interessierenden Bereich um eine, höchstens zwei Zehnerpotenzen ändern können, beträgt die Variationsmöglichkeit für die Koerzitivkraft fünf Zehnerpotenzen.

Veränderungen des Gefügeaufbaus bei der Wärmebehandlung — Gitterstörungen infolge von Feinstausscheidungen, Alterungsvorgänge oder plastische Verformungen — beeinflussen die Größe der Koerzitivkraft oft sehr stark. Dabei interessiert nicht der magnetische Kennwert als solcher, sondern bloß die indirekt angezeigte Veränderung im Werkstoffaufbau. Bisher wurden erst relativ wenige Untersuchungen in diesem Zusammenhang durchgeführt. In dieser Arbeit sollen die praktischen Anwendungsmöglichkeiten für die Bestimmung der Koerzitivkraft in ferritischen Stählen angegeben werden.

Die Magnetisierungskurve und die Koerzitivkraft H_c

Die Magnetisierungskurve stellt den Zusammenhang zwischen der Feldstärke und der nach außen wirksamen Magnetisierung dar. Die äußere Magnetisierungskurve, wie sie in Abb. 1 dargestellt ist, nennt man

* Vortrag anläßlich des Kolloquiums über metallkundliche Analyse mit besonderer Berücksichtigung der Elektronenstrahl-Mikroanalyse, Wien, 25. bis 27. Oktober 1966.

auch Hystereseschleife, womit zum Ausdruck gebracht wird, daß die Magnetisierung dem Feld nicht unmittelbar folgt. Nach Ausschalten des äußeren Feldes verlieren die ferromagnetischen Stoffe nur einen Teil der

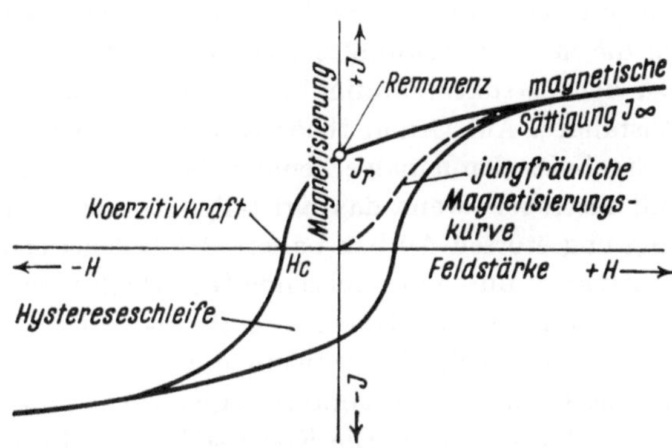

Abb. 1. Hysteresekurve ferromagnetischer Metalle

Magnetisierung, und den bei der Feldstärke Null verbleibenden Teil der Magnetisierung bezeichnet man als *Remanenz* J_R. Durch Wiederansteigen des Feldes in entgegengesetzter Richtung wird die Magnetisierung unter diese Remanenz J_R herabgedrückt und erreicht bei einer bestimmten Feldstärke den Wert Null. Die Feldstärke, die dazu aufgewendet werden muß, um die Magnetisierung auf den Wert Null herunterzudrücken, wird als *Koerzitivkraft* H_c bezeichnet. Je nachdem, ob man die Magnetisierung J oder die Induktion B Null werden läßt, erhält man verschiedene Koerzitivkräfte ${}_JH_c$ oder ${}_BH_c$. Dieser Unterschied macht sich bei magnetisch weichen Werkstoffen praktisch kaum bemerkbar, muß aber bei Dauermagneten mit hoher Koerzitivkraft berücksichtigt werden. In der vorliegenden Arbeit wird nur die Koerzitivkraft ${}_JH_c$ behandelt und kurz mit H_c bezeichnet.

Eine Erklärung für das Auftreten der Hystereseschleife ist in dem Vorhandensein der Weissschen Bezirke zu suchen. Die Grenzen zwischen diesen einzelnen magnetischen Elementarbereichen werden als Blochwände bezeichnet, wobei man zwischen 180°- und 90°-Wänden unterscheidet. Mit zunehmender Steigerung des Magnetfeldes tritt beim Magnetisieren folgendes ein:

a) Wandverschiebungen (reversibel)

b) irreversible Wandverschiebungen (an Versetzungen festgehalten),

c) sprunghafte Verschiebungen von 180°-Wänden (irreversibel), Backhausensprünge,

d) Drehung der spontanen magnetischen Momente (Weisssche Bezirke),

e) Schwingvektoren der einzelnen Atome werden in die Feldrichtung hineingedreht.

Die bei den ferromagnetischen Stoffen auftretende Erscheinung der Hysterese und die mit ihr verknüpfte Koerzitivkraft gehören im Sinne von *Smekal* zu den „strukturempfindlichen“ Eigenschaften des festen kristallinen Zustandes. Auf Grund theoretischer Überlegungen und experimenteller Ergebnisse kann man erkennen, daß die beiden Größen dem Grenzwert Null zustreben, wenn das Kristallgitter sich dem idealen, in jeder Beziehung ungestörten Aufbau nähert. Umgekehrt steigen Hysterese und Koerzitivkraft durch anwachsende Gitterfehler erheblich an.

Wie schon erwähnt, ist die Koerzitivkraft als diejenige Gegenfeldstärke H_c definiert, die für das Verschwinden der Magnetisierungsintensität J im Werkstoff nach einer vorausgegangenen Aufmagnetisierung bis zur Sättigung erforderlich ist. Die Koerzitivkraft steht in engem Zusammenhang mit dem Mechanismus der Verschiebungen der 180°-Blochwände im steilen Teil der Magnetisierungsschleife. Die 180°-Wände werden durch Gitterstörungen in bestimmten Lagen festgehalten, und diese Behinderung der 180°-Wandverschiebungen ist die Ursache für das Vorhandensein der Remanenz und somit auch der Koerzitivkraft. Als die Wandbewegung hindernde Störungen wurden bisher Gitterverzerrungen, Fremdkörpereinschlüsse und Hohlstellen, Versetzungen, innere magnetische Streufelder und Entmagnetisierungsfelder erkannt und untersucht. Die verschiedenen quantitativen Theorien der Koerzitivkraft unterscheiden sich in erster Linie dadurch, daß jede von ihnen in einer besonders engen Beziehung zu einer der angeführten Störungsarten steht:

Spannungstheorie (*R. Becker*[1])
Fremdkörpertheorie (*M. Kersten*[2])
Streufeldtheorie (*L. Néel*[3])

Von den bisher vorliegenden Theorien über die Koerzitivkraft behandelt jede eine andere Seite des Problems, jede befaßt sich mit einer bestimmten Art von Störungen oder greift einen einzelnen Wechselwirkungstyp heraus. Alle daraus errechneten mathematischen Gleichungen für die Koerzitivkraft gelten nur unter ganz bestimmten Voraussetzungen. Es fehlen eigentlich die Merkmale einer allgemeinen Theorie der Koerzitivkraft. Die errechneten Koerzitivkraftformeln lassen sich wegen der zu starken Spezialisierung der Annahmen über die Störungsverteilung auf praktisch vorliegende Verhältnisse kaum anwenden. Trotz des Fehlens einer umfassenden Theorie mit Berücksichtigung aller Einflußfaktoren können Koerzitivkraftmessungen mit Erfolg zur Beobachtung von metallkundlichen Vorgängen in der Praxis eingesetzt werden.

Messung der Koerzitivkraft

Die Messung der Koerzitivkraft erfolgt mit Hilfe eines Präzisions-Koerzimeters Typ 1.091 vom Institut Dr. Förster. In Abb. 2 ist das Gerät, bestehend aus einer Koerzimeter-Spulenanordnung, die auf einer Erdfeldkompensationseinrichtung angebracht ist, einem *J*-Anzeigegerät und einem Feldregelgerät (Koerzimeter-Feldregel- und -Anzeigegerät) dargestellt. Beidseitig der Koerzimeterspule ist das Differenz-Förstersondenpaar verschiebbar und drehbar angebracht[4]. Mit der Standardausrüstung des Gerätes können Koerzitivkräfte von 0,01 bis 100 Oersted gemessen werden. Es werden zylindrische Proben mit einem Durchmesser von 5 mm und einer Länge von 40 bis 50 mm verwendet. Zusätzlich wurde noch für sehr kleine Probenstücke aus magnetisch weichen Werkstoffen (<2 Oe) eine spezielle Innensonde konstruiert. Um auch Koerzitivkräfte bei höheren Temperaturen messen zu können, ist eine Koerzimeterspule mit einem größeren Innendurchmesser vorhanden, womit die Möglichkeit für den Einbau eines Ofens gegeben ist.

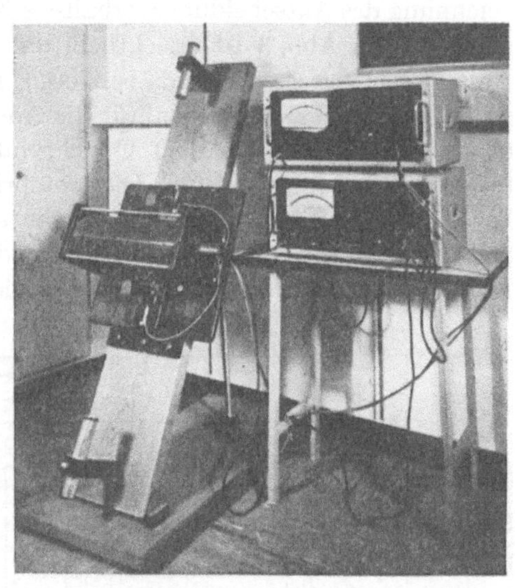

Abb. 2. Koerzimeter vom Institut Dr. F. Förster

Die Messung selbst ist sehr einfach und geht rasch vor sich. Mit Hilfe der Koerzimeterspule wird die Probe zunächst bis zur Sättigung magnetisiert. Danach wird die Feldstärke kontinuierlich bis auf Null verkleinert und darauf in entgegengesetzter Richtung bis zum Verschwinden der Magnetisierung J der Probe erhöht. Das magnetische Moment der Probe für J wird mit Hilfe der von *F. Förster* entwickelten Magnetfeldgradientensonde bestimmt.

Die Meßgenauigkeit mit dem Förster-Koerzimeter ist sehr groß, geringfügige Veränderungen der Koerzitivkraft können noch gut verfolgt werden. Auf Grund wiederholter Messungen an 40 verschiedenen Proben können bei sehr sorgfältiger Durchführung der Koerzitivkraftmessungen die Fehlergrenzen mit

$$1{,}00 \pm 0{,}01 \text{ Oe} - 10{,}00 \pm 0{,}08 \text{ Oe} - 100{,}0 \pm 0{,}3 \text{ Oe}$$

angegeben werden.

Anwendungsbeispiele

1. Ausscheidungsvorgänge

An einer für Überhitzerrohre verwendeten warmfesten Stahlqualität (C = 0,15%, Cr = 0,35%, Mo = 0,62% und V = 0,35%) wurden zur Kennzeichnung des Ausscheidungsverhaltens Koerzitivkraftmessungen durchgeführt. Aus Abb. 3 ist ersichtlich, daß die Koerzitivkraft nach einer Anlaßdauer von einer Stunde bei 700° C ihr Maximum erreicht. Es zeigt sich, daß bei dieser Stahlqualität die Änderung der Koerzitivkraft nach dem Lösungsglühen bei 1050° C viel größer ist als bei einer Normalisierungstemperatur von 960° C. Dies entspricht auch den Erwartungen, da bei 1050° C weit mehr Vanadincarbide in Lösung gehen als bei 960° C und daher im ersteren Falle die Ausscheidungshärtung weit wirksamer in Erscheinung treten kann. Die zum Vergleich in Abb. 3 zusätzlich einge-

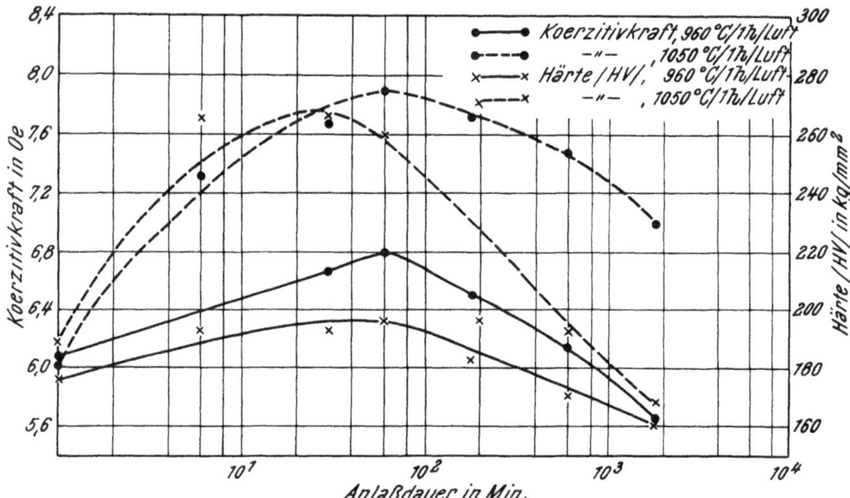

Abb. 3. Koerzitivkraft- und Härtekurven einer Stahlqualität mit der Zusammensetzung C 0,15%; Cr 0,35%; Mo 0,62% und V 0,35%. Angelassen bei 700° C zwischen 6 Minuten und 30 Stunden

tragenen Härtekurven zeigen einen analogen Verlauf. Ähnliche Untersuchungen wurden auch von *E. Baerlecken* und *H. Fabritius* [5] durchgeführt.

Die Messung der Koerzitivkraft an zwei Kesselbaustählen vom Typ 13CrMo44 und 10CrMo9 10 bei langzeitiger Temperaturbeanspruchung gibt einen Einblick in das Ausscheidungsgeschehen in Abhängigkeit von Zeit und Temperatur. Die Ausscheidung von Carbiden der Legierungselemente kann in Abb. 4 gut verfolgt werden. Der Kurvenverlauf ist für beide Stahlqualitäten mehr oder minder gleich. Die in Abb. 5 dargestellten Molybdängehalte der isolierten Carbide in Abhängigkeit von Zeit und Glühtemperatur zeigen im wesentlichen einen ähnlichen Verlauf wie die Kurven für die Koerzitivkraft. Die Maxima treten jedoch bei den Koerzi-

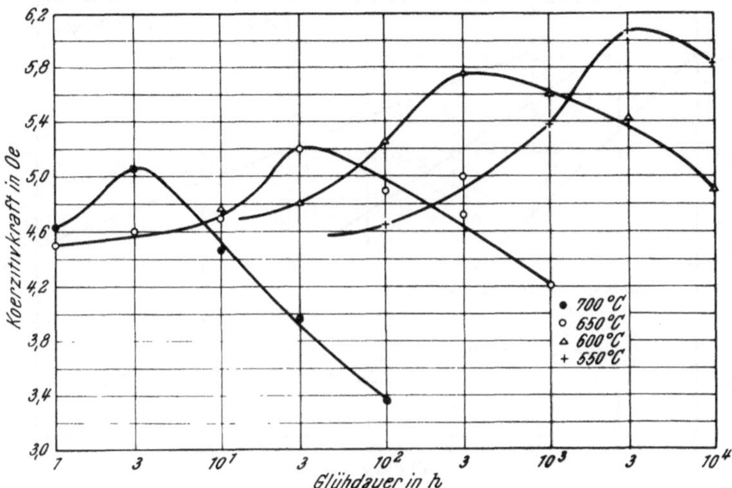

Abb. 4. Koerzitivkraftkurven eines Stahles vom Typ 10CrMo9 10 bei verschiedenen Anlaßtemperaturen in Abhängigkeit von der Zeit

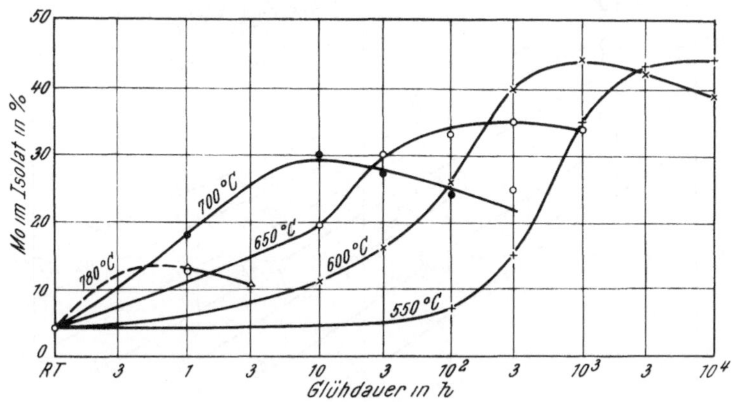

Abb. 5. Kurven des Mo-Gehaltes der isolierten Carbide bei verschiedenen Anlaßtemperaturen in Abhängigkeit von der Zeit

tivkraftkurven durchwegs früher auf. Die absolute Höhe des Koerzitivkraftmaximums nimmt mit sinkender Temperatur zu und verschiebt sich gleichzeitig zu längeren Zeiten hin. Um eine bestimmte Anlaßhärte zu erzielen, kann man gemäß *Hollomon* und *Jaffe* Zeit und Temperatur gegeneinander austauschen, und zwar durch den bekannten Parameter vom Typ $P = T(C + \log t)$. Diese Methode kann auch auf die Vorgänge, die die Veränderung der Koerzitivkraft bewirken, übertragen werden. In

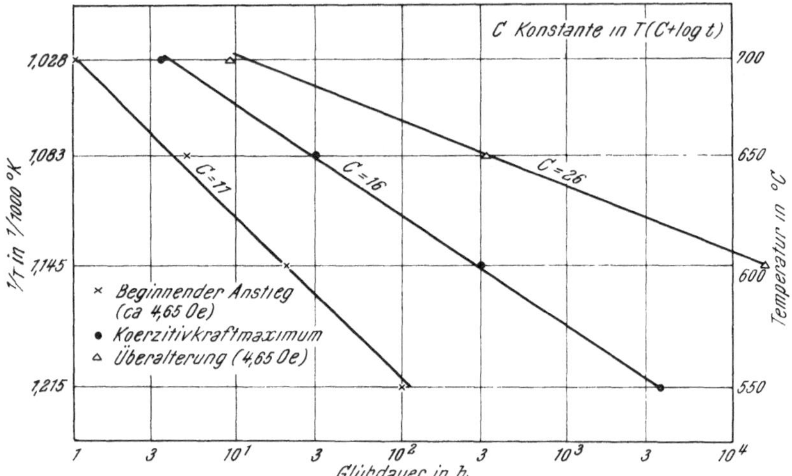

Abb. 6. Die Konstante C im Hollomon-Jaffe-Parameter, auf Grund von Koerzitivkraftmessungen ermittelt

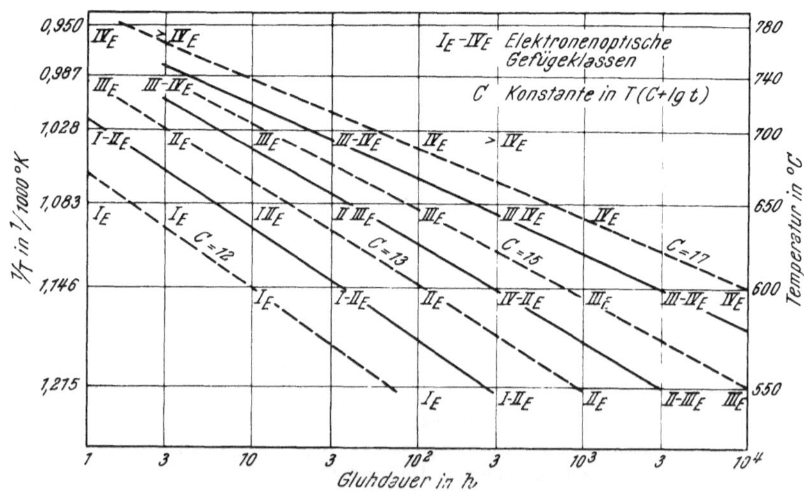

Abb. 7. Die Konstante C im Hollomon-Jaffe-Parameter, auf Grund von elektronenoptischen Gefügeklasseneinteilungen ermittelt

Abb. 6 sind die den vier Koerzitivkraftmaxima entsprechenden Zeit-Temperatur-Verhältnisse im $1/T - \log t$-Diagramm eingetragen, und es ergibt sich für den C-Wert im Hollomon-Jaffe-Parameter die Zahl 16.

Nimmt man für den eigentlichen Ausscheidungsbeginn im Mittel einen Koerzitivkraftwert von 4,65 Oe an, so resultiert daraus eine Gerade mit einer Neigung, die dem C-Wert $= 11$ entspricht. Versucht man den überalterten Zustand (Abfall der Koerzitivkraft auf 4,65 Oe) ebenfalls als Bezugsgröße in das vorliegende Diagramm einzutragen, so ergibt sich ein C-Wert von ca. 26. Die aus den Koerzitivkraftkurven bestimmten C-Werte stimmen, mit Ausnahme des Wertes $C = 26$, mit den bei der elektronenmikroskopischen Untersuchung und den bei der Carbidisolierung gewonnenen variablen Konstanten gut überein. Die Abb. 7 zeigt die auf Grund der elektronenoptischen Gefügebeurteilung klassifizierten Koagulierungszustände (Klassen I bis IV) und die daraus erhaltenen Konstanten des Hollomon-Jaffe-Parameters ($C = 12$ bis 17).

In den vorliegenden Fällen wird die Erhöhung der Koerzitivkraft durch die Ausscheidung von sehr feinen Sondercarbiden bewirkt, die die Beweglichkeit der Blochwände hemmen. Für angenähert kugelförmige Fremdkörper, deren Durchmesser d klein gegenüber der Dicke der Blochwände δ ist, leitet *M. Kersten*[6] auf Grund vereinfachter Modellannahmen die Beziehung

$$H_c \approx 2 \frac{K_1}{\mu_0 M_S} \cdot \frac{d}{\delta_{90^\circ}} \cdot \mathrm{v}^{\frac{2}{3}} \tag{1}$$

ab, wobei δ_{90° die Dicke einer 90°-Wand ist. Sind dagegen die Einschlüsse gegenüber der Blochwanddicke groß, so erhält man nach *E. Kondorski*[7]:

$$H_c \approx 5 \frac{K_1}{\mu_0 M_S} \cdot \frac{\delta}{d} \cdot \mathrm{v}^{\frac{2}{3}}. \tag{2}$$

K_1 = Konstante der Kristallanisotropie
M_S = Sättigungsmagnetisierung
μ_0 = Induktionskonstante
v = Volumenanteil der Einschlüsse

Gemäß Formel (1) steigt die Koerzitivkraft mit zunehmendem d und v an, solange d gegenüber δ nicht zu groß wird, denn nur in diesem Bereich gilt die von *M. Kersten* aufgestellte Beziehung. Durch elektronenmikroskopische Untersuchungen (Abb. 8) konnte festgestellt werden, daß das Maximum der Koerzitivkraft bei einer Teilchengröße der Sondercarbide von ca. 1000 Å erreicht wird. Diese Größe entspricht der Blochwanddicke, die ebenfalls rund 1000 Å beträgt, während die Größe der Weissschen Bezirke mit 0,01 bis 0,1 mm angegeben wird. Überschreiten die Ausscheidungen diese kritische Größe, so gilt die Formel (2), in der d im Nenner steht und die Koerzitivkraft dementsprechend mit zunehmendem Wachstum der ausgeschiedenen Carbide abnimmt. Qualitativ stimmen die in diesem Zusammenhang gewonnenen Werte (Abb. 3 u. 4) gut mit der „Fremdkörpertheorie" überein. Inwieweit die durch den Ausscheidungsvorgang auftretenden Gitterverspannungen die Koerzitivkraft beeinflussen, wurde in dieser Arbeit nicht berücksichtigt.

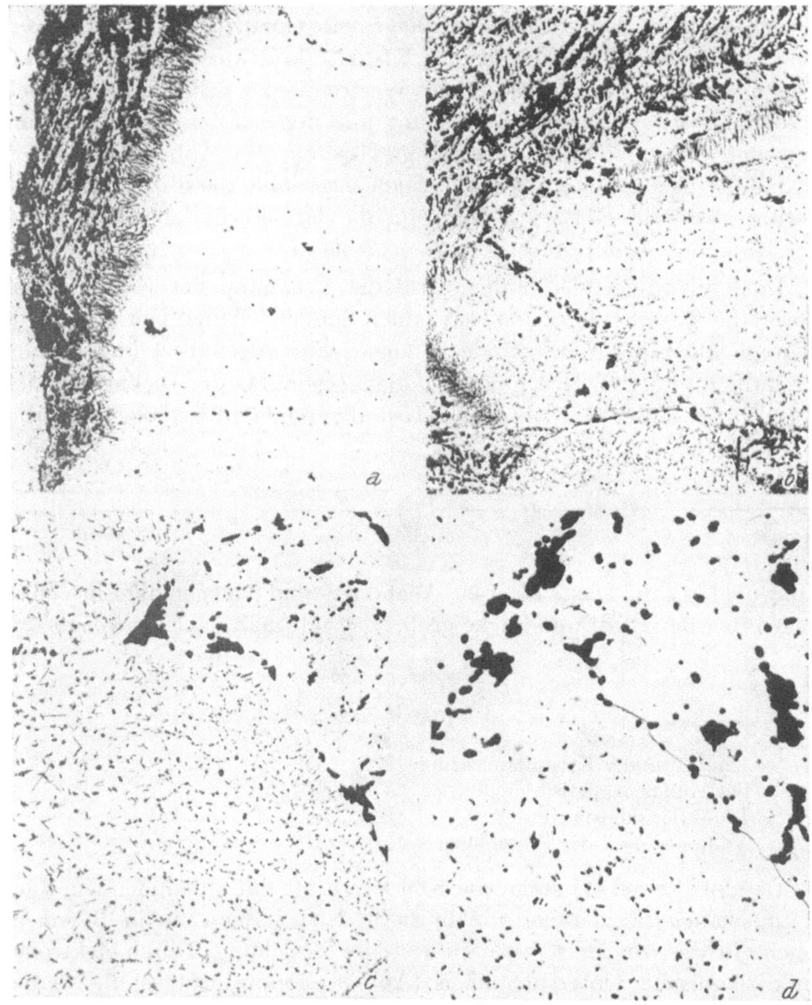

Abb. 8. Beispiele für die elektronenoptisch aufgestellten Gefügeklassen
a) Klasse I (600° C/10 h). Sehr wenige erste Ausscheidungen im voreutektoiden Ferrit
b) Klasse II (600° C/100 h). Deutliche Ausscheidungen im voreutektoiden Ferrit
c) Klasse III (600° C/1000 h). Merkbare Vergröberung der Ausscheidungen im voreutektoiden Ferrit
d) Klasse IV (600° C/10.000 h). Koagulation der feinausgeschiedenen Carbide im voreutektoiden Ferrit

2. *Bestimmung von plastischen Verformungen*

Die Koerzitivkraft bietet sich als eine physikalische Größe an, aus der in einfacher Weise plastische Verformungen von ferritischen Stählen nachzuweisen sind und unter gegebenen Umständen auch auf deren Höhe zu schließen ist. Mit zunehmendem Verformungsgrad erhöht sich die Koerzitivkraft, wie dies aus Abb. 9 hervorgeht. Insbesondere ist der Anstieg der Koerzitivkraft bei sehr geringen Verformungen relativ stark. Die chemische Zusammensetzung der drei untersuchten Stahlqualitäten ist folgende:

Stahl	Typ	% C	% Si	% Mn	% P	% S	% N	% Al
A	SM-Feinkornstahl, beruhigt	.13	.30	.60	.042	.024	.0060	.034
B	SM-Stahl, unberuhigt	.17	.04	.56	.017	.022	.0035	.005
C	Thomasstahl, unberuhigt	.04	.03	.31	.028	.008	.0090	.002

Bereits vor mehr als 30 Jahren erkannte *R. Becker*[1], daß die inneren Spannungen als Ursache für die Größe der Koerzitivkraft anzusehen sind. Diese Theorie wurde von verschiedenen Autoren weiterentwickelt[8,9] bzw. auch abgelehnt[10]. *F. Vincena*[11] hat die Koerzitivkraft als diejenige Feldstärke rechnerisch abzuschätzen versucht, die zum Abreißen der Blockwände von den sie fixierenden Versetzungen notwendig ist. Dazu betrachtet er die Wechselwirkung zwischen dem Spannungsfeld einer Versetzung und einer Blochwand; danach ergibt sich folgende Beziehung:

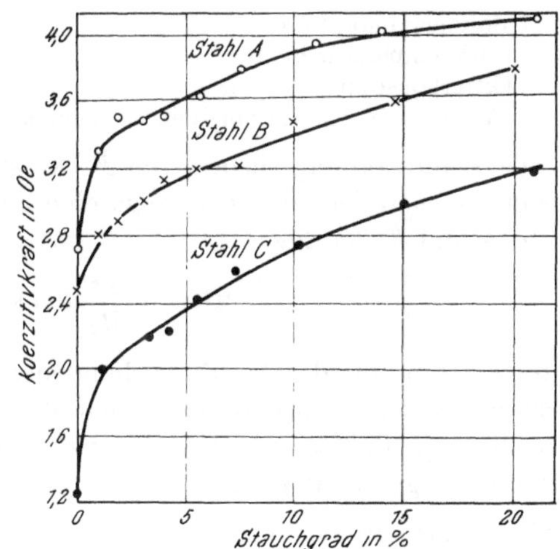

Abb. 9. Koerzitivkraftkurven von verformten Stahlproben

$$H_c = \frac{\delta^2 \cdot \lambda_s \cdot G \cdot b \cdot (1+\nu)}{2\mu_0 M_s (1-\nu) \cdot L} \cdot \left(\ln \frac{L}{\delta}\right)^{\frac{1}{2}} \cdot \frac{1}{s}. \tag{3}$$

λ_s = Sättigungsmagnetostriktion, d. h. die relative Längenänderung $\Delta l/l$, die ein Stab aus dem betrachteten Werkstoff durch Magnetisierung bis zur Sättigung J_s gegenüber dem entmagnetisierten Ausgangszustand $J = 0$ erleidet
G = Schubmodul
b = Burgersvektor
ν = Poissonsche Konstante
s = mittlerer Abstand der Versetzungen
L = mittlere Entfernung zweier Blochwände, wobei lamellenförmige Weisssche Bezirke angenommen wurden

Von einer anderen Modellvorstellung über die Wirkung der Versetzungen geht *M. Kersten*[12] aus. Er nimmt ebenfalls an, daß die Blochwände an Versetzungen fixiert sind, aber in gewissen Fällen sich schon bei einem Koerzitivfeld irreversibel aufblähen, das kleiner ist als die „Ablösefeldstärke“ nach *F. Vincena.* Bei diesem Vorgang wölben sich die Wände unter dem Druck eines angelegten Feldes ungefähr zylinderförmig — zur Verminderung von Streufeldern — aus, bis dieser zunächst reversible Vorgang bei wachsender Feldstärke in eine irreversible Auswölbung übergeht. Für die Abschätzung der entsprechenden kritischen Feldstärke erhält man nach *F. Kersten:*

$$H_c = \frac{1}{\mu_0 M_0} \sqrt{\frac{k \cdot T_c}{a}} \sqrt{K_1} \cdot \frac{1}{s}. \qquad (4)$$

k = Boltzmannkonstante
T_c = Curietemperatur in °K
a = Gitterkonstante
M_0 = Sättigungsmagnetisierung beim absoluten Nullpunkt

Die Wandwölbungstheorie von *F. Kersten* stimmt nicht bei höheren Verformungsgraden, dagegen zeigt eine einfachere Beziehung nach *H. Dietrich* und *E. Kneller*[13]

$$H_c = \alpha \frac{\gamma_s}{M_S} b\, G \sqrt{N_d} \qquad (5)$$

unter Verwendung der Anzahl vorhandener Versetzungen N_d eine bessere Übereinstimmung mit den experimentell gewonnenen Ergebnissen. Setzt man die von *W. Köster* und *L. Bangert*[14] für die Anzahl der durch Verformung aufgebrachten Versetzungen aufgestellte Beziehung

$$N_d = 0{,}54 \cdot 10^{11} \cdot \varepsilon^{\frac{1}{2}}\ \mathrm{cm}^{-1} \qquad (6)$$

in die Formel (5) ein, so erhält man:

$$H_c = \alpha \frac{\gamma_s}{M_S} 2{,}32 \cdot 10^5 \cdot b \cdot G \cdot \varepsilon^{\frac{1}{4}}. \qquad (7)$$

Da α eine Konstante ungefähr gleich Eins ist und die übrigen Faktoren sich in ein und demselben Werkstoff nicht wesentlich ändern werden, kann man die Gleichung (7) vereinfachen zu:

$$H_c \sim \varepsilon^{\frac{1}{4}}. \qquad (8)$$

Stellt man die bei den Verformungsversuchen gewonnenen Werte nach der Gleichung (8) graphisch dar, so liegen alle Punkte, von den Streuwerten abgesehen, auf einer Geraden mit einer charakteristischen Neigung für die einzelnen Stahlqualitäten (Abb. 10). Es besteht also ein quantitativer Zusammenhang zwischen der Anzahl von Versetzungen und der Höhe der Koerzitivkraft.

3. *Alterungsvorgänge*

Maßgebend für die Größe der Koerzitivkraft bei der Abschreck- oder Reckalterung eines unlegierten Stahles ist einerseits das Auftreten der Carbide und Nitride — insbesondere deren Menge, Größe, Form und räumliche Verteilung —, die im Laufe der Alterung Änderungen unterworfen sind, und andererseits die Einwanderung des Kohlenstoffs bzw. Stickstoffs in die Versetzungen[15, 16, 17]. In diesem Zusammenhang wurden die drei bereits vorhin erwähnten Stähle A, B und C vom Typ St. 37 untersucht. Zur Erzeugung von Abschreckspannungen wurden die Koerzimeterproben eine Stunde bei 680° C gehalten und anschließend in koch-

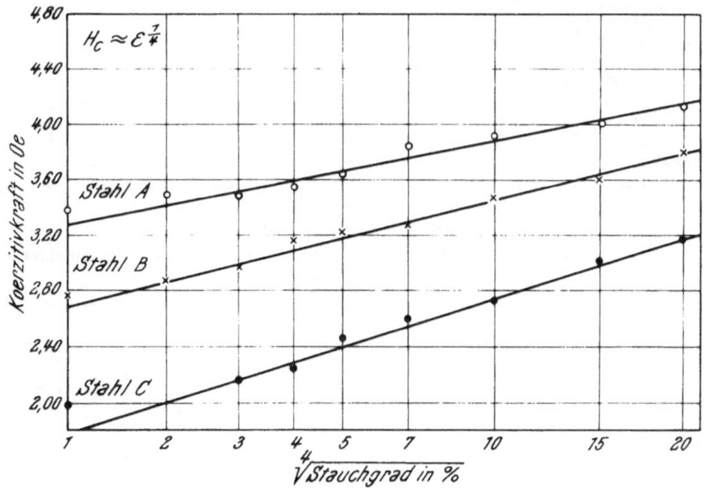

Abb. 10. Darstellung der Beziehung $H_c \approx \varepsilon^{\frac{1}{4}}$

salzhaltigem Eiswasser abgeschreckt. Daraufhin erfolgte die Auslagerung bei Raumtemperatur, bei 100° C und bei 250° C. Die aus diesen Versuchen gewonnenen Werte sind in den Abb. 11 bis 13 graphisch dargestellt. Bei der Auslagerung bei Raumtemperatur konnte selbst nach 800 Tagen keine Erhöhung der Koerzitivkraft wahrgenommen werden. Bei 100° C beginnt bereits nach 4 Stunden der Anstieg der Koerzitivkraft des Stahles C, und nach einer Auslagerungszeit von 10.000 Stunden ist anscheinend das Maximum der Koerzitivkraft noch nicht erreicht worden. Die Stahlproben A und B zeigen nach etwa 20 Stunden ebenfalls eine geringe Erhöhung der Koerzitivkraft. Bei einer Auslagerungstemperatur von 250° C zeigt sich bei allen drei Stahlqualitäten eine Erhöhung der Koerzitivkraft bereits nach einem Zeitraum von 5 Minuten. Die Änderung der Koerzitivkraft ist beim Stahl C bedeutend größer als bei den beiden anderen Qualitäten. Nach einer Zeit von etwa 20 Minuten ist bei den Stählen A und B die maximale Koerzitivkraftänderung erreicht, während beim Stahl C dies erst nach 3 Stunden der Fall ist.

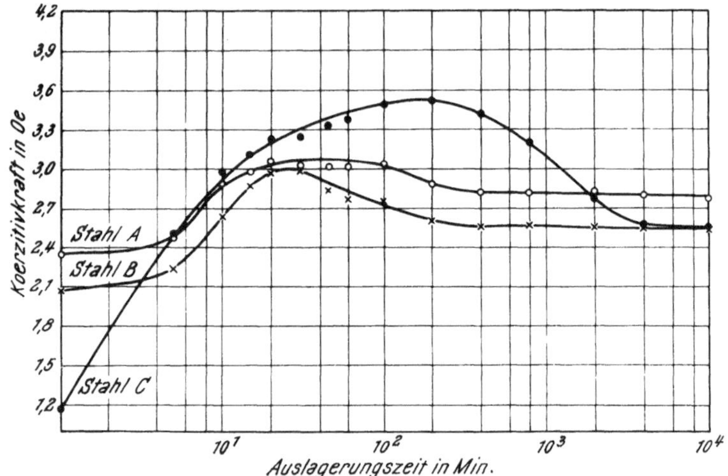

Abb. 11. Auslagerung der Stahlqualitäten A, B und C bei 250° C nach dem Abschrecken (680° C/1 h/Eiswasser)

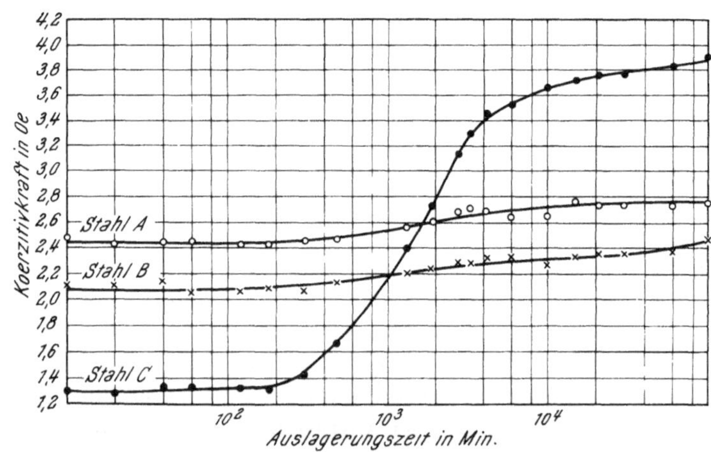

Abb. 12. Auslagerung der Stahlqualitäten A, B und C bei 100° C nach dem Abschrecken (680° C/1 h/Eiswasser)

Zwecks Untersuchung der Reckalterung wurde eine Serie von Proben durch Walzen 10% kaltverformt. Anschließend erfolgte eine Auslagerung bei Raumtemperatur und bei 250° C. Die bei Raumtemperatur ausgelagerten Proben zeigten nach 300 Tagen keine Veränderung der Koerzitivkraft ähnlich Abb. 13, nur lag das Niveau der Geraden infolge der Kaltverformung höher, nämlich für A bei 5,43 Oe, für B bei 4,41 Oe und für C bei 3,07 Oe. Bei einer Auslagerungstemperatur von 250° C kann ein leichtes Ansteigen der Koerzitivkraft beim Stahl C beobachtet werden,

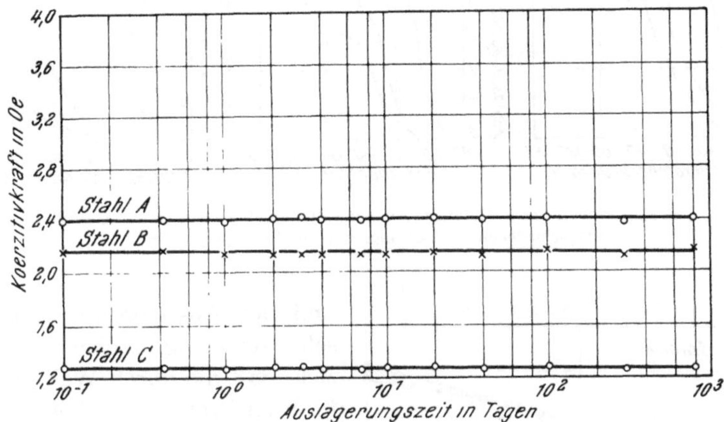

Abb. 13. Auslagerung der Stahlqualitäten A, B und C bei Raumtemperatur nach dem Abschrecken (680° C/1 h/Eiswasser)

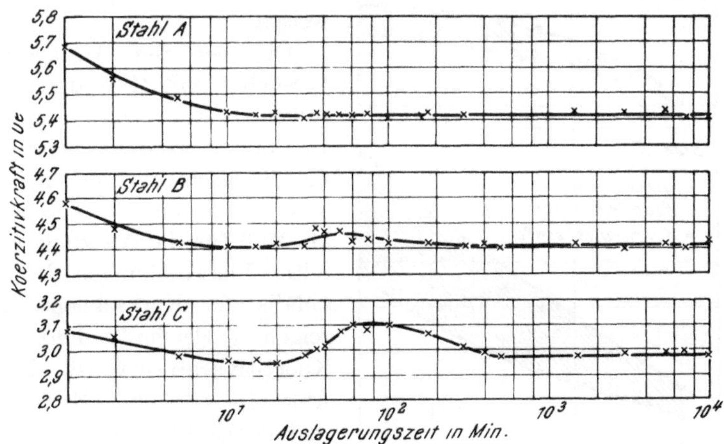

Abb. 14. Auslagerung der Stahlqualitäten A, B und C bei 250° C nach einer 10%igen Kaltverformung durch Walzen

auch Stahl B scheint eine geringe Erhöhung aufzuweisen, während eine solche bei der Stahlqualität A nicht festgestellt werden konnte (Abb. 14). Die Verfolgung der Koerzitivkraftänderung ist hier infolge der Überlagerung des Abbaus der durch die Verformung aufgebrachten Spannungen

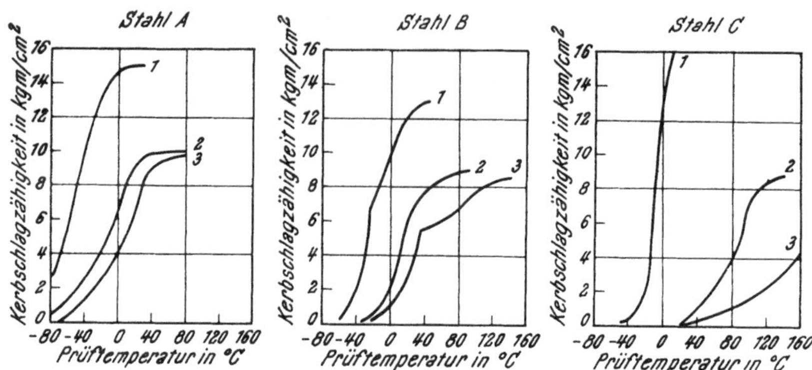

Abb. 15. Verlauf der Kerbschlagkurven der Stahlqualitäten *A*, *B* und *C* nach verschiedenen Auslagerungszeiten und -temperaturen

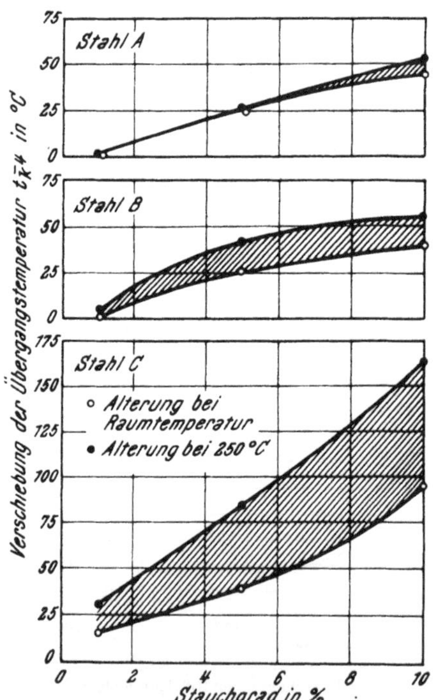

Abb. 16. Die Verschiebung der Übergangstemperatur t_{-k4} der Stahlqualitäten *A*, *B* und *C*

und des Auslagerungsvorganges sehr schwierig. Nebenbei zeigt sich, daß die durch Walzen verformten Proben eine höhere Koerzitivkraft als die durch Stauchen prozentuell gleich stark verformten Proben (Abb. 9) aufweisen.

Die bei den Auslagerungsversuchen mit Hilfe der Koerzitivkraftbestimmung gewonnenen Ergebnisse stimmen gut mit den bei Kerbschlagversuchen erhaltenen Ergebnissen überein. Die als Maß für die Alterung ermittelten Verschiebungen des Steilabfalls der Kerbschlagzähigkeit zeigen die gleiche Tendenz wie die Koerzitivkraftkurven[18]. Die in Abb. 15 gezeigten Kerbschlagzähigkeits-Temperatur-Kurven zeigen, daß selbst nach 20.000 Stunden Auslagerung bei Raumtemperatur keine Verschiebung des Steilabfalles, auch nicht beim Stahl *C*, eintritt. Die größte Änderung der Koerzitivkraft bei einer Auslagerung von 250° C beträgt beim Stahl *A* 0,7 Oe, beim Stahl *B* 0,9 Oe und beim Stahl *C* 2,23 Oe nach dem Abschrecken. Diese Tendenz ist auch bei der Reckalterung zu erkennen, da beim Stahl *A* keine, beim Stahl *B* eine geringfügige und beim Stahl C eine deutlich merkbare Änderung der Koerzitivkraft feststellbar ist. Dadurch ist eine Einordnung der Stähle nach ihrer Alterungsanfälligkeit gegeben, die sehr gut mit der aus den Kerbschlagversuchen gewonnenen Beurteilungsgrundlage übereinstimmt. Die Verschiebung des Steilabfalles der Kerbschlagzähigkeit setzt sich aus einem der Kaltverformung und einem dem eigentlichen Auslagerungs-

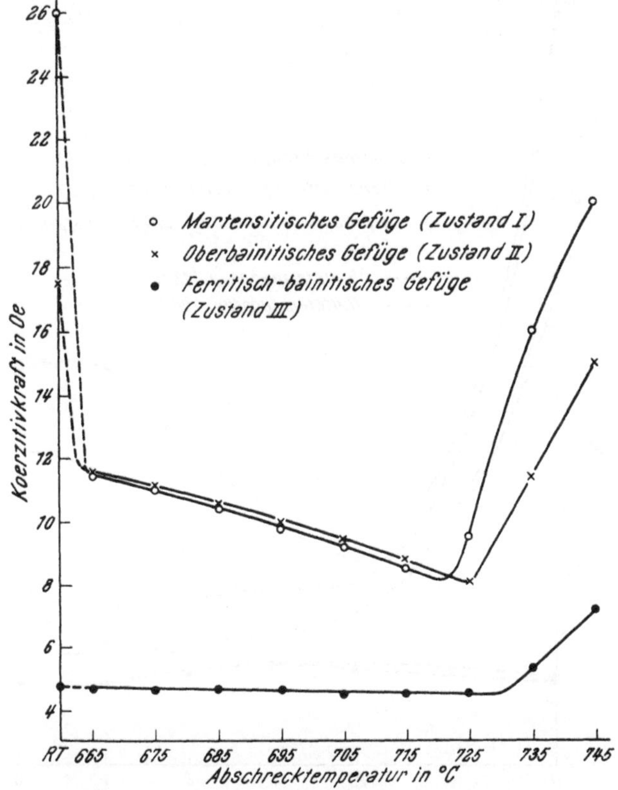

Abb. 17. Die Bestimmung des A_{c1}-Punktes mit Hilfe von Koerzitivkraftmessungen

vorgang bei 250° C zuzuordnenden Anteil zusammen (Abb. 16). Ähnlich liegen die Verhältnisse auch bei den für das Zustandekommen der Koerzitivkraft verantwortlichen Faktoren.

4. *Bestimmung der $\alpha \rightarrow \gamma$-Umwandlung*

Das Koerzimeter erwies sich als äußerst empfindliches Instrument zur genauen Bestimmung der $\alpha \rightarrow \gamma$-Umwandlung. Es wurden eine Reihe von Versuchen an einem Stahl mit der Zusammensetzung

0,14% C, 0,47% Si, 1,30% Mn, 0,04% Ni, 0,06% Cr und 0,28% Mo durchgeführt. In Abb. 17 ist der Einfluß des Ausgangsgefüges auf die Umwandlungstemperatur zu erkennen. Die mit dem Koerzimeter gewonnenen Werte stimmen ausgezeichnet mit den aus Dilatometerkurven gewonnenen Werten überein[19]. Außerdem wurde der Einfluß der Haltedauer knapp unterhalb des dilatometrisch bestimmten A_{c1}-Punktes mit Hilfe des Koerzimeters untersucht (Abb. 18). Die Koerzitivkraftkurven

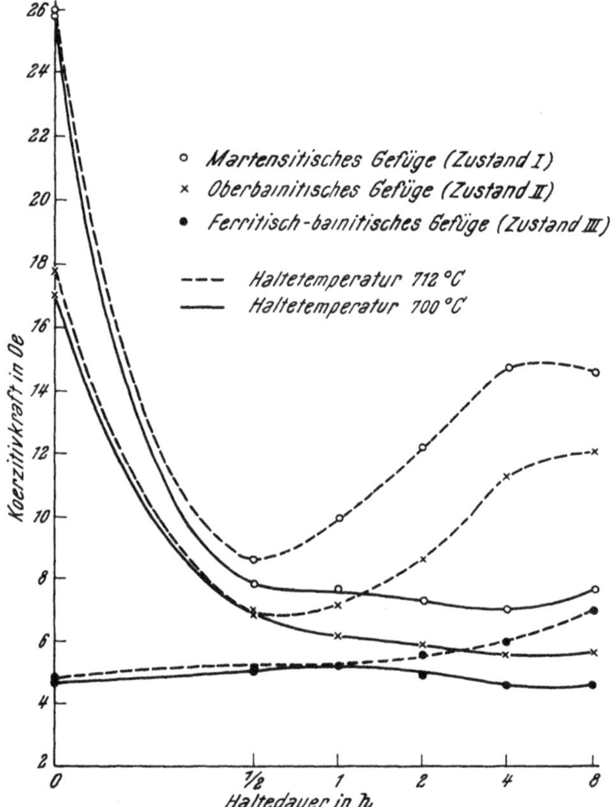

Abb. 18. Verfolgung der partiellen $\alpha \rightarrow \gamma$-Umwandlung mit Hilfe des Koerzimeters

für den martensitischen und bainitischen Zustand nahmen anfangs sehr stark ab, wie dies auf Grund der Anlaßwirkung auch zu erwarten ist. Nach einer Haltedauer von etwa einer halben Stunde folgt ein erheblicher Anstieg der Koerzitivkraft, der auf eine im Laufe der Zeit relativ weit fortschreitende Umwandlung hinweist. Nach 4 Stunden dürfte beim martensitischen Zustand ein Gleichgewicht eingetreten sein, das beim bainitischen Zustand anscheinend nach ungefähr 8 Stunden erreicht wird, während das ferritisch-bainitische Gefüge sich wesentlich langsamer umwandelt. Bei einer Haltetemperatur von 700° C zeigt nur die Probe mit dem martensitischen Gefügezustand eine beginnende Austenitbildung. Auch mikroskopisch konnte an einigen Stellen an den Korngrenzen neugebildeter Austenit nachgewiesen werden. Es konnte gezeigt werden, daß nach längerer Haltedauer eine partielle Umwandlung bereits 20 bis 30° C unterhalb des dilatometrisch bestimmten A_{c1}-Punktes beginnt.

Zusammenfassung

Nach einer einleitenden Erläuterung der Magnetisierungskurve unter besonderer Berücksichtigung der Koerzitivkraft folgt eine kurze Beschreibung des von *F. Förster* entwickelten Koerzimeters zur raschen und genauen Messung der Koerzitivkraft. An Hand einiger Anwendungsbeispiele sollten die Einsatzmöglichkeiten des Koerzimeters zur Aufklärung metallkundlicher Vorgänge in ferritischen Stählen dargestellt werden. Die Ergebnisse wurden mit den aus anderen Untersuchungsmethoden erzielten Werten verglichen, wobei eine gute Übereinstimmung festgestellt werden konnte. Es wurde auch versucht, die im Experiment erhaltenen Koerzitivkraftwerte mit den aufgestellten Theorien der Koerzitivkraft — Spannungstheorie bzw. Fremdkörpertheorie — in Einklang zu bringen. Es zeigte sich, daß mehr oder weniger quantitative Zusammenhänge feststellbar sind.

Summary

After an introductory explanation of the coercivity of the magnetization curve with special consideration of the coercive force, there follows a brief description of the coercimeter devised by *F. Förster* for the rapid and precise measurement of the coercive force. On the basis of several examples of its application the possibility of substituting the coercimeter is exhibited with regard to explaining metallurgical processes in ferritic steels. The results were compared with the values obtained from other investigational methods and excellent agreement was found. Attempts were also made to bring into agreement the values of the coercive force found experimentally with the theories that have been set up with regard to coercive force, namely the tension theory or foreign body theory. It was found that more or less quantitative relationships appeared.

Literatur

[1] *R. Becker*, Probleme der technischen Magnetisierungskurve, Berlin: J. Springer, 1938.

[2] *M. Kersten*, Grundlagen einer Theorie der ferromagnetischen Hysterese und der Koerzitivkraft. 2. Aufl., Leipzig: Hirzel. 1944.

[3] *L. Néel*, Ann. Univ. Grenoble **22**, 299 (1947).

[4] *F. Förster*, Z. Metallkunde **46**, 297, 358 (1955).

[5] *E. Baerlecken* und *H. Fabritius*, Arch. Eisenhüttenwes. **33**, 261 (1962).

[6] *M. Kersten*, Z. Physik **124**, 714 (1948).

[7] *E. Kondorski*, Dokl. Akad. Nauk SSSR **68**, 37 (1949).

[8] *N. S. Akulov*, Z. Physik **81**, 790 (1933).
[9] *H. W. Conradt* und *K. Sixtus*, Z. techn. Physik **23**, 39 (1942).
[10] *L. Néel*, C. r. acad. sci., Paris **223**, 121, 198 (1946) bzw. Physica **15**, 225 (1949).
[11] *F. Vincena*, Czechosl. J. Phys. **5**, 480 (1955).
[12] *M. Kersten*, Z. angew. Physik **8**, 496 (1956).
[13] *H. Dietrich* und *E. Kneller*, Z. Metallkunde **47**, 723 (1956).
[14] *W. Köster* und *L. Bangert*, Acta Met. **3**, 274 (1955).
[15] *M. Nacken* und *W. Heller*, Arch. Eisenhüttenwes. **31**, 153 (1960).
[16] *M. Nacken* und *J. Rahmann*, Arch. Eisenhüttenwes. **33**, 131 (1962).
[17] *F. Erdmann-Jesnitzer* und *W. Precht*, Arch. Eisenhüttenwes. **33**, 669 (1962).
[18] *W. Felix*, Arch. Eisenhüttenwes. **36**, 35 (1965).
[19] *K. Relander*, *B. Sonderegger* und *Th. Geiger*, Prakt. Metallographie **2**, 209 (1965).

Aus dem Institut für angewandte Physik der Technischen Hochschule Wien

Zur absoluten Röntgenfluoreszenzanalyse *

Von

Horst Ebel, Friedrich Firneis, Wing Chuen Ho und **Heinz Jakusch**

Mit 3 Abbildungen

(Eingegangen am 31. Januar 1967)

Einleitung

Bei diesem Verfahren[1, 2] wird die Fluoreszenzintensität einer Probe und der in ihr enthaltenen Reinelemente in Abhängigkeit des Winkels β zwischen der Beobachtungsrichtung und dem Lot auf die ebene Probenoberfläche gemessen. Der Intensitätsquotient (Verhältnis der Intensität des Reinelementes zu der desselben Elementes in der Probe) wird auf $\beta = 90°$, entsprechend einem schleifenden Fluoreszenzstrahlenaustritt, extrapoliert. Aus den extrapolierten Intensitätsquotienten kann in Verbindung mit den tabellierten Atomgewichten und Massenschwächungskoeffizienten die quantitative Zusammensetzung der Probe errechnet werden. Im Falle eines n-Stoffsystems ist daher zusammen mit der Bedingung $\Sigma c_i = 1$ die Kenntnis von $n - 1$ Extrapolationswerten erforderlich.

Kurvenextrapolation

Zunächst sei die Extrapolation des Intensitätsquotienten über dem Beobachtungswinkel behandelt. Für den Intensitätsquotienten $\bar{q}_i(\beta)$ gilt die folgende Gleichung:

$$\bar{q}_i = \frac{\sum_{j=1}^{n} A_j \cdot \frac{\mu_{ij}}{\varrho_j} \cdot c_j}{A_i \cdot \frac{\mu_{ii}}{\varrho_i} \cdot c_i} \cdot \frac{1 + \frac{\mu(\lambda, c)}{\mu_i} \cdot \frac{\cos\beta}{\cos\alpha}}{1 + \frac{\mu(\lambda)}{\mu_{ii}} \cdot \frac{\cos\beta}{\cos\alpha}} = q_i \cdot \frac{1 + \frac{\mu(\lambda, c)}{\mu_i} \cdot \frac{\cos\beta}{\cos\alpha}}{1 + \frac{\mu(\lambda)}{\mu_{ii}} \cdot \frac{\cos\beta}{\cos\alpha}}.$$

* Vortrag anläßlich des Kolloquiums über metallkundliche Analyse mit besonderer Berücksichtigung der Elektronenstrahl-Mikroanalyse, Wien, 25. bis 27. Oktober 1966.

Darin bedeuten

$\bar{q}_i(\beta)$ = gemessener Intensitätsquotient
I_i = Fluoreszenzintensität des Reinelementes i
i_i = Fluoreszenzintensität des Elementes i in der Probe
A_i = Atomgewicht des Elementes i
c_i = Konzentration des Elementes i in Atomprozenten
μ_{ij}/ϱ_j = Massenschwächungskoeffizient der i-Fluoreszenzstrahlung im j-Elementgitter
α = Winkel zwischen Primärstrahl und Flächenlot
β = Beobachtungswinkel

Der Ausdruck für $\bar{q}_i(\beta)$ setzt sich aus einem Konzentrationsanteil q_i und einem Winkelanteil zusammen. Durch die Extrapolation wird der Winkelanteil gleich Eins und der Intensitätsquotient $\bar{q}_i$ gleich dem Konzentrationsanteil q_i. Der Winkelanteil kann auch folgendermaßen formuliert werden:

$$y = \frac{1 + A \cdot \cos\beta}{1 + B \cdot \cos\beta}.$$

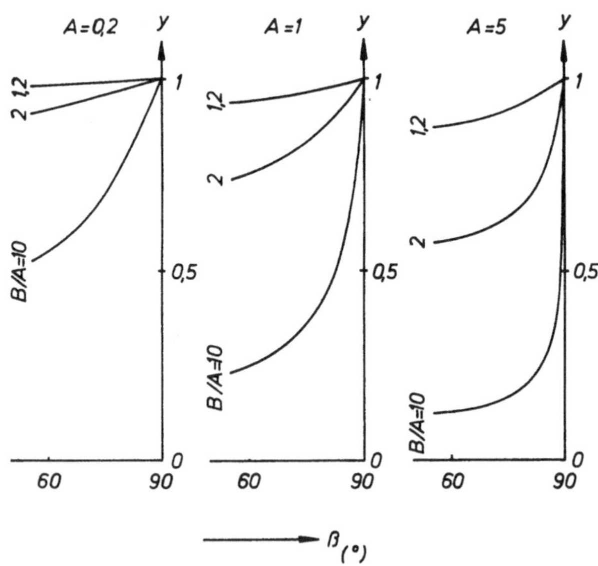

Abb. 1. Theoretischer Verlauf der Winkelabhängigkeit des Intensitätsquotienten $\bar{q}_i(\beta)$

Die dabei getroffenen Vereinfachungen sind sowohl auf Grund einer theoretischen Abschätzung, als auch einer experimentellen Überprüfung zulässig. Die Kurven für y und damit auch für $\bar{q}_i(\beta)$ sind in Abb. 1 für verschiedene Werte von A mit B/A als Parameter wiedergegeben. Daraus ist zu sehen, daß nur für zwei dieser Kurven innerhalb der Zeichengenauigkeit ein linearer Verlauf gegeben ist, der eine exakte Extrapolation zuläßt. Bei den anderen Kurven ist die Extrapolation mit Ungenauigkeiten verbunden. Die Abweichungen werden allerdings mit Annäherung von β an 90° geringer.

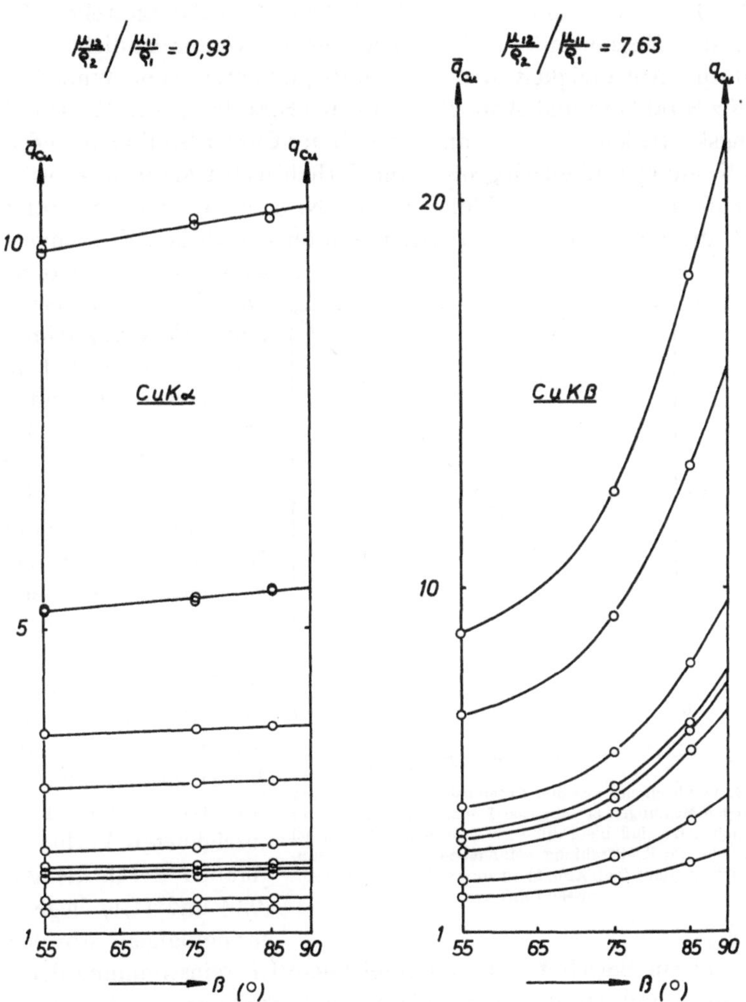

Abb. 2. Experimentell gemessene Abhängigkeit des Intensitätsquotienten $\bar{q}_1(\beta)$. a) zeigt für unterschiedliche Cu-Ni-Legierungen die mit Cu-Kα-Strahlung und b) die mit Hilfe der Cu-Kβ-Strahlung gefundenen Ergebnisse

Zur Lösung des Problems sind folgende Wege möglich:

1. graphische Extrapolation über β,
2. graphische Extrapolation über einer Extrapolationsfunktion,

3. der Kurvenverlauf wird durch eine Parabel n-ter Ordnung ersetzt,
4. Errechnung des Wertes von q_i aus der Gleichung

$$\bar{q}_i(\beta) = q_i \cdot \frac{1 + A \cdot \cos\beta}{1 + B \cdot \cos\beta}.$$

Die Lösungsvariante (1) wird durch die in Abb. 2 dargestellten Ergebnisse der Messungen an Cu-Ni-Legierungen veranschaulicht. Abb. 2a zeigt die Abhängigkeit der Intensitätsquotienten vom Winkel β für Cu-Kα-Strahlung und Abb. 2b für Cu-Kβ-Strahlung. Die Massenschwächungskoeffizienten (entnommen aus [3]) der Cu-Kα-Strahlung sind in Cu und Ni annähernd gleich groß — ihr Verhältnis beträgt 0,93 —, während im Falle der Cu-Kβ-Strahlung, die im Ni eine Resonanzabsorption erfährt, die Verhältniszahl 7,63 ist. Die unterschiedlichen Kurvenverläufe sind daher verständlich. Die für die Kurven der Abb. 2b kennzeichnenden Werte A und B/A liegen zwischen 0,33 und 1,73 bzw. 2,14 und 10,3 (vgl. Abb. 1). Aus den extrapolierten Werten der beiden voneinander unabhängigen Meßreihen können die Cu-Konzentrationen der einzelnen Proben errechnet werden. Das Ergebnis ist in Abb. 3 graphisch dargestellt. Bei völliger Übereinstimmung müßten die in das Diagramm eingetragenen Kreise auf der voll gezeichneten Verbindungsgeraden durch die Punkte (0,0) und (1,1) liegen. Die geringfügigen Abweichungen sind ein Beweis für die ausgezeichnete Übereinstimmung der Meßergebnisse und damit auch für die Brauchbarkeit der graphischen Extrapolation im Falle eines stark gekrümmten Kurvenverlaufes.

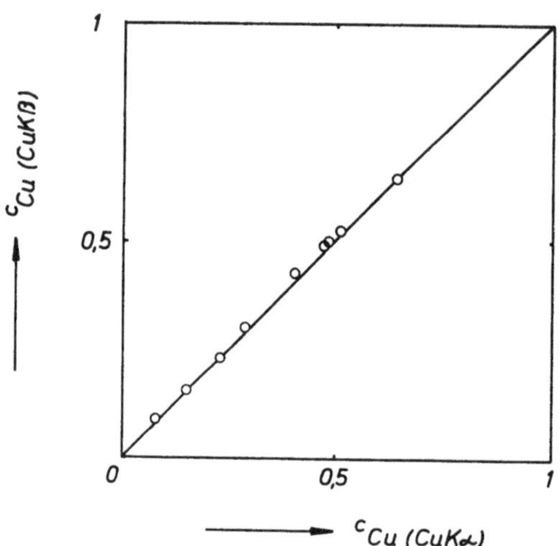

Abb. 3. Vergleich der aus den Ergebnissen der Cu-Kα- und der Cu-Kβ-Messungen errechneten Konzentrationen. Dieser Vergleich zeigt, daß die graphische Extrapolation auch bei dem für die Cu-Kβ-Strahlung gefundenen, stark gekrümmten Kurvenverlauf (vgl. Abb. 2) zu einwandfreien Meßergebnissen führt

Zu Abb. 3 sei noch bemerkt, daß die Abweichungen nicht nur statistischer Natur sind, sondern einen geringen systematischen Anteil aufweisen. Dieser dürfte durch Unsicherheiten in den Massenschwächungskoeffizienten bedingt sein, für die im Schrifttum unterschiedliche Zahlenwerte angegeben sind. Diesbezüglich sei betont, daß auf diesem Gebiete trotz neuester Tabellen[4,5] noch umfangreiche Untersuchungen, und zwar in erster Linie experimenteller Natur, erforderlich sein werden.

Die bisher zur Lösungsvariante (2) angestellten Versuche hatten noch nicht den erstrebten Erfolg hinsichtlich einer Überführung des gekrümmten Kurvenverlaufes in einen linearen. Es kann daher erst später darüber berichtet werden.

Der Lösungsweg (3), die gemessene Kurve durch eine Parabel n-ter Ordnung zu ersetzen, stellt im Gegensatz zu den beiden erstgenannten eine rechnerische Extrapolation dar. Mit Ausnahme der Parabeln nullter, erster und zweiter Ordnung wird dieses Verfahren in der Praxis nur zusammen mit einem elektronischen Rechner Anwendung finden können.

Zur Auswertung nach Variante (4) sind Messungen des Intensitätsquotienten $\bar{q}_i\,(\beta)$ unter drei verschiedenen Beobachtungswinkeln β erforderlich. Für q_i folgt dann

$$q_i = \frac{\dfrac{q_1}{\cos\beta_1}\cdot(q_3-q_2)+\dfrac{q_2}{\cos\beta_2}\cdot(q_1-q_3)+\dfrac{q_3}{\cos\beta_3}\cdot(q_2-q_1)}{\dfrac{q_3-q_2}{\cos\beta_1}+\dfrac{q_1-q_3}{\cos\beta_2}+\dfrac{q_2-q_1}{\cos\beta_3}}.$$

Ein Vergleich der drei verschiedenen Auswerteverfahren 1, 3 und 4, wobei im Falle (3) der Kurvenverlauf durch eine quadratische Parabel approximiert wurde, ergab Unterschiede in den Konzentrationen c_i von maximal einigen zehntel Atomprozenten. Alle diese Verfahren sind somit als gleichwertig zu betrachten. Im Falle binärer Legierungssysteme dürfte die graphische Extrapolation von $\bar{q}_i\,(\beta)$ über dem Beobachtungswinkel β die einfachste Methode darstellen. Grundsätzlich gilt dies zwar auch für Mehrstoffsysteme. Da aber das für die Konzentrationsbestimmung auszuwertende Gleichungssystem vorteilhafter mit Hilfe eines elektronischen Rechners zu behandeln ist, scheint in diesem Fall die Lösung des Extrapolationsproblems nach den Varianten (3) oder (4) sinnvoller zu sein.

Computerauswertung

Im folgenden soll die Auswertung der Versuchsergebnisse mit Hilfe eines elektronischen Rechners kurz skizziert werden. Wird die Winkelabhängigkeit des Intensitätsquotienten durch eine Parabel n-ter Ordnung approximiert, so kann dem Rechner neben der Lösung des Gleichungssystems auch die Extrapolation des Kurvenverlaufes übertragen werden.

Der Quotient $\bar{q}_i\,(\beta)$ ist bekanntlich durch I_i/i_i gegeben, wobei die Intensitäten I_i und i_i den Zählraten N_i und n_i proportional sind. Von diesen ist noch der Leerwert n_0 in Abzug zu bringen. Von den drei verschiedenen Möglichkeiten der Ermittlung der Zählrate (const. T-Verfahren, const. Z-Verfahren und Mittelwertzeiger) wurde auf Grund von Überlegungen zur Zählstatistik das const. Z-Verfahren gewählt, d. h. es erfolgte eine Registrierung der für eine gleichbleibende Impulszahl Z erforderlichen Zeit t. Unter dieser Voraussetzung folgt für $\bar{q}_i(\beta)$

$$\bar{q}_i(\beta) = \frac{t \cdot (t_0 - T)}{T \cdot (t_0 - t)}.$$

Die Zeiten t_0, t und T kennzeichnen den Leerwert sowie die unbekannte Probe und die Standardprobe. Das Rechenprogramm wurde für maximal zehn Legierungselemente erstellt und so ausgelegt, daß dem Rechner nur die drei Zeiten und der zugehörige Beobachtungswinkel eingegeben werden müssen. Der Rechner benötigt zumindest drei Meßzeitentripel und approximiert den Kurvenverlauf $\bar{q}_i(\beta)$ durch eine quadratische Parabel der Form

$$\bar{q}_i(\beta) = q_i + c_1 \cdot (90 - \beta) + c_2 \cdot (90 - \beta)^2.$$

Werden mehr als drei Winkel β vermessen, so bestimmt der Rechner jene quadratische Parabel, für die die Summe der Fehlerquadrate ein Minimum ist. Zur Bestimmung des Minimums der Funktion

$$F = \sum_l [\bar{q}_i(\beta_l) - q_i - c_1 \cdot (90 - \beta) - c_2 \cdot (90 - \beta)^2]^2$$

müssen $\frac{\partial F}{\partial q_i}$, $\frac{\partial F}{\partial c_1}$ und $\frac{\partial F}{\partial c_2}$ gleich Null sein. Aus diesem Gleichungssystem können q_i, c_1 und c_2 errechnet werden. Zunächst werden diese drei Größen ausgedruckt. Darauf folgt eine Tabelle mit den ausgeglichenen Werten der Intensitätsquotienten, wobei diese von $\beta = 50°$ bis $\beta = 90°$ in 5°-Intervallen angegeben sind. Aus den extrapolierten Intensitätsquotienten, den Atomgewichten und den Massenschwächungskoeffizienten errechnet die Anlage sodann die Zusammensetzung der Probe sowohl in Atom- als auch in Gewichtsprozenten.

Wie bereits erwähnt, sind zur Angabe der Zusammensetzung eines n-Stoffsystems die Konzentrationen von $n - 1$ Elementen notwendig. Interessant sind nun Vergleiche bei verschiedener Wahl des n-ten Legierungselementes. In dieser Richtung durchgeführte Untersuchungen ergaben Unterschiede in den Konzentrationswerten von maximal drei Atomprozenten. Die Ursachen dafür sind sowohl statistischer als auch systematischer Natur. Für die letzteren ist in erster Linie eine bereits erwähnte, nicht ausreichende Kenntnis der Massenschwächungskoeffizienten verantwortlich.

In Kürze wird über praktische Ergebnisse an Vielstoffsystemen, über die Fluoreszenz-Fluoreszenz-Anregung sowie über einige für die praktische Anwendung dieses Verfahrens geeignete Zusatzeinrichtungen berichtet werden.

Unserem Institutsvorstand, Herrn Prof. Dr. *F. Lihl*, sind wir für die Förderung der Arbeiten und zahlreiche Diskussionen zu Dank verpflichtet. Ebenso gilt unser Dank Herrn Prof. Dr. *H. J. Stetter* für die Erlaubnis, die Lösung der oft umfangreichen Rechenaufgaben am Institut für numerische Mathematik der Technischen Hochschule in Wien vornehmen zu dürfen.

Zusammenfassung

Die Möglichkeiten für die zur praktischen Anwendung des Verfahrens der absoluten Röntgenfluoreszenzanalyse erforderliche Extrapolation der Intensitätsquotienten werden aufgezeigt. Unter anderem wird über ein Rechenprogramm berichtet, das eine rasche Bestimmung der Zusammensetzung einer Probe gestattet.

Summary

The possibilities are shown of the extrapolation of the intensity quotients that are necessary for the practical employment of the absolute roentgen fluorescence analysis. Among other items, a report is given of a calculation program that permits a rapid determination of the composition of a sample.

Literatur

[1] *H. Ebel*, Z. Metallkunde **57**, 454 (1966).

[2] *H. Ebel*, Mikrochim. Acta (Wien), Suppl. I, **1966**, 83.

[3] *A. Taylor*, X-Ray Metallography, New York: Wiley, 1961. 936 ff.

[4] *K. F. J. Heinrich*, The Electron Microprobe, New York: Wiley, 1966. 291 ff.

[5] *R. Theisen* und *D. Vollath*, Tabellen der Massenschwächungskoeffizienten von Röntgenstrahlen, Düsseldorf: Stahleisen, 1967.

Metallurgische Abteilung Ruhrort der August-Thyssen-Hütte AG, Duisburg

Die röntgenfluoreszenzspektroskopische Untersuchung von Oxideinschlüssen im Stahl als Hilfsmittel der metallkundlichen Analyse *

Von

S. Eckhard und **R. Marotz**

Mit 7 Abbildungen

(Eingegangen am 11. Februar 1967)

In Vorträgen und Diskussionen der Wiener Kolloquien für metallkundliche Analyse kam ziemlich klar zum Ausdruck, daß die lokale Röntgenspektralanalyse am festen Werkstoff mit Hilfe der Elektronenstrahl-Mikrosonde die Zerlegung der heterogenen Legierungen durch elektrolytische Isolierungsverfahren nicht verdrängen kann. Unter Berücksichtigung der Verfahrensgrenzen ergänzen sich beide Methoden gegenseitig. Dies wurde bereits 1964 auf dem ersten Kolloquium von *Koch* und *Büchel*[1] ausführlich in einer Kritik beider Verfahren dargelegt. Ist aber die Stellung der Isolierungsverfahren als Hilfsmittel der metallkundlichen Analyse auf diese Weise gefestigt, so erscheint es gerechtfertigt, sich mit der Vereinfachung der chemischen Analyse isolierter Gefügebestandteile erneut zu befassen.

Der Aufwand, den die klassische chemische Mikroanalyse im Mikrogramm- bis Milligrammbereich der isolierten Gefügebestandteile erfordert, hat sehr häufig die gesamte Verfahrensweise erheblich behindert. Ihre Durchführung erfordert qualifizierte Analytiker, die im Eisenhüttenlaboratorium nicht immer im erforderlichen Umfang eingesetzt werden können.

Wege zur Vereinfachung der Einschlußanalyse

Spektrometrische Untersuchungsverfahren haben sich für die Schmelzkontrolle inzwischen allgemein durchgesetzt; ihre Ausdehnung auf die

---

* Vortrag anläßlich des Kolloquiums über metallkundliche Analyse mit besonderer Berücksichtigung der Elektronenstrahl-Mikroanalyse, Wien, 25. bis 27. Oktober 1966.

Untersuchung nichtmetallischer Stoffe verspricht Rationalisierungserfolge. Dabei müssen heute zwei sehr verschiedene Gebiete der Emissionsanalyse in Betracht gezogen werden. Die Abgrenzung von lichtoptischer und Röntgenfluoreszenzspektrometrie für ein gegebenes analytisches Problem ist bei den zahlreichen Überschneidungen dieser beiden Arbeitsgebiete immer eine interessante Aufgabe. Wo die Ausrüstung eines Laboratoriums mit Spektrometern bereits festgelegt ist, kommt einer Entscheidung auch praktische Bedeutung zu. Die hohen Investitionskosten spektrometrischer Laboratorien zwingen zur rationellen Anwendung des Instrumentariums. Dementsprechend wurde der Einsatz *beider* Verfahrensgebiete geprüft.

Zur Senkung des Aufwandes für die naßchemische Analyse isolierter Gefügebestandteile sind schon früh spektrochemische Arbeitsweisen, z.B. von *Koch*, *Rocha* und *Hulke*[2], eingesetzt worden, die aber nach dem Stand der Technik zunächst ausschließlich über die photographische Emulsion gingen. An der Ausarbeitung eines solchen Verfahrens war der eine von uns (*E.*) als Mitarbeiter des Max-Planck-Institutes für Eisenforschung beteiligt[3]. Der Einsatz spektrographischer Methoden führt auch hier zu einem beträchtlichen Zeitgewinn gegenüber klassischen chemischen Analysenverfahren; jedoch verspricht die Hinzuziehung lichtelektrischer Spektralgeräte sicher eine weitere Herabsetzung der Analysenzeit und insbesondere des Aufwandes für Reihenuntersuchungen.

Inzwischen sind auf beiden Gebieten der Emissionsanalyse Lösungswege für die Einschlußanalyse gefunden worden. *Koch* und *Eckhard*[4] haben ein nach dem Abtastprinzip arbeitendes Spektrometer (spectrolecteur automatique, *Orsag*[5] und *Mathieu*[6]) für die lichtelektrische Mikrospektralanalyse isolierter Oxideinschlüsse eingesetzt. In Verfolg dieser Arbeiten sind *Eckhard* und *Koch*[7] anstelle von Kobalt auf Barium als inneren Standard übergegangen und haben sich so den Besonderheiten des Scanninggerätes angepaßt. Wir selbst benutzen zur Zeit im Routinebetrieb ein optisches Simultanspektrometer (Einprismenquarzgerät) für die Einschlüsse; eine Mitteilung darüber ist vorgesehen. Der jetzt vorgelegte Bericht befaßt sich dagegen mit der Untersuchung der Oxideinschlüsse auf dem Gebiet der Röntgenfluoreszenz-Sekundäremission.

Einsatz der Röntgenfluoreszenzspektrometrie zur Analyse elektrolytisch isolierter Stahlgefügebestandteile

In der Monographie „Metallkundliche Analyse" erwähnt *Koch*[8] eine Arbeit von *Hughes* und *Gwilliam*[9], die Carbide aus Chrom-Molybdän-Vanadin-Stählen sowie die χ-Phase aus Chrom-Nickel-Titan-Stählen röntgenfluoreszenzspektrometrisch analysierten. Sie schließen die Isolate mit Borax und Soda auf, lösen in 25 ml Salpetersäure und bringen das gesamte Volumen in die Flüssigkeitskammer des Röntgenspektrometers.

Die Regeleinwaage betrug 0,1 g, bei 0,05 g verschlechterte sich bereits das Ergebnis. Für die Oxideinschlußanalyse kann daher das Verfahren allein schon wegen der erforderlich hohen Einwaagen nicht in Betracht kommen. Hier stehen meist nur Einschlußmengen von 100 μg bis 2 mg und weniger zur Verfügung.

In der Tabelle 1 sind die acht Elemente aufgezählt, mit deren Auftreten in oxidischen Einschlüssen im allgemeinen gerechnet werden muß, wenn bei der Herstellung des Stahls die gängigen Desoxydationslegierungen verwendet wurden. Diese Tabelle zeigt, daß für die Untersuchung der oxidischen Einschlüsse eine reine Lösungsröntgenfluoreszenzanalyse überhaupt nicht mit vollem Erfolg eingesetzt werden kann, da wichtige Bestandteile, Kieselsäure, Tonerde und Magnesia den Einsatz von Vakuumspektrometern erfordern und an diesen eine Analyse wäßriger Lösungen grundsätzlich nicht möglich ist. Für den industriellen Routineanalysenbetrieb hat sich andererseits der Einsatz von Wasserstoffatmosphären im Röntgenfluoreszenzspektrometer nicht durchsetzen können. Auf Filtrierpapier eingetrocknete Lösungen lassen sich gut in Röntgenfluoreszenz-Vakuumspektrometern untersuchen.

Tabelle 1. Die in den oxidischen Einschlüssen an Sauerstoff gebundenen Elemente (soweit bei der Desoxydation nicht ungewöhnliche Legierungen eingesetzt wurden)

Element	Ordnungszahl	*RF*-Gerätetyp
Mg	12	Nur Vakuumgeräte sind einsetzbar
Al	13	
Si	14	
Ca	20	Luftgeräte kommen nur unter günstigen Bedingungen
Ti	22	(z. B. hohe Konz.) in Betracht
Cr	24	Vakuumgeräte nicht erforderlich
Mn	25	
Fe	26	

Der Anstoß für diesen Lösungsweg ergab sich aus einem ganz speziellen Problem. Für die Bestimmung von Cer in Oxideinschlüssen erwies sich das ultraviolettspektrographische Verfahren von *Eckhard*, *Koch* und *Mahr*[3] als recht ungeeignet. Die analytische Aufgabe wurde im Bereich der Röntgenfluoreszenz gut gelöst. Auf der Analytikertagung Lindau 1966 haben *Eckhard*, *Sauer* und *Marotz*[10] über die zu diesem Zweck entwickelte einfache Filterpapier-Lösungsanalyse berichtet. Danach lag es nahe zu überlegen, ob nicht überhaupt die Analyse der Einschlüsse röntgenfluoreszenzspektrometrisch durchgeführt werden kann. Die Betrachtung der Tabelle 1 weist weiter auf die Schwierigkeiten hin, die bei der Analyse mittels Röntgenfluoreszenz aus der gegenseitigen Beeinflussung dieser Elemente zu erwarten sein könnten. Als Einflüsse müssen die Massenschwächungskoeffizienten ebenso in Betracht gezogen werden wie eine Verstärkung der Sekundäremission. In Tabelle 1 sind jedoch nicht die Elemente aufgeführt, die zwangsläufig der Analysensubstanz während der Vorbereitung der Probe für die röntgenfluoreszenzspektrometrische Lösungsanalyse zugeführt werden müssen. Die aus Stählen isolierten oxidischen Einschlüsse sind überwiegend selbst in starken Mineralsäuren unlöslich und deswegen einer homogenen Lösung nur über Schmelzaufschlüsse zugänglich. Bei hohen Kieselsäuregehalten führt selbst dieser Weg nicht ohne Schwierigkeiten zum Ziel. Der Schmelzaufschluß erfolgt in allen Fällen, in denen nicht gerade die Bestimmung von Bor gefordert ist, mit wasserfreiem Borax ($Na_2B_4O_7$), wodurch also die Elemente Bor und Natrium zusätzlich, und zwar in beträchtlichem Überschuß, in die Analysenlösung eingebracht werden. Weiter wird Kobalt als innerer Standard zugefügt. Der Einfluß dieser drei in der Tabelle 1 nicht verzeichneten Elemente muß bei der Betrachtung der Interelementeffekte berücksichtigt werden.

Vorbereitung der Proben

Eine Regeleinwaage von 2 mg Probensubstanz wird mit 40 mg wasserfreiem Borax über dem Gebläse aufgeschlossen. Für abweichende Einwaagen wird jeweils die genau zwanzigfache Menge der Einwaage an Borax eingesetzt. Die erkaltete Schmelze wird in 1 ml (d. h. 0,5 ml je 1 mg Einwaage) zitronensaurer Kobaltlösung gelöst. Die Kobaltlösung enthält 3 mg Co/ml und ist 10%ig zitronensauer. Diese Probenvorbereitung ist an die von *Eckhard*, *Koch* und *Mahr*[3] für die spektrographische Oxideinschlußanalyse beschriebene Arbeitsweise angelehnt, sie wurde jedoch in den benutzten Konzentrationen bewußt abgeändert. Das Verhältnis Einwaage zu Aufschlußmittel bzw. Lösungsmenge wurde verdoppelt, um mehr Spielraum hinsichtlich der Nachweisempfindlichkeit zu gewinnen. Die Menge des Kobalts als innerer Standard wurde im Verhältnis 10 : 3 herabgesetzt, damit die anfallende Impulsrate der Co-Kα-Strahlung 10.000 Imp./sec nicht überschreitet. Auf diese Weise werden Änderungen von Anregungs- und Meßbedingungen für ein einzelnes Element vermieden.

Mit 0,2 ml der zitronensauren Probenlösung wird eine Filtrierpapierscheibe (Blauband) von 35 mm ∅ gleichmäßig und so getränkt, daß möglichst die gesamte Filterfläche schnell von der Lösung benetzt wird. Das getränkte Filterblatt wird unter einem Infrarotstrahler, wie er etwa der Skizze in der Arbeit von *Eckhard*, *Sauer* und *Marotz*[10] entspricht, langsam getrocknet. Die *langsame* Trocknung ist notwendig, um eine örtliche Verkrustung und ein Werfen des Papiers zu verhindern. In diesem Sinne hat auch die eben erwähnte Herabsetzung der Kobaltkonzentration einen günstigen Einfluß.

Das präparierte Filter wird mit Hilfe eines Federrings in den Probenhalter gespannt. Dieser unterscheidet sich nicht von den für das Einlegen kompakter Proben üblichen Formen. Die Probe ist jetzt vorbereitet, der Halter wird in das Spektrometer eingesetzt.

Anregungsbedingungen

Für die Untersuchungen wurden beide uns zur Verfügung stehenden Röntgenfluoreszenzspektrometer eingesetzt. Die Anregungsdaten sind in der Tabelle 2 im einzelnen zusammengestellt. Bei sämtlichen Elementen wurde die Kα-Strahlung gemessen. Für die Messung des Untergrundes im Spektrum an der Stelle der Analysenlinie wurden Vergleichslösungen in gleicher Weise wie die Analysenlösungen, jedoch ohne Probeneinwaage, hergestellt und eingesetzt. Das Verfahren ist bereits ausführlich von *Eckhard*, *Sauer* und *Marotz*[10] erläutert worden; es wird sinngemäß auf die hier zu analysierenden Elemente übertragen.

Tabelle 2. Anregungsdaten

Element	Gerät	Röhre	kV	mA	Kristall	Sollerspalt	Zähler	Zählzeit sec
Co	*a*	W	50	20	*LiF*	grob	*S* + *F*	25
Mn	*a*	W	50	20	*LiF*	,,	,,	75
Cr	*a*	W	50	20	*LiF*	,,	,,	75
Ti	*b*	Cr	60	24	*LiF*	grob	*S* + *F*	200
Si	*b*	Cr	60	24	*PE*	,,	*F*	200
Al	*b*	Cr	60	24	*PE*	,,	*F*	200
Mg	*b*	Cr	60	24	*PE*	,,	*F*	400
Co	*b*	Cr	60	24	*PE*	,,	*S* + *F*	40

a Hilger Flurovac
b Philips PW 1212
LiF Lithiumfluorid
S Szintillationszähler
F Durchflußzähler
PE Pentaerythrit

Einfluß der Lösungsmenge auf den Filtern

Filterpapier ist in der Röntgenfluoreszenzspektrometrie schon häufig als Trägerkörper für Lösungen benutzt worden. Die gleichmäßige und reproduzierbare Tränkung des Papiers ist jedoch so schwierig zu erreichen, daß eine Absolutmessung der Analysenstrahlung bei wiederholten Beschickungen frischer Filter zu stark streuenden Werten führt und daher eine quantitative Analyse im allgemeinen nicht möglich ist. Darauf haben auch *Eckhard*, *Sauer* und *Marotz*[10] hingewiesen; sie haben die Bestimmung von Cer in Stahlgefügebestandteilen über eine Röntgenfluoreszenz-Lösungsanalyse ermöglicht, indem sie einen inneren Standard einführten. Dazu war das Element Kobalt ebenso wie bei dem früher entwickelten

Einfluß der Lösungsmenge auf die Impulsraten und deren Verhältnisse

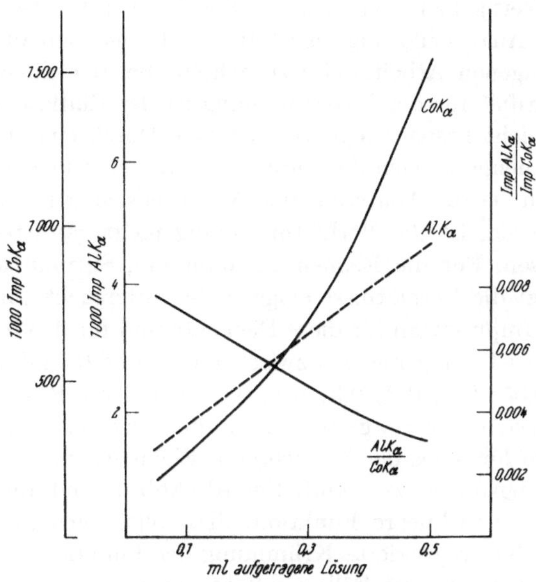

Abb. 1. Aluminium und Kobalt

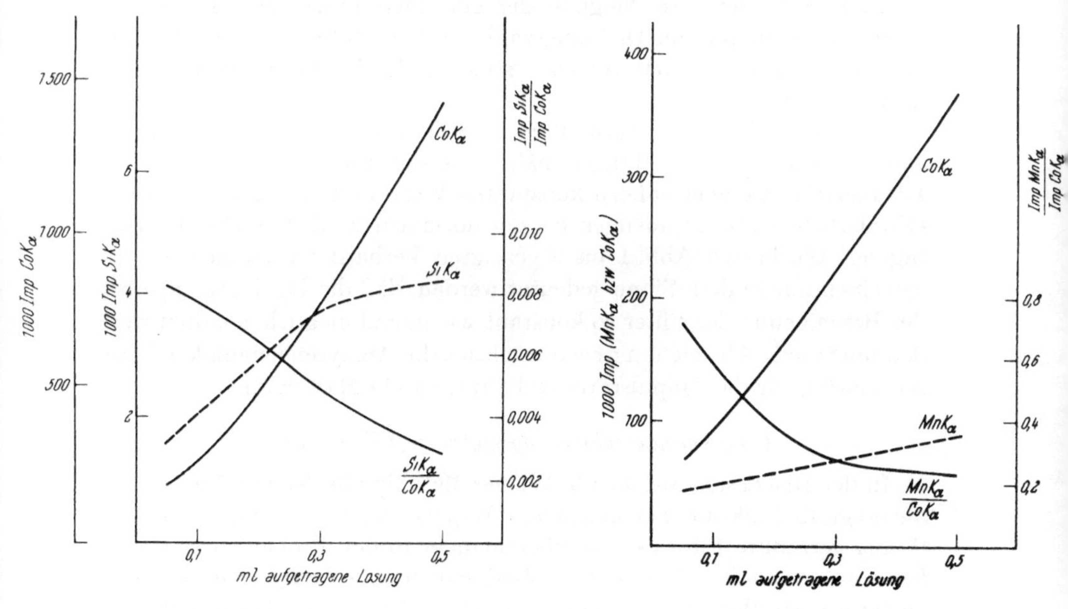

Abb. 2. Silizium und Kobalt

Abb. 3. Mangan und Kobalt

spektrographischen Verfahren[3] geeignet. Die Anwendung des inneren Standards befreit jedoch nicht von der Sorgfalt bei der Beschickung der Filter mit der Analysenlösung; es ist auf sorgfältige Einhaltung der einmal eingeschlagenen Arbeitsweise zu achten. Bei der Entwicklung der Arbeitsvorschrift[10] für die Cerbestimmung ist der Einfluß der Lösungsmittelmenge nicht besonders geprüft worden. Durch eine Änderung der Beschickungsmenge werden die Impulsraten der einzelnen Elemente beeinflußt; wenn sie für Analysen- und Vergleichselement *unterschiedlich* verändert werden, ist die Verhältnisbildung nicht gestattet und führt zu Fehlanalysen. Für die Elemente Aluminium, Silizium und Mangan haben wir jetzt die Verhältnisse eingehender untersucht. In den Abb. 1 bis 3 sind die Impulsraten für diese Elemente und für den inneren Standard Kobalt bei Lösungsmengen zwischen 0,05 und 0,5 ml mit den Einzelschritten 0,05; 0,1; 0,2; 0,3; 0,4; 0,5 ml und als Resultierende die Impulsratenverhältnisse dargestellt. Es ergibt sich das plausible Bild, daß die Impulsrate für jedes der betrachteten Elemente mit steigender eingesetzter Lösungsmenge zunimmt. Für Al (Abb. 1) und Mn (Abb. 3) ist diese Zunahme eine lineare Funktion; dies sollte auch für Si (Abb. 2) zutreffen. Die hier registrierte Krümmung der Funktion mit steigender Tränkung führen wir auf Fällungseffekte zurück, mit denen bei der Kieselsäure wohl immer gerechnet werden muß. Das Kobalt nimmt eine Sonderstellung ein, die der höheren Konzentration zugeschrieben wird. Hier läuft umgekehrt die Funktion erst bei zunehmender Tränkung in die Linearität ein. Die Neigung der einzelnen Funktionen ist um so steiler, je niedriger die Ordnungszahl des betrachteten Elementes ist. In Sonderfällen kann das für eine Senkung der Nachweisgrenze ausgenutzt werden.

In keinem der drei dargestellten Fälle ist das Impulsratenverhältnis eine Konstante. Beim Mangan nähert es sich zwar mit zunehmender Lösungsmenge einem nahezu konstanten Wert. Jedoch stehen die dann erforderlichen Lösungsmengen bei der normalen Analyse nicht zur Verfügung. Die in den Abb. 1 bis 3 gezeigten Verhältnisse können im allgemeinen nur in dem Sinne gedeutet werden, daß die Lösungsmenge bei der Beschickung der Filter so konstant wie irgend möglich gehalten werden muß; jede Abweichung beeinträchtigt die Analysengenauigkeit. Der Kurvenzug für das Impulsratenverhältnis ist ein Maß dafür.

Übereinanderschichtung mehrerer Filterpapiere

In der Diskussion auf dem 3. Wiener Metallkunde-Kolloquium wurde angeregt, im Falle nicht ausreichender Impulsraten *mehrere* mit Analysenlösung getränkte Filterpapiere übereinander in den Probenhalter einzulegen und so notfalls Nachweisempfindlichkeit oder Analysengenauigkeit zu verbessern. Wir sind der Anregung seit der Erstattung dieses Berichtes

Einfluß der Zahl beschickter Filter auf die Impulsraten und deren Verhältnisse

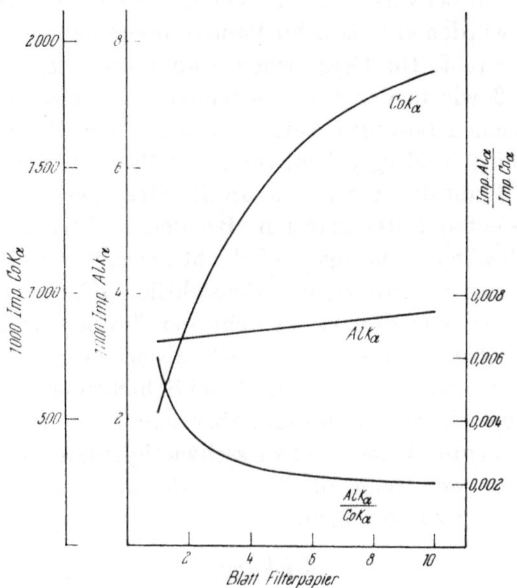

Abb. 4. Aluminium und Kobalt

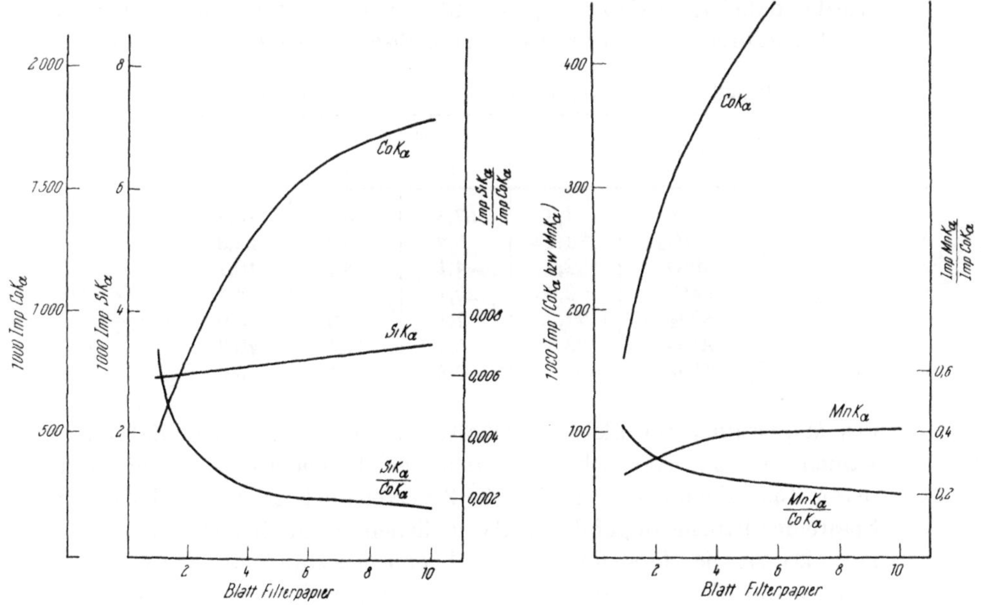

Abb. 5. Silizium und Kobalt

Abb. 6. Mangan und Kobalt

noch gefolgt. Dafür wurden einzelne Filterblätter mit jeweils 0,2 ml der im Abschnitt „Probenvorbereitung" beschriebenen Analysenlösung beschickt. Dann wurden ein bis zehn Papiere übereinander in die Probenkammer eingebracht. Die Gesamtmenge an Lösung ist damit maximal viermal so groß wie in der vorhergehenden Versuchsreihe, für die im übrigen die gleichen Lösungen benutzt wurden. Die Meßergebnisse sind in den Abb. 4 bis 6 wiedergegeben. Die Darstellung entspricht derjenigen der Abb. 1 bis 3, auf der Abszisse ist an die Stelle der Lösungsmenge die Zahl der eingelegten Filter getreten. Bei den leichteren Elementen Al (Abb. 4) und Si (Abb. 5) bringt die Schichtung mehrerer Filter nur eine geringe Steigerung der Intensität; offensichtlich gelangt nur die Sekundäremission einer sehr dünnen Schicht der Probe zur Messung. Die Strahlung der oberen Filter wird stark absorbiert. Die Kα-Linie des schwereren Elementes Mangan nimmt bei Schichtung zunächst kräftig zu, die Zunahme schwächt sich dann aber sehr rasch ab. Da es bei den schwereren Elementen keine Nachweisschwierigkeiten für kleine Gehalte gibt, hat es also wenig Sinn, die Technik der aufeinandergeschichteten Filterpapiere weiter zu verfolgen.

Eichung

Als Grundeichung wurden zunächst Diagramme von Analysenlösungen gewonnen, die neben Bor, Natrium und Kobalt jeweils nur eines der in Tabelle 1 verzeichneten Elemente enthielten. Eisen und Magnesium wurden dabei ausgeklammert, da sämtliche uns zur Verfügung stehenden Röntgenröhren in ihrem Eisenspektrum Eisen aufwiesen und wir im Falle

Tabelle 3. Zusammensetzung der Eichgemische (in %)

Oxid	Gemische			
	1	2	3	4
FeO	1,8	57,8	3,7	10,8
Cr_2O_3	1,1	5,2	10,6	22,3
MnO	2,0	4,1	8,3	16,1
CaO	2,0	20,1	10,2	4,1
SiO_2	71,3	7,1	17,9	5,0
Al_2O_3	23,3	5,0	47,1	40,3
TiO_2	—	0,8	2,1	3,0

des Magnesiums für kleinere Gehalte zu untragbar langen Zählzeiten kamen. Als nächster Schritt wurden vier Eichgemische synthetisiert, deren Zusammensetzung in Tabelle 3 verzeichnet ist. Die in der ersten Spalte der Tabelle aufgeführten Oxide dienen nur als Berechnungsgrundlage. Da für die Herstellung der Eichgemische zum Teil anders zusammengesetzte Titersubstanzen benutzt wurden, ergibt sich eine von 100% nur geringfügig abweichende Analysensumme.

Je 2 mg der Eichgemische wurden der Probenvorbereitung unterworfen und analysiert. Die gefundenen Meßwerte wurden dann in die Grundeichdiagramme eingetragen. Alle Grundeichfunktionen sind linear, so daß auf ihre Mitteilung verzichtet werden konnte. Bei der Analyse der Eichmischungen ergab sich, daß mit Ausnahme des Chroms alle Elemente recht gut mit einer Varianz von etwa 2% über die Grundeichungen ausgewertet werden konnten. Hierdurch werden die erforderlichen Eicharbeiten wesentlich vereinfacht. Die beim Chrom beobachtete Abweichung von der Grundeichung ist in Abb. 7 dargestellt. Der Einfluß der Massenschwächungskoeffizienten der Fremdelemente ist hier besonders groß.

Für höchste Genauigkeitsansprüche ist die einfache Auswertung über die Grundeichung nicht der richtige Weg. Wenn jedoch die Eicharbeiten in vertretbaren Grenzen gehalten werden sollen, erscheint es nicht sehr zweckmäßig, zur Erfassung aller Interelementeffekte eine Vielzahl von Konzentrationsreihen an Eichgemischen herzustellen und zu untersuchen. Man gelangt schneller zum Ziel, wenn man zunächst die vorgelegte Oxideinschlußprobe über die Grundeichung analysiert, dann in einem zweiten Schritt das Analysenergebnis als neues Eichgemisch synthetisiert und dieses analysiert. Stimmen die beiden so erhaltenen Wertegruppen innerhalb der Zählstatistik überein, ist die Analyse beendet. Andernfalls wird auch das neue, etwas abweichende Ergebnis als Eichgemisch hergestellt und analysiert. Weitere Schritte kommen praktisch nicht mehr in Betracht. Dieses Näherungsverfahren ist besonders für den Anfang sehr geeignet, solange die schon vorhandenen Eichunterlagen nicht besonders gründlich sind. Es führt sehr rasch zu guten Einschlußanalysen.

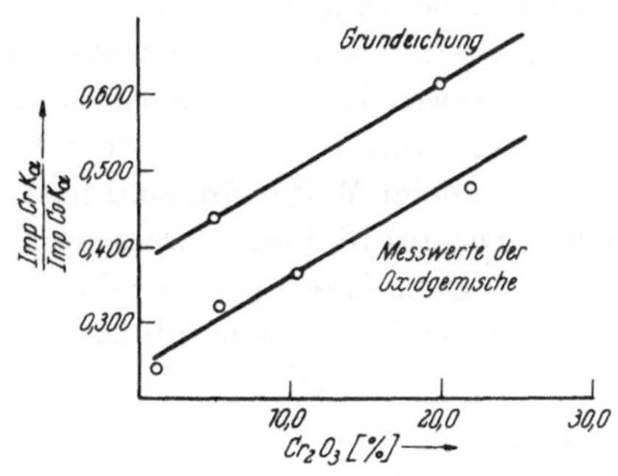

Abb. 7. Die Grundeichung für Cr_2O_3 und die Eichung für Cr_2O_3 in den Oxidgemischen

Ausblick

Der vorliegende Bericht zeigt, wie die Analyse der oxidischen Einschlüsse in Stählen mit Hilfe der Röntgenfluoreszenzanalyse durchgeführt werden kann. Soweit die Desoxydation nicht mit ungewöhnlichen Mitteln vorgenommen wurde, ist die Analyse ebensogut auch mit Hilfe der Emission im lichtoptischen Wellenlängenbereich möglich. Da die metallkundliche Analyse hinsichtlich der Zusammensetzung der *oxidischen Einschlüsse* keine besonders hohen Genauigkeitsanforderungen stellt, wird die Entscheidung zwischen beiden Möglichkeiten auf Grund der vorhandenen Geräteausrüstung oder nach anderen organisatorischen Erwägungen erfolgen; rein fachlich läßt sich die Durchführung einer Röntgenfluoreszenzanalyse als einziger Lösungsweg nicht fordern.

Bei der Analyse der *Carbide* liegen die Verhältnisse häufig anders. Soll hier entschieden werden, ob eine Legierung im thermodynamischen Gleichgewicht vorliegt oder wie weit sie von diesem entfernt ist, so setzen die dazu erforderlichen Berechnungen außerordentlich genaue Analysen voraus.

Für den Kohlenstoff (ebenso wie für den Schwefel) werden diese durch Verbrennung der Probe im Sauerstoffstrom und anschließende elektrochemische Bestimmung gewonnen. Von den dafür auf dem Markt befindlichen Geräten ist den konduktometrisch arbeitenden[11, 12] der Vorzug zu geben, da bei diesen über den analytischen Wert hinaus die aufgeschriebene Verbrennungskurve Aufschlüsse über die untersuchte Substanz liefert. Die an den Kohlenstoff gebundenen Metalle können anschließend röntgenfluoreszenzspektrometrisch nach geeignetem Aufschluß bestimmt werden, da alle Carbidbildner zu den Schwermetallen zählen. Soweit bei der Kohlenstoffbestimmung über die Verbrennung im Sauerstoffstrom die Gefahr einer Verflüchtigung von Metallen besteht, wie etwa beim Molybdän, sind notfalls besondere Maßnahmen erforderlich[13]. Die auf röntgenfluoreszenzspektrometrischem Wege erzielte hohe Analysengenauigkeit erlaubt einwandfreie thermodynamische Bilanzen. Das hier für die Oxideinschlußanalyse beschriebene Röntgenfluoreszenzverfahren kann leicht der Analyse von Carbiden angepaßt werden.

Dabei darf nicht unerwähnt bleiben, daß zunächst das Verfahren soweit als möglich unverändert von der spektrographischen Arbeitsweise übernommen wurde und daher nicht unbedingt optimale Bedingungen für eine Röntgenfluoreszenzanalyse geschaffen werden konnten. Zur Zeit laufen weitere Arbeiten mit dem Ziel, an Stelle von Borax als Aufschlußmittel Lithiumtetraborat einzusetzen. Beim Schmelzaufschluß leistet dieses die gleichen Dienste wie Borax, bringt aber mit dem Lithium ein wesentlich leichteres Element in den Analysengang ein. Auf diese Weise soll versucht werden, die Verhältnisse bei der Bestimmung kleiner Magnesiumgehalte in den Einschlüssen zu verbessern.

Zusammenfassung

Isolierung und Bestimmung der chemischen Zusammensetzung von Oxideinschlüssen in Stählen können als Hilfsmittel der metallkundlichen Analyse auch bei Einsatz der Elektronenstrahl-Mikrosonde nicht vernachlässigt werden. Es lohnt sich daher, den bisher noch für die Einschlußanalyse erforderlichen Aufwand herabzusetzen. Das ist auf verschiedenen Wegen möglich; hier wird der Einsatz der Röntgenfluoreszenzspektralanalyse beschrieben. Die aus dem Stahl isolierten Oxideinschlüsse werden einem Borax-Schmelzaufschluß unterworfen, dann wird eine Lösungsanalyse auf Filterpapier durchgeführt. Gegenüber bekannten Lösungsverfahren wird mit einem inneren Standard gearbeitet, wofür Kobalt von dem früheren spektrographischen Analysenverfahren übernommen wurde. Durch diese Abwandlung werden relative Standardabweichungen unter 2% erreicht, die durch erhöhten analytischen Aufwand weiter gesenkt werden können.

Summary

The isolation and determination of the chemical composition of oxide inclusions in steels may not be neglected as an aid to the metallurgical analysis even though the electron microsonde is employed. Therefore it is profitable to reduce the expenditure required formerly for inclusion analysis. This is possible in a number of ways; here we describe the use of the roentgen fluorescence spectrum analysis. The oxide inclusions isolated from the steel are decomposed by means of a borax fusion and then a solution analysis is carried out on filter paper. In contrast to usual methods, an internal standard is employed, for which cobalt was taken over from the previous analytical procedure. This modification yielded relative standard deviations below 2%, which can be reduced still more by increased analytical expenditure.

Literatur

[1] *W. Koch* und *E. Büchel*, Mikrochim. Acta (Wien) **1965**, 571.

[2] *W. Koch, H. J. Rocha* und *H. Hulke* in *P. Klinger* und *W. Koch*, Beiträge zur metallkundlichen Analyse. Düsseldorf: 1949.

[3] *S. Eckhard, W. Koch* und *C. Mahr*, Angew. Chemie **68**, 296 (1956).

[4] *W. Koch* und *S. Eckhard*, Spectrochim. Acta **11**, 89 (1957).

[5] *J. Orsag*, Spectrochim. Acta **5**, 9 (1952/53).

[6] *F. C. Mathieu*, Spectrochim. Acta **5**, 174 (1952/53).

[7] *S. Eckhard* und *W. Koch*, Arch. Eisenhüttenwes., demnächst.

[8] *W. Koch*, Metallkundliche Analyse, Zusammensetzung, Struktur und Habitus der Phasen in heterogenen Legierungen. Düsseldorf u. Weinheim: 1965.

[9] *H. Hughes* und *L. Gwilliam*, Metallurgia (Manchester) **61**, 231 (1960).

[10] *S. Eckhard, K. H. Sauer* und *R. Marotz*, Z. analyt. Chem. **221**, 285 (1966).

[11] *W. Koch* und *H. Malissa*, Arch. Eisenhüttenwes. **27**, 695 (1956).

[12] *W. Koch, S. Eckhard* und *H. Malissa*, Arch. Eisenhüttenwes. **29**, 543 (1958).

[13] *W. Koch* und *H. Brockmann*, Arch. Eisenhüttenwes. **34**, 441 (1963).

Aus dem Laboratorium der Jenoptik GmbH., Jena

Funktion und Einsatzmöglichkeit des Laser-Mikro-Spektralanalysators LMA 1 *

Von

Lieselotte Moenke-Blankenburg

Mit 4 Abbildungen

(Eingegangen am 23. Dezember 1966)

1. Methodik

Ein Impulsfestkörperlaser mit Nd^{3+}-Glas-Resonator ($\lambda = 1{,}06\ \mu m$) bzw. Rubin-Resonator ($\lambda = 694{,}3$ nm) wird mit einem Forschungsmikroskop kombiniert, um im Anschluß an die mikroskopische Beobachtung und Auswahl einer zu analysierenden Objektstelle einen Laserstrahl auf diese Objektstelle fokussieren zu können, so daß eine geringe Substanzmenge verdampft und für die spektralanalytische Untersuchung ausgenutzt werden kann. Durch Strahlungsabsorption einer Laserstrahlung entsprechend hoher Leistungsdichte auf kleinstem, örtlich scharf begrenztem Raum entstehen so hohe Temperaturen, die im Falle des zum LMA 1 gehörigen Lasers ein Verdampfen auch schwer schmelzbarer Substanzen der Klassen: Elemente, Oxide, Sulfate, Carbonate, Phosphate, Arsenate, Vanadate, Borate, Silikate, Metalle und Legierungen bewirken.

Der Anteil der Strahlungsabsorption ist bei rauhen und dunklen Oberflächen größer als bei hellen und polierten Flächen. Daraus ergibt sich einer der Vorteile der Laser-Mikro-Spektralanalyse, der darin besteht, daß unvorbereitete Proben, d. h. solche, die keine glatten und polierten Oberflächen haben, untersucht werden können, ohne daß damit die Analyse von An- und Dünnschliffen ausgeschlossen wäre.

Die Laser-Mikro-Spektralanalyse arbeitet mit getrenntem Verdampfungs- und Anregungsvorgang. Das durch die Laserstrahlung ionisierte Plasma bringt die vorgespannte Elektrodenstrecke, die sich oberhalb der

---

* Vortrag anläßlich des Kolloquiums über metallkundliche Analyse mit besonderer Berücksichtigung der Elektronenstrahl-Mikroanalyse, Wien, 25. bis 27. Oktober 1966.

Probe und unterhalb des Objektivs befindet, zum Durchzünden. Die Funkenentladung dient als Lichtquelle für die spektrochemische Analyse.

2. Geräteparameter

Das LMA 1 besteht aus einem Mikroskop mit Resonatorkopf und einem fahrbaren Schrank, in dem die Stromversorgungs- und Bedienungseinheiten sowie das Kühlgebläse untergebracht sind. In Abb. 1 ist die äußere Ansicht des Gerätes schematisch dargestellt. Im Einschub *1* (Abb. 1) befindet sich der Bedienungsteil zum Laser. Er beinhaltet die Spannungseinstellung und -anzeige sowie die Auslöseeinheit zum Laser. An der rechten unteren Seite der Frontplatte dieses Einschubes befinden sich unabhängig voneinander der Schalter zum Kühlgebläse sowie der Schalter zur Stromversorgung des Lasers. Die Blitzlampenspannung kann am linken oberen Bedienungselement eingestellt und am Anzeigeinstrument abgelesen werden. Unter dem Bedienungselement für die Ladespannung der Blitzkondensatoren ist der Schalter für die Art der Laserauslösung angebracht. Von links nach rechts sind die Möglichkeiten: externe Auslösung mit negativen Impulsen, externe Auflösung mit positiven Impulsen, Auslösung durch eingebaute Taste bzw. Auslösung durch Handtaste wählbar.

Die Stromversorgung für die Anregungselektroden am Mikroskop befindet sich im Einschub *2* (Abb. 1). Dieser beinhaltet die Ladeeinheit für die Kondensatoren zur Anregungsfunkenstrecke, die Induktivitäten für den Entladestromkreis sowie die Stromversorgung der Beleuchtung im Mikroskop. An der Frontplatte sind rechts unten der Netzschalter für diesen Einschub und der Schalter für die Beleuchtung im Mikroskop angeordnet. Rechts oben befindet sich das Bedienungselement zur Einstellung der Elektrodenspannung von 0 bis 5 kV.

Die Spannung kann am Instrument abgelesen werden. Am Schalter für die Entladekapazitäten links oben können folgende Werte eingestellt werden: 1 μF, 1,5 μF, 2 μF und 2,5 μF. Die Entladeinduktivitäten können mit dem Schalter links unten in den Stufen 30 μH, 60 μH, 125 μH, 250 μH, 500 μH und 1000 μH unabhängig von den Werten für die Entladekapazitäten gewählt werden.

Im Einschub *3* (Abb. 1) sind u. a. enthalten: Die Gleichrichter, der Hochspannungstransformator für die Ladespannung der Kondensatoren und die Einheiten zum Steuern des Aufladevorganges. Ferner befinden sich in diesem Einschub der Steuerverstärker zum Konstanthalten der eingestellten Kondensatorspannung sowie einige andere untergeordnete Baugruppen. Dieser Einschub trägt keine Bedienungselemente. Auf der Frontplatte des Einschubes sind die Sicherungen für den Hochspannungsschutz, für den Hochspannungstransformator, für den Regelverstärker

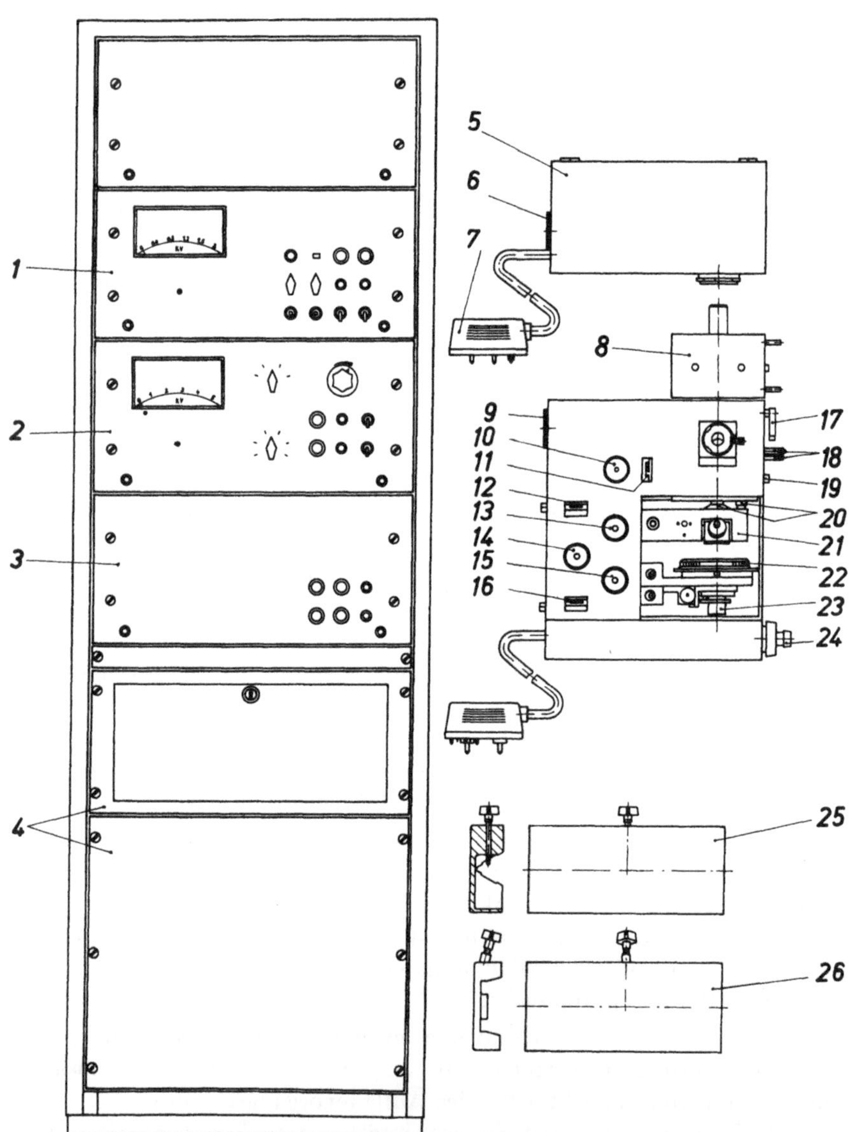

Abb. 1. Schematische Darstellung des Laser-Mikro-Spektralanalysators LMA 1, bestehend aus Netzgerät und Mikroskop mit optischer Anpassung und Resonatorkopf

sowie für einen Sicherheitsstromkreis untergebracht. Neben diesen Sicherungen befindet sich die Signalleuchte für die Hochspannung und für die Auslösebereitschaft.

Der Einschub *4* (Abb. 1) der Kondensatorenbatterie läuft auf Rollen und ist im Schrank hinter gesonderten Frontplatten zuunterst angeordnet. Er beinhaltet die Kondensatoren, die Induktivitäten, ein Ignitron als Schutzschalter sowie die zur Umschaltung, zur Ignitron- und Blitzlampenzündung nötigen elektrischen Bauelemente. Unter einer Schutztür an der Vorderseite des Schrankes befinden sich vier Schalter, mit denen über die Werte für C und L grob die Blitzenergie und der Entladeverlauf (Pumplichtverlauf) eingestellt werden können. Mit den Schaltern *I* bis *III* werden die Kondensatoren zu -oder abgeschaltet, während mit dem Schalter *IV* die Induktivität umgeschaltet wird.

Im oberen Teil des Schrankes ist das Kühlgebläse in einem Schutzgehäuse fest eingebaut. Das Gebläse wird über einen Luftschlauch mit dem Resonatorkopf verbunden und erzeugt in diesem einen Unterdruck, so daß der Laserresonator und die Blitzlampe durch einströmende Frischluft gekühlt werden.

Im Resonatorkopf (*5*, Abb. 1) sind innerhalb eines elliptisch-zylindrischen Reflektors der neodymaktivierte Glasresonator und eine Stabblitzlampe untergebracht. Der Neodymglas-Resonator des Gerätes hat die Gestalt eines Zylinders von 9,5 mm Durchmesser und ca. 110 mm Gesamtlänge, an dessen einem Ende ein 90°-Dachprisma angearbeitet ist.

Erklärung zu Abbildung 1:

1. Bedienungsteil zum Laser ZFL 1000
2. Stromversorgung für Anregungselektroden
3. Ladeeinschub
4. Batterieeinschub
5. Resonatorkopf
6. Ringschwalbe für Q-Switch-Anschluß
7. Steckverbindung für Spannungsversorgung des Resonatorkopfes
8. Optische Anpassung mit Blendenrevolver und Justierschrauben
9. Schnellwechsler zum Anschluß einer mikrophotographischen Einrichtung
10. Umschaltknopf: Autokollimationsjustierung – visuelle Beobachtung – Mikrophotographie
11. Leuchtfeldblende für Auflicht
12. Filterschieber und Aperturblende fur Auflicht
13. Triebknopf für Elektrodenhalter
14. Umschaltknopf Durchlicht – Elektrodenprojektion – Auflicht
15. Triebknopf fur Tisch
16. Filterschieber und Leuchtfeldblende fur Durchlicht
17. Umschalthebel fur freien Durchgang der Laserstrahlung oder visuelle Beobachtung, Mikrophotographie, Justierung des Laserresonators
18. Analysator, λ- und $\lambda/4$-Kompensatoren
19. Wechselschieber fur 2 Objektive
20. 2 Objektive auf Wechselschlitten
21. Elektrodenhalter mit Bedienungselementen zur Justierung der Elektroden
22. Gleittisch
23. Durchlichtkondensor
24. Grob- und Feintrieb fur Objektive
25. Anpassung für Q 24 und Dreiprismenspektrograph
26. Anpassung fur PGS 2

Die Dachkante ist auf 6″ parallel zur gegenüberliegenden durchlässig verspiegelten ebenen Endfläche. Diese ist die Austrittsfläche der Strahlung. Das Dachprisma am anderen Ende des Zylinders stellt auf Grund seiner inneren Totalreflexion die undurchlässige Seite des Resonators dar. Der Resonator ist in seiner Halterung um seine Strahlungsaustrittsfläche in zwei Koordinaten schwenkbar und somit senkrecht zur optischen Achse des Mikroskops justierbar. Hinter der Halterung befindet sich das Umlenkprisma für die Laserstrahlung. Der Output der Laserstrahlung beträgt max. 1 Ws bei einer Impulsfrequenz von 3 min^{-1}.

In den Resonatorkopf können außer den zur Grundausrüstung gehörenden Nd^{3+}-Glas-Resonatoren auch Rubin-Resonatoren eingesetzt werden. Das ist insbesondere für eine Gütesteuerung des Lasers von Interesse, deren Ausschlußmöglichkeit gegeben ist (*6*, Abb. 1). Über einen Schnellwechsler kann der Resonatorkopf reproduzierbar auf das Mikroskop aufgesetzt werden. Dieses ist speziell für die Aufgabenstellung der Mikrospektralanalyse durch Ausstattung mit Spezialobjektiven, einem justierbaren Elektrodenhalter und Anpassungen für optische Bänke entwickelt worden. Für die Laserbestrahlung und Beobachtung sind ein Spiegellinsenobjektiv 40×/0,5 und ein Linsenobjektiv 16×/0,2 vorgesehen. Ein Linsenobjektiv 4×/0,05 ist für die genaue Einstellung des Abstandes der zur Anregung einer verdampften Substanzmenge erforderlichen Elektroden und für Übersichtsbeobachtungen geeignet.

Vergrößerungstabelle

Objektive			Okulare	
Trockensysteme	Abbildungsmaßstab	Numerische Apertur	Lupenvergrößerung 8×	12,5×
Planachromat	4	0,05	32	50
	16	0,2	125	200
Spiegelobjektiv planapochromatisch	40	0,5	320	500

Die Laserbestrahlung erfolgt im Auflicht, die Beleuchtung des Präparates im Auf- oder Durchlicht. Hellfeldbeobachtung und Beobachtung im polarisierten Licht mit gekreuzten Polarisatoren unter Benutzung von $\lambda/4$- und λ-Kompensatoren sind durchführbar. Der Durchlichtkondensor ist abnehmbar, um große Proben (bis 70 mm Höhe) untersuchen zu können. Der Anschluß einer mikrophotographischen Einrichtung ist über einen Schnellwechsler an der Seite des Mikroskops möglich. Zwei weitere Strahlengänge gestatten die Projektion der Elektroden auf den

Spektrographenspalt und die Autokollimationsjustierung des Laserresonators. In Abb. 2 sieht man rechts unten die koaxialen Knöpfe für den auf den Objektivschlitten wirkenden Grob- und Feintrieb und an der Vorderfront den binokularen Tubus, die Rändelscheiben für die Betätigung der Apertur- und Leuchtfeldblende im Auflicht sowie für die Leuchtfeldblende im Durchlicht, den oberen Umschaltknopf mit den drei Schaltstellungen (von links nach rechts) für Justierung des Laserresonators, visuelle Beobachtung, Mikrophotographie, unter der Schutztür links den Umschaltknopf mit den drei Schaltstellungen (von links nach rechts) für Durchlicht, Elektrodenprojektion und Auflicht, den Triebknopf für den Elektrodenhalter und den Triebknopf zur Grobverstellung von Tisch und Kondensor und schließlich die beiden Schieber zur Aufnahme der Lichtfilter im Auf- und Durchlicht. Der Elektrodenhalter trägt die Elektroden in einer Klemmfassung sowie die Bedienungselemente zur Justierung der Elektroden. Innerhalb des als Gabel ausgebildeten Elektrodenhalters befinden sich zwei Objektive auf einem Wechselschlitten, der mit Hilfe des auf der rechten Seite des Mikroskops befindlichen Schiebers (Abb. 2) betätigt wird. Oberhalb dieses Schiebers sind in der Abb. 2 zwei weitere Schieber zu sehen, von denen der obere der Einschaltung des Analysators und des Auflichtpolarisators dient. (Der Polarisator für Durchlicht ist fest eingebaut.) Mit Hilfe einer Rändelscheibe kann der Analysator um 90° gedreht werden. Der untere Schieber hat zwei Schaltstellungen für den $\lambda/4$- und λ-Kompensator. Der darüber befindliche Umschalthebel besitzt zwei Schaltstellungen, und zwar für freien Durchgang der Laserstrahlung bzw. für visuelle Beobachtung, Mikrophotographie und Justierung des Laserresonators.

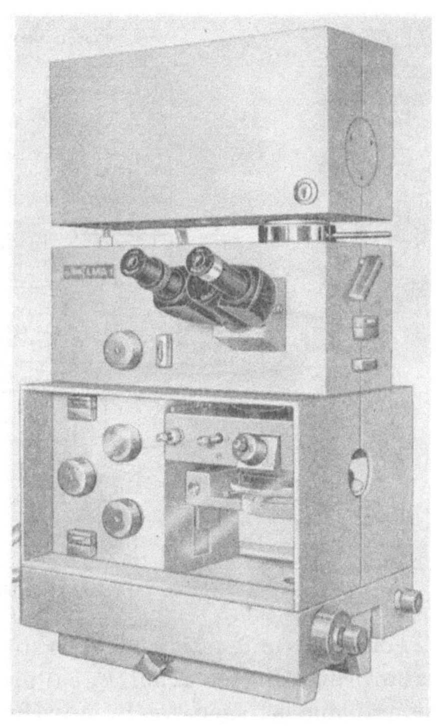

Abb. 2. Mikroskop zum LMA 1

Zwischen Mikroskopstativ und Resonatorkopf kann eine optische Anpassung mittels Schnellwechslers angebracht werden. Sie dient der optimalen Ausnutzung der Laserstrahlung und ermöglicht mit Hilfe von

Blenden, die sich auf einem Wechselrevolver befinden, eine Verkleinerung des Brennflecks bis auf wenige μm Durchmesser.

3. Einsatzmöglichkeiten speziell in der metallkundlichen Analyse

Es gibt eine Reihe von analytischen Untersuchungsverfahren, mit denen es möglich ist, Erkenntnisse über das Wesen der Metalle und Legierungen zu sammeln, ihren Herstellungs- und Verarbeitungsprozeß zu kontrollieren und im Schadensfall die Ursache zu ermitteln. Mit der Laser-Mikro-Spektralanalyse kann jedes beliebige Material anorganischer Zusammensetzung, Leiter oder Nichtleiter, gleichermaßen analysiert werden. Hierzu können die Proben in polierten Anschliffen vorliegen, wie sie für eine exakte Auflichtmikroskopie erforderlich sind, oder aber

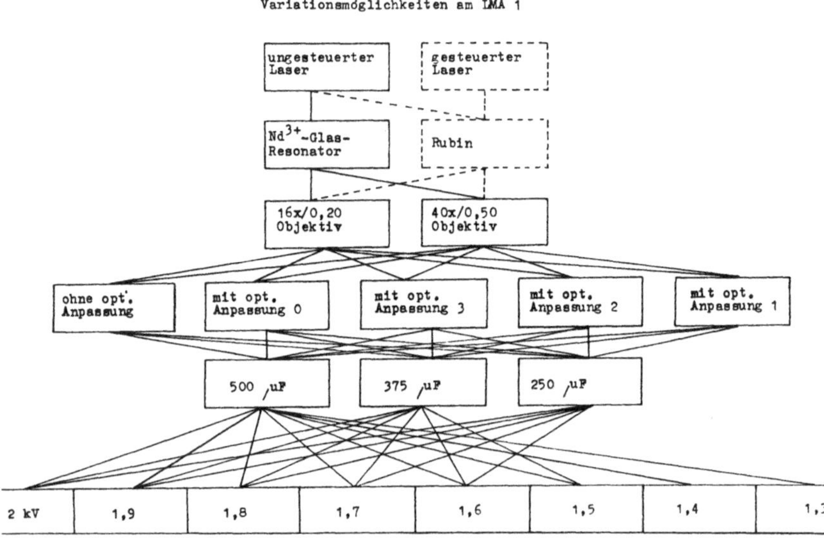

Abb. 3. Variationsmöglichkeiten am LMA 1

in Form eines unbearbeiteten Werkstückes, dessen Länge durch die Apparatur (bei geöffneten Schutztüren) nicht begrenzt wird. Die Probenhöhe kann 70 mm betragen. Die Breite richtet sich nach dem Abstand zwischen Mikroskopstativ und Abbildungskondensor, der 210 mm beträgt. Mit den in Abb. 3 angegebenen Variationsmöglichkeiten ist die Anpassung des Kraterdurchmessers an die Größe der zu untersuchenden Objektstelle zwischen 10 und 250 μm durchführbar. Die größten Kraterdurchmesser erhält man mit den Geräteparametern, die auf der linken Seite der Abb. 3 angegeben sind, also mit einem ungesteuerten Laser, mit Glas-Resonator, 16fachem Objektiv, ohne optische Anpassung, bei voller Batteriekapazität und bei maximaler Blitzlampenspannung.

Die Kombination des LMA 1 mit einem photographisch registrierenden Spektrographen bietet die beste Möglichkeit zur qualitativen Analyse, da durch den gleichzeitigen Nachweis von bis zu 60 chemischen Elementen (Tabelle 1) in einer Substanz unbekannter Zusammensetzung außer den gesuchten auch unerwartete Komponenten festgestellt werden. Ein ideales Anwendungsgebiet findet daher diese Methode in kriminaltechnischen

Tabelle 1. Die mit der Laser-Mikro-Spektralanalyse nachweisbaren 60 chemischen Elemente und einige ihrer Hauptnachweislinien (in nm)

Z	Symbol	Hauptnachweislinien			Z	Symbol	Hauptnachweislinien		
3	Li	323,3	610,4	670,8	46	Pd	363,5	342,1	340,5
4	Be	313,0	313,1	234,9	47	Ag	328,1	520,9	338,3
5	B	249,8	249,7		48	Cd	643,8	346,6	228,8
6	C	426,7	247,9	229,7	49	In	451,1	410,2	325,6
11	Na	589,0	589,6		50	Sn	317,5	326,2	
12	Mg	518,4	280,3	279,6	51	Sb	323,2	252,9	259,8
13	Al	396,2	394,4	309,3	52	Te	238,3	238,6	
14	Si	251,6	252,9	252,4	55	Cs	455,5	852,1	894,4
19	K	404,4	766,5	769,9	56	Ba	493,4	455,4	233,5
20	Ca	393,4	396,8		57	La	394,9	412,3	407,7
21	Sc	424,7	431,4		58	Ce	418,7	401,2	
22	Ti	334,9	336,1	323,5	59	Pr	406,3	419,0	
23	V	318,5	318,4	309,3	60	Nd	430,4	395,1	
24	Cr	425,4	427,5	429,0	62	Sm	442,4	443,4	
25	Mn	257,6	259,4	260,6	64	Gd	364,6		
26	Fe	260,0	430,8	438,4	66	Dy	400,0	407,8	
27	Co	345,4	340,5	228,6	67	Ho	293,6		
28	Ni	361,9	352,5	341,5	68	Er	349,9		
29	Cu	324,8	327,4		70	Yb	328,9	369,4	398,8
30	Zn	636,3	213,9	334,5	72	Hf	313,5	264,1	282,0
31	Ga	417,2	403,3		73	Ta	267,6	331,1	
32	Ge	303,9	326,9		74	W	430,2	429,5	239,7
33	As	278,0	235,0	228,8	75	Re	488,9	346,0	
34	Se	473,0	204,0		78	Pt	283,0	265,9	306,5
37	Rb	420,2	780,0	794,8	79	Au	280,2	242,8	267,6
38	Sr	407,8	421,6	346,4	80	Hg	253,7	435,8	365,0
39	Y	360,1	437,5	371,0	81	Tl	535,0	377,6	351,9
40	Zr	339,2	343,8	349,6	82	Pb	220,4	217,0	405,8
41	Nb	309,4	322,5	405,9	83	Bi	306,8	289,8	293,8
42	Mo	379,8	386,4	390,3	90	Th	374,1		
45	Rh	437,5	339,7		92	U	424,2	409,0	

Laboratorien, z. B. beim Nachweis von Fälschungen antiker Gegenstände (Münzen, Bronzeplastiken, Eisenmetallwerkzeugen usw.), zum Beweis der Zusammengehörigkeit zweier Teile bzw. ihre Herkunftsermittlung, zur chemischen Analyse der Spuren, die Einbruchswerkzeuge oder Waffen hinterlassen haben, u. ä.

Auch die metallerzeugende und -verarbeitende Industrie steht häufig vor Problemen, deren relativ kleine Ursache große Wirkungen haben kann. Es wurden uns zwei Bauteile eines Gerätes mit äußerlich gleichem Aussehen gebracht, die unterschiedliche Leistungen zeigten. An den Bauteilen befanden sich Platinkontakte, deren einer einen hohen Nickelgehalt aufwies, der die Ursache für das unterschiedliche Verhalten war. Die Herkunft der Nickelkonzentration im Platin läßt sich einfach erklären. In der Natur gibt es einige Platinlagerstätten, die in enger Paragenese

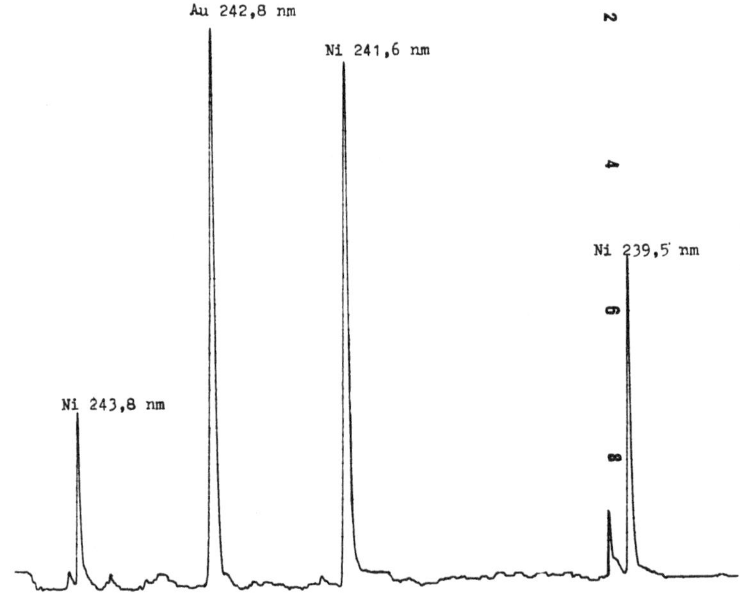

Abb. 4. Au-Ni-Schweißnaht; LMA 1/Q 24; photometrierter Teilbereich eines Spektrums; Kraterdurchmesser 60 μm

auch Nickelerze enthalten. Eine Kontrolle des Reinheitsgrades ist also in jedem Fall empfehlenswert. Ein Vorteil des Laser-Mikro-Spektralanalysators ist, daß derartige Bauteile ohne Demontage und ohne Beeinträchtigung der Funktion untersucht werden können.

Ein anderes Objekt war eine Gold-Nickel-Schweißnaht. Die Verteilung der Komponenten Au und Ni sollte senkrecht zu dieser Schweißnaht durch eine Kette von Lasereinschlägen analysiert werden. Zur Auswertung wurden die Spektrallinien Au 242,8 und Ni 241,6 nm (Abb. 4) herangezogen und photometriert. Die für die quantitative Auswertung erforderlichen Eichproben lassen sich für künstlich hergestellte metallische Proben im Gegensatz zu natürlich entstandenen Mineralien etc.

relativ leicht herstellen. Bei der Herstellung solcher Eichschmelzen ist die größte Schwierigkeit in der Erzielung möglichst großer Homogenität zu sehen.

Zur Untersuchung der Reproduzierbarkeit dieses Verfahrens wurde ein chromlegierter Stahl, 145 Cr V 6 der Zusammensetzung C 1,47; Si 0,29; Mn 0,46; Cu 0,16; Ni 0,09; V 0,08 und Cr 1,40% mit dem LMA 1 in Kombination mit einem Quarzspektrographen Q 24 analysiert. Die Aufnahmedaten waren: Spaltbreite 20 μm, Nd-Glas-Resonator, Linsenobjektiv 16 × /0,2, Kohleelektroden, Entladekapazität der Blitzlampenspannung 508 μF, Entladekapazität der Anregungsspannung 2 μF und Entladeinduktivität der Anregungsspannung 60 μF.

Die Durchmesser der Krater betrugen 230 μm. Es wurden je 10 Spektren (je 1 Laserschuß) auf 4 Photoplatten (ORWO WU 3, Blau Extrahart) bei Einsatz von zwei verschiedenen Netzgeräten zum LMA 1 aufgenommen. Die relative Standardabweichung der Schwärzungswerte der Chromlinie I 425,435 nm betrug für

Platte 1, 1. Netzgerät, 1,4%
Platte 2, 1. Netzgerät, 2 %
Platte 3, 2. Netzgerät, 2,5%
Platte 4, 2. Netzgerät, 2,3%

Die Varianz der Schwärzungswerte der gesamten Spektren (Platte 1 bis 4) wurde zu 2,5% ermittelt.

Zur Analyse der Bestandteile eines Stahls mit dem Q 24 können als Analysenlinien verwendet werden:

Cr 425,4 und 357,9 nm
Cu 327,4 und 324,8
Mn 257,6
Si 2881, 252,8 und 5er-Gruppe: 252,4; 251,9; 251,6; 251,4; 250,7
Mo 287,1; 284,8; 281,6 und 277,5
Ni 352,4 und 341,4 (Fe-Störung)
V 3er-Gruppe: 318,5; 318,4; 318,3 und 309,3
C 229,7

Für die Bestimmung des Kohlenstoffs verwendet man reine Metallelektroden, z. B. aus Mg (Abmessungen 50 mm Länge, 5 mm ∅, Spitze 10°).

Untersuchungsobjekte sind häufig Einschlüsse aller Art, auch nichtmetallischer Zusammensetzung, wie Oxide und Silikate der Elemente Si, Fe, Mn, Al, Ca, Ti, Zr und Cr. Hierbei ist von besonderer Bedeutung, daß keine Trennung von der Matrix erforderlich ist und somit keine Gefahr des Substanzverlustes bzw. des Einschleppens von Fremdelementen besteht. Grundsätzlich kann jede Art von Konzentrationsunterschieden analysiert werden, wobei sowohl Hauptkomponenten als auch Neben- und Spurenbestandteile bestimmt werden können, und zwar liegt die relative Nachweisgrenze bei einer verdampften Substanzmenge von 10^{-5} bis 10^{-7} g bei 10^{-2}% für Elemente mit intensitätsstarken Nachweislinien, in Einzelfällen unter optimalen Bedingungen auch bei 10^{-3}%.

Zusammenfassung

Der Laser-Mikro-Spektralanalysator LMA 1 wird ausführlich beschrieben. Aus dem umfangreichen Anwendungsgebiet dieses neuen Gerätes in Mineralogie, Silikattechnik, Archäologie, Medizin, Kriminaltechnik und metallkundlicher Analyse wird speziell auf letztere eingegangen. Einige Beispiele für qualitative Analysen und Angaben über die Reproduzierbarkeit des Verfahrens bei quantitativen Analysen werden vorgelegt.

Summary

A detailed description is given of the laser-micro-spectral analyzer LMA 1. From among the extensive application range of this new device in mineralogy, silicate technique, archeology, medicine, criminalistics and metallurgical analysis, special attention is given here to the latter. Several examples are presented illustrating qualitative analyses and statements are given with regard to the reproducibility of the procedure in quantitative analyses.

Literatur

[1] *M. Berndt, H. Krause, L. Moenke-Blankenburg* und *H. Moenke*, Jenaer Jb. **1965**, 45.

[2] *H.-J. Blankenburg, H. Moenke, L. Moenke-Blankenburg* und *K. Wehrberger*, Kristall u. Technik **1**, 351 (1966).

[3] *H. Moenke*, Proc. Analyt. Chem. Conf. Budapest 1966, Vol. III, 219.

[4] *H. Moenke*, Fortschr. Min. **44**, 173 (1967).

[5] *H. Moenke* und *L. Moenke-Blankenburg*, Einführung in die Laser-Mikro-Emissionsspektralanalyse. Leipzig 1966.

[6] *H. Moenke* und *L. Moenke-Blankenburg*, Jenaer Rundschau **11**, 166 (1966).

[7] *H. Moenke* und *L. Moenke-Blankenburg*, Sprechsaal **100**, 112 (1967).

[8] *H. Moenke* und *L. Moenke-Blankenburg*. Silikatjournal **5**, 266 (1966).

[9] *L. Moenke-Blankenburg*, Proc. Analyt. Chem. Conf. Budapest 1966, Vol. III, 226.

[10] *L. Moenke-Blankenburg* und *H. Moenke*, G-I-T-Fachzeitschrift für das Laboratorium **10**, 85 (1966).

[11] *L. Moenke-Blankenburg* und *H. Moenke*, Prakt. Metallographie **3**, 105 (1966).

[12] *L. Moenke-Blankenburg* und *H. Moenke*, Bergakademie **18**, 697 (1966).

[13] Prospekt: Laser-Mikro-Spektralanalysator LMA 1, Druckschrift 32-K372-1, Jenoptik Jena GmbH.

Aus dem Laboratorium der Firma Jenoptik GmbH., Jena

Vergleichende Betrachtung über Elektronenstrahl-Mikroanalyse und Laser-Mikro-Spektralanalyse *

Von

Horst Moenke

(Eingegangen am 4. April 1967)

1. Arbeitsprinzipien und gegenwärtiges Entwicklungsniveau

1.1 Elektronenstrahl-Mikroanalyse [2—4, 6, 13, 17, 22]

Im Röntgen-Mikro-Spektralanalysator werden die in einer Probe vorhandenen chemischen Elemente mit Hilfe der relativ linienarmen Röntgenemissionsspektren identifiziert. Diese entstehen beim Auftreffen elektromagnetisch fokussierter Primärelektronenstrahlung und werden mit Hilfe mehrerer fokussierender Spektrometer analysiert. In der Regel kommt man mit Strahlspannungen bis 50 kV aus. Angeregt werden Probenoberflächenbereiche mit einem Durchmesser von 0,2 bis 3000 μm.

Als Dispersionsmedien dienen Analysator-Einkristalle (LiF 2 d = 0,4028 nm, Quarz $11\bar{2}0$ 2 d = 0,49029 nm, Quarz $10\bar{1}1$ 2 d = 0,66862 nm, Quarz $10\bar{1}0$ 2 d = 0,84920 nm, Gips 020 2 d = 1,5185 nm, KAP 2 d = 2,66 nm, Bleistearat 2 d = 10 nm), als Empfänger benutzt man Proportionalzähler und Szintillationszähler. Bei der Röntgen-Mikro-Spektralanalyse befindet sich die Probe stets im Vakuum. In modernen Instrumenten werden generell Vakuumspektrometer verwendet, da Elemente mit einer Ordnungszahl unter 20 bereits eine langwellige Eigenstrahlung emittieren, die in Luft sehr stark absorbiert wird. Die Elemente Lithium und Beryllium sind mit keiner kommerziellen Elektronensonde erfaßbar. Reflexionsgitter sind bisher lediglich in den Eigenbauapparaturen einiger weniger Forschungszentren anzutreffen.

---

* Vortrag anläßlich des Kolloquiums über metallkundliche Analyse mit besonderer Berücksichtigung der Elektronenstrahl-Mikroanalyse, Wien, 25. bis 27. Oktober 1966.

Die Röntgen-Mikro-Spektralanalysatoren unterscheiden sich durch die Größe des Abstrahlwinkels für Röntgenfluoreszenzstrahlung. Typisch für das Cameca-Instrument MS 46 DL ist ein Abnahmewinkel von 18°, die JEOL JXA-3A-Konzeption sieht 20° vor, die Geräte AMR/3 von Philips und XMA-4 von Hitachi haben ebenfalls einen kleinen Abnahmewinkel (15°). Der entsprechende Winkel vom Geoscan der Cambridge Instrument Co. beträgt 75°. Er wurde gewählt, um zu höheren Intensitäten zu kommen und um die Einflüsse der Oberflächenrauhigkeit zu verringern. Ein weiteres Unterscheidungsmerkmal ist die Anzahl der Röntgenspektrometer. Bevorzugt hat man moderne Apparaturen mit 2, 3 oder 4 Vakuumspektrometern bestückt.

Die Information einer modernen Elektronensonde ist keineswegs auf punktförmige Lokalanalyse oder auf Linienanalyse beschränkt. Als Ergänzung der Beobachtungsverfahren der optischen Auflichtmikroskopie (Hellfeld- und Polarisationsverfahren) wurden die verschiedenen elektronenoptischen Scanningverfahren eingeführt. Das Röntgenbild gibt Auskunft über die Verteilung eines bestimmten chemischen Elements in einem mit dem fokussierten Elektronenstrahl abgerasterten Präparatoberflächenbereich. Zur Erzeugung des Röntgenbildes auf einem Oszillographenschirm benutzt man die durch den Empfänger des Spektrometers aufgenommenen Röntgenimpulse. Das synchron gekoppelte Zeilenrastersystem des Oszillographen läßt Rückschlüsse aus der Bildhelligkeit auf die Intensität der emittierten charakteristischen Röntgenstrahlung zu. Auf einem zweiten Oszillographen beobachtet man ein Oberflächenreliefbild, das durch den verschieden großen Anteil rückgestreuter Elektronen zustande kommt. Eine weitere Informationsmöglichkeit ist das Oberflächenbild aus den absorbierten Elektronen; man benutzt hierbei zur Helligkeitssteuerung des Oszillographen die Stromstärke zwischen isolierter Probe und Erde. Ein japanisches Instrument besitzt einen fünften Oszillographen für photomikrographische Fixierung beliebiger Oszillogramme (zwei Oszillographen sind für Simultanbetrachtung der Röntgenbilder von zwei verschiedenen Elementen vorgesehen). Auch das Scanningbild der von der Probe durchgelassenen Strahlelektronen wird durch dieses Instrument zugänglich. Noch nicht abgeschlossen ist die Entwicklung kombinierter Instrumente, die Beugungsdiagramme von kleinsten Kristalleinschlüssen als weitere entscheidende Informationsquelle liefern.

1.2 Laser-Mikro-Spektralanalyse [5, 7, 11, 12, 14, 19, 20, 21, 23, 25]

In einem Laser-Mikro-Spektralanalysator werden die chemischen Elemente einer Probeneinzelheit mit Hilfe der im ultravioletten, sichtbaren und nahen infraroten Bereich emittierten Atomspektren identifiziert.

Als Energiequelle zur gezielten Verdampfung kleiner Materialmengen im Mikrogrammbereich dient ein Festkörperimpulslaser, der durch Output-Energiestufen von 0,1 bis 1 Ws pro Impuls charakterisiert ist. Die zur Verdampfung erforderlichen hohen Leistungsdichten von mehr als 10^8 W/cm^2 erreicht man durch Konzentration der zeitlich und räumlich kohärenten Strahlung (1060 oder 694,3 nm) mit Hilfe mikroskopischer Spezialobjektive auf der Probe, die durch kurze Brennweiten und großen freien Arbeitsabstand (vorteilhaft $\geqq 15$ mm) ausgezeichnet sind.

Blitzlampen mit Xenonfüllung, die von einer Kondensatorentladung von max. 510 μF gespeist werden, dienen der Energiezufuhr für den optischen Resonator. Letzterer hat im einfachsten Fall die Form eines Zylinders mit einem Verhältnis Länge zu Durchmesser wie 10 : 1. Eine der Interferometerplatten ist total verspiegelt, die andere immer als teildurchlässiges dielektrisches Mehrfachschichtsystem ausgebildet. Nach dem Zünden der Pumpblitzlampe bildet sich im Resonator durch Rückkoppelungsverstärkung eine weitgehend ebene, monochromatische Welle aus, die bei Verwendung fester Interferometerplatten als Impuls von etwa 100 bis 200 Mikrosekunden Dauer durch die teildurchlässige Endfläche bzw. durch den entsprechend ausgebildeten Außenspiegel emittiert wird. Mit einem solchen ungesteuerten System erreicht man mit großer Treffsicherheit Krater mit einem Durchmesser-Tiefen-Verhältnis von 1 : 1, gelegentlich auch Tiefen von mehreren Kraterdurchmessern.

Kontinuierlich einstellbare Werte der Blitzlampenspannung, stufenweise Variation der Kapazität der Kondensatorbatterie, Blendenwechsel im Fokus des Fernrohrsystems einer optischen Anpassung oder Objektivwechsel ermöglichen beim LMA 1 aus Jena Untersuchungen, bei denen die Substanz aus einem Probenbereich mit einem Durchmesser zwischen 10 μm und 250 μm verdampft wird. Aktive oder passive Gütesteuerung des optischen Resonators unter Verwendung eines Schaltelements ist ein Mittel zur Steigerung der Leistungsdichte. Speziell für Zwecke der Mikrospektralanalyse wurde eine der beiden Resonatorplatten drehbar angeordnet. Auf diese Weise wird die Rückkoppelung der Lichtwelle nur in einem kurzen Zeitintervall hergestellt. Die Blitzlampe pumpt das aktive Medium zu weitaus höheren Verstärkungskoeffizienten, ohne daß induzierte Emission einsetzen kann, bis die Parallelstellung des mit einigen 1000 U/min rotierenden Spiegels zur feststehenden Interferometerplatte erreicht ist. In dieser kritischen Stellung kommt es zur Ausbildung weniger Spikes mit Leistungsspitzenwerten bis etwa 500 kW, der Resonator wird in einigen Mikrosekunden entleert.

Mit einem geschalteten Resonator erreicht man besonders hohe örtliche elektrische Feldstärkewerte, die zu nichtlinearen optischen Effekten in der Probe, zur vergrößerten Absorption und zur beschleunigten

Verdampfung aus relativ flachen Kratern führen. Verschiedene, schwach absorbierende Proben können auf diese Weise vorteilhafter untersucht werden.

Im Gegensatz zur Elektronensonde befindet sich die Probe stets in Luft, und die Erfassung der chemischen Elemente mit sehr niedriger Ordnungszahl ist in einfachster Weise möglich. Obwohl prinzipiell bereits das lasererzeugte Mikroplasma als Lichtquelle benutzt werden kann, bedient man sich in den beiden bisher bekannt gewordenen kommerziellen Einrichtungen eines Zweistufenanregungsprozesses. Zwischen Mikroskopobjektiv und Probe sind zwei Elektroden angeordnet, an denen eine Gleichspannung von 1,5 bis 3 kV liegt. Die verdampfte Substanzmenge ist durch die Lasereinwirkung bereits so weit ionisiert, daß mit ihrer Hilfe eine Kondensatorentladung über die genannten Elektroden synchronisiert werden kann. Man erreicht durch die in der Regel sehr funkenähnliche Entladung eine Verstärkung der Anregung und kann aus diesem Grunde zum Nachweis der chemischen Elemente photographische Prismen- oder Gitterspektrographen mit einem wirksamen Öffnungsverhältnis zwischen 1 : 11 und 1 : 35 verwenden.

Besonders günstige Faktoren für die Einführung der Laser-Mikro-Spektralanalyse in die Praxis sind das Vorhandensein bewährter Spektraltafeln, Wellenlängentabellen von Hauptnachweislinien der chemischen Elemente und ein umfangreicher Park von Spektralapparaturen, mit denen Festkörperlaser und Spezialmikroskop in einfachster Weise kombiniert werden können. Obwohl als Elektrodenteil Spektralkohlestäbe verwendet werden, ist die CN-Bandenemission außerordentlich gering und verursacht keine Störungen.

2. Anforderungen an die Probenbeschaffenheit[1, 8, 16, 24, 26, 27]

Die Mikroskopstative eines Laser-Mikro-Spektralanalysators sind so konstruiert, daß keine Behinderungen durch normale Probendimensionen zu verzeichnen sind. Auf dem Objekttisch können faustgroße Proben ohne Schwierigkeiten untergebracht werden. Eine Probenvorbereitung im Sinne der klassischen Atomspektroskopie ist nicht erforderlich. Es müssen nicht unbedingt Anschliffe oder Dünnschliffe hergestellt werden. In der Praxis reicht die Skala der mit Erfolg spektroskopierten Proben vom einzelnen Menschenhaar bis zum pflastersteingroßen Gesteinsbrocken. Selbstverständlich können auch metallographische Anschliffpräparate und Gesteinsdünnschliffe (ohne Deckglas) untersucht werden.

Da bei der Elektronenstrahl-Mikroanalyse die Proben in eine Vakuumkammer eingebracht werden müssen, sind Probenhöhe und -durchmesser auf wenige Zentimeter beschränkt. Die Proben müssen außerdem mit einer ausreichenden Oberflächenpolitur versehen werden, was bei nichtopaken Substanzen sehr häufig auf unüberwindliche Schwierigkeiten stößt. Die niedrige elektrische und thermische Leitfähigkeit der meisten Mineralien und Gesteine fordert Strahlstromstärken, die wesentlich von dem für Metalle zulässigen Wert verschieden sind. Häufig ist die Aufbringung einer leitfähigen Schicht durch spezielle Bedampfung notwendig, wobei in der Regel die eigentlichen Probenstrukturen verdeckt werden. Bei der Anwendung des Scanningverfahrens auf Nichtleiter kommt es relativ häufig zu störenden elektrostatischen Aufladungen.

3. Hauptanwendungsgebiete; relative und absolute Nachweisgrenzen[9, 10, 11, 15, 17, 18, 20]

Trotz der Entwicklung einer speziellen Elektronensonde für Probleme der Mineralogie (Gerät Geoscan der Firma Cambridge Instruments Co. Ltd.), das relativ große Proben mit einer Kantenlänge bis zu 8 cm aufnehmen kann, sind die meisten Anwendungsbeispiele noch immer im Bereich der Metallographie und Metallphysik zu finden. Auch bei einem großen Meteoritenforschungsprogramm wird zur Zeit die Röntgen-Mikro-Spektralanalyse routinemäßig eingesetzt.

Eine allgemeine Einführung in die Untersuchungsmethodik anderer naturwissenschaftlicher Disziplinen ist bisher nicht erfolgt. Es dominieren Einzelstudien, die u. a. mit Hilfe der Applikationslaboratorien der Herstellerfirmen durchgeführt wurden. Die relative Nachweisempfindlichkeit der Elektronenstrahl-Mikroanalyse liegt bei 1%. In günstigen Fällen erreichte man 0,1% (Aluminiumnachweis in Kupfer mit dem japanischen Gerät JXA-3 A) und 0,01% (Kupfer in Eisenproben). Die absolute Nachweisempfindlichkeit für Routineuntersuchungen kann nur größenordnungsmäßig mit 10^{-11} g und besser angegeben werden, da nicht nur der Durchmesser des Elektronenstrahls, sondern auch das analysierte Volumen außerordentlich schwierig zu bestimmen sind.

Mit der Laser-Mikro-Spektralanalyse wurden bereits unmittelbar nach Bekanntwerden dieses Verfahrens mit Erfolg mineralogische, medizinisch-biologische und silikattechnische Proben untersucht. Petrographie, Lagerstättenforschung (Untersuchung von Paragenesen ohne Zerstörung des Mineralverbandes) und Geochemie (Verteilung chemischer Elemente in genetisch vergleichbaren Mineralien) sind an der zugänglich gewordenen verbesserten Methode der Mineraldiagnostik (Kombination von Laser-Mikro-Spektralanalysator mit einem Infrarotspektrometer) interessiert. Laboratorien für Werkstoffanalyse, für Glasforschung und für spektroskopische Lichtquellen, Institute für gerichtliche Medizin und für Archäologie sowie kriminaltechnische Abteilungen können, da sie über ein sehr umfangreiches und komplexes Untersuchungsmaterial entscheiden müssen, ihre apparative Ausrüstung durch die anpassungsfähige

Gerätekombination für Laser-Mikro-Spektralanalyse vorteilhaft ergänzen.

Die relative Nachweisempfindlichkeit ist größenordnungsmäßig mit $10^{-2}\%$ anzugeben. Bei vergleichsweise geringem apparativem Aufwand ist die absolute Nachweisempfindlichkeit besser als 10^{-7} g. Es wurden jedoch optimal auch 10^{-11} g erfaßt (Magnesium, Mangan und Calcium in Mineralien und in biologischen Proben).

Die Elektronenstrahl-Mikroanalyse ist eine Methode, die auf große Forschungszentren oder auf extrem spezialisierte Institutionen beschränkt ist. Die Laser-Mikro-Spektralanalyse kann außer an diesen genannten Stellen auch generell in kleinen Forschungsinstituten und in den Laboratorien kleiner Industriebetriebe eingesetzt werden. Das Entwicklungsniveau beider Verfahren ist gegenwärtig noch recht verschieden. Es ist jedoch damit zu rechnen, daß innerhalb der nächsten Jahre die methodische Seite der Laser-Mikro-Spektralanalyse noch beträchtlich forciert werden wird. Hier interessiert in erster Linie die quantitative Aussage und die Kombination mit den anderen Mikroverfahren (Infrarotspektroskopie, Röntgenbeugung).

Eine interessante Variante der Applikation des gesteuerten Festkörperimpulslasers als Lichtquelle in der Atomspektroskopie ist die quantitative Flächenanalyse mit einem Quantengenerator hoher Impulsfolgefrequenz. Diese mit 12,5 Hz realisierte Rastertechnik führte in Dortmund bereits zu ersten Erfolgen in diesem entwicklungsfähigen Gebiet der Makrospektralanalyse.

4. Ausblick

Röntgen-Mikro-Spektralanalysator und Laser-Mikro-Spektralanalysator verkörpern Hauptentwicklungsrichtungen des wissenschaftlichen Gerätebaues. Die Lasergeräte wurden nicht entwickelt, um die Elektronensonde abzulösen, sondern um sie zu ergänzen. Es ist eine Tatsache, daß in zahlreichen Forschungsstellen Elektronenstrahl-Mikroanalysatoren für die Lösung analytischer Probleme eingesetzt werden, die ohne den umfangreichen apparativen Aufwand auch mit einem Laser-Mikro-Analysator gelöst werden können. Wir haben eingangs erwähnt, daß es Elektronensonden gibt, mit denen man einen Probenoberflächenbereich mit einem Durchmesser bis zu 3 mm untersuchen kann. Wenn man bedenkt, daß bereits bei einem Sondendurchmesser von mehr als 30 μm die Fokussierbedingungen der Vakuumspektrometer nicht mehr eingehalten werden können, erhebt sich die Frage nach der Zweckmäßigkeit einer Auslegung einiger Sonden. Man erkennt, daß eine Anwendung von hochgezüchteten Mikroanalysatoren für die Makrospektralanalyse sehr problematisch ist. Viel erfolgversprechender ist die Ausstattung mit

Zusatzgeräten für die nichtdispersive Erfassung chemischer Elemente mit niedriger Ordnungszahl und für die Anfertigung von Beugungsdiagrammen geringster Präparateinzelheiten. Es leuchtet ein, daß die Entwicklung des Röntgen-Mikro-Spektralanalysators weiter in Richtung auf Großgeräte zu erwarten ist.

Im Gegensatz hierzu ist zu erwarten, daß in Zukunft eine Vereinfachung der Laser-Mikro-Spektralanalysatoren vorgenommen werden wird. Auch wird man in zunehmendem Maße den Einsatz lichtstarker Spektrographen zu erwarten haben. Ein weiterer Schwerpunkt ist die quantitative Analysenmethode.

Zusammenfassung

Röntgen- und Laser-Mikro-Emissionsspektralanalyse verkörpern gegenwärtig zwei besonders aktuelle Hauptentwicklungsrichtungen im wissenschaftlichen Gerätebau. Beide Analysenverfahren ergänzen einander. Die unterschiedlichen Arbeitsprinzipien führten einerseits zur Entwicklung von Großgeräten für Elektronenstrahl-Mikroanalyse und andererseits zur Schaffung von Laser-Mittelklasse-Geräten. Hauptanwendungsgebiete beider Verfahren werden skizziert und Leitlinien der künftigen Entwicklung aufgezeigt.

Summary

Roentgen- and laser-micro-emission spectral analyses at present embody two special main developmental tendencies in the construction of scientific instruments. Both analytical procedures complement each other. The different working principles lead on one hand to the development of large scale devices for electron beam analyses and on the other to the construction of laser-middle class apparatus. The chief fields of application of both procedures are sketched and guide lines are set up for future development.

Literatur

[1] *R. V. Adams, H. Rawson, D. G. Fisher* und *P. Worthington*, Glass Techn. **7**, 98 (1966).

[2] AEI (Sunvic Regler GmbH., Solingen) 2. Druckschrift 60-04-1010.

[3] ARL (Glendale, California) AMX Analyst's microprobe X-Ray analyzer. EMX-Electron Microprobe X-Ray analyzer.

[4] *I. S. Birks*, Electron Probe Microanalysis. New York: Interscience. 1963.

[5] *F. Brech*, Laser Focus **1**, 5 (1965).

[6] Cameca (Courbevoie, Seine): Microsonde Type 46 DL, Notice Technique, Janvier 1966.

[7] *J. Debras-Guédon* und *N. Liodec*, Bull. soc. franc. Céram. **61**, 61 (1963).

[8] *F. H. Dörr*, Glastechn. Ber. **39**, 141 (1966).

[9] *A. Felske, W. D. Hagenah* und *K. Laqua*, Analyt. Chem. **216**, 61 (1966).

[10] *H. M. Goldman, M. P. Ruben* und *D. Sherman*, Oral Surgery **17**, 102 (1964).

[11] *W. D. Hagenah*, Z. angew. Math. u. Physik **16**, 130 (1965).

[12] Jarrell Ash Co. Waltham USA: Technical Bulletin SP 1 (1966).

[13] JEOL, Tokio: Electron probe X-ray microanalyzer JXA-3A. Druckschrift 65 12389-E4Tp.

[14] Jenoptik Jena GmbH.: Laser-Mikro-Spektralanalysator LMA 1. Druckschrift 32-K372-1.

[15] *A. A. Karyakin, M. V. Achmanova* und *V. A. Kaigorodov*, XII. Coll. Spectr. Internat. Exeter, London 1965, S. 353.

[16] *Ch. Löffler* und *J. Löffler*, Glast. Ber. **39**, 333 (1966).

[17] *H. Malissa* und *H. H. Arlt*, Radex-Rundschau **1964**, 204.

[18] *J. A. Maxwell*, Canad. Mineralogist **7**, 727 (1963).

[19] *H. Moenke*, Proc. Analyt. Chem. Conf. Budapest 1966, Vol. III, 219.

[20] *H. Moenke* und *L. Moenke-Blankenburg*, Prakt. Chem. [Wien] **16**, 225 (1965).

[21] *H. Moenke* und *L. Moenke-Blankenburg*, Einführung in die Laser-Mikro-Emissionsspektralanalyse. Leipzig: Akad. Verlagsges. Geest & Portig, 1966.

[22] Philips Electronic Instr. (Mount Vernon, N.Y.): Norelco electron probe microanalyzer. Druckschrift RC399-Rev. 363-2MF.

[23] *S. D. Rasberry, B. F. Scribner* und *M. Margoshes*, XII. Coll. Spectr. Internat. Exeter, London 1965, 336.

[24] *R. C. Rosan, F. Brech* und *D. Glick*, Federation Proc. **24** Suppl. 14, 126 (1965).

[25] *E. F. Runge, R. W. Minck* und *F. B. Bryan*, Spectrochim. Acta **20**, 733 (1964).

[26] *J. R. Ryan, E. Ruh* und *C. B. Clark*, Amer. Ceram. Soc. Bull. **45** 260 (1966).

[27] *K. Wohlleben, H. Woelk* und *K. Konopicky*, Glastechn. Ber. **39**, 329 (1966).

Aus dem Institut für analytische Chemie und Mikrochemie
der Technischen Hochschule Wien

Diskussionsbeitrag zu H. Moenke: Vergleichende Untersuchungen über Elektronenstrahl-Mikroanalyse und Laser-Mikro-Spektralanalyse

Von

H. Malissa und H. H. Arlt

(Eingegangen am 4. April 1967)

H. Moenke behauptet, die Probe befinde sich bei der Elektronenstrahl-Mikroanalyse stets im Vakuum. Das muß jedoch nicht immer der Fall sein. *B. W. Schumacher*[1] verwendet z. B. eine Anordnung, um Proben auch außerhalb des evakuierten elektronenoptischen Systems zu untersuchen: Der Elektronenstrahl tritt durch ein Loch von etwa 1mm Durchmesser in der Abschlußplatte des elektronenoptischen Systems aus der Kolonne ins Freie aus. Durch eine genügend große Pumpleistung läßt sich in der Kolonne ein hinreichendes Vakuum aufrechterhalten. Die in der Probe angeregten Röntgenstrahlen treten durch die Abschlußplatte wieder in das Vakuumspektrometer ein. Der erzielbare Elektronenstrahldurchmesser beträgt bei dieser Anordnung allerdings etwa 0,1 mm. Bei dieser Anordnung ist auch die Probengröße nicht mehr apparativ vorgegeben.

Durch Elektronenbeschuß der Probe wird *primäre* Röntgenstrahlung erzeugt und nicht Röntgenfluoreszenzstrahlung, wie der Autor angibt. Gerade diese Art der primären Anregung bringt der Elektronenstrahl-Mikroanalyse erst die nötigen hohen Impulsraten im Vergleich zur Röntgenfluoreszenztechnik, um gute Nachweisgrenzen und Empfindlichkeit zu erhalten.

Aus den Ausführungen des Autors könnte man den Eindruck gewinnen, nur für die Lichtemissionsspektralanalyse seien faktisch genügend Unterlagen vorhanden; in Wirklichkeit stehen ebenso für die Analysentechnik mit Röntgenstrahlen (primäre sowie sekundäre Anregung) eine große Anzahl von Tabellenwerken und Spektraltafeln zur

Verfügung, wobei sich durch die geringere Linienzahl der Röntgenspektren wesentliche Erleichterungen bei der Auswertung gegenüber der lichtoptischen Spektralanalyse ergeben.

Daß im Gegensatz zur Laser-„Mikro“-Spektralanalyse die Probenvorbereitung für die Elektronenstrahl-Mikroanalyse etwas mehr Aufwand erfordert, liegt im Endzweck der Analysenmethode selbst: Während bei Laseranregung bestenfalls Probenpunkte von 50 μm Durchmesser (analysierte Fläche etwa 1900 μm^2) erfaßt werden können, gelingt es mit der Mikrosonde, routinemäßig Probenpunkte von etwa 1 μm Durchmesser (Fläche unter 1 μm^2!) zu analysieren, wofür eine etwas sorgfältigere Probenvorbereitung wohl gerechtfertigt erscheint. Außerdem können mittels der Stereo-Monitortechnik (= Darstellung von Topographiebildern unabhängig von der mittleren Ordnungszahl mittels rückgestreuter Elektronen) nach *S. Kimoto* und Mitarb.[2] Unebenheiten auf der Probenoberfläche, die hier natürlich größere Auswirkungen haben als bei Laseranregung, erkannt und hinsichtlich ihres Einflusses auf das Analysenergebnis berücksichtigt werden.

Die Ausführungen im Abschnitt 2 entsprechen durchaus nicht den Tatsachen; denn durch Polieren mit den üblichen Poliermitteln Tonerde, Diamantpaste usw.) erzielt man bei *allen* Probenmaterialien eine für die nachfolgende Mikrosondenanalyse ausreichende Oberflächenbeschaffenheit. Die Aufbringung einer leitenden Schicht durch Aufdampfen von Kohlenstoff oder Metallen bewirkt manchmal ein Verschwinden der Probenstrukturen, doch ist dies durch die Qualität des in die Sonde eingebauten Auflichtmikroskops bedingt; durch Verbesserung dieses Mikroskops kann dieser Nachteil sicher behoben werden. Die Aufdampfschichten sind nämlich dünn genug, um bei Betrachtung der Probe in einem normalen Auflichtmikroskop (z. B. Metallmikroskop „Metatest“ von Reichert) die Probenstrukturen eindeutig erkennen zu lassen. Außerdem kann die Probe in der Sonde auch durch Beobachtung der Elektronenabsorptions- oder -rückstreubilder durchgemustert werden. Dünnschliffe können in der Sonde überdies bei Durchlicht betrachtet werden.

Aufladungserscheinungen bei Punktmessungen oder Scanningaufnahmen sind durchwegs nur durch unsachgemäßes Aufdampfen der leitenden Schicht bedingt und können leicht durch neuerliches Bedampfen behoben werden.

Zur Frage der Anwendungsgebiete muß richtiggestellt werden, daß die Mikrosondentechnik keinesfalls nur die Metallographie und Metallphysik umfaßt. Auf dem Gebiete der feuerfesten Materialien und der Meteoritenforschung wird die Elektronenstrahl-Mikroanalyse bereits routinemäßig eingesetzt ([3, 4, 5, 6], ausführliches Literaturverzeichnis s. a. [3, 7]), ebenso zur Untersuchung biologischen Materials (s. a. [7]). An dem starken

Anwachsen der Literatur über die Elektronenstrahl-Mikroanalyse ist auch zu erkennen, daß die von den anwendungstechnischen Abteilungen der Geräteerzeuger durchgeführten „demonstrativen Einzelstudien“ keineswegs mehr dominieren, wie der Verfasser behauptet, sondern daß es bereits genügend Probleme von allgemeinem Interesse gibt. Von einer Beschränkung der Anwendung auf „extrem spezialisierte“ Institutionen kann heute keine Rede mehr sein; in der Grundlagenforschung beginnt die Elektronenstrahl-Mikroanalyse sich ebenso zu einer Routinemethode zu entwickeln, wie es die Röntgenfluoreszenzanalyse heute bereits geworden ist.

Die absolute Nachweisempfindlichkeit für Mikrosondenanalysen liegt richtiger bei etwa 10^{-14} g[8]. Strahldurchmesser und erfaßtes Analysenvolumen sind bestimmbar[9, 10]. Die relativen Nachweisempfindlichkeiten liegen durchaus in Bereichen von hundertstel Prozenten[11, 12]. Durch die starke Vergrößerung des Elektronenstrahldurchmessers kann natürlich eine Abweichung von den Fokussierungsbedingungen auftreten, doch ist die Elektronenstrahl-Mikroanalyse in erster Linie eine Technik zur Durchführung von *Mikroanalysen*; die Analyse von Probenstellen von 30 μm Durchmesser und mehr wäre im Hinblick auf die Elektronenstrahl-Mikroanalyse eigentlich schon als „Halbmikroanalyse“ anzusehen und in vielen Fällen vielleicht gar nicht mehr gerechtfertigt. Soll jedoch unbedingt eine derartige „Halbmikroanalyse“ durchgeführt werden, so kann dies durch Scannen der gewünschten Probenoberfläche mit gleichzeitiger Impulsregistrierung auf der Probe und nachher unter gleichen Bedingungen am Standard geschehen. Einflüsse der Defokussierung beim elektronischen Scanning werden so ausgeschaltet (beim mechanischen Scanning treten ja keine Abweichungen auf).

Die Elektronenstrahl-Mikroanalyse ist tatsächlich eine Methode, bei der die Probe während der Analyse keine Veränderung erfährt. Bei Spektralanalyse mit Laseranregung ist eine örtliche Zerstörung der Probe gegeben, da zur Analyse eine gewisse Menge Probensubstanz verdampft werden muß.

Dies geht auch eindeutig aus den sichtbaren „Kraterbildungen“ bei der Laser-Mikro-Spektralanalyse (siehe *H. Moenke*[13]) hervor. Ein Vergleich dieser beiden Methoden, Elektronenstrahl-Mikroanalyse und Laser-Mikro-Spektralanalyse, zur Feststellung der „Zweckmäßigkeit“ des Einsatzes ist in der vorliegenden Form zweifellos etwas unreal. Beide Methoden haben eigene Anwendungsbereiche auf Grund verschiedener Problemstellungen, die beiden Methoden sollten sich ergänzen und nicht unbedingt bekämpfen.

Daß sich die beiden Arbeitstechniken, wie übrigens viele andere Techniken auch, in ihren Grenzgebieten etwas überschneiden, ist selbstverständlich.

Literatur

[1] *B. W. Schumacher*, Conf. on Electron Probe Microanalyzers, Washington D.C., Feb. 1958 (nicht publiziert); auch in: Ontario Research Foundation Report 5904, Sept. 1959.

[2] *S. Kimoto* und *H. Hashimoto*, Pittsbourgh Conf. on Analytical Chemistry & Applied Spectroscopy, 1964, Vortrag 189.

[3] *G. Kurat* und *H. Kurzweil*, Ann. Naturhist. Mus. Wien, **68**, 9 (1964).

[4] *H. Obst* und *H. Horn*, TIZ* **90**, 415 (1966).

[5] *H. Obst*, TIZ* **90**, 411 (1966).

[6] *H. Malissa*, TIZ* **90**, 400 (1966).

[7] *H. Malissa*, Elektronenstrahl-Mikroanalyse, Wien- New York: Springer-Verlag, 1966. S. 148 ff.

[8] *H. Malissa* und *H. H. Arlt*, Radex-Rundschau **1964**, 204.

[9] *R. Castaing*, Adv. in Electronics and Electron Physics **13**, 353 (1960).

[10] *D. B. Wittry*, J. Appl. Physics **29**, 420 (1959).

[11] l. c.[7], S. 94.

[12] *R. Blöch*, Mikrochim. Acta [Wien], **1965**, 440.

[13] *H. Moenke* und *L. Moenke*, Einführung in die Laser-Mikro-Emissionsspektralanalyse, Leipzig: Akad. Verlagsges. Geest & Portig, 1966.

---

* TIZ = Tonind.-Ztg. keram. Rdsch.

Erwiderung zur vorstehenden Diskussionsbemerkung von H. Malissa und H. H. Arlt

Von

H. Moenke

(Eingegangen am 4. April 1967)

1. Die Mitarbeiter im wissenschaftlichen Gerätebau und die Anwender mikroskopischer und spektrochemischer Apparaturen können sehr dankbar sein, daß die Diskussion über die Verfahren der Elektronenstrahl-Mikroanalyse und Laser-Mikro-Spektralanalyse in Gang gekommen ist und in der auch von mir vertretenen Auffassung gipfelt, daß beide Methoden eigene Anwendungsbereiche haben, sich ergänzen und im Grenzgebiet überschneiden.

2. Auch nach der (leider nicht rechtzeitig und allgemein zugänglichen) Arbeit von *B. W. Schumacher* hat sich noch nichts an der Tatsache geändert, daß sich in allen bisher entwickelten kommerziellen Elektronenstrahl-Mikroanalysatoren (SEM 2, Microscan, Geoscan, MS 46 DL, JXA-3 A, XMA-4 B, AMR/3, AMX, EMX, DEM 301, Tronalyzer, MAR-1) die Probe im Vakuum befindet. Die zitierte Arbeit dürfte nach meiner Einschätzung in erster Linie bei den Konzeptionen der Makro-Primärstrahl-Analysatoren Berücksichtigung finden.

3. Der Begriff Röntgen-„Fluoreszenz"-Strahlung wird von uns nach Möglichkeit (obwohl er — leider — im Schrifttum Eingang gefunden hat) nicht verwendet, da er nicht gerade glücklich ist. Auch die Bezeichnung „primäre Röntgenstrahlung" trifft nicht den Kern der Sache. Es sollte unterschieden werden zwischen Primäranregung von Röntgenspektren (brauchbar für die Mikro- und für die Makrospektralanalyse, gegenwärtig einsetzbar für Z 5 ... 92) und zwischen Sekundäranregung von Röntgenspektren (geschlossene Röntgenröhre bzw. geeignetes Isotop als Strahlungsquelle, Bereich der gegenwärtig üblichen kommerziellen Apparaturen Z 11 ... 92).

4. Mit der Behauptung, daß bei der Laser-Mikro-Spektralanalyse bestenfalls Probenpunkte von 50 μm erfaßt werden können, kann ich mich, nachdem meine Frau in ihrem Beitrag die mit dem Gerät LMA 1

erreichten Werte bekanntgegeben hat, natürlich nicht einverstanden erklären. Gegenwärtig können wir den Zweistufenprozeß der Materialverdampfung und synchronisierten verstärkten Anregung des lasererzeugten Mikroplasmas zwischen Objekt und Mikroskopobjektiv realisieren, wenn Kraterdurchmesser von 10 μm erhalten wurden. Die bisher routinemäßig für Laser-Mikro-Spektralanalyse eingesetzten Spektrographen hatten kein besseres wirksames Öffnungsverhältnis als 1 : 11. In dieser Hinsicht ist die Methode für Spezialzwecke noch weiter ausbaufähig.

5. Abschließend noch eine Bemerkung zum Begriff „Mikroanalyse“: Die Laser-Mikro-Spektralanalyse beansprucht zu Recht die Bezeichnung, da erstens *Mikrogramm-Mengen* eines Objekts in einer Probe analysiert werden und da zweitens ein Analysenmeßgerät eingesetzt wird, zu dessen wesentlichen Bestandteilen ein *Mikroskop* gehört.

Analytisches Institut der Universität Wien

Betrachtungen zur Verwendung des Scanningprinzips für quantitative Auswertungen in der Elektronenstrahl-Mikroanalyse *

Von

Gerhard Dörfler

Mit 6 Abbildungen

(Eingegangen am 25. Januar 1967)

Die Mikrosondenanalyse läßt sich mittels einer der folgenden drei Arbeitstechniken durchführen: der Punktanalyse, der Abtastung entlang einer Linie (Konzentrationsprofil, line-scan) oder der Flächenabtastung, dem sogenannten Scanning. Dabei wird allgemein der Punktanalyse quantitativer, der Linienabtastung halbquantitativer, dem Scanning jedoch nur qualitativer Charakter zugeschrieben. Die zunehmende Verwendung des Scanningprinzips für halbquantitative oder quantitative Auswertungen — die Intensitätsdiskriminierung von Röntgenbildern, das „concentration-mapping" und der Einsatz zur Linearanalyse (Phasenintegrator) seien als Beispiele genannt — läßt es gerechtfertigt erscheinen, die Grundlagen und die sich daraus ergebenden optimalen Meßbedingungen kritisch zu betrachten. Anschließend wird versucht, die Möglichkeiten einer flexiblen und den neuen Anwendungsmöglichkeiten entgegenkommenden Scanningvorrichtung aufzuzeigen.

Das dem Prinzip des Scanningelektronenmikroskops entnommene und von *P. Duncumb*[1] erstmals auf die Mikrosonde angewendete Scanningprinzip verwendet üblicherweise zur Darstellung der Konzentrationsverteilung eines bestimmten Elementes (von Elektronenbildern sei hier abgesehen) die Impulsdichtemodulation am Oszillographenbildschirm. Das bedeutet, daß jedem vom Detektor aufgefangenen Röntgenquant ein Lichtpunkt auf dem Scanningbild entspricht.

---

* Vortrag anläßlich des Kolloquiums über metallkundliche Analyse mit besonderer Berücksichtigung der Elektronenstrahl-Mikroanalyse, Wien, 25. bis 27. Oktober 1966.

Die Herstellung aussagekräftiger Röntgenbilder erfordert bei dieser Methode beträchtliche Erfahrung. Die Röntgenimpulsrate, die Helligkeit des Lichtpunktes und die Anzahl der gesamten zur Bildformation herangezogenen Impulse müssen sehr sorgfältig gewählt werden. Doch selbst bei sorgfältigster Beachtung dieser Voraussetzungen hängen den auf diese Art hergestellten Röntgenbildern eine Reihe gewichtiger Nachteile an.

Als besonders schwerwiegend wird empfunden, daß es in keiner Weise gelingt, zwischen den Impulsen der charakteristischen Röntgenstrahlung und den unvermeidlichen Rauschimpulsen zu unterscheiden. Dies führt dazu, daß bei niedrigen Konzentrationen oder bei Strahlungen mit niedrigem Signal-Rausch-Verhältnis kein kontrastreiches Röntgenbild erhalten werden kann, sondern eine mehr oder weniger kontinuierliche Verteilung von Lichtpunkten entsteht, die nur noch sehr undeutlich die Konzentrationsverteilung des betreffenden Elementes erkennen läßt.

Bei kleinen Phasen ist es besonders schwierig, die exakte Größe der Teilchen anzugeben, da durch das statistisch erfolgende Eintreffen der Röntgenquanten der meist scharfe Übergang von einer Phase in die andere als kontinuierlicher Übergang der Punktdichte erscheint. Gänzlich scheidet diese Art der Darstellung von Röntgenbildern jedoch aus, wenn quantitative Informationen über die Phasenverteilung, Volumenanteile oder Korngrößenverteilungen erhalten werden sollen. In diesem Fall gilt es, kleine Konzentrationsdifferenzen (= Impulsratenunterschiede) eindeutig zu trennen und die beim Abtasten anfallenden Schnittlängen der verschiedenen Phasen quantitativ messen und auswerten zu können.

Der Wunsch nach einer besseren Qualität der Röntgenbilder führte bald zu Versuchen, auch die Methoden der Bilddarstellung auf eine quantitative oder zumindest halbquantitative Basis zu stellen. Derartige Versuche wurden unabhängig voneinander von *D. A. Melford* [2], *M. Rouberol* et al. [3] und *K. F. J. Heinrich* [4] unternommen. Später wurde auch von *Christian* und *Schaaber* [5] über gleichartige Versuche berichtet.

Melford verwendet in seiner „expanded-contrast"-Methode den Ausgang des Ratemeters, mit dem er die Helligkeit des Lichtpunktes am Oszillographen steuert. Die Diskriminierung, also die absichtliche Unterdrückung von Impulsraten, die durch den Strahlungsuntergrund oder eine niedrige Konzentration des betreffenden Elementes in der Matrix verursacht werden, erreicht *Melford* durch eine entsprechende Einstellung der Helligkeit des Lichtpunktes am Kathodenstrahloszillographen.

Rouberol et al. hingegen sehen ein spannungsgesteuertes Impulstor vor, bei dem die Röntgenimpulse nur dann diese Diskriminatoreinheit passieren können, wenn die zugehörige Ratemeterspannung (= analog der Röntgenimpulsrate) innerhalb vorgegebener Grenzen (obere und untere Schwelle) liegt. Hierdurch wird es möglich, relativ schmale Konzentrationsbänder herauszugreifen.

Heinrich löste das Problem auf ähnliche Weise, jedoch mit bedeutend größerem Aufwand. Die von ihm vorgeschlagene Anordnung („concentration-mapping") verwendet zwei Oszillographen, wobei der eine zur Bilddarstellung, der andere zur Aufzeichnung von Konzentrationsprofilen verwendet wird. Die Aufnahme eines Bildes gestaltet sich hierbei folgendermaßen: Die Probe wird entlang einer Linie abgetastet, wobei auf dem Bildschirm I die Konzentrationsverteilung des ausgewählten Elementes entlang dieser Linie aufgezeichnet wird. Vor dem Bildschirm werden Masken angebracht, die nur einen vorgegebenen Bereich des Schirmes freilassen. Der Lichtpunkt des Oszillographen ist also stets nur dann sichtbar, wenn sich der Elektronenstrahl der Mikrosonde in einem Gebiet der vorgegebenen Konzentration befindet. Vor diesem Bildschirm befindet sich ein Sekundärelektronenvervielfacher (SEV), der die Helligkeit des Lichtpunktes auf dem Schirm des Oszillographen II steuert. Jedesmal, wenn die Röntgenimpulsrate einen vorgewählten Mindestwert übersteigt, tritt der SEV durch den Lichtpunkt des Oszillographen I in Tätigkeit, worauf der Lichtpunkt am Oszillographen II so lange eine helle Linie schreibt, als sich der Elektronenstrahl innerhalb dieses Konzentrationsbereiches befindet. Durch dieses „concentration-mapping" ist es möglich, mehrere Konzentrationsbänder auf einem Bild aufzuzeichnen. Leider ist der apparative Aufwand relativ groß und unhandlich, so daß sich die Methode nicht durchsetzen konnte.

Für die Praxis scheint der Einsatz von Spannungsdiskriminatoren („Impulstoren"), wie sie *M. Rouberol* et al. und *O. Schaaber* verwendeten, am geeignetsten, da es sich hierbei um kleine elektronische Einheiten handelt, wobei die Schwellwertpotentiometer leicht in Impulsraten geeicht werden können. Das Herausgreifen eines gewünschten Konzentrationsbandes ist daher in kürzester Zeit durch die Einstellung der Schwellwertregler auf die gewünschten Impulsraten möglich.

In der Literatur sind jedoch kaum Angaben zu finden, welche Bedingungen eingehalten werden müssen, um bei der Linearanalyse optimale Bildqualität oder quantitative Meßergebnisse zu erhalten. Daher bemühten wir uns, diese Voraussetzungen abzuschätzen und Angaben über die günstigste Einstellung aller Meßbedingungen zu machen.

Bei einer Linien- oder Flächenabtastung kommen folgende Variablen in Betracht:

1. die als Analysengröße dienende Röntgenimpulsrate,
2. die Zeitkonstante des Mittelwertmessers (ZK),
3. der Elektronenstrahldurchmesser (ED),
4. die Abtastgeschwindigkeit Elektronenstrahl—Probe (AG).

Während die Größen 2 bis 4 innerhalb weiter Grenzen frei gewählt werden können, ist die Impulsrate der zu messenden Röntgenstrahlung von der Konzentration des Elementes, der Intensität des Elektronenstrahles, der Spektrometerkonstruktion und einigen weiteren Faktoren abhängig. Da man, wie später noch gezeigt wird, bestrebt sein sollte, mit möglichst hohen Impulsraten zu arbeiten, ist dies die Größe, an die die übrigen Variablen anzupassen sind.

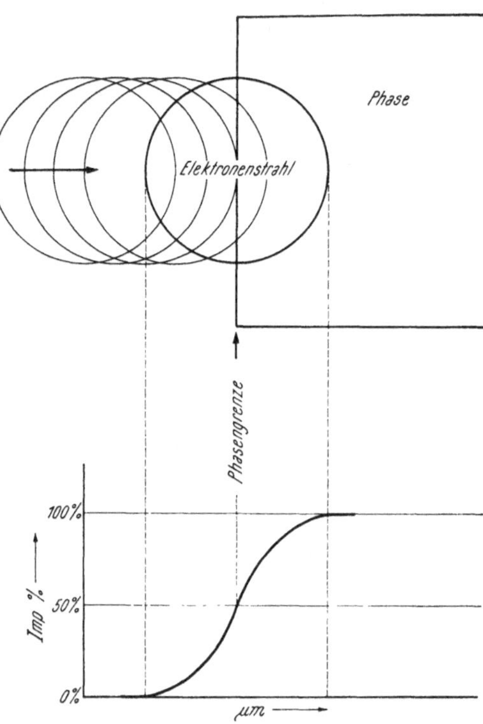

Abb. 1. Verlauf der Ratemeterspannung, bedingt durch das Eindringen des Elektronenstrahles in eine Phase (Zeitkonstante vernachlässigt)

Um zwei Phasen trennen zu können, die dasselbe Element in unterschiedlichen Konzentrationen enthalten, müssen sich die beiden Röntgenimpulsraten um mindestens den doppelten Betrag der Standardabweichung ($\sigma = \sqrt{\text{Imp.}}$) unterscheiden. Es ist bestens bekannt, daß die Genauigkeit der Punktanalyse durch Verlängerung der Meßzeit beträchtlich gesteigert werden kann. Ebenso kann bei der linearen Abtastung vorgegangen werden, da hierbei das Ratemeter die den statistischen Fehler bestimmende Integration vornimmt. Es ist also notwendig, die Zeitkonstante (ZK) des Ratemeters so zu wählen, daß die beiden Phasen bei gegebener Impulsrate noch sicher voneinander unterschieden werden können. Dabei kann einfach die ZK (τ) als Integrationszeit angenommen werden.

Da die Abtastung ein dynamischer Vorgang ist, stellt sich die Frage, welcher Verlauf der Röntgenimpulsrate beim Überqueren einer idealen Phasengrenze (= unendlich steiler Anstieg) am Ratemeter tatsächlich zu beobachten ist und aus welchen Einzelfunktionen sich dieser zusammensetzt. Zur Vereinfachung der Betrachtungen sei ein Sprung in der Impulsrate von 0 auf 100% zwischen beiden Phasen angenommen. Der tatsächlich registrierte Anstieg setzt sich aus dem Einfluß des Elektronenstrahldurchmessers (ED) einerseits und der ZK andererseits zusammen. Unter Vernachlässigung des ZK-Einflusses ergibt sich ein durch den ED bedingter Spannungsanstieg nach Abb. 1. Der exponentielle Anstieg einer durch ein ZK-Glied (= RC-Glied) beeinflußten Spannung ist in Abb. 2 gezeigt. Wie überlagern sich nun die beiden Einflußgrößen? Es ist leicht einzusehen, daß hierbei noch die AG zu beachten ist. Während sich nämlich

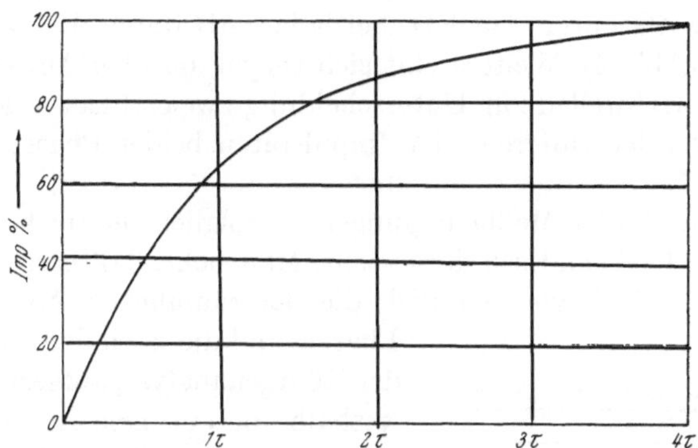

Abb. 2. Ratemeterspannung in Abhängigkeit von der Zeitkonstante ($\tau = R \cdot C$)

der Einfluß des ED nur in der räumlichen (lateralen) Auflösung bemerkbar macht, handelt es sich bei der ZK um eine Zeitfunktion. Während bei sehr langsamer AG (1 μm/sec) nur der ED eine Rolle spielt, da sich

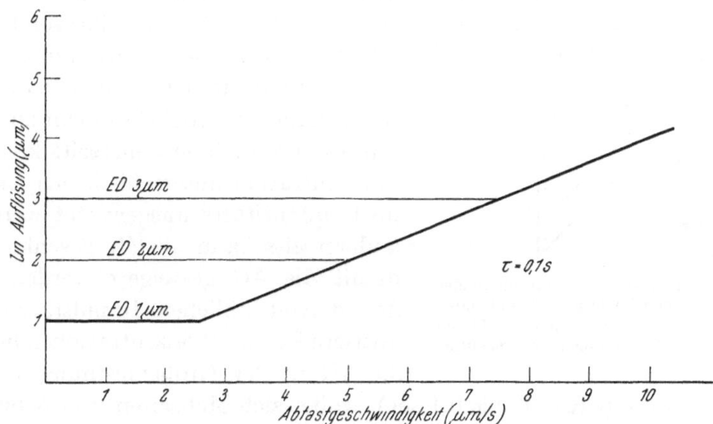

Abb. 3. Lineare Auflosung in Abhängigkeit von Abtastgeschwindigkeit, Elektronenstrahldurchmesser und Zeitkonstante (τ)

die durch die ZK beeinflußte Spannung immer wieder an den vorgegebenen Spannungsverlauf anpassen kann, ist bei hoher AG (50—100 μm/sec) nur der Einfluß der ZK wirksam. Da für eine quantitative Messung der

Phasengröße (Schnittlänge) — gleich wichtig für eine objektive Bildwiedergabe wie für eine Phasenintegratoranalyse[6–8] — Voraussetzung ist, daß die maximale Spannung am Ratemeter (= 100% der Impulsrate) tatsächlich erreicht wird, bevor der Elektronenstrahl die Phase wieder verläßt, kann man ganz allgemein sagen, daß die räumliche Auflösung bei niedriger AG durch den ED, bei hoher AG durch die vierfache ZK gegeben ist (Abb. 3). Weiters läßt sich zeigen, daß bei Anwendung von Diskriminatorschwellen zur Unterscheidung zweier Phasen der Schwellwert auf 50% der Differenz der Impulsraten beider Phasen eingestellt werden muß[6].

Die Auswahl aller Meßbedingungen ist folglich relativ komplex und wird in Abb. 4 schematisch dargestellt. Man sieht, daß bereits das Meßproblem in zwei Fragen, nämlich die der räumlichen Anordnung der Phasen und die nach den Bedingungen der Röntgenanalyse, aufgespalten wird, weshalb die optimale Abtastgeschwindigkeit von zwei Seiten her bestimmt werden muß.

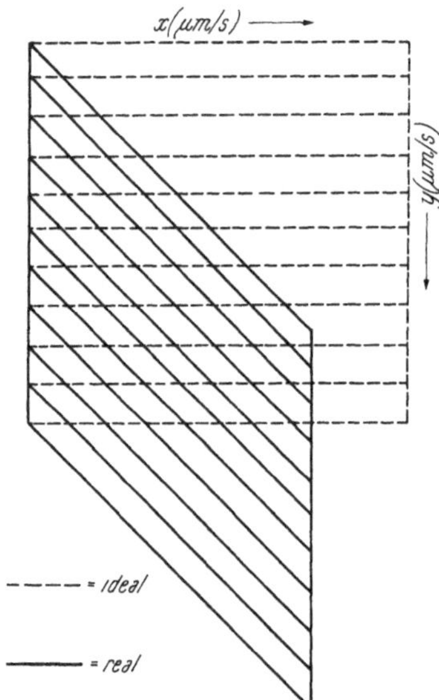

Abb. 4. Verzerrung des Scanningfeldes durch eine kontinuierliche Vertikalauslenkung (der Abstand der „realen“ Linien wurde in der Zeichnung stark verkürzt)

Diese Betrachtung der optimalen Meßbedingungen führt zwangsläufig zu einer Reihe von Forderungen, die bisher sowohl an die Mikrosonde als auch an das für qualitative Untersuchungen ausgerüstete Scanningsystem kaum gestellt wurden. Für die Mikrosonde ergibt sich die Forderung nach möglichst hohen Impulsraten, um die statistischen Schwankungen möglichst klein zu halten. Dadurch können einerseits kleinere Konzentrationsunterschiede als bisher noch quantitativ ausgewertet werden, andererseits kann die ZK gesenkt und damit die AG gesteigert werden. Bei den derzeit üblichen Impulsraten für mittlere Elementkonzentrationen liegen die AG in der Größenordnung von 1 bis 20 μm/sec (ZK 0,01 bis 0,1 sec), wobei sich Meßzeiten von 5 bis 20 Minuten (je nach Zeilenanzahl und -länge) ergeben.

Weiters sollte ein universelles Ratemeter zur Verfügung stehen, das eine große Anzahl von Meßbereichen (eventuell einen zusätzlichen logarithmischen Meßbereich), mehrere ZK-Glieder im Bereich von 0,01 bis 1 sec und eine Vorrichtung zur Meßbereichdehnung (Gleichstromunterdrückung) besitzen.

Für das Scanningsystem ergeben sich ebenfalls eine Reihe von neuen Anforderungen, die in der Folge kurz aufgezählt seien.

1. Abtastlänge und Zeilenabstand sollen kontinuierlich oder in zahlreichen Stufen (1-2-5- oder 1-2-4-8-Abstufung) einstellbar sein. Abtastlänge 10 bis 500 μm, Zeilenabstand 1 bis 100 μm.

2. Die Abtastgeschwindigkeit soll ebenfalls in zahlreichen Stufen wählbar sein (z. B. Zeilendauer 1 bis 200 sec in 10 Stufen).

3. Die Abtastbewegung senkrecht zur Zeilenrichtung (= Y-Richtung) soll nicht kontinuierlich, sondern synchron mit dem Rücksprung des Elektronenstrahles von Zeilenende zu Zeilenanfang schrittweise erfolgen. Diese Forderung ist besonders bei der Anwendung großer Zeilenabstände

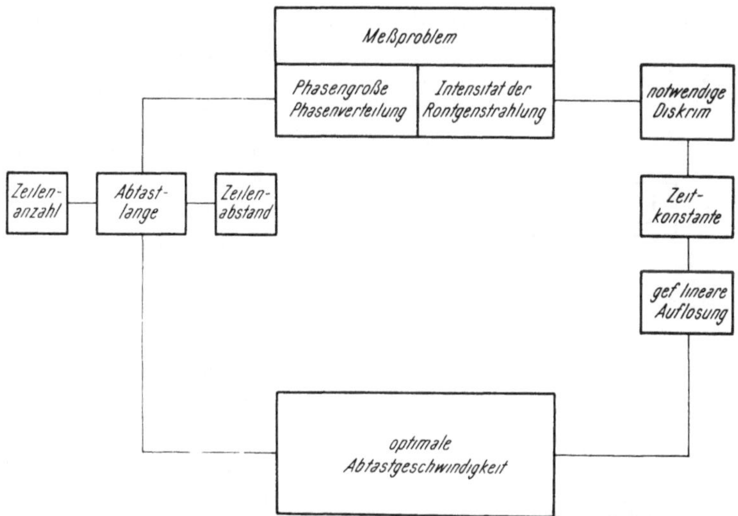

Abb. 5. Dem Meßproblem angepaßte Auswahl der Scanningparameter

(Abtastung sehr großer Analysenfelder) berechtigt, da sich in diesem Falle bei kontinuierlicher Y-Bewegung Abtastfelder nach Abb. 5 ergeben. Diese Forderung bezieht sich insbesondere auf die Verwendung des Scanningsystems für die Phasenintegratoranalyse.

4. Zur Verhinderung einer Defokussierung des Spektrometersystems (Verletzung der Rowlandkreisbedingung) sollte die Probe in der Y-Richtung mechanisch bewegt werden, während der Elektronenstrahl die Zeilenabtastung durchführt.

Abschließend sei auf den Entwurf einer Scanningvorrichtung eingegangen, in dem versucht wurde, die eben formulierten Forderungen zu realisieren (Abb. 6).

Von einem Sägezahngenerator (*1*) wird die Ablenkspannung für den Elektronenstrahl erzeugt. Amplitude (= Zeilenlänge) und Frequenz (= Abtastdauer) lassen sich kontinuierlich bzw. in 10 Stufen einstellen. Die Spannungen gehen an die *X*-Platten des Mikrosondenscannings und an einen Oszillographenverstärker. Der am Zeilenende auftretende starke Spannungsabfall wird in einem Differenzierglied (*2*) zu einem Nadelimpuls geformt und in einem Monovibrator (*3*) in einen Rechteckimpuls bestimmter Ladung verwandelt. Ein im Rückkopplungskreis eines ladungsempfindlichen Verstärkers (*5*) liegender Kondensator (*6*) wird dadurch von jedem Rechteckimpuls um einen definierten Betrag aufgeladen, wodurch sich am Ausgang *Y* eine Treppenspannung ergibt, die den Weitersprung von einer Zeile zur anderen bewirkt. Der Ladewiderstand (*4*) dient zur kontinuierlichen Einstellung der Treppenhöhe, mit dem Zählwerk (ZW) kann die Anzahl der Zeilen vorgewählt werden. Nach Abtastung der erforderlichen Zeilenanzahl bewirkt ein Rückstellimpuls über das UND-Gatter (*7*) den Rücksprung von der letzten auf die erste Zeile.

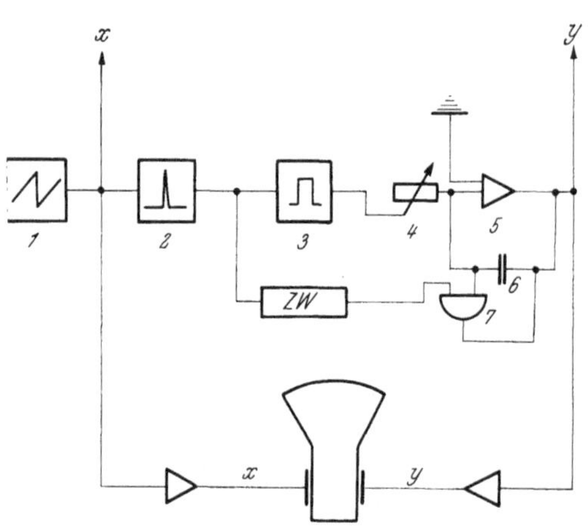

Abb. 6. Blockbild einer Scanningvorrichtung. Zeichenerklärungen im Text

Weitere Möglichkeiten für die Erzeugung von Treppenspannungen ergeben sich durch den Einsatz von Digital-Analog-Wandlern, bistabilen Multivibratoren und ähnlichen Vorrichtungen, wobei jedoch immer bedacht werden muß, daß die maximal vorzusehende Analysendauer etwa 5000 sec beträgt. In dieser Zeit muß der Treppengenerator seine Spannung mit einem Fehler von $< 1\%$ halten können.

Diese Scanningsteuereinheit kann sowohl für das rein elektronische wie auch für das halbelektronische Scanning eingesetzt werden. Eine weitere interessante Anwendung ergibt sich bei alleiniger Betätigung des Treppengenerators. Auf diese Weise ist es möglich, ein elektronisch gesteuertes „step-scanning" durchzuführen und den Sprungbefehl mit dem vorherigen Ausdrucken des Zählergebnisses zu koppeln. Hiermit wäre es also möglich, vollautomatisch Diffusionsprofile und ähnliche Verteilungskurven aufzunehmen.

Bestrebungen, das Scanningprinzip nicht nur für qualitative, sondern auch für quantitative Untersuchungen heranzuziehen, bringen eine große

Anzahl von Vorbedingungen mit sich, die für eine aussagekräftige Analyse erfüllt werden müssen. Vergleicht man ein nach der Methode der reinen Impulsdichtemodulation („schnelles Scanning") gewonnenes Röntgenbild mit einem durch langsame Abtastung gewonnenen, so dürfte in sehr vielen Fällen die bedeutend größere Information — Konzentrationsunterschiede, räumliche Auflösung — den Zeitaufwand lohnen, zumal auch bei einer schnellen Abtastung eine durch die Impulszahl vorgegebene Integrationszeit abgewartet werden muß.

Zusammenfassung

Scanningeinrichtungen dienen dem Zweck, rein qualitative Aussagen über die Elementverteilung in einer Probe zu liefern. Der Wunsch nach eindeutiger Abgrenzung von Konzentrationsbereichen und linearanalytischen Bestimmungen mit der Mikrosonde führten jedoch zu Vorrichtungen, die eine quantitative Auswertung der zur Verfügung stehenden Signale gestatten. Die wichtigsten dieser Anordnungen werden kurz besprochen und die Analysenbedingungen eingehend diskutiert. Ein Schema zeigt Möglichkeiten der problemgerechten Auswahl aller Meßbedingungen. Ein erweitertes und abgeändertes Scanningsystem wird vorgeschlagen, womit eine große Anzahl von Meßbedingungen unabhängig voneinander gewählt werden können. Die rasterförmige Abtastung erfolgt senkrecht zur Zeilenrichtung nicht kontinuierlich, sondern schrittförmig. Dadurch wird eine größere Flexibilität des Systems erreicht.

Summary

Scanning devices serve the purpose of giving purely qualitative information regarding the element distribution in a specimen. The desire for an unambiguous demarcation of concentration regions and linear-analytical determinations with the microsonde led, however, to devices that permit a quantitative evaluation of signals that are available. The most important of these devices are discussed briefly and the analytical requirements in detail. A diagram shows possibilities in the choice of the measuring conditions suitable to the problem at hand. An extended and modified scanning system is proposed with which a large number of measuring conditions can be selected independently of each other. The raster-shaped scanning is done at right angles to the line direction, not continuously but rather stepwise. A greater flexibility of the system is achieved in this manner.

Literatur

[1] *P. Duncumb* und *V. E. Cosslett*, X-Ray Microscopy and Microradiography, Cambridge: 1956. 374 ff.

[2] *D. A. Melford*, J. Inst. Metals **90**, 217 (1962).

[3] *M. Rouberol, M. Tong, E. Weinryb* und *J. Philibert*, Mém. sci. rev. met. **59**, 305 (1962).

[4] *K. F. J. Heinrich*, Advances in X-Ray Analysis **7**, 382 (1963).

[5] *H. Christian* und *O. Schaaber*, Mikrochim. Acta (Wien), **1966**, Suppl. I, 120.

[6] *G. Dörfler*, Dissertation, Universität Wien, 1966.

[7] *G. Dörfler* und *E. Plöckinger*, Arch. Eisenhüttenwes. **36**, 649 (1965).

[8] *G. Dörfler*, Z. analyt. Chem. **221**, 357 (1966).

Aus dem Institut für Werkstoffwissenschaften II der Universität Erlangen-Nürnberg

Untersuchungen über den Einfluß von Sauerstoff auf Kupfer-Titan-Legierungen mit Hilfe der Mikrosonde *

Von

Ulrich Zwicker

Mit 7 Abbildungen

(Eingegangen am 23. Dezember 1966)

Bei statischer und insbesondere unter dynamischer Beanspruchung zeigen Legierungen des Kupfers mit Titan die besten mechanischen Eigenschaften im Bereich der Kupferlegierungen[1]. Sie werden in der Technik jedoch nur wenig eingesetzt. Der Grund dürfte in erster Linie darin zu suchen sein, daß diese Legierungen im schmelzflüssigen Zustand leicht mit Luft reagieren und deshalb unter besonderen Vorsichtsmaßnahmen erschmolzen werden müssen. Die Reaktion mit Gasen dürfte auch mit ein Grund für die Diskrepanz in den bisher aufgestellten Systemen der kupferreichen Legierungen sein[2]. Aufgabe der im folgenden beschriebenen Untersuchung sollte es deshalb sein, den Einfluß des Sauerstoffs auf Kupfer-Titan-Legierungen, insbesondere auf die technisch interessanten aushärtbaren Legierungen, zu untersuchen.

Herstellung des Probenmaterials

Um die Reaktion mit irgendwelchen Tiegelmaterialien zu vermeiden, wurden die Legierungen aus einer Kupfer-Sauerstoff-Vorlegierung mit etwa 1% Sauerstoff, einer Vorlegierung CuTi50 und aus mehrfach elektrolysiertem Reinstkupfer im Elektronenstrahlofen in einer wassergekühlten Kupferkokille erschmolzen. Die Vorlegierungen waren ebenfalls im Elektronenstrahlofen hergestellt worden. Als Basis diente die technisch interessante Legierung CuTi6. Folgende Legierungen wurden auf diese Weise hergestellt:

* Vortrag anläßlich des Kolloquiums über metallkundliche Analyse mit besonderer Berücksichtigung der Elektronenstrahl-Mikroanalyse, Wien, 25. bis 27. Oktober 1966.

CuTi6
CuTi6 mit 0,008% Sauerstoff
CuTi6 mit 0,016% Sauerstoff
CuTi6 mit 0,032% Sauerstoff
CuTi6 mit 0,064% Sauerstoff
CuTi6 mit 0,225% Sauerstoff
CuTi6 mit 0,450% Sauerstoff
CuTi6 mit 0,90 % Sauerstoff

Alle Legierungen wurden zweimal umgeschmolzen, um eine möglichst gute Homogenität zu erzielen.

Untersuchung der aus der Schmelze erstarrten Proben

In der Abb. 1 ist ein Teil der so hergestellten, 3 g schweren Reguli wiedergegeben. Man sieht, daß sich bereits bei geringen Gehalten an Sauerstoff eine im schmelzflüssigen Zustand nur wenig lösliche Schicht

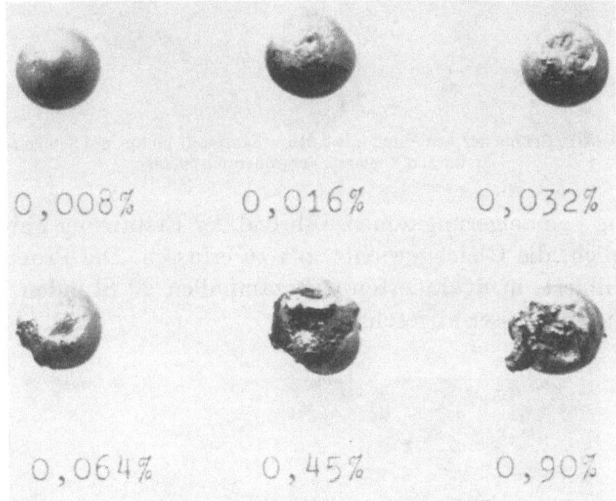

Abb. 1. Aus der Schmelze erstarrte Reguli der Legierung CuTi6 mit verschiedenen Gehalten an Sauerstoff

ausbildet, die bei einem Gehalt von 0,45% Sauerstoff deutlich als sauerstoffreiche neben einer sauerstoffarmen Schicht vorliegt. In der Abb. 2 ist das Randgefüge der Legierung mit 0,016% Sauerstoff wiedergegeben. Man kann deutlich vom Rand her eine etwas dunklere Phase sehen, während zum Zentrum hin die Anteile dieser Phase abnehmen. Bereits hier zeigt sich die Neigung der sauerstoffhaltigen Phase zur Sammelkristallisation, die auch bei den in technischem Maßstab hergestellten Legierungen häufig beobachtet wird. Bei höheren Gehalten an Sauerstoff wird, wie das Abb. 3 am Beispiel der Legierung mit 0,064% Sauerstoff zeigt, eine wesentlich stärkere Ausbildung dieser Phase gefunden. Auch hier wird die Neigung zur Sammelkristallisation in dichten Reaktionszonen beobachtet. Untersuchungen dieser Zonen mit Hilfe der Mikrosonde zeigten, daß in diesen Bereichen der Titangehalt stark anstieg. Infolge der peritektischen Bildung der Gleichgewichtsphase Cu_7Ti_2 im sauerstofffreien Zustand und infolge der starken Neigung des Kupfermischkristalls

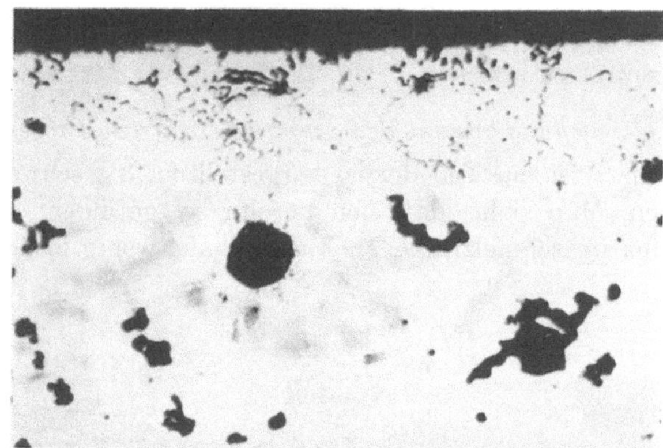

Abb. 2. Gefüge der Legierung mit 0,016% Sauerstoff im aus der Schmelze erstarrten Zustand. Vergrößerung 500fach

zur Bildung von Seigerungszonen während der Erstarrung war es jedoch nicht möglich, die Gleichgewichte gut zu erfassen. Die Proben wurden deshalb halbiert, in evakuierten Quarzampullen 20 Stunden bei 850° C geglüht und in Wasser abgeschreckt.

Abb. 3. Wie Abb. 2, jedoch mit einem Sauerstoffgehalt von 0,064%. Vergrößerung 500fach

Untersuchung der bei 850° C geglühten und abgeschreckten Proben

Nach der Glühung und dem Abschrecken in Wasser wurden die Proben zunächst metallographisch untersucht. Es zeigte sich, daß in den meisten Fällen nur eine zweite Phase mit dem Kupfermischkristall im Gleichgewicht stand, auch wenn sich die Schmelze beim Erstarren separiert hatte oder bereits zwei Schmelzen vorlagen. Bei geringen Sauerstoffgehalten konnte als weitere Phase Cu_7Ti_2 beobachtet werden, während dies bei höheren Sauerstoffgehalten nicht mehr möglich war. Die Teilchengröße der Gleichgewichtsphasen war hinreichend groß, um die

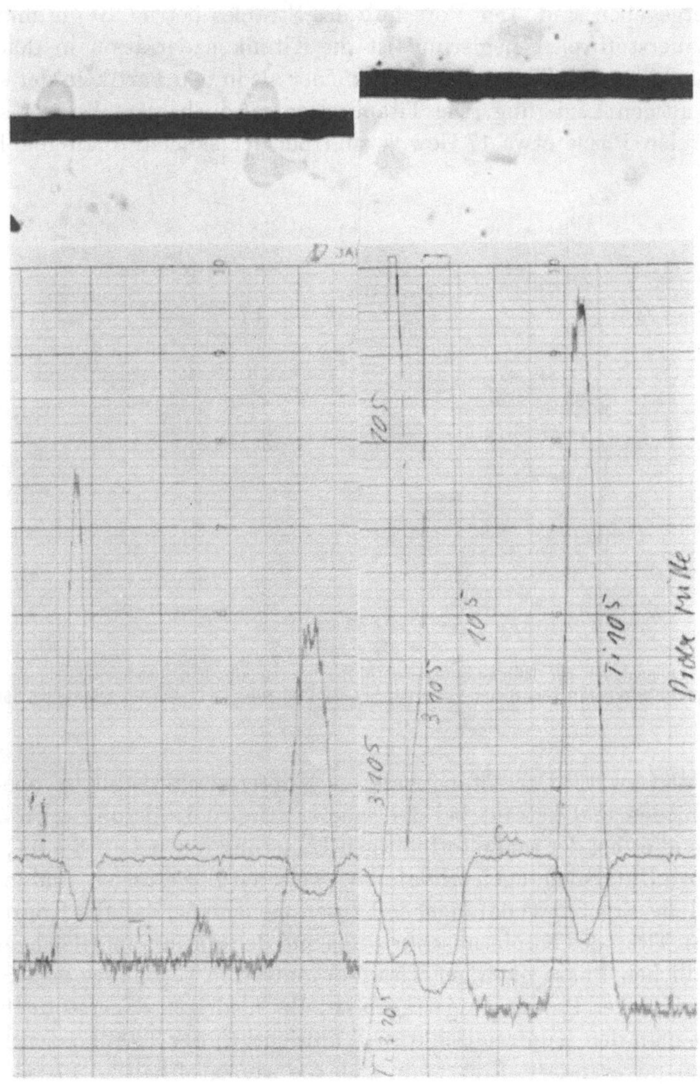

Abb. 4. Legierung CuTi6 ohne Sauerstoffzusatz nach einer Glühung von 20 Stunden bei 850° C und Abschrecken in Wasser; Gefüge und Mikrosondenmessung

Abb. 5. Wie Abb. 4, jedoch mit einem Gehalt an Sauerstoff von 0,225%

Kupfer- und Titankonzentration mit Hilfe der Mikrosonde prüfen zu können. In den Abb. 4 und 5 sind zwei Gefügebilder von geglühten und abgeschreckten Proben ohne Zusatz an Sauerstoff und mit einem Gehalt von 0,225% Sauerstoff wiedergegeben. Die Gleichgewichtsphasen werden von der Spur des Elektronenstrahls durchschnitten, dessen Meßergebnisse unter den Gefügebildern in etwa derselben Vergrößerung wiedergegeben sind. Der Vorschub des Strahles betrug 10 μm/min. Bei der sauerstofffreien Legierung ist die Titankonzentration in den ausgeschiedenen Partikeln wesentlich kleiner als in den Partikeln der sauerstoffhaltigen Legierung. Die Titankonzentration beträgt bei der sauerstofffreien Phase etwa 17 Gew.% und bei der sauerstoffhaltigen Phase

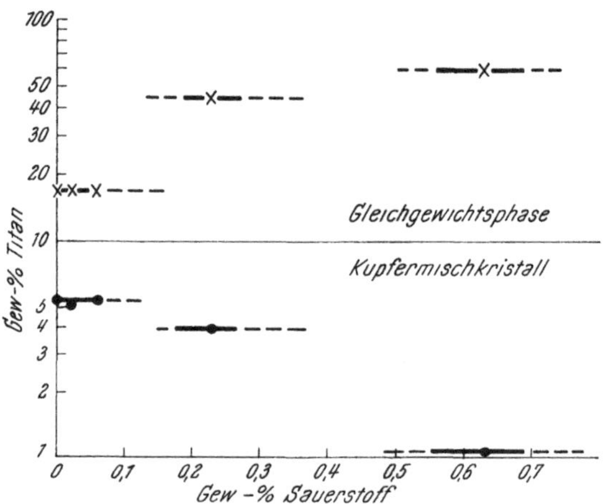

Abb. 6. Abhängigkeit der Titankonzentration in der intermetallischen Gleichgewichtsphase und im Kupfermischkristall vom Sauerstoffgehalt bei der Legierung CuTi6 nach Glühung bei 850° C

etwa 45 Gew.%. Der Titangehalt im Kupfermischkristall ist ebenfalls verschieden und beträgt bei der sauerstofffreien Legierung etwa 5,5%, während er bei der sauerstoffhaltigen Legierung nur bei etwa 4,0% liegt. Analoge Untersuchungen erfolgten bei weiteren Legierungen, und in Abb. 6 sind die Ergebnisse dahingehend zusammengefaßt, daß die Konzentration an Titan des Kupfermischkristalls und der mit ihm im Gleichgewicht befindlichen Phase niedriger Titankonzentration gegenüber dem Sauerstoffgehalt der Proben aufgetragen ist. Bei niedrigen Sauerstoffgehalten findet man den Kupfermischkristall hinsichtlich der Titankonzentration nahezu unverändert. Erst wenn sich die sauerstoffhaltige Phase allein mit dem Kupfermischkristall im Gleichgewicht befindet, tritt ein erheblicher Abfall etwa zwischen 0,1 und 0,2% Sauerstoff auf. Bei wesentlich höheren Sauerstoffgehalten wird ein weiterer Abfall der Löslichkeit des Titans im Kupfermischkristall gefunden, während gleichzeitig die Titankonzentration in der Gleichgewichtsphase auf über 60 Gew.% ansteigt.

Untersuchungen an einer zinkhaltigen Legierung

Kupfer kann bei gleicher Löslichkeit des Titans teilweise durch Zink ersetzt werden [2]. Zinkhaltige Legierungen können jedoch nicht im Vakuum erschmolzen werden. Sie zeigen deshalb ebenfalls häufig die sauerstoffhaltige Phase. Eine derartige Legierung (CuTi6Zn2), 90 Stunden bei 800° C homogenisiert, wurde deshalb für eine Bestimmung des Sauerstoffgehaltes in dieser Phase ausgesucht. Gleichzeitig wurde die Verteilung des Zinks geprüft. Neben der sauerstoffhaltigen Phase lag in diesem Fall auch die Phase Cu_7Ti_2 vor, die jedoch nicht näher untersucht wurde. In der Abb. 7 ist das Gefügebild der Legierung wiedergegeben. Die sauerstoffreichen Phasenanteile sind dunkel geätzt. Eine Prüfung auf Titan ergab einen Gehalt von etwa 54% Ti in der sauerstoffhaltigen Phase. Die Untersuchung auf Sauerstoff zeigte, daß dieser bei oder unter 1% lag. Der Titangehalt im Kupfermischkristall betrug etwa 4,4%. Der Zinkgehalt im Kupfermischkristall lag bei etwa 3,1% und fiel in der sauerstoffhaltigen intermetallischen Phase auf etwa 1,5% ab. Bei dieser Legierung wurde die Mikrohärte der sauerstofffreien Phase mit HV5p = 362 bis 453 kp/mm^2 gegenüber 608 bis 704 kp/mm^2 bei der sauerstoffhaltigen Phase gemessen. Auf Grund der Messungen an den zinkfreien Legierungen dürfte der Sauerstoffgehalt dieser Legierung unter 0,2% liegen, da drei Phasen nebeneinander vorliegen.

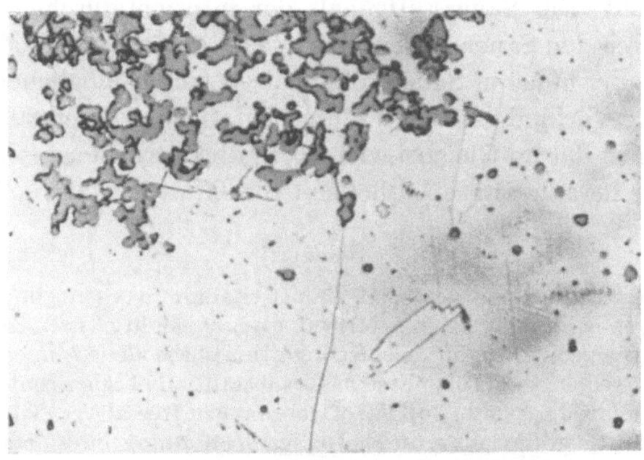

Abb. 7. Gefüge der Legierung CuTi6Zn2 nach Glühung 90 Stunden bei 800° C. Kupfermischkristall (hell), Cu_7Ti_2 (hellgrau) und sauerstoffhaltige Verbindung (dunkelgrau) Vergrößerung 500fach

Frl. Dr. *E. Kalsch* danke ich für die Messungen mit der Mikrosonde, Frl. *B. Stahl* für die Anfertigung der Gefügebilder, Frl. *U. Schwarz* für die Herstellung der Legierungen und Herrn Dr. *H. Hantsche* für die freundliche Vermittlung der Bestimmung des Sauerstoffgehaltes.

Zusammenfassung

Untersuchungen an Kupfer-Titan-Sauerstoff-Legierungen mit Hilfe der Mikrosonde haben gezeigt, daß bereits durch geringe Sauerstoffgehalte eine sauerstoffhaltige Phase gebildet wird, die bei einem ausreichend hohen Sauerstoffgehalt allein im Gleichgewicht mit dem Kupfermischkristall steht. Diese Phase hat einen wesentlich höheren Titangehalt als die Gleichgewichtsphase Cu_7Ti_2 der sauerstofffreien Legierungen. Der mit der sauerstoffreichen intermetallischen Verbindung im Gleichgewicht stehende Kupfermischkristall löst weniger Titan als der Mischkristall, der mit der sauerstofffreien intermetallischen Verbindung Cu_7Ti_2 im Gleichgewicht steht. Der Sauerstoffgehalt der intermetallischen Verbindung, die sich durch den Sauerstoffzusatz bilden kann, liegt bei oder unter 1% Sauerstoff. Bei höheren Sauerstoffgehalten treten möglicherweise sauerstoffreichere Verbindungen auf, deren Titangehalt über 60 Gew.% liegt und bei denen der im Gleichgewicht befindliche Kupfermischkristall eine noch weiter herabgesetzte Löslichkeit für Titan besitzt.

Summary

Studies with the microsonde on copper-titanium-oxygen alloys have shown that an oxygen-containing phase is formed, even by slight oxygen contents, though when the oxygen content is sufficiently high this phase alone is in equilibrium with the copper mixed crystal. This phase has a substantially higher content of titanium than the equilibrium phase Cu_7-Ti_2 of the oxygen-free alloys. The copper mixed crystal being in equilibrium with the oxygen-containing intermetallic compound dissolves less titanium than the mixed crystal that is in equilibrium with the oxygen-free intermetallic compound Cu_7Ti_2. The oxygen content of the intermetallic compound, that can be produced by the addition of oxygen, lies at or below 1% oxygen. With higher contents of oxygen, there may possibly arise compounds that contain more oxygen, whose titanium content is above 6%, and in which copper mixed crystal existing in equilibrium has a still lower solubility for titanium.

Literatur

[1] *U. Zwicker*, Z. Metallkunde **53**, 709 (1962).

[2] *U. Zwicker, E. Kalsch, T. Nishimura, D. Ott* und *H. Seilstorfer*, Z. Metall **20**, 1252 (1966).

Max-Planck-Institut für Eisenforschung in Düsseldorf, Deutschland

Zur Bestimmung von Kristallorientierungen aus Kossel-Diagrammen *

Von

P. L. Ryder, H. Hälbig und **W. Pitsch**

Mit 6 Abbildungen

(Eingegangen am 23. Dezember 1966)

Einleitung

Mit der Mikrosonde lassen sich außer chemischen Analysen auch Beugungsmessungen durchführen, weil die im Auftreffpunkt des Elektronenstrahls an der Probenoberfläche erzeugten Röntgenstrahlen in Wechselwirkung mit dem Kristallgitter der Probe treten[1]. Die auf diese Weise entstehenden Beugungsbilder werden nach ihrem Entdecker Kossel-Diagramme genannt[2]. Sie lassen sich in Durchstrahlung beobachten, wenn die Probendicke z. B. bei Metallen nicht mehr als rd. 0,1 mm beträgt[3].

Durch Auswertung solcher Kossel-Diagramme lassen sich sehr (bis zu $\pm 0{,}01\%$) genaue Gitterkonstantenmessungen durchführen[3–6] und die Orientierungen der durch den Elektronenstrahl getroffenen Kristalle bestimmen[7]. In dem vorliegenden Bericht wird ein Verfahren für solche Orientierungsbestimmungen angegeben. Dabei werden als Anwendungsbeispiele zwei Kossel-Diagramme analysiert, die an kubisch flächenzentrierten Kristallen in Durchstrahlung aufgenommen wurden. Das erste dieser Beispiele wurde in einem Vorversuch in einem Siemens-Elmiskop I, das zweite in einer AMX-Sonde der Firma ARL erhalten. Der Abstand zwischen Probe und Photoplatte betrug 7 bzw. 8 cm.

Verfahren zur Orientierungsbestimmung

Die Kossel-Diagramme entstehen dadurch, daß die im Auftreffpunkt des Elektronenstrahls erzeugten Röntgenstrahlen bestimmte Absorp-

* Vortrag anläßlich des Kolloquiums über metallkundliche Analyse mit besonderer Berücksichtigung der Elektronenstrahl-Mikroanalyse, Wien, 25. bis 27. Oktober 1966.

tions- und Reflexionskegel[2, 4, 8], Kossel-Kegel genannt, bilden, deren Achsen mit den Normalenrichtungen der Gitterebenen $\{hkl\}$ zusammenfallen. Der halbe Öffnungswinkel dieser Kegel beträgt $(90° - \vartheta\{hkl\})$, wobei $\vartheta\{hkl\}$ der durch die Braggbeziehung $2 \cdot \sin\vartheta\{hkl\} \cdot d\{hkl\} = \lambda$ [$d\{hkl\}$ = Netzebenenabstand, λ = Wellenlänge der Röntgenstrahlung] gegebene Reflexionswinkel ist. Die Schnittlinien der Kossel-Kegel mit der Photoplatte bilden das Kossel-Diagramm der untersuchten Probe. Ein Beispiel ist in Abb. 1 abgebildet, das an einem Fe-33% Ni-Kristall auf einem ebenen Film erhalten wurde. Die dunklen Linien sind durch Reflexion, die hellen Linien durch Absorption entstanden. Für die im folgenden zu beschreibende Auswertung der Kossel-Diagramme werden nur

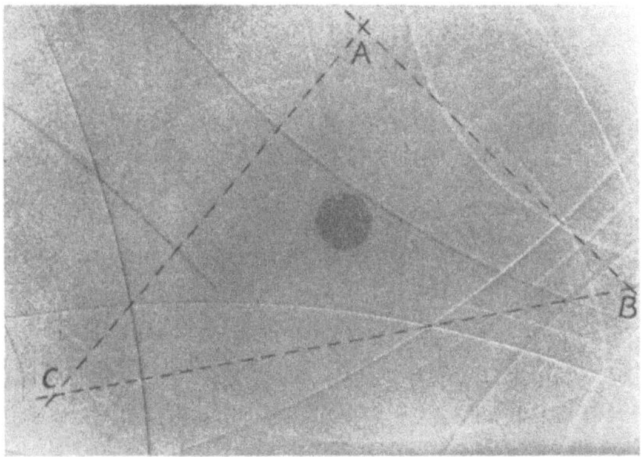

Abb. 1. Kossel-Diagramm eines Fe-33% Ni-Kristalls, der ungefähr mit ⟨124⟩ parallel zur Bildnormalen orientiert war. Die Spurlinien einiger Symmetrieebenen sind gestrichelt eingezeichnet

die Absorptionslinien benutzt, weil die Absorptionskegel einen geometrisch schärfer definierten Ausgangspunkt Q besitzen als die Reflexionskegel[4, 7]. Die senkrechte Projektion dieses Ausgangspunktes auf die Photoplatte wird im folgenden als Zentrum Z der Kossel-Diagramme bezeichnet.

Eine erste, näherungsweise gültige Orientierungsauswertung eines Kossel-Diagramms ist oft dadurch möglich, daß die Symmetrieelemente des untersuchten Kristallgitters betrachtet werden. In Abb. 2 sind als Beispiel die Symmetrieebenen eines kubischen Kristalls in einer stereographischen Projektion dargestellt; die Schnittgeraden von zwei sich senkrecht schneidenden Symmetrieebenen sind ⟨110⟩-Richtungen, die von drei sich unter 60° schneidenden Ebenen sind ⟨111⟩-Richtungen und die von vier sich unter 45° schneidenden Ebenen sind ⟨100⟩-Richtungen. Diese Symmetrieebenen werden zunächst in den Kossel-Diagrammen aufgesucht. Ihre Spurlinien sind als Beispiel in Abb. 1 gestrichelt eingetragen. Aus diesen Linien läßt sich der Durchstoßpunkt einer ⟨110⟩-Richtung bei A, einer ⟨111⟩-Richtung bei B und einer ⟨100⟩-Richtung bei C feststellen. Da die untersuchte Probe ungefähr in der Mitte über der Photoplatte angebracht war, ist aus der symmetrischen Anordnung der drei Punkte A, B und C in bezug auf den geometrischen Mittelpunkt des Bildes bereits abzulesen, daß die Probe in grober Näherung mit ⟨124⟩ parallel zur Plattennormalen orientiert war. Eine genaue Orientierungsbestimmung aus der bloßen Kenntnis von A, B, C ist im Prinzip möglich, aber rechnerisch so umständlich, daß sie hier nicht weiter behandelt werden soll, insbesondere da die Kossel-Diagramme oft weniger als drei

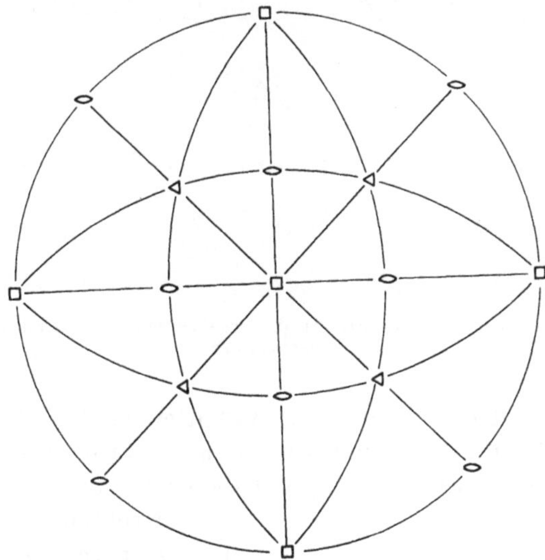

Abb. 2. Stereographische Darstellung der Symmetrieebenen eines kubischen Kristalls

Durchstoßpunkte von Symmetrieachsen enthalten. So zeigt z. B. Abb. 3 zwei Symmetrieebenen, die nur eine durch den Punkt P_5 markierte ⟨110⟩-Symmetrieachse definieren.

Das im folgenden zur genauen Orientierungsauswertung angegebene Verfahren benutzt deshalb die eventuell im Diagramm enthaltenen Symmetrieelemente nicht ausdrücklich; es wird aber aufgezeigt, wie weit sich das Verfahren durch Verwendung dieser Symmetrieelemente vereinfachen läßt. Ferner wird nicht vorausgesetzt, daß die Lage des Zentrums Z und der Abstand l zwischen Z und dem Ausgangspunkt Q der Kossel-Kegel genau bekannt sind; vielmehr werden die genaue Lage von Z und der genaue Betrag von l ebenfalls erst aus dem Kossel-Diagramm ermittelt.

Die Orientierungsauswertung beginnt damit, daß die verschiedenen Kossel-Linien durch Feststellung des jeweiligen Öffnungswinkels $(90° - \vartheta\{hkl\})$ und damit der zugehörigen Netzebenen $\{hkl\}$ indiziert werden. Dies geschieht durch Feststellung ihrer kleinsten Krümmungsradien $\varrho\{hkl\}$, deren Werte durch

$$\varrho\{hkl\} = tg(90° - \vartheta\{hkl\}) \cdot l \tag{1}$$

unabhängig von der Lage des Kossel-Kegels gegeben sind (siehe Abb. 6 und Anhang). Die Werte $\varrho\{hkl\}$ lassen sich nach Gleichung (1) für die

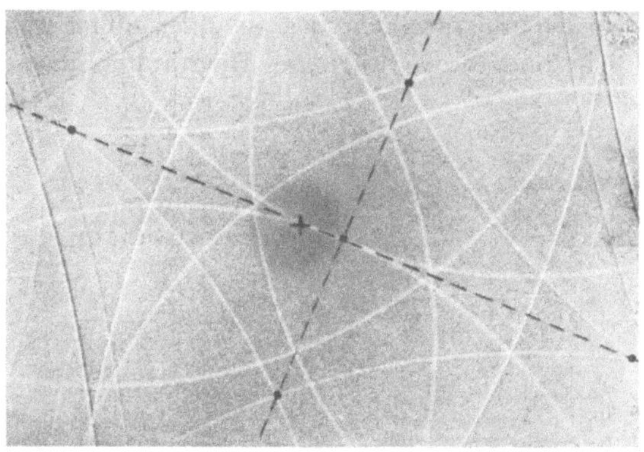

Abb. 3*a*. Kossel-Diagramm eines Ni-Kristalls, der ungefähr mit ⟨110⟩ parallel zur Bildnormalen orientiert war

verschiedenen Netzebenen eines Kristallgitters genügend genau berechnen, wenn der Betrag von l näherungsweise, etwa bis auf einige Prozent genau, direkt gemessen wird. Die mit diesen Werten zu vergleichenden Krümmungsradien der Linien im Kossel-Diagramm lassen sich bequem bestimmen durch Vergleich der Kossel-Linien mit Kreisen verschiedener bekannter Radien, die auf eine durchsichtige Folie gezeichnet worden sind.

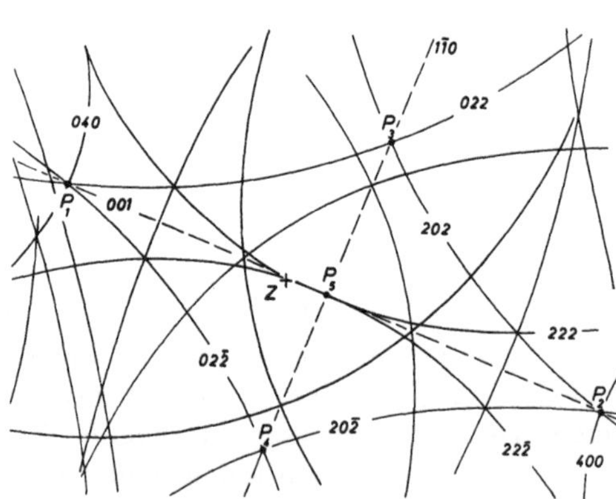

Abb. 3*b*. Indizierung einiger Kossel-Linien und zweier Symmetrieebenen aus Abb. 3*a*. Das Zentrum *Z* ist durch ein Kreuz markiert

Auf diese Weise wurden die Kossel-Linien in Abb. 3*a* indiziert. Eine bestimmte kristallographische Variante dieser Indizierung ist in Abb. 3*b* angegeben.

Für die weitere Orientierungsanalyse werden vier Schnittpunkte der Kossel-Linien ausgesucht, in Abb. 3 z. B. die Punkte P_1, P_2, P_3, P_4. Diese Schnittpunkte stellen die Durchstoßpunkte von Kristallrichtungen dar, die als die Schnittgeraden der jeweiligen Kossel-Kegel bekannt sind: Die Indizierungen dieser Kristallrichtungen

$QP_i = \mathfrak{r}_i = [u_i, v_i, w_i] \quad (i = 1-4)$

sind gegeben durch die Gleichungen*

$$h_j u_i + k_j v_i + l_j w_i = (h_j^2 + k_j^2 + l_j^2) \frac{\lambda}{2a_0}$$

$$\text{und} \quad u_i^2 + v_i^2 + w_i^2 = 1 \qquad \text{mit } j = 1{,}2\,.$$

Dabei sind a_0 die Gitterkonstante des kubischen Kristalls und $(h_j k_j l_j)$ $(j = 1{,}2)$ die Indizierungen der beiden sich schneidenden Kossel-Linien.

Wenn der betrachtete Schnittpunkt P_i auch auf der Spurlinie einer der Symmetrieebenen $\{110\}$ oder $\{100\}$ liegt, läßt sich für die Indizes u_i, v_i, w_i noch eine besonders einfache Gleichung angeben. Da $[u_i v_i w_i]$ in diesem Fall in der Symmetrieebene liegt, gilt z. B. bei einer $(1\overline{1}0)$-Symmetrieebene

$$u_i - v_i = 0$$

oder bei einer (100)-Symmetrieebene

$$u_i = 0\,.$$

Je zwei der vier $\mathfrak{r}_i = [u_i v_i w_i]$-Richtungen $(i = 1-4)$, z. B. die Richtungen $\mathfrak{r}_1$, $\mathfrak{r}_2$ und $\mathfrak{r}_3$, $\mathfrak{r}_4$, definieren eine Ebene, deren Spurlinie in der Bildebene durch die Verbindungslinie der zugehörigen Durchstoßpunkte, z. B. $\overline{P_1 P_2}$ und $\overline{P_3 P_4}$, gegeben ist. Der Schnittpunkt dieser beiden Spurlinien (z. B. in Abb. 3 P_5) stellt den Durchstoßpunkt der Schnittgeraden $\mathfrak{r}_5$ der beiden Ebenen dar. Für $\mathfrak{r}_5$ gilt:

$$\mathfrak{r}_5 = \frac{[[\mathfrak{r}_1 \times \mathfrak{r}_2] \times [\mathfrak{r}_3 \times \mathfrak{r}_4]]}{|[[\mathfrak{r}_1 \times \mathfrak{r}_2] \times [\mathfrak{r}_3 \times \mathfrak{r}_4]]|}$$

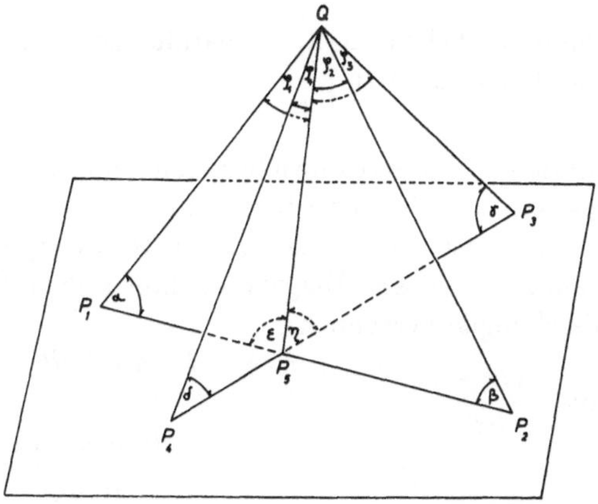

Abb. 4. Raumliche Anordnung der fünf Schnittgeraden $\overrightarrow{QP_i} = \mathfrak{r}_i$ $(i = 1-5)$ und ihrer Durchstoßpunkte P_i in der Bildebene

Damit sind die fünf Durchstoßpunkte P_i $(i = 1-5)$ von fünf kristallographisch bekannten Richtungen $[u_i v_i w_i]$ $(i = 1-5)$ und deren gegen-

* Für jeden Vektor $\mathfrak{r}_i$ $(i = 1-4)$ geben diese Gleichungen zwei Lösungen. Da die ungefähre Orientierung bekannt ist, kann die richtige Lösung durch einfache geometrische Überlegungen bestimmt werden.

seitige Abstände $d_i = \overline{P_i P_5}$ $(i = 1 - 4)$ gegeben. Ferner sind die Winkel $\varphi_i = \sphericalangle(\mathfrak{r}_i \mathfrak{r}_5)$ $(i = 1 - 4)$ bekannt. Dann lassen sich wie folgt die kristallographischen Indizierungen der Richtungen $\overrightarrow{P_1 P_2}$ und $\overrightarrow{P_3 P_4}$ feststellen (vgl. Abb. 4):

Die Winkel $\varepsilon = \sphericalangle(P_1 P_5 Q)$ und $\eta = \sphericalangle(P_3 P_5 Q)$ sind aus

$$\operatorname{ctg} \varepsilon = \frac{-d_1 \operatorname{ctg} \varphi_1 + d_2 \operatorname{ctg} \varphi_2}{d_1 + d_2}$$

$$\operatorname{ctg} \eta = \frac{-d_3 \operatorname{ctg} \varphi_3 + d_4 \operatorname{ctg} \varphi_4}{d_3 + d_4}$$

zu berechnen. Ferner ist $\alpha = \sphericalangle(P_5 P_1 Q) = 180° - \varphi_1 - \varepsilon$ und $\gamma = \sphericalangle(P_5 P_3 Q) = 180° - \varphi_3 - \eta$. Die Richtungen $\mathfrak{r}_{12} \parallel \overrightarrow{P_1 P_2}$ und $\mathfrak{r}_{34} \parallel \overrightarrow{P_3 P_4}$ sind dann gegeben durch

$$\mathfrak{r}_{12} \parallel \mathfrak{r}_1 - \frac{\sin \alpha}{\sin \varepsilon} \mathfrak{r}_5$$

und durch

$$\mathfrak{r}_{34} \parallel \mathfrak{r}_3 - \frac{\sin \gamma}{\sin \eta} \mathfrak{r}_5$$

Die Kristallrichtung $\mathfrak{n}$, die parallel zur Normalen der Photoplatte weist, ergibt sich dann zu

$$\mathfrak{n} \parallel [\mathfrak{r}_{12} \times \mathfrak{r}_{34}]$$

Mit den beiden Kristallrichtungen $\mathfrak{n}$ und z. B. $\mathfrak{r}_{12}$ ist aber die Orientierung des Kristalls eindeutig bestimmt.

Der Abstand l zwischen der Röntgenpunktquelle Q und dem Zentrum Z des Kossel-Diagramms läßt sich nach Abb. 5 z. B. aus den drei Gleichungen berechnen:

$$l = a \cdot \sin \Psi$$

mit

$$a = \frac{d_1 \sin \varepsilon \sin \alpha}{\sin \varphi_1}$$

und

$$\cos \Psi = \frac{(\mathfrak{n} \times [\mathfrak{r}_2 \cdot \mathfrak{r}_1])}{|\mathfrak{n}| \times |[\mathfrak{r}_1 \cdot \mathfrak{r}_2]|}$$

Die Koordinaten des Zentrums Z sind nach Abb. 6 z. B. durch die Strecken gegeben

$$\overline{P_5 H} = \operatorname{ctg} \varepsilon \cdot a$$

und

$$\overline{HZ} = \cos \Psi \cdot a$$

Damit wurden die Kristallorientierung, die Lage des Zentrums Z im Diagramm und der Abstand l zwischen der Röntgenpunktquelle und der Photoplatte aus dem Kossel-Diagramm entnommen. Das benutzte, etwas umständliche Verfahren zur Orientierungsbestimmung läßt sich verkürzen, wenn Z und l genau bekannt sind. So könnten z. B. bei einer Reihe von Kossel-Aufnahmen Z und l aus der ersten Aufnahme bestimmt und bei den weiteren Aufnahmen verwendet werden. Eine solche verkürzte Orientierungsbestimmung kann wie folgt durchgeführt werden:

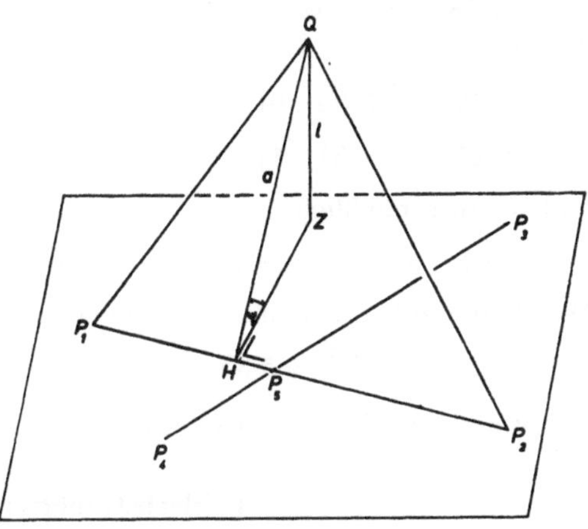

Abb. 5. Darstellung der Lage des Zentrums Z durch die Abstände $\overline{HZ}$ und $\overline{P_5H}$ im Kossel-Diagramm

1. Nach einer Indizierung der Symmetrieebenen (die eventuell mit Hilfe der indizierten Kossel-Linien vorzunehmen ist) läßt sich die Kristallorientierung aus den senkrechten Abständen des Zentrums von den Spurlinien zweier bekannter Symmetrieebenen durch eine einfache geometrische Betrachtung schnell bestimmen.

2. Ein ähnliches Vorgehen ist möglich, wenn an Stelle der Spurlinien zweier bekannter Symmetrieebenen die Durchstoßpunkte von zwei bekannten kristallographischen Richtungen und deren Abstände vom Zentrum benutzt werden.

Anwendungsbeispiel

Als Anwendungsbeispiel soll die Orientierung des in Abb. 3 untersuchten Kristalls zahlenmäßig bestimmt werden. Dabei wurden als Wellenlängen die $K\alpha_1$- und $K\alpha_2$-Werte der Ni-Röntgenstrahlung mit $\lambda_1 = 1{,}6578$ Å und $\lambda_2 = 1{,}6616$ Å benutzt. Die Gitterkonstante des Kristalls ergab sich bei Auswertung der (222)- und $(22\overline{2})$-Linien nach *B. H. Heise*[5] zu $a_0 = 3{,}5290 \pm 0{,}0005$ Å. Dann sind die fünf Schnittgeraden der durch die $K\alpha_1$-Strahlung erzeugten Kossel-Kegel

$$\overrightarrow{QP_1} \parallel \mathfrak{r}_1 = [0{,}9395 \quad 0{,}3425 \quad 0 \quad]$$

$$\overrightarrow{QP_2} \parallel \mathfrak{r}_2 = [0{,}3425 \quad 0{,}9395 \quad 0 \quad]$$

$$\overrightarrow{QP_3} \parallel \mathfrak{r}_3 = [0{,}6836 \quad 0{,}6836 \quad 0{,}2559]$$

$$\overrightarrow{QP_4} \parallel \mathfrak{r}_4 = [0{,}6836 \quad 0{,}6836 \quad \overline{0{,}2559}]$$

$$\overrightarrow{QP_5} \parallel \mathfrak{r}_5 = [0{,}7071 \quad 0{,}7071 \quad 0 \quad]$$

Ferner war *

$d_1 = 36{,}20$ mm $\quad d_2 = 38{,}60$ mm $\quad d_3 = 20{,}95$ mm $\quad d_4 = 20{,}90$ mm
$\varphi_1 = 24°58'$ $\quad \varphi_2 = 24°58'$ $\quad \varphi_3 = 14°50'$ $\quad \varphi_4 = 14°50'$
$\varepsilon = 86°05'$ $\quad \gamma = 90°13'$ $\quad \alpha = 68°57'$ $\quad \gamma = 74°57'$

$$\mathfrak{r}_{12} \parallel [0{,}6571 \quad \overline{0{,}7538} \quad 0]$$

$$\mathfrak{r}_{34} \parallel [0{,}0031 \quad 0{,}0031 \quad \overline{1}] \approx [0 \quad 0 \quad \overline{1}]$$

und damit schließlich

$$\mathfrak{n} \parallel [0{,}7532 \quad 0{,}6564 \quad 0{,}0044] \approx [8 \quad 7 \quad 0]$$

Das Zentrum Z wurde in Abb. 3 eingetragen mit den Werten

$$\overline{P_5H} = 5{,}35 \text{ mm} \quad \text{und} \quad \overline{HZ} = -0{,}30 \text{ mm}$$

Der Wert von l betrug 79,85 mm.

Fehlerbetrachtungen

Fehler in der beschriebenen Orientierungsbestimmung können entstehen, wenn die Öffnungswinkel $(90° - \vartheta\{\text{hkl}\})$ der Kossel-Kegel nicht richtig berechnet werden. Bei der Berechnung von $\vartheta\{\text{hkl}\}$ kann für λ der Wert für die jeweilige charakteristische Röntgenstrahlung im Vakuum als genügend genau den einschlägigen Tabellen entnommen werden. Die Abweichung der Wellenlänge in Metallen von diesem Wert wird dabei vernachlässigt, da sie nicht mehr als $\Delta\lambda \approx 0{,}0001$ Å beträgt[9]. Unsicherheiten in der Gitterkonstanten a_0 sind zu beachten. Nach

$$\Delta\vartheta\{\text{hkl}\} = \text{tg}\,\vartheta\{\text{hkl}\} \cdot \frac{\Delta a_0}{a_0}$$

sind sie um so geringer, je kleiner $\vartheta\{\text{hkl}\}$, d. h. je niedriger indiziert die Netzebene $\{\text{hkl}\}$ ist, an der der jeweilige Kossel-Kegel erzeugt wird. Wie bereits erwähnt, läßt sich aber unter Umständen die Gitterkonstante aus dem Kossel-Diagramm selbst sehr genau ermitteln. Ferner wirkt sich ein Fehler in $\vartheta\{\text{hkl}\}$ um so weniger auf die Orientierungsbestimmung aus, je mehr sich die zur Analyse benutzten Kossel-Linien senkrecht schneiden.

Um die d_i-Werte $(i = 1 - 4)$ mit möglichst guter, relativer Genauigkeit zu messen, sollten diese Abstände zwischen den Punkten P_i $(i = 1 - 5)$ möglichst groß sein.

---

* Die folgenden Längenangaben für d_i $(i = 1 - 4)$ und für die Koordinaten des Zentrums Z beziehen sich auf die Originalaufnahme.

Der Einfluß der Lage von Z auf die Orientierung läßt sich abschätzen durch den Wert von $\Delta Z/l$, wobei ΔZ den Streubereich von Z angibt. So wird z. B. bei $l \approx 8$ cm eine Streuung von $\Delta Z = 1$ mm eine Orientierungsunsicherheit von rd. 1° erzeugen. Eine Unsicherheit von l dagegen bewirkt z. B. bei einem Abstand $\overline{ZP_i} = 4$ cm bei $\Delta l = 1$ mm eine Unsicherheit von rd. 0,3°.

Anhang

Es wird die Schnittlinie eines Kegels mit einer (x, y)-Ebene betrachtet, dessen Achse $\overrightarrow{MQ}$ mit der Ebenennormalen $\overrightarrow{ZQ}$ einen Winkel ω einschließt (siehe Abb. 6). Der Abstand des Kegelausgangspunktes Q von

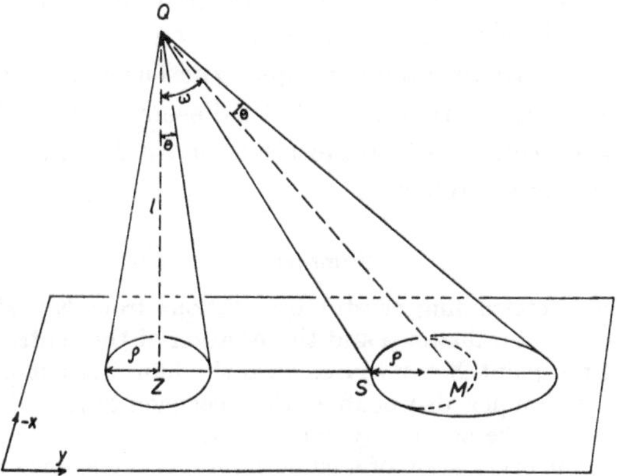

Abb. 6. Schnittlinien zweier Kossel-Kegel mit gleichem Öffnungswinkel $2 \cdot \Theta = 2 \cdot (90° - \vartheta\,\{hkl\})$ mit einer (x, y)-Ebene

der Ebene sei l, der Öffnungswinkel des Kegels 2Θ. Die Schnittlinie stellt eine Ellipse dar

$$\frac{x^2}{a^2} + \frac{(y - y_0)^2}{b^2} = l,$$

mit
$$a = \frac{\operatorname{tg}\Theta\,(1 + \operatorname{tg}^2\omega)^{\frac{1}{2}}}{(1 - \operatorname{tg}^2\Theta \cdot \operatorname{tg}^2\omega)^{\frac{1}{2}}} \cdot l,$$

$$b = \frac{\operatorname{tg}\Theta\,(1 + \operatorname{tg}^2\omega)}{1 - \operatorname{tg}^2\Theta \cdot \operatorname{tg}^2\omega} \cdot l$$

und
$$y_0 = \frac{\operatorname{tg}\omega\,(1 + \operatorname{tg}^2\Theta)}{1 - \operatorname{tg}^2\Theta \cdot \operatorname{tg}^2\omega} \cdot l.$$

Der kleinste Krümmungsradius im Scheitelpunkt S einer Ellipse beträgt $\varrho = a^2/b$, also hier

$$\varrho = \operatorname{tg}\Theta \cdot l.$$

Dieser Wert ist unabhängig von ω, d. h. von der Lage des Kegels. Er ist gleich dem Radius des Schnittkreises, der bei $\omega = 0$ zwischen Kegel und (x, y)-Ebene entsteht.

Dem Landesamt für Forschung in Nordrhein-Westfalen sind wir für die finanzielle Unterstützung dieser Untersuchung zu Dank verpflichtet.

Zusammenfassung

Ein Verfahren wird angegeben, nach dem aus Kossel-Diagrammen ohne genaue Kenntnis des Abstandes zwischen Kristall und Photoplatte und des Zentrums des Diagramms die Orientierung des Kristalls abgeleitet werden kann. Als Zentrum des Diagramms wird die Projektion der Röntgenpunktquelle auf die Photoplatte verstanden. Die genaue Lage dieses Zentrums und der genaue Wert des genannten Abstandes lassen sich ebenfalls mit diesem Verfahren bestimmen.

Das Verfahren wird in einem Beispiel zur Orientierungsbestimmung eines kubischen Kristalls angewendet. In diesem Fall läßt sich das Verfahren durch Benutzung der Symmetrieelemente des kubischen Kristallgitters besonders vereinfachen.

Summary

A technique for determining crystal orientations from Kossel-line diagrams, when the specimen-to-film distance and the position of the centre of the diagram (the projection of the point X-ray source onto the film) are not precisely known, is described. The technique also enables the specimen-to-film distance and the position of the centre to be accurately determined.

As an example, the orientation of a cubic crystal is determined by this method. In this case the procedure may be considerably simplified by using the symmetry elements of cubic crystals.

Literatur

[1] *R. Castaing*, Thèse Université de Paris (1951).

[2] *W. Kossel*, Ergeb. d. exakten Naturwiss. **16**, 296 (1937).

[3] *R. E. Hanneman*, *R. E. Ogilvie* und *A. Modrzejewski*, J. Appl. Phys. **33**, 1429 (1962).

[4] *K. Lonsdale*, Phil. Trans. **A 240**, 219 (1948).

[5] *B. H. Heise*, J. Appl. Phys. **33**, 938 (1962).

[6] *P. Gielen*, *H. Yakowitz*, *De Wayne Ganow* und *R. E. Ogilvie*, J. Appl. Phys. **36**, 773 (1965).

[7] *B. H. Heise*, J. Appl. Phys. **33**, 697 (1962).

[8] *O. Brümmer* und *W. Schülke*, Z. Naturforsch. **17 a**, 203 (1962).

[9] *W. B. Pearson*, Handbook of Lattice Spacings and Structures of Metals and Alloys, London: Pergamon Press 1958. S. 9.

[10] *O. Brümmer*, *G. Dräger* und *W. Schülke*, Exper. Techn. der Physik **14**, 73 (1966).

Aus dem Institut für allgemeine und angewandte Geologie und Mineralogie und dem Institut für Kristallographie und Mineralogie der Universität München
München 2, Luisenstraße 37

Vorschläge für ein selbstkontrollierendes Rechenmaschinenprogramm zur Korrektur von Meßergebnissen der Elektronenstrahlmikrosonde *

Von

Dietrich D. Klemm und **Dieter Philipp**

(Eingegangen am 31. Januar 1967)

Für die Auswertung von Meßergebnissen der Elektronenstrahl-Mikrosonde liegt eine größere Anzahl verschiedener Korrekturvorschläge, z. T. in Form von vereinfachten Tabellen und Nomogrammen, vor. Diese Vorschläge sind jedoch häufig nur auf spezielle Probleme ausgerichtet oder sie erfordern in der Regel einen erheblichen Zeitaufwand zur Korrektur einer Einzelanalyse.

Eine nach dem heutigen Stand der Mikrosondentechnik exakte mathematische Korrektur der Meßergebnisse und die Berechnung der quantitativen Zusammensetzung ist andererseits selbst bei einfachen binären Verbindungen so umständlich, daß sie ohne Rechenmaschine praktisch nicht mit einem vertretbaren Zeitaufwand durchzuführen ist. Es liegt auf der Hand, diese umständlichen Rechenverfahren zu einem Programm für elektronische Rechenanlagen zu verarbeiten, um damit für genaue Einzelbestimmungen die zur Zeit bestmöglichen Resultate zu erhalten. Dieser Weg wurde auch mit verschiedenen Korrekturprogrammen, die bereits vorliegen, begangen.

Eine elektronische Datenverarbeitungsanlage kann die Meßergebnisse aber nur dann sinnvoll verwerten, wenn ihr durch ein Programm exakt vorgeschrieben wird, wie die einzelnen Daten zueinander in Beziehung stehen, und wenn ihr weiterhin in einem Datensatz die Meßergebnisse

* Vortrag anläßlich des Kolloquiums über metallkundliche Analyse mit besonderer Berücksichtigung der Elektronenstrahl-Mikroanalyse, Wien, 25. bis 27. Oktober 1966.

bzw. die zusätzlich benötigten Angaben der zu untersuchenden Probe in geeigneter Form zugeführt werden.

Das erhellt, daß die gesamte Dateneingabe eines speziellen Analysenproblems nur in einem strengen Schema erfolgen darf, das auf das Korrekturprogramm abgestimmt sein muß. Selbst geringe Abweichungen von diesem Schema führen aber schon zu unüberschaubaren Rechenverwirrungen. Das bedeutet aber, daß die Aufstellung und Kontrolle eines solchen Datensatzes nur von einem speziell ausgebildeten Wissenschafter vorgenommen werden kann, der sowohl das Analysenproblem, die technischen Einzelheiten der verwendeten Elektronenmikrosonde und die Eigenarten und Möglichkeiten des Korrekturprogramms genau kennt. Der Einsatz technischer Laboranten wäre demnach im allgemeinen bei der Verwendung von Korrekturprogrammen nur in geringem Umfang möglich; denn gerade dem ungeschulten Hilfspersonal unterlaufen bei der Zusammenstellung komplizierter Eingabedatensätze erfahrungsgemäß immer wieder Fehler. Selbst dem die Zusammenhänge überschauenden wissenschaftlichen Spezialisten werden bei der Kontrolle der Datenblöcke, wie sie bei größeren Analysenansammlungen auftreten, mögliche Eingabefehler, trotz großer Sorgfalt, vermutlich auch nicht immer auffallen.

Besonders bei Serienanalysen von Proben ähnlicher Zusammensetzung wird es schwierig sein, auf den Einsatz technischen Hilfspersonals zu verzichten. Das Ziel der folgenden Überlegungen ist nun die Ausschaltung oder zumindest die sichere Feststellung der erwähnten Fehler. Die Frage der zuverlässigen Informationsübertragung ist ein grundlegendes Problem der Datenverarbeitung. Allgemein läßt es sich nur durch eine gewisse Redundanz der Information lösen, d. h. ein Teil der Information ist strenggenommen „überflüssig“ und wird nur zur Kontrolle der Informationsverarbeitung herangezogen. Weiterhin soll versucht werden, Wege zu zeigen, wie das Rechenprogramm durch geeignete, einfache Gegenrechnungen bei den einzelnen Korrekturverfahren selbständig Kriterien für die Plausibilität der ermittelten Ergebnisse aufstellen kann.

Die Dateneingabe besteht im wesentlichen aus zwei verschiedenen Gruppen, die in einem gewissen Zusammenhang stehen. Der erste Datenblock enthält die Meßergebnisse in Form der registrierten Röntgenimpulsquoten am Ausgang der Zählelektronik. Diese Impulsquoten sind charakteristisch für die untersuchten Elemente. Wir legen diese Zuordnung durch Beifügung der entsprechenden Ordnungszahl fest. Dazu gehören auch die technischen Angaben der Mikrosonde selbst, wie z. B. Elektronenbeschleunigungsspannung, der Abnahmewinkel, Präparatstromstärke bzw. Strahlstromstärke. Die zweite Gruppe besteht aus den Angaben über die analysierten Elemente, wie Massenabsorptionskoeffizienten und den für die einzelnen Korrekturverfahren zusätzlich notwendigen Parametern. Die nötigen Zusatzangaben, die aus der zweiten Gruppe dem Programm eingespeist werden müssen, kann man nun leicht über eine Ordnungszahlzuordnung als Kennziffer mit den entsprechenden Werten der ersten Gruppe kombinieren, sofern die Intensitätsangaben gleichermaßen mit den entsprechenden Kennziffern gekennzeichnet sind. Mit anderen Worten, wenn der Eingabedatensatz der Röntgenintensitäten die Ordnungszahl des vermessenen Elementes enthält, wird sich das Programm selbständig die nötigen numerischen Werte der zweiten Gruppe heraussuchen.

Damit reduziert sich das Problem einer sicheren Dateneingabe auf die Zuordnung der Ordnungszahl und deren automatischen Ausdruck mit der Intensität des vermessenen Elementes über die Spektrometerstellung.

Wir schlagen vor, die Zuordnung von Spektrometerstellung zu der Ordnungszahl des untersuchten Elementes technisch folgendermaßen zu lösen: Auf der Achse des Verstellmechanismus für das Spektrometer wird ein geeignetes Potentiometer angebracht. Der eingestellte Winkelwert ist dann durch den Spannungsabfall am Potentiometer charakterisiert und kann nach einer digitalen Verschlüsselung ausgedruckt werden. Aus dem Winkelwert läßt sich über die Braggsche Beziehung die Wellenlänge bestimmen und daraus die Ordnungszahl festlegen.

Im Falle nahe benachbarter charakteristischer Linien wird die Ordnungszahl aus vorgegebenen, jeweils empirisch festgelegten Spannungsbereichen ermittelt. In den seltenen Fällen von Koinzidenzen charakteristischer Linien muß man auf geeignete Nebenlinien ausweichen.

Die Unterscheidung von Untergrund und Peak kann das Eingabeprogramm in der Regel leicht selbst vornehmen, da sich der numerische Wert des Untergrundes fast immer erheblich vom entsprechenden Peakwert unterscheidet. Damit hat das Eingabeprogramm ein einfaches Kriterium zur automatischen Untergrundkorrektur, gleichgültig, ob dem Programm im Zusammenhang mit einer bestimmten Ordnungszahl zuerst der Untergrund- oder der Peakwert angeboten wird.

Man ist vom Auswerteverfahren her prinzipiell festgelegt, entweder nur eine Untergrundmessung vor oder nach dem Peak, oder — dann aber in fester Reihenfolge — eine Untergrund-Peak-Untergrund-Messung vorzunehmen. Die Praxis zeigt, daß die meisten Analysenprobleme jedoch mit hinreichender Genauigkeit durch eine einzige Untergrundmessung an einer festen Stelle vor oder nach dem Peak gelöst werden können.

In den wenigen Fällen bei sehr geringen Konzentrationen des in Frage stehenden Elementes kann es jedoch vorkommen, daß die numerische Differenz zwischen Untergrund und Peak so klein und unter Umständen sogar gegenläufig wird, daß die einfache Unterscheidung von Peak und Untergrund für das Eingabeprogramm nicht möglich ist. In diesen Fällen muß das Programm „Fehlanzeige“ ausdrucken. Zusätzlich läßt sich zur Erkennung des Untergrundes, der ja im allgemeinen für jedes Element in engen Grenzen konstant ist, im Eingabeprogramm eine numerische Angabe für die jeweiligen Untergrundtoleranzen einbauen.

Wenn also in der geschilderten Weise die Zuordnung der untergrundkorrigierten Intensitätsangaben eines bestimmten Elementes zu seinen zusätzlichen Eingabewerten — wie z. B. den entsprechenden Massenabsorptionskoeffizienten — möglich ist, so besteht immer noch die Gefahr der Verwechslung von Standard- und Probenmessung. Bei fast allen Mikrosonden sitzen die Standards stets auf festen Positionen, die durch Lichtmarken oder Druckschalterangaben festgelegt sind, so daß es gar keine Schwierigkeit ist, durch einen entsprechenden Zeichenausdruck dem Programm anzuzeigen, daß es sich bei den nächsten Impulswerten um Standardmessungen handelt, die von der Rechenanlage entsprechend zu verarbeiten sind. Durch einen zusätzlichen Positionsausdruck des Probenschlittens vor den Meßwerten läßt sich weiterhin für jede Analyse die Lage auf der Untersuchungsprobe leicht feststellen. Falls auch der verwendete Standard aus dem Untersuchungspräparat selbst stammt, ist nach diesem Verfahren ohne große Schwierigkeiten die Unterscheidung von Standard- und Analysenpunktposition vorzunehmen.

Damit stehen also alle Analyseneingabedaten zueinander in einer unverwechselbaren Beziehung, wobei es ganz unwesentlich ist, wann und in welcher Reihenfolge eine bestimmte Untergrund- und Peakmessung eines Elementes sowohl an der Analysenstelle als auch am Standard vorgenommen wurde.

Es ist nun gleichgültig, ob diese Eingabedaten „on line“ vom Rechner verarbeitet oder ihm über einen Datenträger (Lochkarte, Lochstreifen) zugeführt werden. In jedem Fall empfiehlt es sich aber, die Eingabedaten vor dem eigentlichen Rechenprozeß auch ausdrucken zu lassen, um damit eine zusätzliche Kontrolle und Dokumentation über den Rechenvorgang zu besitzen.

Nach diesem Ausdruck leitet die Maschine den Korrekturvorgang ein. In einzelnen Iterationsschritten werden die Floureszenz-, Absorptions- und Atomnummerkorrekturen angebracht und so lange wiederholt, bis sich die Ergebnisse in aufeinanderfolgenden Zyklen nicht mehr nennenswert unterscheiden. Die einzelnen Korrekturvorgänge werden im Programm als „Proceduren“ formuliert. Änderungen der Auswertformeln können dann ohne größeren Eingriff in das Programm leicht durchgeführt werden.

Bei der Fluoreszenzkorrektur der Intensität des Elementes A wird berücksichtigt, daß die K- bzw. L-Linien der übrigen Elemente der Untersuchungsprobe, deren Absorptionskanten unter der des Elementes A liegen, dieses anregen können. Mit anderen Worten, die tatsächlich gemessene Intensität der Linie A ist zu groß im Verhältnis zu den Gewichtsanteilen des Elementes A an der Untersuchungsstelle. Durch die Fluoreszenzkorrektur muß also die Konzentration des Elementes A kleiner werden, im Vergleich zur nullten Näherung. Nach diesem Kriterium werden die korrigierten Werte nach jedem Iterationsschritt geprüft: Ist diese Bedingung nicht erfüllt, dann muß in den Eingabedaten einer oder mehrere der Parameter, die in die Formel der Fluoreszenzkorrekturen eingehen, fehlerhaft sein. Das Programm gibt dann einen entsprechenden Fehlerausdruck, und der Programmlauf wird unterbrochen.

Für die Absorptionskorrektur gibt es leider kein ähnlich einfaches Kriterium. Die Richtung der Korrektur ist in diesem Fall abhängig von dem gemittelten Atomgewicht der Probe, das mit dem des Standards verglichen wird. Ein sinnvolles Kriterium zur Kontrolle der Absorptionskorrektur besteht eigentlich nur dann, wenn der Massenabsorptionskoeffizient durch ein Unterprogramm direkt berechenbar ist. Da aber eine solche mathematische Berechnung der Massenschwächungskoeffizienten praktisch nicht durchführbar ist, so ist auch ein entsprechendes Kriterium für eingelesene Absorptionskoeffizenten nicht mehr sinnvoll. Ist jedoch die Prüfung der Fluoreszenzkorrektur positiv ausgefallen, dann darf mit großer Sicherheit angenommen werden, daß die eingelesenen Intensitäten richtig sind. Wir können also mit den Werten der nullten Näherung einen mittleren Gesamtmassenabsorptionskoeffizienten der Probe angeben. Ist dieser größer als der des Standards, dann wird entsprechend in der Probe mehr Intensität absorbiert als im Standard. Es wird somit ein niedriger Intensitätswert vorgetäuscht, und die Korrektur muß entsprechend den Konzentrationswert gegenüber der nullten Näherung vergrößern. Im gegenteiligen Fall liegt der Fehler vermutlich an den eingelesenen Massenabsorptionskoeffizenten und vom Programm wird wieder ein entsprechender Fehlerausdruck gegeben.

Die Atomnummerkorrektur ist im allgemeinen ebenfalls wieder verhältnismäßig leicht zu prüfen, da die Angabe einer mittleren Atomzahl in guter Näherung bereits aus der nullten Näherung zu entnehmen ist. Für die entsprechenden Rückstreueffekte lassen sich die in der Literatur tabellierten R-Werte leicht über einen Kartensatz in das Programm einlesen. In den Abbremseffekt gehen im wesentlichen nur die Ordnungszahl und das Atomgewicht ein, also beides Werte, die dem Programm ohnehin durch den Eingabesatz bereits zur Verfügung stehen. Mit diesen Angaben vermag das Rechenprogramm ein sicheres Kriterium über die Vergrößerung bzw. die Verkleinerung des Konzentrationswertes aufzustellen und damit die Richtung der Korrektur zu beurteilen.

Die Kriterien, nach denen wir bisher geprüft haben, sind rein physikalischer Natur und beruhen auf allgemeinen Überlegungen. Sie stellen den redundanten Anteil der Information dar, von dem oben die Rede war.

Sie sind jedoch nicht geeignet, das Auswertungsverfahren selbst zu beurteilen. Insbesondere können die Kriterien keine quantitativen Kontrollen durchführen, so daß hierfür nur der Vergleich mit einem anderen Auswerteverfahren weiterzuhelfen vermag. Wir wollen dabei dieser Überlegung folgen:

Die Auswertung von Daten der Elektronenmikroanalyse ist unproblematisch, solange man auf in der Zusammensetzung nahe benachbarte Standards zurückgreifen kann. Die Korrekturformeln sind dann lineare Zusammenhänge zwischen den gemessenen Proben- und Standardintensitäten, während die bisher zugrunde gelegten Beziehungen auf reine Elemente als Standards zurückgreifen und nichtlineare Zusammenhänge haben. Die lineare Näherung der Auswertung wird um so besser sein, je näher man mit der vorgegebenen Standardzusammensetzung an die gesuchte Zusammensetzung herangekommen ist. Bei vielen Analysenproblemen — insbesondere von Mineralproben — besteht nun mindestens für einige der analysierten Elemente häufig die Möglichkeit, aus bekannten Mineralproben einen nahen Standard zu entnehmen und bei diesem eine bestimmte Stöchiometrie anzunehmen. Mit diesem „Bezugsstandard" lassen sich nun die ermittelten Werte abermals leicht auf ihre Glaubwürdigkeit hin untersuchen; denn die Ergebnisse, die in einem solchen Fall aus den linearen und nichtlinearen Zusammenhängen ermittelt werden, sollten Übereinstimmung zeigen.

Schließlich kann man nach jedem Iterationsschritt die Summe der einzelnen korrigierten Werte addieren, die auf einen vorgegebenen Wert hin konvergieren sollen. Ist dies nicht der Fall, so besteht der Verdacht auf einen Fehler in den Auswertebeziehungen, auf den durch Ausdruck aufmerksam gemacht wird. Dieses letztgenannte Kontrollverfahren stellt aber im eigentlichen Sinne selbst bei Serienanalysen kein sicheres Kriterium dar, weil Analysenunterschiede größere numerische Werte annehmen können als die Korrekturdifferenzen. Immerhin aber wird ein entsprechender Summenausdruck als Kontrolle die Beurteilung der Analysenergebnisse erleichtern.

Zusammenfassung

Vorschläge werden diskutiert, wie durch eine „narrensichere" Eingabe zu einem Rechenkorrekturprogramm für die Elektronenstrahl-Mikroanalyse von vornherein Eingabefehler vermieden werden können. Für die einzelnen Korrekturverfahren (Fluoreszenz-, Absorptions- und Atomzahlkorrektur) werden Kriterien angegeben, die es dem Programm gestatten, die Richtung der Korrekturen zu beurteilen und gegebenenfalls den Programmablauf durch Ausdruck einer Fehleranzeige zu unterbrechen. Schließlich wird vorgeschlagen, die Ergebnisse der Rechnungen bei Serienanalysen mit Hilfe natürlicher „naher" Standards auf ihre Glaubwürdigkeit hin zu untersuchen. Ein solches Programm sollte insbesondere bei Serienanalysen von Problemen mit ähnlicher chemischer Zusammensetzung den uneingeschränkten Einsatz technischen Hilfspersonals möglich machen.

Summary

This paper discusses proposals for a "foolproof" input for a computer program of electron micro probe analyses. Further, the different correction procedures (fluorescence, absorption and atomic number) are combined with simple criteria which enable the program to criticize the trends of the corrections and if necessary to interupt the course of the program and indicating the errors. Finally, it is suggested that the results of the calculations for series analyses with natural "vicinal" standards should be controlled for their reliability. Such a program, particularly in connection with series analyses of problems concerning similar chemical composition, should make possible the unlimited employment of technicians.

Aus dem Forschungsinstitut für Nichteisenmetalle, Freiberg, Sachsen

Über die Anwendung einer Abwandlung des Birksschen Korrekturverfahrens zu Fehlerbetrachtungen bei Elektronensondenanalysen *

Von

D. Bergner

Mit 3 Abbildungen

(Eingegangen am 23. Dezember 1966)

Bei der praktischen Anwendung der Elektronenmikrosonde zur quantitativen Analyse steht man häufig vor der Aufgabe, aus dem Verhältnis der an Probe (I_{Ax}) und Standard $\big(I(A)\big)$ gemessenen, auf Untergrund und Totzeit korrigierten Intensitäten

$$K_A = I_{Ax}/I(A)$$

den Gehalt der Probe am interessierenden Element zu bestimmen. Im allgemeinen erfolgt die Auswertung solcher Messungen unter Berücksichtigung von Absorptions-, Fluoreszenz- und Ordnungszahleffekten durch sukzessive Näherung. Tabellen[1, 2] erleichtern diese Auswertung, so daß sie bei einiger Übung in relativ kurzer Zeit bewerkstelligt werden kann. In die Korrektur geht eine ganze Reihe experimentell oder empirisch bestimmter Größen, wie Absorptionskoeffizienten, Anregungseffektivitäten u. a. m., ein, die mit gewissen Fehlern behaftet sind. Um den Einfluß dieser Fehler auf das Analysenergebnis abschätzen zu können, wäre es günstig, wenn man den Zusammenhang zwischen Intensitätsverhältnis K_A und gesuchter Konzentration x in geschlossener Form darstellen könnte.

Im folgenden werden die halbempirischen und relativ einfach zu handhabenden Korrekturverfahren von *Birks*[1] und *Ziebold* und *Ogilvie*[3] auf die Form einer Potenzreihe:

---

* Vortrag anläßlich des Kolloquiums über metallkundliche Analyse mit besonderer Berücksichtigung der Elektronenstrahl-Mikroanalyse, Wien, 25. bis 27. Oktober 1966.

$$\sum_i a_i x^i = 0$$

gebracht und der Einfluß von Fehlern bzw. Unsicherheiten in den gemessenen bzw. empirisch bestimmten Konstanten der Auswertungsgleichung auf das Analysenergebnis am Beispiel des Systems Fe-Cr untersucht. Aus dem Vergleich mit experimentellen Ergebnissen werden Änderungen der empirischen Konstanten vorgeschlagen.

Die Birkssche Näherung

Für binäre Systeme besteht zwischen dem gemessenen Intensitätsverhältnis K_A und der gesuchten Konzentration x des gesuchten Elementes nach *Birks*[1] folgender Zusammenhang

$$K_A = F_{Ax} \cdot x(1 + k_F)/F_{AA} \tag{1}$$

Dabei bedeuten F_{Ax} bzw. F_{AA} die (tabellierten) Intensitätsfunktionen für Probe und reinen Standard und k_F den bei Fluoreszenzanregung durch den anderen Bestandteil zu erwartenden zusätzlichen Intensitätsanteil:

$$k_F = u \cdot E_{AB} \cdot (1 - x) \cdot \frac{\mu_{AB}}{\mu_{AB} \cdot x + \mu_{BB}(1 - x)} \cdot \left(\frac{V - V_{0B}}{V - V_{0A}}\right) \tag{2}$$

Es bedeuten:

$u = 0{,}6$ eine empirisch bestimmte Konstante

E_{AB} den Anregungswirkungsgrad für das Element A durch die charakteristische Strahlung von B

μ_{AB} den Massenabsorptionskoeffizienten des Elementes A für die charakteristische Strahlung von B

V die verwendete Beschleunigungsspannung für die Elektronen und

V_{0B}, V_{0A} die Anregungspotentiale der Elemente A und B

Der Verlauf der Kurven für die Intensitätsfunktion

$$F = F(\mu \cdot \operatorname{cosec} \Theta),$$

wobei Θ der Abstrahlungswinkel des Spektrometers ist, legt es nahe, sie durch eine quadratische Funktion darzustellen:

$$F_{Ax} = a + bx + cx^2$$

Die Größen

$$a = \bar{a} + \bar{b}\chi_{BA} + \bar{c}\chi^2{}_{BA}$$
$$b = \bar{b}(\chi_{AA} - \chi_{BA}) + 2\bar{c}(\chi_{AA} - \chi_{BA})\chi_{BA}$$
$$c = \bar{c}(\chi_{AA} - \chi_{BA})^2$$

mit $\chi = \mu \cdot \operatorname{cosec} \Theta$,

können nach Bestimmung von $\bar{a}$, $\bar{b}$, $\bar{c}$ aus dem Ansatz

$$F(\chi) = \bar{a} + \bar{b}\chi + \bar{c}\chi^2$$

für die Punkte:

$$\chi_1 = \chi_{AA}$$
$$\chi_2 = \chi_{BA}$$
und $$\chi_3 = (1/2)\chi_{AA} + (1/2)\chi_{BA}$$

in der für das spezielle Problem angepaßten Form berechnet werden.

Damit läßt sich Gl. (1) wie folgt darstellen:

$$x^4 + \alpha_1 x^3 + \alpha_2 x^2 + \alpha_3 x + \alpha_4 = 0 \tag{3}$$

mit $$\alpha_1 = \frac{bk_2 + ck_1}{ck_2} \tag{3a}$$

$$\alpha_2 = \frac{ak_2 + bk_1}{ck_2} \tag{3b}$$

$$\alpha_3 = \frac{ak_1 - K_A \cdot F_{AA}(\mu_{AB} - \mu_{BB})}{ck_2} \tag{3c}$$

$$\alpha_4 = -\frac{K_A F_{AA} \mu_{BB}}{ck_2} \tag{3d}$$

und $$k_1 = \mu_{BB} + k \tag{3e}$$

$$k_2 = (\mu_{AB} - \mu_{BB}) - k \tag{3f}$$

wobei $$k = 0{,}6 \cdot E_{AB} \cdot \mu_{AB} \left(\frac{V - V_{0B}}{V - V_{0A}}\right)^2 \tag{3g}$$

Diese Gleichung vereinfacht sich im Falle reiner Absorptionskorrektur zu:

$$x^3 + \frac{b}{c} x^2 + \frac{a}{c} x - \frac{K_A F_{AA}}{c} = 0 \tag{4}$$

Bei starker Fluoreszenzanregung des Elementes A durch B-Strahlung unterscheiden sich die Absorptionskoeffizienten der Elemente A und B für A-Strahlung nur sehr wenig voneinander, so daß ein linearer Ansatz:

$$F_{Ax} = a + bx$$

gerechtfertigt ist, mit

$$a = F_{BA}$$

und $$b = F_{AA} - F_{BA}.$$

Aus Gl. (1) erhält man damit:

$$x^3 + \beta_1 x^2 + \beta_2 x + \beta_3 = 0 \tag{5}$$

mit $$\beta_1 = \frac{bk_1 + ak_2}{bk_2} \tag{5a}$$

$$\beta_2 = \frac{ak_1 - K_A \cdot F_{AA}(\mu_{AB} - \mu_{BB})}{bk_2} \tag{5b}$$

und $$\beta_3 = -\frac{K_A \cdot F_{AA} \cdot \mu_{BB}}{bk_2} \tag{5c}$$

Das Verfahren nach Ziebold und Ogilvie

Das halbempirische Verfahren nach *Ziebold* und *Ogilvie*[3] liefert für binäre Systeme folgenden einfachen Zusammenhang zwischen Konzentration x und gemessenem Intensitätsverhältnis K_A:

$$x = \frac{a_{AB}}{(1/K_A) + a_{AB} - 1} \tag{6}$$

wobei

$$a_{AB} = v\left(\frac{\sigma + \chi_{BA}}{\sigma + \chi_{AA}}\right)\left(\frac{Z_A}{Z_B}\right)^{n}\left(\frac{1}{1 + w \cdot k}\right) \tag{6a}$$

Es bedeuten:

σ den von Philibert[4] tabellierten Lenard-Koeffizienten der Elektronenabsorption

Z_A die Ordnungszahl des Elementes A und

$$k = \frac{\lambda_B}{\lambda_A}\frac{\bar{A}_A}{\bar{A}_B}\frac{\mu_{AB}}{\mu_{BA}} \cdot \sin\Theta \tag{6b}$$

mit λ, der Wellenlänge an der Absorptionskante
und $\bar{A}$, dem Atomgewicht.
Die Größen v, n und w wurden empirisch bestimmt zu[3]:

$$v = 0{,}95$$
$$n = 0{,}28$$
$$w = 0{,}7$$

Fehlerbetrachtungen

Aus den Gleichungen (4) bis (6) können leicht die folgenden Beziehungen für eine Fehlerabschätzung abgeleitet werden:

Birkssche Korrektur

$$\Delta x = -\frac{x^3\dfrac{\Delta c}{\Delta y} + x^2\dfrac{\Delta b}{\Delta y} + x\dfrac{\Delta a}{\Delta y}}{3cx^2 + 2bx + a} \cdot \Delta y = -\frac{x^3 \cdot \Delta c + x^2 \cdot \Delta b - x \cdot \Delta a}{3cx^2 + 2bx + a} \tag{4F}$$

$$\Delta x = -\frac{x^3\dfrac{\Delta\beta_1}{\Delta y} + x\dfrac{\Delta\beta_2}{\Delta y} + \dfrac{\Delta\beta_3}{\Delta y}}{3x^2 + 2\beta_1 x + \beta_2}\, y = -\frac{x^2\Delta\beta_1 + x\Delta\beta_2 + \Delta\beta_3}{3x^2 + 2\beta_1 x + \beta_2} \tag{5F}$$

Zieboldsche Korrektur[3]

$$\Delta x = +\frac{(1 - X_A)}{(1/K_A) + a_{AB} - 1} \cdot \frac{\Delta a_{AB}}{\Delta y} \cdot \Delta y \tag{6F$_1$}$$

$$\frac{\Delta X_A}{X_A} = \frac{\Delta a_{AB}}{a_{AB}}(1 - X_A) \tag{6F$_2$}$$

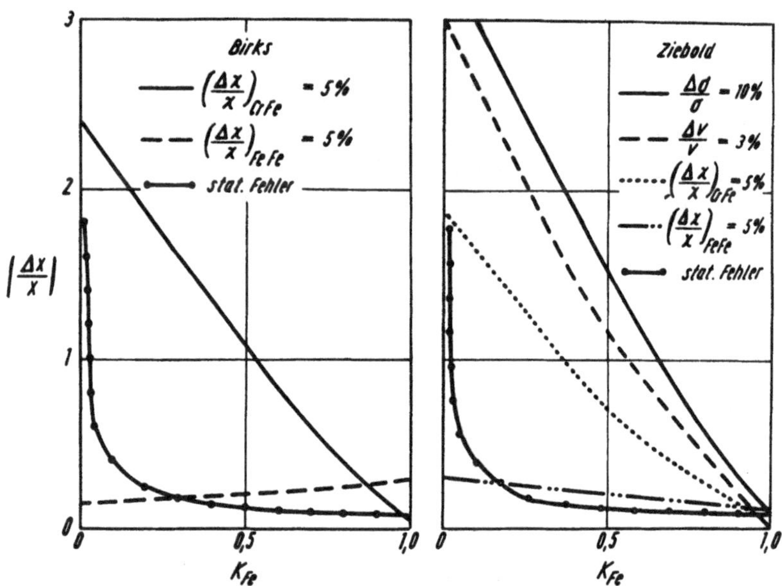

Abb. 1. Einfluß von Fehlern in den Größen der Korrekturgleichungen auf die Bestimmung der Fe-Konzentration in Fe-Cr-Legierungen ($V = 25$ kV)

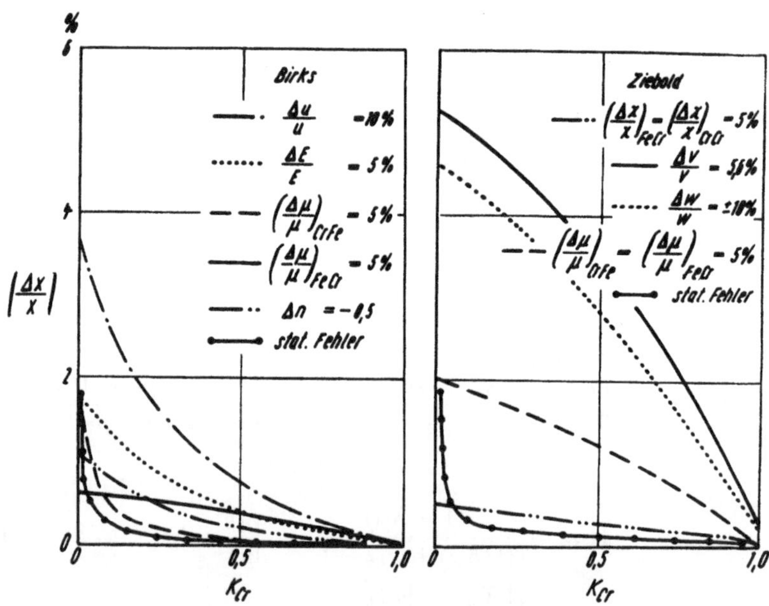

Abb. 2. Einfluß von Fehlern in den Größen der Korrekturgleichungen auf die Bestimmung der Cr-Konzentration in Fe-Cr-Legierungen ($V = 25$ kV)

Die Größe Δy steht dabei für die Änderung einer beliebigen, in den Korrekturgleichungen enthaltenen, meßbaren oder empirischen Größe [z. B. Absorptionskoeffizienten oder Faktor v in Gl. (6a)].

Die Ergebnisse der Anwendung der Gleichungen 4F bis 6F auf das System Fe-Cr sind in den Abb. 1 und 2 dargestellt: Abb. 1 zeigt die für Messungen der Fe-Konzentration aus Unsicherheiten in der Kenntnis der Absorptionskoeffizienten oder der empirischen Konstanten zu erwartenden relativen Abweichungen der berechneten Konzentration in Abhängigkeit vom gemessenen Intensitätsverhältnis K_{Fe}.

Während die statistischen Fehler der Zählrohrmessungen für $K_{Fe} >$ 0,05 und Unsicherheiten in der Kenntnis von χ_{FeFe} praktisch keinen Einfluß auf das Meßergebnis ausüben, können bei Unsicherheiten in der

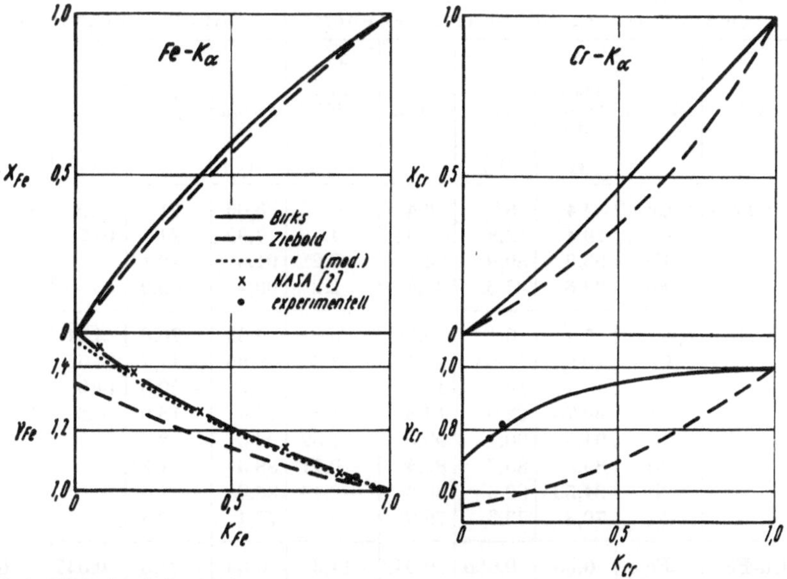

Abb. 3. Abhängigkeit der Großen x_{Fe} und γ_{Fe} bzw. x_{Cr} und γ_{Cr} von den gemessenen Intensitätsverhältnissen K_{Fe} bzw. K_{Cr} fur die Korrekturverfahren nach *Birks* und *Ziebold* und *Ogilvie* ($V = 25$kV)

Kenntnis von χ_{CrFe} und der empirischen Konstante v — insbesondere bei Messungen geringer Konzentrationen — merkliche Abweichungen in den zu berechnenden Konzentrationen auftreten. Abb. 1 enthält auch die bei Anwendung des Wertes σ_{eff} der NASA-Tabellen an Stelle von σ in Gl. (6a) auftretenden Abweichungen.

In Abb. 2 sind die analogen Kurven für Messungen der Cr-Strahlung dargestellt. Hier wirken sich vor allem Unsicherheiten in den empirisch bestimmten Konstanten u, v und w merklich auf das Ergebnis aus.

Aus diesen Betrachtungen ergibt sich somit, daß Konzentrationsbestimmungen im Bereich $0{,}01 < x < 1$ infolge der Unsicherheiten in der Kenntnis der in die Korrekturgleichung eingehenden experimentellen und empirischen Größen nach den Verfahren von *Birks* bzw. von *Ziebold* und *Ogilvie* — abgesehen von etwaigen im Korrekturverfahren enthaltenen systematischen Fehlern — nur auf etwa 2 bis 5% genaue Ergebnisse liefern können.

Aus Abb. 3 — einer Darstellung der Abhängigkeiten $x = f(K_A)$ und $\gamma = x/K = f(K_A)$ für das System Fe-Cr — wird offenkundig, daß die beiden Verfahren Ergebnisse liefern, die um weit größere Beträge differieren. Damit erhebt sich die Frage, welches der beiden Verfahren für praktische Untersuchungen die zuverlässigeren Ergebnisse liefert.

Tabelle 1. Vergleich von nach *Birks* bzw. *Ziebold* und *Ogilvie* korrigierten Analysenergebnissen mit den chemischen Analysenergebnissen

System	Element	Chem. Analyse X_A %	K_{exp} %	X_{Birks} %	$\frac{X_{Birks} - X_A}{X_A}$ %	$X_{Ziebold}$ %	$\frac{X_{Ziebold} - X_A}{X_A}$ %	X_{Bmod} %	$\frac{X_{Bmod} - X_A}{X_A}$ %
Cr-Fe	Cr	6,4	8,7	6,4	0	5,06	−21	7,05	+10,0
	Cr	10,4	12,8	9,95	−4,3	7,92	−24	10,73	+3,3
	Fe	93,6	89,9	93,4	−0,21	91,6	−2,14		
	Fe	89,6	87,5	91,6	+2,2	90,4	+0,9		
Cr-Ni	Cr	5,45	6,1	5,0	−9,0	4,33	−20,6	5,34	−2,0
	Cr	10,5	11,85	10,15	−3,3	8,65	−17,7	10,55	+0,5
	Cr	15,47	16,5	14,5	−6,3	12,3	−20,5	14,9	−3,7
	Cr	20,70	22,0	19,8	−4,4	17,4	−16,0	20,2	−2,5
	Ni	94,55	90,4	93,3	−1,32	92,0	−2,7		
	Ni	89,5	85,7	89,4	−0,11	88,3	−1,34		
	Ni	84,53	82,6	86,6	+2,45	85,7	+1,4		
	Ni	79,3	73,3	79,0	−0,38	77,4	−2,4		
Cu-Fe	Fe	0,05	0,065	0,042	−14,3	0,037	−24,5	0,047	−6,0
	Fe	0,40	0,54	0,36	−10,0	0,32	−20,0	0,394	−1,5
	Fe	1,04	1,45	0,96	−7,7	0,88	−15,0	1,07	+2,9
	Fe	1,93	2,96	1,98	+1,7	1,79	−7,0	2,2	+14,0
Cu-Ti	Ti	0,89	0,79	0,82	−8,0	0,67	−25,0	0,868	−2,5
	Ti	1,35	1,16	1,21	−10,0	0,99	−27,0	1,275	−5,6

Hierzu sind zunächst die Korrekturfaktoren

$$\gamma_{Fe} = x_{Fe}/K_{Fe}$$

für Fe-Strahlung mit den Faktoren verglichen worden, die man bei Verwendung der NASA-Tabellen[2] erhält. (Letztere scheinen uns die zur Zeit zuverlässigste Absorptionskorrektur zu gewährleisten.) Abb. 3 zeigt, daß diese Faktoren innerhalb von $\pm 2\%$ mit den Faktoren nach *Birks* zusammenfallen. Versuchsergebnisse an zwei Fe-Cr-Legierungen mit 6,4 und 10,4 Gew.% Cr [Gerät: Microscan (Cambridge) 25 kV Beschleunigungsspannung; LiF-Kristall; Proportionalzählrohr; Analysator Kanallänge 5 Volt, Kanalbreite 2 V; Probenstrom 0,04 μA] sind eingezeichnet, erlauben aber keine eindeutige Entscheidung, welche Eichkurve günstiger ist. Indem man in der Ziebold-Korrekturgleichung (6) bzw. (6a) $v = 1{,}0$ und für σ den Wert σ_{eff} der NASA-Tabellen setzt, erhält man die punktierte Kurve in Abb. 3, die nahezu mit den Werten der beiden anderen Verfahren zusammenfällt.

Die Versuchsergebnisse der Cr-Bestimmung an den genannten Legierungen fallen innerhalb der oben erwähnten Fehlergrenzen mit der Birksschen Korrekturkurve zusammen.

Aus den in der obigen Tabelle zusammengetragenen Analysen von Ti in Cu-Ti; Fe in Cu-Fe und Cr in Ni-Cr geht hervor, daß das Birkssche Verfahren zwar bei Vorliegen von Fluoreszenzeffekten bessere Werte als das Zieboldsche Verfahren, jedoch bis auf wenige — vermutlich durch Unsicherheiten in der chemischen Analyse bedingte — Ausnahmen fast ausschließlich zu kleine Werte liefert. Dies steht in Übereinstimmung mit den Untersuchungen von *Duncumb* und *Shields* [5] zu den Fluoreszenzkorrekturverfahren. Den oben angestellten Fehlerbetrachtungen (siehe Abb. 2) kann man entnehmen, daß eine Änderung des Faktors u in Gl. (2) von 0,6 auf 0,4 die Überkompensation beseitigt und befriedigende Übereinstimmung zwischen nach *Birks* korrigierten Elektronensondenanalysen und chemischen Analysenwerten liefert.

Zusammenfassung

1. Die Birkssche Absorptionskorrektur stimmt — zumindest für nicht zu große Ordnungszahlunterschiede — gut mit der sich mit den NASA-Tabellen ergebenden Absorptionskorrektur überein.

2. Die Absorptionskorrektur nach *Ziebold* und *Ogilvie* kann durch Änderung des empirisch bestimmten Faktors $v = 0{,}95$ auf $v = 1{,}0$ und Verwendung der in den NASA-Tabellen gegebenen Werte σ_{eff} an Stelle von σ verbessert werden.

3. Die Überkorrektur beim Birksschen Fluoreszenzkorrekturverfahren kann durch Änderung des empirischen Faktors von $u = 0{,}6$ auf $u = 0{,}4$ nahezu ausgeglichen werden.

Summary

This paper deals with a modification of the Birks' correction method for reviewing the errors in electron probe analyses.

1. The Birks' absorption correction agrees well—at least with not too great ordinal differences—with absorption correction derived from the NASA tables.

2. The absorption correction as per *Ziebold* and *Ogilvie* can be improved by altering the empirically determined factor $v = 0.95$ to $v = 1.0$ and application of the values of σ_{eff} given in the NASA tables in place of σ.

3. The over-correction of the Birks' fluorescence correction method can be almost compensated for by changing the empirical factor $u = 0.6$ to $u = 0.4$.

Literatur

[1] *L. S. Birks*, Electron Probe Microanalysis New York/London: Interscience. 1963. S. 177 bis 246.

[2] *I. Adler* und *J. Goldstein*, Absorption Tables for Electron Probe Microanalysis NASA TN D-2984.

[3] *T. O. Ziebold* und *R. E. Ogilvie*, Analyt. Chemistry **36**, 322 (1964).

[4] *J. Philibert*, III. Symp. on X-Ray Optics and X-Ray Microanalysis 1962. New York: Academic Press. 1963. S. 361 bis 377.

[5] *P. Duncumb* und *P. K. Shields*, II. Symp. on X-Ray Optics and X-Ray Microanalysis 1962. New York: Academic Press. 1963. S. 329 bis 340.

Aus den Forschungsanstalten der Edelstahlwerke Gebr. Böhler & Co., Aktiengesellschaft, Kapfenberg

Quantitative Analyse von Zweistofflegierungen und ihre Korrekturen *

Von

R. Blöch, J. Peganz und **C. Schablauer**

Mit 4 Abbildungen

(Eingegangen am 23. Dezember 1966)

Einleitung

Im Zuge der Ermittlung empirischer Eichkurven für einige Zweistoffsysteme auf Eisenbasis sollte der Versuch unternommen werden, die Meßergebnisse mit den theoretisch nach verschiedenen Korrekturverfahren zu erwartenden Werten zu vergleichen. Im wesentlichen kommen bei der Elektronenstrahlmikroanalyse drei Korrekturarten in Betracht:

1. die Absorptionskorrektur,
2. die Fluoreszenzkorrektur und schließlich
3. die Ordnungszahlkorrektur.

Die in der Praxis bei weitem am häufigsten erforderliche Korrektur ist die für die unterschiedliche Absorption in Probe und Standard. Dafür stehen derzeit mindestens acht Verfahren zur Auswahl[1–8], von denen vier mit empirischen Kurven arbeiten, während die Korrekturen nach *Tong*, *Adler* und *Goldstein* und *Theisen* im wesentlichen Modifikationen der Philibertschen Korrekturformel darstellen, wobei allerdings zum Teil beträchtlich voneinander abweichende Spannungs- und Ordnungszahlabhängigkeiten der auftretenden Parameter angenommen werden. Dementsprechend sind auch in gewissen Fällen relativ große Unterschiede zwischen den vier letztgenannten Korrekturverfahren zu erwarten. Alle Absorptionskorrekturen sind relativ leicht zu handhaben, allerdings

---

* Vortrag anläßlich des Kolloquiums über metallkundliche Analyse mit besonderer Berücksichtigung der Elektronenstrahl-Mikroanalyse, Wien, 25. bis 27. Oktober 1966.

scheint es noch nicht klar, inwieweit die aus den molaren Konzentrationen von Zweistoffsystemen errechnete mittlere Ordnungszahl, die ja als ein die Elektronenstreuung berücksichtigender Parameter eingeht, mit der effektiv wirksamen Ordnungszahl übereinstimmt. Arbeiten von *Weinryb*[9] über die Elektronenrückstreuung an Systemen mit zwei im Periodensystem weit auseinanderliegenden Elementen deuten jedenfalls auf Abweichungen der errechneten mittleren Ordnungszahl von der effektiven hin.

Bei der Fluoreszenzkorrektur soll hingegen jener Teil der Röntgenstrahlung berücksichtigt werden, der nicht direkt durch den Elektronenstrahl, sondern sekundär durch in der Probe entstandene Röntgenstrahlung höherer Energie angeregt wird. Man unterscheidet grundsätzlich die Fluoreszenzanregung durch die charakteristische Strahlung des Zweitelementes von der Anregung durch das kontinuierliche Bremsspektrum. Für die Korrektur der Fluoreszenzanregung in der K-Serie hat bereits *Castaing*[1] 1951 eine Formel abgeleitet, die zwar etwas umständlich in der Handhabung, aber doch die meist angewendete Fluoreszenzkorrektur ist. Nach Vorschlägen von *Reed* und *Long*[10] läßt sich eine Verallgemeinerung der Castaingschen Formel ableiten, so daß diese auch auf die L-Linien anwendbar wird. Allerdings ist dann die modifizierte Korrekturformel bereits so unhandlich[11], daß sie sich kaum in der Praxis durchsetzen dürfte. *Wittry*[12] entwickelte zwei Formeln für die Fluoreszenzkorrektur, von denen die erste die Spannungsabhängigkeit nicht berücksichtigt, während die zweite, wesentlich kompliziertere, praktisch die gleichen Ergebnisse liefert wie die Formel von *Castaing*. Schließlich stammt noch eine halbempirische Formel von *Birks*[13], bei der jedoch der Austrittswinkel der Strahlung unberücksichtigt bleibt.

Im Gegensatz zu der oben behandelten Fluoreszenz durch charakteristische Strahlen, die in vielen technischen Legierungen stark in Erscheinung tritt (z. B. Cr-Fe-, Fe-Ni-Systeme), spielt die Anregung durch das kontinuierliche Spektrum bei den üblichen Meßbedingungen keine größere Rolle, wie sich insbesondere aus den Arbeiten von *Henoc* und *Kirianenko*[14] ergibt.

Die Ordnungszahlkorrektur soll die unterschiedliche Mehrfachstreuung von Elektronen in Probe und Standard berücksichtigen. Hierbei treten zwei Phänomene auf, die einander in ihrer Auswirkung auf die gemessene Röntgenintensität zum Teil kompensieren, und zwar einerseits das mit steigender Ordnungszahl wachsende Massendurchdringungsvermögen der Elektronen und andererseits die wachsende Elektronenrückstreuung. Grundsätzlich wurden diese Phänomene von *Castaing* in seiner sogenannten 2. Näherung durch Einführung empirischer Parameter α berücksichtigt. Sie sind jedoch spannungsabhängig und nur für wenige Elementpaarungen bekannt. *Poole* und *Thomas*[15] geben ein Korrekturverfahren unter Verwendung empirischer Werte und einer theoretischen Kurve von *Nelms*[16] für 30 kV an. Theoretisch wurde die Ordnungszahlkorrektur von *Archard* und *Mulvey*[17] sowie von *Green*[18] unter Einsatz von Rechenmaschinen ermittelt; solange diese Ergebnisse allerdings nicht in Tabellenform vorliegen, sind sie für den Analytiker nur von geringem Nutzen. Die Frage der Ordnungszahlkorrektur muß derzeit noch als reichlich unbefriedigend angesehen werden, zumal nicht ganz klar ist, inwieweit ein Teil dieser Korrektur nicht bereits in manchen Absorptionskorrekturen impliziert ist. In der vorliegenden Arbeit wurde daher bewußt auf die Anbringung einer Ordnungszahlkorrektur verzichtet.

Versuchsdurchführung und Ergebnisse

Für die Untersuchungen wurden folgende Systeme ausgewählt: Fe-Al, Fe-Si, Fe-Cr und Fe-Ni. Von jedem System wurden mehrere Chargen unterschiedlichen Legierungsgehaltes in einem kleinen Mittelfrequenzofen erschmolzen. Die chemische Zusammensetzung dieser Legierungen zeigt Tabelle 1. Aus dem unteren Drittel der Rundblöcke wurden kleine Proben entnommen und unter Schutzgas einer Homogenisierungsglühung unterworfen, bis die von der Erstarrung herrührenden Kristallseigerungen weitestgehend abgebaut waren. Aus den homogenisierten Proben wurden die eigentlichen Meßproben für die Mikrosonde herausgearbeitet, geschliffen und diamantpoliert.

Die Messungen erfolgten mit einer Cameca-Mikrosonde, deren Abnahmewinkel für die Röntgenstrahlung zwischen ca. 16 und 18° variiert. Pro Probe wurden je 10 Messungen bei 15, 20 und 25 kV und mindestens je 6 Messungen auf den Eichstandards aus reinem Al, Si, Cr bzw. Ni durchgeführt; darüber hinaus wurde der Hintergrund zu beiden Seiten der Linie gemessen. Während der Messung wurde die jeweilige Probe unter dem feststehenden Elektronenstrahl vorbeibewegt, um etwa vorhandene Restseigerungen meßtechnisch auszumitteln. Im Laufe der Untersuchungen mußten verschiedene Fehlermöglichkeiten beachtet werden. So zeigt sich beispielsweise, daß bei Messungen mit hohen Impulsraten, bedingt durch die relativ große Kapazität der Verbindungskabel zwischen Zählrohr und Vorverstärker, die vom Zählrohr abgegebene Impulsamplitude abnimmt. In diesem Falle erhält man daher bei Verwendung eines schmalen Bandes im Pulshöhendiskriminator falsche Werte, da bei optimaler Justierung das Maximum der Pulshöhenverteilung etwa in der Mitte des Durchlaßbandes liegen soll, sich aber bei Änderung der Zählrate (also z. B. Wechsel von Probe auf Standard) herausverschiebt und zu einem relativen Abfall der an das Zählwerk weitergegebenen Pulszahl führt. Zur Vermeidung derartiger Schwierigkeiten wurde die Impulsrate der Reinelemente auf 3000 Imp./sec begrenzt, mit weitem Fenster gearbeitet und die Meßzeiten so gewählt, daß die aus der Röntgenstatistik resultierende Standardabweichung zu vernachlässigen war. Die Meßzeiten pro Punkt liegen zwischen 40 und 100 sec.

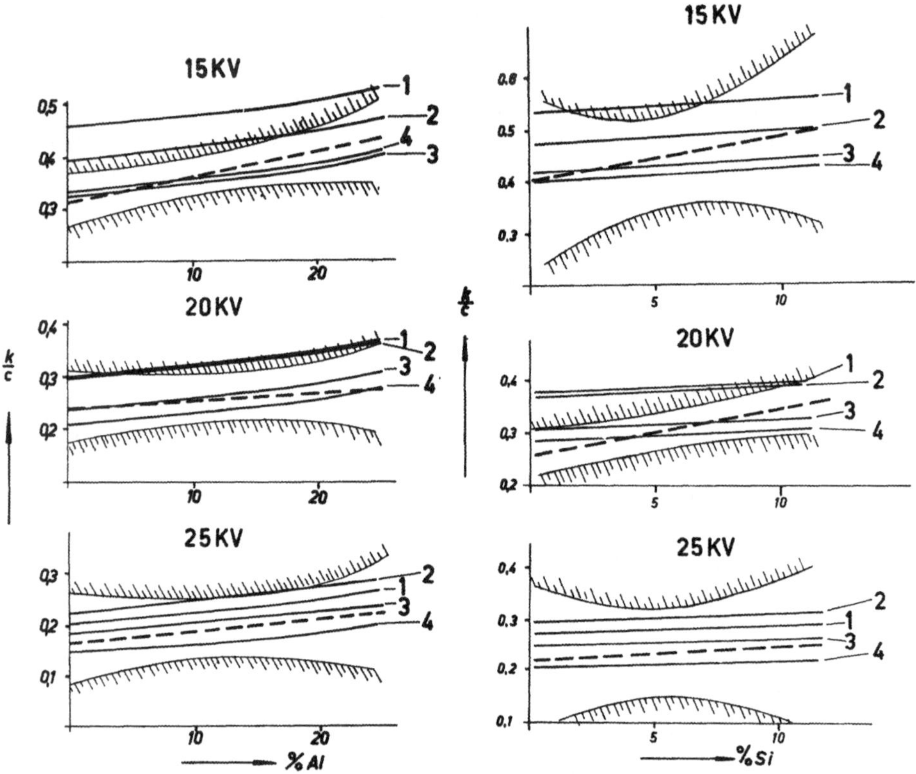

Abb. 1. Absorptionskorrektur und gemessene Eichkurve mit Vertrauensbereich für Al in Fe
1 nach Tong
2 nach Philibert

Abb. 2. Absorptionskorrektur und gemessene Eichkurve mit Vertrauensbereich für Si in Fe
3 nach Adler
4 nach Theisen

Eine Untersuchung der zu erwartenden Eichkurven (gemessene gegen wahre Konzentration) ergab im Bereich bis ca. 20% Legierungsgehalt die Zulässigkeit einer quadratischen Approximation. Da die Parabeln durch den Nullpunkt gehen müssen, wurde eine Darstellungsweise gewählt, in der die Eichkurven Gerade ergeben, nämlich k/c gegen c, wobei k die in der Mikrosonde gemessene Konzentration darstellt und c die wahre, naßchemisch bestimmte Konzentration. Durch die 4 bis 5 Mittelwerte aus je 10 Messungen wurden Ausgleichsgerade gelegt und gleichzeitig der Vertrauensbereich für 95% Wahrscheinlichkeit[19] errechnet. Vergleichsweise wurden für die Systeme Fe-Al, Fe-Si, Fe-Ni die theoretischen k/c-Kurven für die Absorptionskorrektur nach *Tong*, *Philibert*,

Adler und *Goldstein* und *Theisen* berechnet; für das Fe-Cr-System wurde nur die Fluoreszenzkorrektur nach *Castaing* und die in diesem Fall fast vernachlässigbare Absorptionskorrektur von *Philibert* angewendet. Die folgenden Abbildungen zeigen eine Gegenüberstellung zwischen experimentellen Ergebnissen und theoretischen Korrekturen. Zwischen den schraffierten Vertrauensbereichen verläuft die strichlierte Ausgleichsgerade; die theoretischen Kurven sind voll ausgezogen.

Tabelle 1. Chemische Analyse der Eichlegierungen

Fe-Me Me	Legierungsgehalt (%)				
	A	*B*	*C*	*D*	*E*
Al	1,29	4,91	11,24	24,41	
Si	0,93	2,59	5,20	11,54	
Cr	0,63	3,61	8,80	13,02	23,09
Ni	2,54	5,11	10,21	25,72	

1. System Fe-Al (Abb. 1). Während für alle drei Meßspannungen die Kurven von *Adler* und *Theisen* innerhalb des Vertrauensbereiches verlaufen, liegen die Kurven nach *Tong* und *Philibert* bei 15 und 20 kV

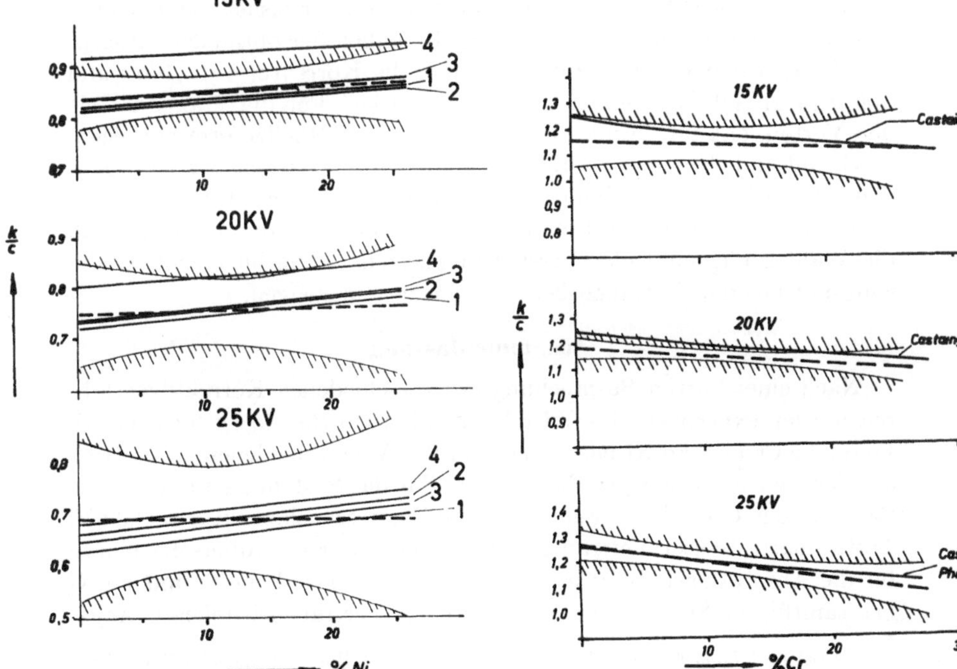

Abb. 3. Absorptionskorrektur und gemessene Eichkurve mit Vertrauensbereich fur Ni in Fe

Abb. 4. Fluoreszenzkorrektur und gemessene Eichkurve mi Vertrauensbereich für Cr in Fe

oberhalb; d. h. die Schwächung der Al-Kα-Strahlung ist tatsächlich stärker, als dies nach *Tong* und *Philibert* zu erwarten ist.

2. System Fe-Si (Abb. 2). Nur im Falle von 20 kV ist eine Aussage möglich, da hier der Vertrauensbereich eng genug verläuft. Auch hier liegen wie im Fe-Al-System die Kurven von *Tong* und *Philibert* oberhalb des Vertrauensbereiches.

3. System Fe-Ni (Abb. 3). Mit Ausnahme der Kurve nach *Theisen* liegen alle anderen in der Mitte des Vertrauensbereiches. Die wesentlich zu hohe Lage der Kurve von *Theisen* bei 15 und 20 kV hängt scheinbar mit einer zu großen Überspannungskorrektur des effektiven Elektronenabsorptionskoeffizienten σ_{eff} zusammen.

4. System Fe-Cr (Abb. 4). Nur bei 20 kV liegt die Castaingsche Fluoreszenzkorrektur über dem Vertrauensbereich, bei 15 und 25 kV erlauben die weiten Vertrauensbereiche keine Beurteilung*.

In den Systemen Fe-Al und Fe-Si darf bei den vorliegenden Spannungen die Korrektur nach *Philibert* nicht angewendet werden. Dies stimmt mit der Ansicht *Philiberts*[11] überein, wonach seine Korrektur auf Systeme zu beschränken sei, deren Elemente einerseits im Periodensystem nicht zu weit auseinanderliegen und bei denen andrerseits keine extremen Absorptionsverhältnisse auftreten. Analoges gilt für die Korrektur nach *Tong*. Trotzdem die geringe Anzahl der bisher untersuchten Systeme eine endgültige Entscheidung bezüglich der optimalen Absorptionskorrektur noch nicht zulassen, kann die Korrektur von *Adler* und *Goldstein* als sehr brauchbar angesehen werden. Für die Praxis hat sie den Vorteil, daß ihre Funktionswerte bereits in Tabellenform vorliegen.

Grundsätzlich zeigen die Ergebnisse die Brauchbarkeit der vorliegenden Vergleichsmethode. Bei der Fortsetzung derartiger Untersuchungen an weiteren Systemen wird man allerdings darauf achten müssen, durch die Wahl genügend vieler Versuchsschmelzen unterschiedlichen Legierungsniveaus die Vertrauensbereiche stärker einzuengen.

Zusammenfassung

Nach einer kurzen Besprechung der verschiedenen Korrekturverfahren werden experimentell ermittelte Eichkurven für die Systeme Fe-Al, Fe-Si, Fe-Cr und Fe-Ni bei 15, 20 und 25 kV verschiedenen theoretisch abgeleiteten Kurven gegenübergestellt. Für das System Fe-Cr ergibt die Castaingsche Formel für Cr eine zu große Fluoreszenzkorrektur bei 20 kV. Trotz relativ breiter Vertrauensbereiche liegt nur die Adlersche Kurve für die Absorptionskorrektur bei den Systemen Fe-Al, Fe-Si und Fe-Ni bei sämtlichen Spannungen innerhalb des Vertrauensbereiches. Ange-

---

* *Reed* und *Long*[10] haben darauf hingewiesen, daß die Castaingsche Formel für Beschleunigungsspannungen, die nur das Zwei- bis Fünffache der kritischen Anregungsspannung betragen, zu hohe Korrekturwerte für die Fluoreszenz liefert.

sichts des noch zu geringen statistischen Materials kann eine endgültige Stellungnahme noch nicht erfolgen, doch scheint die Absorptionskorrektur von *Adler* und *Goldstein* auf Grund der Meßergebnisse in den untersuchten Bereichen ohne Ordnungszahlkorrektur anwendbar.

Summary

After a brief discussion of the various correction procedures, experimentally obtained calibration curves for the systems Fe-Al, Fe-Si, Fe-Cr, and Fe-Ni at 15, 20 and 25 kv are contrasted with various curves that have been derived theoretically. For the system Fe-Cr, the Castaing formula yields a too great fluorescence correction for Cr at 20 kv. Despite relatively broader reliability regions, only the Adler curve for the absorption correction yields results within the reliability region for the systems Fe-Al, Fe-Si, and Fe-Ni at all voltages. In view of the much too scanty statistical material that is available at present, it is impossible to take a final position, but the absorption correction of *Adler* and *Goldstein* based on the observed data appears to be applicable in the studied regions without ordinal number correction.

Literatur

[1] *R. Castaing*, Thesis (Universität Paris), 1951, publ. O.N.E.R.A. Nr. 55.

[2] *L. S. Birks*, J. Appl. Phys. **32**, 387 (1961).

[3] *M. Green*, 3rd. Int. Symp. X-Ray Optics and Microanalysis, Stanford. 1962. S. 361.

[4] *N. P. Ilyine*, Bull. acad. sci. U.S.S.R. (Fiz) 1961.

[5] *M. Tong*, unveröffentlichte Arbeit.

[6] *J. Philibert*, 3rd. Int. Symp. X-Ray Optics and Microanalysis, Stanford. 1962. S. 379.

[7] *R. Theisen*, 4th. Int. Symp. X-Ray Optics and Microanalysis, Orsay. 1965. S. 224.

[8] *I. Adler* und *J. Goldstein*, NASA technical note TN D-2984.

[9] *E. Weinryb*, Thesis (Universität Paris 1965); Métaux, Corrosion, Ind. 476, 477 (1965).

[10] *S. J. B. Reed* und *J. V. B. Long*, 3rd. Int. Symp. X-Ray Optics and Microanalysis, Stanford. 1962 S. 317.

[11] *J. Philibert*, Métaux, Corrosion, Ind. 465, 466, 469 (1964).

[12] *D. B. Wittry*, Thesis (California Institute of Technology, Pasadena 1957).

[13] *L. S. Birks*, Electron Probe Microanalysis, New York: Interscience. 1963. S. 118.

[14] *J. Henoc, F. Maurice* und *A. Kirianenko*, Centre d'Etudes Nucléaires de Saclay Rapport CEA-R. 2421.

[15] *D. M. Poole* und *P. M. Thomas*, J. Inst. Metals **90**, 228 (1962).

[16] *A. T. Nelms*, N.B.S. Circular Nr. 577 (1956).

[17] *G. D. Archard* und *T. Mulvey*, 3rd. Int. Symp. X-Ray Optics and Microanalysis, Stanford. 1962. S. 393.

[18] *M. Green*, Proc. Phys. Sty. **82**, 204 (1963).

[19] *M. G. Natrella*, Experimental Statistics, NSB Handbook, **91**, 5/42.

Siemens Aktiengesellschaft, Forschungslaboratorium, Erlangen

Vergleich verschiedener Korrekturverfahren für die quantitative Elektronenstrahl-Mikroanalyse *

Von

Eberhard Peißker

Mit 10 Abbildungen

(Eingegangen am 23. Dezember 1966)

Bei der quantitativen Elektronenstrahl-Mikroanalyse wird das Verhältnis k der charakteristischen Röntgenintensitäten des Elements A in Legierung AB und Standard A gemessen. Im folgenden soll als Standard das reine Element A benutzt werden. Der Quotient k ist nur näherungsweise gleich der Gewichtskonzentration m von A in AB; d. h. im Falle höherer Ansprüche an die Analysengenauigkeit muß der Meßwert k mit einem Korrekturfaktor m/k multipliziert werden. Für die Berechnung von m/k wurden in den letzten Jahren zahlreiche Verfahren vorgeschlagen. Die Korrektur eines festen Meßwertes k nach verschiedenen Methoden führt zu Differenzen im Analysenendergebnis, die den experimentellen Fehler von k häufig weit übersteigen.

Im Jahre 1964 stellten *Poole* und *Thomas*[1] einen großen Teil der damals verfügbaren Messungen an Legierungen bekannter Konzentration zusammen und korrigierten diesen festen Satz von Meßwerten k parallel zueinander nach mehreren Verfahren[2, 3, 4, 5]. Die bei den einzelnen Methoden erreichten, sehr unterschiedlichen, mittleren Analysengenauigkeiten sind im oberen Teil von Tabelle 1 eingetragen; die besten Ergebnisse brachte das Verfahren nach *Thomas*.

Die Entwicklung der letzten beiden Jahre läßt einen erneuten und etwas abgeänderten Vergleich verschiedener Methoden aus mehreren Gründen wünschenswert erscheinen: 1. Gegenüber dem Stand von 1964

* Vortrag anläßlich des Kolloquiums über metallkundliche Analyse mit besonderer Berücksichtigung der Elektronenstrahl-Mikroanalyse, Wien, 25. bis 27. Oktober 1966.

sind neu zu berücksichtigen: a) Modifikationen an mehreren Korrekturverfahren, b) verbesserte Werte der effektiven Rückstreukoeffizienten R und der Massenabsorptionskoeffizienten μ/ϱ, c) neue Eichmessungen. 2. *Poole* und *Thomas* beschränkten sich darauf, die die höchste mittlere Genauigkeit aufweisende Korrekturmethode zu ermitteln. Selbst deren Anwendung führt aber im Mittel noch bei fast jeder dritten Analyse zu einem Relativfehler der Korrektur von mehr als $\pm 5\%$. In der vorliegenden Arbeit wird darum versucht, a) das Verfahren von *Thomas* zu verbessern und b) abzuschätzen, welche Absolutbeträge und insbesondere welche Vorzeichen für die verbleibenden Korrekturfehler in Abhängigkeit von den Ordnungszahlen der beteiligten Elemente zu erwarten sind.

Tabelle 1. Vergleich der Genauigkeit verschiedener Korrekturverfahren

Vergleich von	Abzählung von	Korrektur nach	Relativer Fehler der Korrektur kleiner als $\pm 5\%$ in
Poole und *Thomas* 1964	$\frac{\Delta m}{m}$	*Birks* *Theisen* *Ziebold* und *Ogilvie* *Thomas*	23% aller Fälle 54% 65% 70%
Diese Arbeit	$\frac{\Delta k}{k}$	*Thomas* Phi-α Phi-α_{emp}	70% 78% 82%
	$\frac{\Delta \alpha_A/\alpha_B}{\alpha_A/\alpha_B}$	Phi-α Phi-α_{emp}	80% 86%

Zusammenstellung der betrachteten Korrekturverfahren

In Gl. (1) berücksichtigt $(k/m)^0$ den Ordnungszahleffekt, also die unterschiedlichen Anregungsbedingungen für die charakteristische Röntgenintensität des Elements A in A und AB. Der Absorptionskorrekturfaktor f_{AB}/f_A berücksichtigt Unterschiede zwischen A und AB in der Absorption der charakteristischen Röntgenstrahlung des Elements A. Der Einfluß von Sekundärfluoreszenzanregung soll hier nicht behandelt werden.

$$\frac{k}{m} = \left(\frac{k}{m}\right)^0 \cdot \frac{f_{AB}\,(\chi_{AB}, h_{AB}, \sigma)}{f_A\,(\chi_A, h_A, \sigma)} \tag{1}$$

$$f = \frac{1+h}{\left(1+\frac{\chi}{\sigma}\right)\left[1+h\left(1+\frac{\chi}{\sigma}\right)\right]} \tag{2}$$

Die für die einzelnen Größen je nach Verfahren in (1) und (2) einzusetzenden Ausdrücke sind in Tabelle 2 zusammengestellt.

Es bedeuten:

$\chi = (\mu/\varrho) \cdot \operatorname{cosec} \Theta$ (Θ = Winkel zwischen Probenoberfläche und gemessener Röntgenstrahlung);
E_0 bzw. E_c = Primärelektronen- bzw. kritische Anregungsenergie in keV;
A = Atomgewicht;
Z = Ordnungszahl;
m_i bzw. c_i = Gewichts- bzw. Atomprozente der Elemente $A, B, \ldots$;
R_i = effektiver Rückstreukoeffizient von $A, B, \ldots$;
S_i = differentieller Energieverlust der Elektronen in $A, B, \ldots$

Tabelle 2. Zusammenstellung der Parameter von Gl. (1) für verschiedene Korrekturverfahren

	Thomas	Phi-α	Theisen
χ_{AB}	$\frac{\Sigma m_i \chi_i}{\chi_{AB}(m/k)_0}$	$\Sigma m_i \chi_i$	
σ	$\frac{2,4 \cdot 10^5}{E_0^{1,5} - E_c^{1,5}}$		$\frac{8,9 \cdot 10^5}{(E_0 - E_c)^2}$
$(k/m)^0$	$\frac{\alpha_A}{\Sigma m_i \alpha_i}; \alpha_i = \frac{S_i}{R_i}$		$\frac{\Sigma m_i R_i}{R_A}$
h_A	$1,2 \cdot \frac{A}{Z^2}$		$1,53 \cdot \frac{A}{Z^2} \cdot \frac{E_0^2}{(E_0 - E_c)^2}$
h_{AB}	$= h_A$	$\Sigma c_i h_i$	$\Sigma m_i h_i$

Gegenüber den bei dem Vergleich von *Poole* und *Thomas* benutzten Fassungen der Korrekturverfahren ergeben sich folgende Veränderungen: 1. Bei der Methode von *Thomas*[5] wurde ursprünglich der von *Philibert*[6] in Abhängigkeit von E_0 tabellierte effektive Lenardkoeffizient σ benutzt. Inzwischen steht für σ eine auf *Duncumb* und *Shields*[7] zurückgehende Formel zur Verfügung, die es gestattet, auch den Einfluß von E_c zu berücksichtigen. 2. Bei dem Verfahren von *Thomas*[5] wurde mit sehr pauschaler Begründung[9] die ursprüngliche Philibertsche Absorptionskorrektur[6] abgeändert. Die Ergebnisse einer ersten Auswertung der weiter unten zusammengestellten Eichmessungen legten einen Verzicht auf diese Modifikationen nahe. Dies führt auf das in Tabelle 2 mit „Phi-α" bezeichnete Verfahren, das sich von *Thomas* in den Ausdrücken für χ_{AB} und h_{AB} unterscheidet. 3. Bei dem Vergleich von *Poole* und *Thomas* wurde das Verfahren von *Theisen* gemäß der ursprünglichen Version[3] mit $(k/m)^0 \equiv 1$ verwendet. Neuerdings hat *Theisen*[8] bei seiner Methode die unterschiedliche Rückdiffusion der Elektronen in A und AB berücksichtigt (Faktor R_{AB}/R_A in Tabelle 2).

Zusammenstellung der ausgewerteten Eichmessungen

Tabelle 3 enthält vorwiegend an III-V-Verbindungen durchgeführte Eichmessungen für verschiedene Primärelektronenenergien. Diese Messungen wurden bei konstantem Sondenstrom an einem Cambridge-Microscan ($\Theta = 20°$) vorgenommen. Jeder in Tabelle 3 eingetragene Wert stellt einen Mittelwert über jeweils neun Einzelmessungen dar, die von verschiedenen Stellen der Probe bzw. des Standards stammen. Alle Werte von Tabelle 3 sind mit einer Relativgenauigkeit von $\pm 2\%$ reproduzierbar.

Tabelle 3. Zusammenstellung der eigenen Eichmessungen. Eingetragen sind die jeweiligen Meßwerte k (in %)

Linie	Probe	Z_A/Z_B	m_A	Primärelektronenenergie in keV						
				5	10	15	20	25	30	35
Si Kα	$MoSi_2$	0,33	36,9	39,9	34,0	28,4	24,1	19,8	17,6	15,9
Mn Kα	Mn_2Sb	0,49	47,4			46,0	42,1	38,5	35,0	
As Kα	GaAs	1,06	51,8			49,2	47,7	46,5	44,6	42,8
As Kα	InAs	0,67	39,5			41,8	40,5	39,4	38,5	37,7
Mo Kα	$MoSi_2$	3,00	63,1						56,0	56,7
Mo Lα	$MoSi_2$	3,00	63,1		48,5	45,4	41,3	37,7	35,4	
In Lα	InP	3,26	78,7		71,8	71,7	70,9	69,1	67,7	67,4
In Lα	InAs	1,48	60,5		56,9	56,3	53,9	52,1	49,8	50,0
In Lα	InSb	0,96	48,5		49,2		49,9		49,4	
Sb Lα	Mn_2Sb	2,04	52,6		49,8	53,0	53,4	55,1	57,4	57,9
Sb Lα	GaSb	1,64	63,6		59,9	59,8	59,4	58,0	57,1	57,1
Sb Lα	InSb	1,04	51,5		53,0		54,1		54,3	

Zusätzlich zu den von *Poole* und *Thomas*[1] zusammengestellten Eichmessungen[5, 9, 10, 11, 12, 13] wurden noch weitere Messungen[13, 14] aus der Literatur herangezogen. Insgesamt beruht der in der vorliegenden Arbeit vorgenommene Vergleich auf einer Auswertung von rund 240 Einzelanalysen (davon 58 aus Tabelle 3). *Poole* und *Thomas* standen 1964 144 Einzelanalysen zur Verfügung.

Abb. 1 gibt eine Übersicht über die Ordnungszahlen Z_A, Z_B derjenigen Legierungssysteme AB, für die Eichmessungen des Elements A zur Verfügung stehen. Die Länge der vertikalen Striche deutet die jeweilige Zahl n der Einzelanalysen an. Den verschiedenen Zeichen ist zu entnehmen, ob es sich um Messungen der E_0-Abhängigkeit bei fester Konzentration m_A (Kreise) oder aber um solche der Konzentrationsabhängigkeit $k(m)$ bei festem Wert von E_0 (Quadrate) handelt. Die ausgefüllten Kreise gehören zu den Eichmessungen von Tabelle 3. Abgesehen von Kombinationen schwerer Elemente untereinander ist die Verteilung der gemessenen auf die verschiedenen möglichen (Z_A, Z_B)-Kombinationen einigermaßen gleichmäßig; das gleiche gilt für die Verteilung der Zahlen n der Einzelanalysen selbst auf die verschiedenen gemessenen Kombinationen (Z_A, Z_B). Diese Aussagen sind wesentlich, denn sie stellen eine notwendige Voraussetzung dar für eine erfolgreiche Suche nach systematischen Zusammenhängen zwischen den Fehlern der Korrektur und den Ordnungszahlen der beteiligten Elemente.

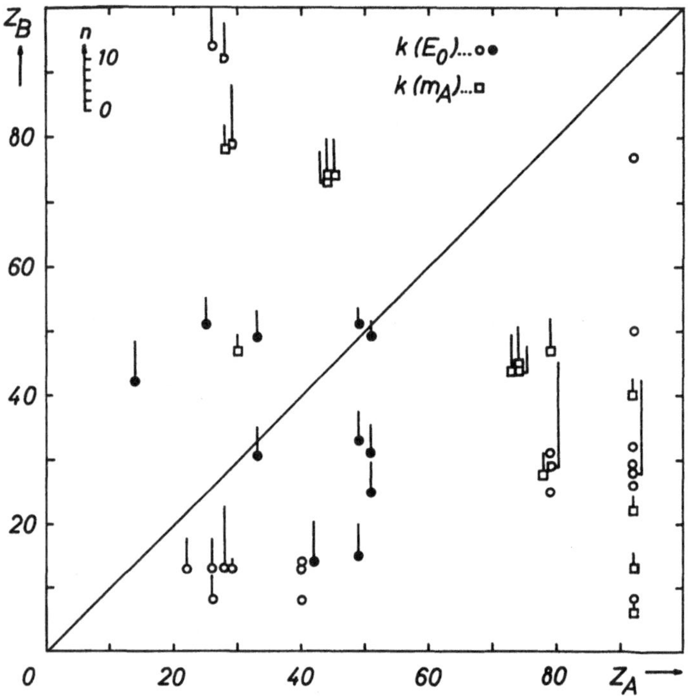

Abb. 1. Zusammenstellung der Systeme AB, für die Eichmessungen vorliegen, in Abhängigkeit von den Ordnungszahlen Z_A und Z_B (n = jeweilige Zahl der Analysen, ausgefüllte Kreise bezeichnen die Messungen von Tabelle 3)

Einige Messungen aus der Literatur wurden bewußt für den hier vorgenommenen Vergleich nicht oder nur für qualitative Aussagen herangezogen: MgKα in Mg-Y [5], AlKα in Al-Legierungen[15], Ru-, Rh- und AgLα in schweren Elementen[10]. Im Falle der hier vorliegenden großen Wellenlängen sind die Differenzen zwischen μ/ϱ-Werten aus verschiedenen Tabellen (vgl. z. B. entsprechende Werte aus[2, 8, 18]) so groß, daß sichere Aussagen über Unterschiede zwischen verschiedenen Korrekturverfahren nicht möglich sind.

Auswertung der Eichmessungen

Die rechnerische Auswertung erfolgte anhand eines speziellen Algol-Programms (Alcor München 2002), das es gestattet, mit einer elektronischen Datenverarbeitungsanlage (Siemens 2002) parallel zueinander Eichkurven $k(m)$ nach mehreren Verfahren zu berechnen. Stets wurde geprüft, ob der Einfluß von evtl. Sekundärfluoreszenzanregung Aussagen über die Ordnungs- und Absorptionskorrektur verfälschen kann. Gegebenenfalls erfolgte die Korrektur charakteristischer Sekundärfluoreszenz nach der Methode von *Reed*[16]. Bei Kα-Linien hoher Anregungsener-

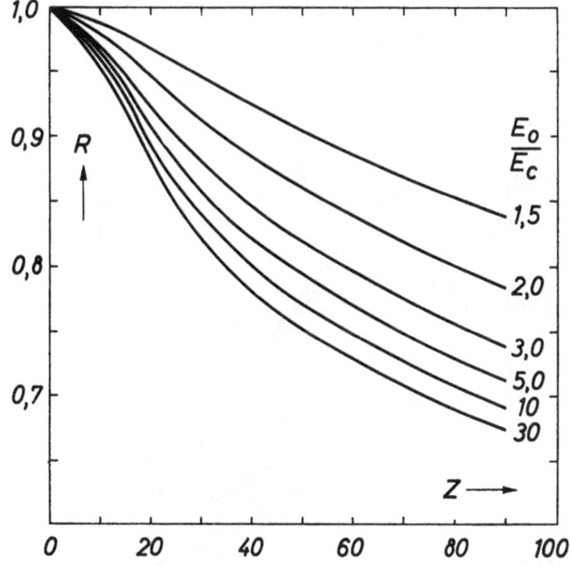

Abb. 2. Effektiver Ruckstreukoeffizient R in Abhängigkeit von Ordnungszahl und Primärelektronenenergie

gie diente zur Berechnung von Sekundäranregung durch das Bremsspektrum ein spezielles Algol-Programm entsprechend dem Verfahren von *Henoc*[17]. Für die Verfahren nach *Thomas* bzw. Phi-α wurden die von *Nelms*[19, 20] in Abhängigkeit von der Energie der Elektronen berechneten Werte für den differentiellen Energieverlust S der Elektronen verwendet, und zwar entsprechend[5] jeweils für eine mittlere Elektronenenergie $(E_0 + E_c)/2$. Die für alle drei Verfahren der Tabelle 2 benutzten Werte des effektiven Rückstreukoeffizienten R sind in Abb. 2 wiedergegeben. Die anhand der Messungen von *Kulenkampff* und *Spyra*[21] berechneten R-Werte von Abb. 2 stimmen mit den von *Duncumb* und *Shields* berechneten Werten[22] und mit den kürzlich publizierten Ergebnissen von *Springer*[23] gut überein, weisen jedoch gegenüber den Ergebnissen von *Thomas*[5] beträchtliche Unterschiede in der E_0/E_c- und Z-Abhängigkeit auf (vgl. hierzu[23]).

Die Abb. 3 veranschaulicht das in allen Fällen eingehaltene Auswertschema. Im unteren Bildteil sind die Meßwerte k in Abhängigkeit von E_0 eingetragen; sie werden verglichen mit den nach verschiedenen Methoden berechneten Kurven $k(E_0)$. Die letzteren wurden jeweils dreimal berechnet, und zwar unter Verwendung von Massenabsorptionskoeffizienten

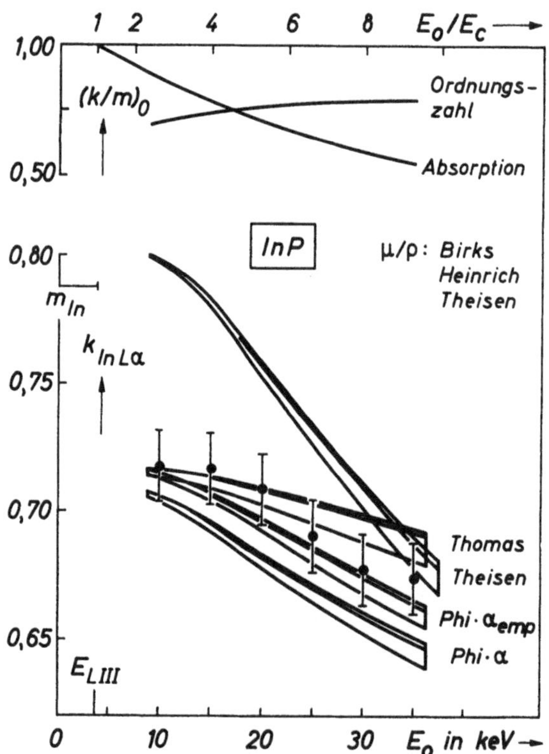

Abb. 3. Vergleich der gemessenen mit der nach verschiedenen Korrekturmethoden berechneten Abhängigkeit $k(E_0)$ für InLα in InP

aus den Tabellen von *Birks*[2] bzw. *Heinrich*[18] bzw. *Theisen*[8]. Bei Abb. 3 ist trotz Unsicherheiten in den Massenabsorptionskoeffizienten eine Differenzierung zwischen verschiedenen Korrekturverfahren einwandfrei möglich. Das ist nicht mehr der Fall, wenn die Differenzen zwischen den drei zu einer Korrekturmethode gehörigen Kurven größer sind als die Unterschiede zwischen verschiedenen Korrekturverfahren. Mit Hilfe der oben beschriebenen Auswertung können derartige Fälle ausgesondert

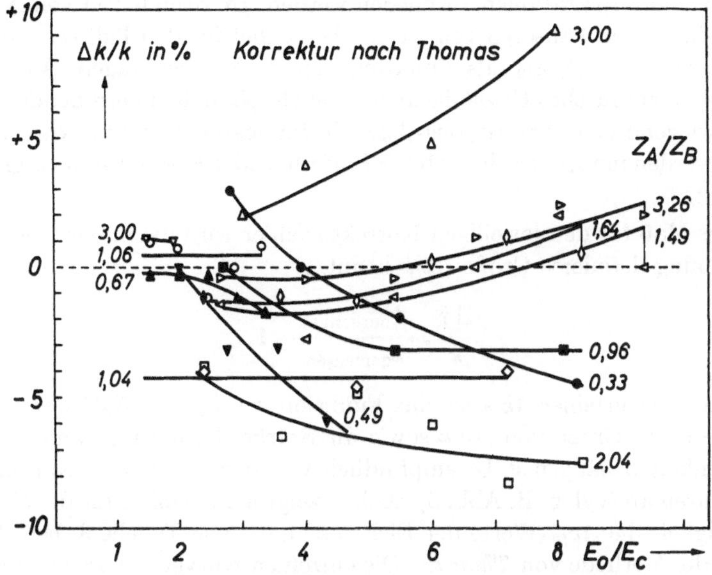

Abb. 4. Abhängigkeit der relativen Korrekturfehler $\Delta k/k$ von der Primärelektronenenergie E_0 für verschiedene Z_A/Z_B (Messungen von Tabelle 3)

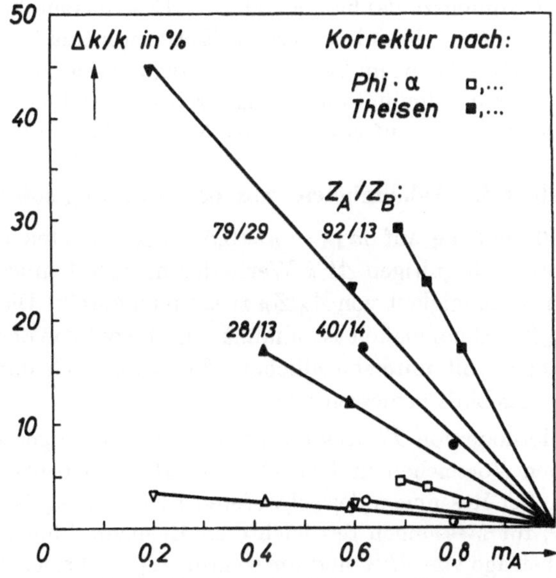

Abb. 5. Abhängigkeit der relativen Korrekturfehler $\Delta k/k$ von der Konzentration m_A des Elements A für verschiedene Systeme Z_A, Z_B (Messungen aus der Literatur [9, 11, 13])

und Fehlinterpretationen vermieden werden. Im oberen Teil von Abb. 3 sind die beiden Faktoren von Gl. (1), berechnet für den Fall $m_A \to 0$ und bezeichnet mit $(k/m)_0$, als Funktion von E_0/E_c eingetragen. Auf diese Weise ist ein rasches Urteil darüber möglich, ob in dem betreffenden Fall überwiegend eine Absorptions- bzw. Ordnungszahlkorrektur vorgenommen werden muß, oder aber, ob der Einfluß beider Korrekturen vergleichbar ist.

Als Maß für den jeweiligen Korrekturfehler wird die in der folgenden Gleichung definierte Größe $\Delta k/k$ benutzt.

$$\frac{\Delta k}{k} = \frac{k_{\text{berechnet}}}{k_{\text{gemessen}}} - 1 \tag{3}$$

Der Korrekturfehler $\Delta k/k$ ist eine Funktion von Z_A, Z_B, E_0/E_c, m_A. Vorzeichen und Größe von $\Delta k/k$ sowie die Stärke der eben genannten Abhängigkeiten hängen u. U. empfindlich von dem gewählten Korrekturverfahren ab (vgl. z. B. Abb. 3). Abb. 4 zeigt als Beispiele für die E_0-Abhängigkeit die $\Delta k/k$-Werte der Eichmessungen von Tabelle 3, berechnet nach der Methode von *Thomas*. (Die einzelnen Kurven gehören zu unterschiedlichen, in Abb. 4 und Tabelle 3 eingetragenen Werten von Z_A/Z_B.) Abb. 5 bringt Beispiele der Konzentrationsabhängigkeit von $\Delta k/k$ anhand von Messungen aus der Literatur[9, 11, 13]. Innerhalb der experimentellen Fehlergrenzen kann der Zusammenhang zwischen $\Delta k/k$ und m_A durch Gerade mit $\Delta k/k = 0$ für $m_A = 1$ dargestellt werden. Zur Untersuchung der Ordnungszahlabhängigkeit von $\Delta k/k$ müssen die Abhängigkeiten von E_0 und m_A eliminiert werden. Es ist zweckmäßig, als Bezugswert für E_0 $E_0/E_c \approx 3$ bzw. im Falle hoher Anregungsenergien $E_0/E_c \approx 1{,}7$ zu verwenden. Zur Elimination der Konzentrationsabhängigkeit wird $\Delta k/k$ im folgenden stets auf $m_A = m_B = 0{,}5$ extra- bzw. interpoliert.

Korrekturfehler in Abhängigkeit von den Ordnungszahlen Z_A, Z_B

In Abb. 6 sind die auf $m_A = m_B = 0{,}5$ umgerechneten und für $E_0/E_c \approx 1{,}7$ bzw. ≈ 3 gültigen $\Delta k/k$-Werte der in Abb. 1 angeführten Systeme AB in Abhängigkeit von Z_A/Z_B zusammengestellt. Die allgemeine Form der Z_A/Z_B-Abhängigkeit ist unabhängig sowohl von der Einteilung in zwei Gruppen mit unterschiedlichem E_0/E_c als auch davon, ob die Kα- oder die Lα-Linie gemessen wurde.

Bei der Methode von *Theisen* ergibt sich ein eindeutiger Zusammenhang zwischen Vorzeichen und Größe von $\Delta k/k$ einerseits und Z_A/Z_B andererseits. Bei Messungen des schwereren Elements ist $\Delta k/k$ praktisch stets positiv, für Messungen des leichteren Elements hingegen negativ. Die Absolutbeträge von $\Delta k/k$ sind um so größer, je mehr der Quotient der Ordnungszahlen von 1 verschieden ist. Generell sind die bei der Methode von *Theisen* resultierenden Korrekturfehler wesentlich größer als bei den beiden anderen Verfahren.

Bei den Methoden nach Phi-α bzw. *Thomas* fehlt demgegenüber in Abb. 6 eine systematische Abhängigkeit der nun auch wesentlich geringeren Korrekturfehler $\Delta k/k$ von Z_A/Z_B. Für eine genauere Untersuchung der Korrekturfehler bei Phi-α bzw. *Thomas* ist es zweckmäßig, $\Delta k/k$ nicht als Funktion der Quotienten der Ordnungszahlen zu betrachten,

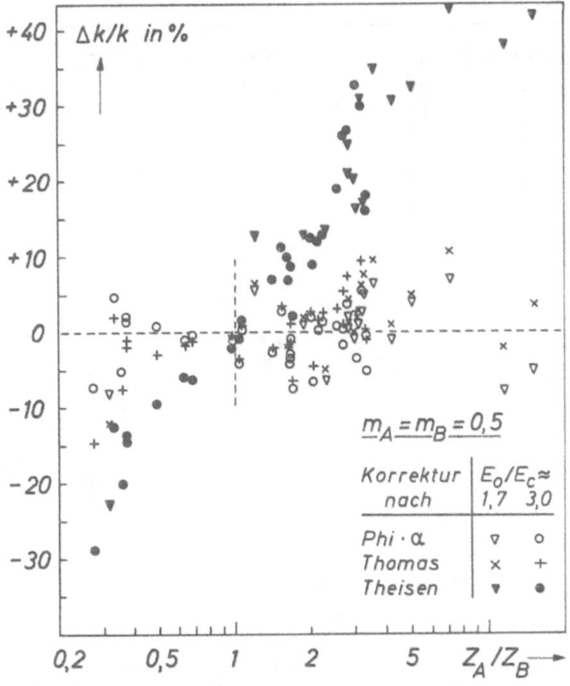

Abb. 6. Abhängigkeit der relativen Korrekturfehler $\Delta k/k$ vom Verhältnis der Ordnungszahlen Z_A/Z_B fur verschiedene Korrekturverfahren

sondern in Abhängigkeit von den Ordnungszahlen Z_A und Z_B selbst. In Abb. 7 bezeichnet jeder Punkt ein gemessenes System (Z_A, Z_B). Richtung und Länge der vertikalen Striche markieren Vorzeichen und Absolutbetrag von $\Delta k/k$, die linken Striche gelten jeweils für *Thomas*, die rechten für Phi-α. Die ausgefüllten Kreise zeigen an, daß das Verfahren nach Phi-α für die betreffende Kombination (Z_A, Z_B) einen geringeren Korrekturfehler ergibt als die Methode von *Thomas*, für die offenen Kreise gilt das Umgekehrte. Für die 43 Kombinationen (Z_A, Z_B) von Abb. 7 ergibt sich: Phi-α besser als *Thomas* bei 22, gleichwertig bei 9 und schlechter bei 12 (Z_A, Z_B)-Kombinationen. Für Ordnungszahlen Z_A zwischen ca. 20

und 40 sowie für Elemente A mit höheren Ordnungszahlen als ca. 75 (und $Z_B > 10$) scheint Phi-α generell der Methode von *Thomas* überlegen zu sein; das Umgekehrte gilt für mittlere Ordnungszahlen in Verbindung mit $Z_A > Z_B$.

Neben diesen Unterschieden weisen die beiden Verfahren jedoch auch Gemeinsamkeiten auf: Wie zu erwarten, ergeben sich im Mittel bei der Messung sehr leichter Elemente in sehr schweren Elementen und umge-

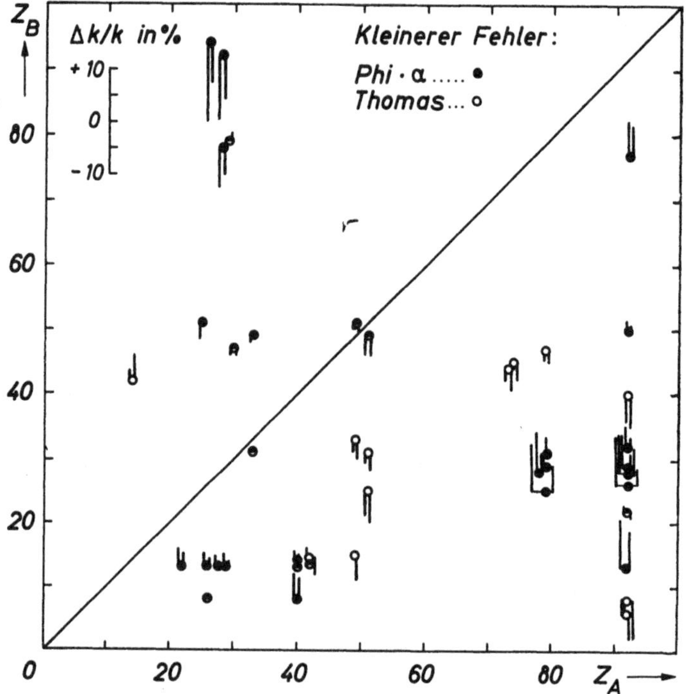

Abb. 7. Vorzeichen und Größe der relativen Korrekturfehler $\Delta k/k$ in Abhängigkeit von den Ordnungszahlen Z_A und Z_B der beteiligten Elemente für die Korrekturen nach *Thomas* (linke Striche) und Phi-α (rechte Striche), ($m_A = m_B = 0{,}5$, $E_0/E_c \leq 3{,}3$)

kehrt die größten Korrekturfehler. Die Vorzeichen der Korrekturfehler hängen bei beiden Methoden in gleicher Weise systematisch von Z_A und Z_B ab: In Abb. 7 fallen mehrere (Z_A, Z_B)-Bereiche auf, die stets positive oder negative Korrekturfehler aufweisen. Mit Hilfe von Abb. 7 kann daher für viele Kombinationen von Elementen, für die keine Eichmessungen vorliegen, abgeschätzt werden, ob als Ergebnis der Korrektur des Meßwertes k eine zu große oder aber eine zu kleine Konzentration des betreffenden Elements zu erwarten sein wird.

Im Idealfall der „richtigen" Korrekturmethode müßten, da nur der experimentelle Fehler eingeht, die Vorzeichen von $\Delta k/k$ in Abhängigkeit von Z_A und Z_B regellos auf $+$ und $-$ verteilt sein. Das ist nach Abb. 7 sicher nicht der Fall. Dies deutet darauf hin, daß die Ordnungszahlabhängigkeit beider Korrekturen noch Mängel aufweist. Gemäß Tabelle 2 hängen bei beiden Korrekturen nur h und $(k/m)^0$ von der Ordnungszahl Z ab. Verglichen mit der Ordnungszahlabhängigkeit der α-Werte ist die Z-Abhängigkeit von h sehr gering, d. h. die Erklärung für die unbefriedigende Ordnungszahlabhängigkeit dürfte bei den α-Werten zu suchen sein. Im nächsten Abschnitt soll daher untersucht werden, ob sich die Korrekturgenauigkeit mit Hilfe einer empirischen Ordnungszahlkorrektur verbessern läßt.

Empirische Ordnungszahlkorrektur

Es soll versucht werden, die Berechnung von α_A/α_B anhand der jeweiligen R- und S-Werte durch die Benutzung einer empirischen Formel zu ersetzen („Phi-α_{emp}"): Für die Ableitung einer derartigen Formel soll für das Verfahren Phi-α der gesamte mathematische Formalismus der Gleichungen (1) und (2) in Verbindung mit Tabelle 2 und mit den von *Heinrich*[18] tabellierten Massenabsorptionskoeffizienten benutzt werden. Im Falle von Eichmessungen sind für jede Einzelanalyse k, m, etc. bekannt. Die Auflösung von Gl. (1) nach dem interessierenden Quotienten α_A/α_B erlaubt es mithin, für jede Einzelanalyse einen empirischen Wert von α_A/α_B zu berechnen. Die Gesamtheit dieser empirischen Werte läßt sich in Abhängigkeit von Z_A/Z_B (für $Z_A, Z_B > 10$) und von E_0/E_c durch die folgende Formel erfassen:

$$\frac{\alpha_A}{\alpha_B} = \left(\frac{Z_B}{Z_A}\right)^{0,26} \cdot \left(\frac{E_0}{E_c} - 1\right)^{0,075 \cdot \ln(Z_A/Z_B)} \tag{4}$$

Gl. (4) enthält die wesentlichen Züge der Ordnungszahlkorrektur, insbesondere hinsichtlich der Abhängigkeit von der Primärelektronenenergie: Zunahme bzw. Abnahme des α-Quotienten mit steigendem E_0 für $Z_A \gtrless Z_B$; relativ starke E_0-Abhängigkeit für $E_0 \approx E_c$ oder hohe Unterschiede von Z_A und Z_B, Verschwinden der E_0-Abhängigkeit für $Z_A \to Z_B$.

In Abb. 8 werden Phi-α und Phi-α_{emp} miteinander verglichen [für $(Z_A, Z_B) > 10$], und zwar in derselben Weise wie bei dem Vergleich zwischen *Thomas* und Phi-α in Abb. 7. Lediglich für 6 von 39 (Z_A, Z_B)-Kombinationen liefert Phi-α_{emp} schlechtere Ergebnisse als Phi-α, für 14 Kombinationen führen beide Verfahren auf gleichwertige Resultate. Für $Z_A \approx 50$ ergibt Phi-α wesentlich größere negative Korrekturfehler als Phi-α_{emp}. Es kann mithin als sicher gelten, daß die empirische Ordnungszahlkorrektur dem Verfahren Phi-α zumindest gleichwertig ist.

In Abb. 9 sind jeweils sowohl die nach Gl. (4) resultierenden α-Quotienten (offene Kreise) als auch die mit Hilfe von S/R-Werten berechneten α_A/α_B (ausgefüllte Kreise) über dem zugehörigen gemessenen α_A/α_B-Wert aufgetragen. Für die Berechnung der letzteren wurden sowohl Meßwerte k bei sehr hohen als auch bei sehr niedrigen Konzentrationen und E_0/E_c-Werten (maximal ≈ 20) herangezogen. Bei beiden Methoden streuen die Punkte relativ stark um die ausgezogene Sollgerade. Für alle Punkte innerhalb des durch die äußeren Geraden gegebenen Bereiches ist die Differenz zwischen gemessenem und berechnetem Wert kleiner

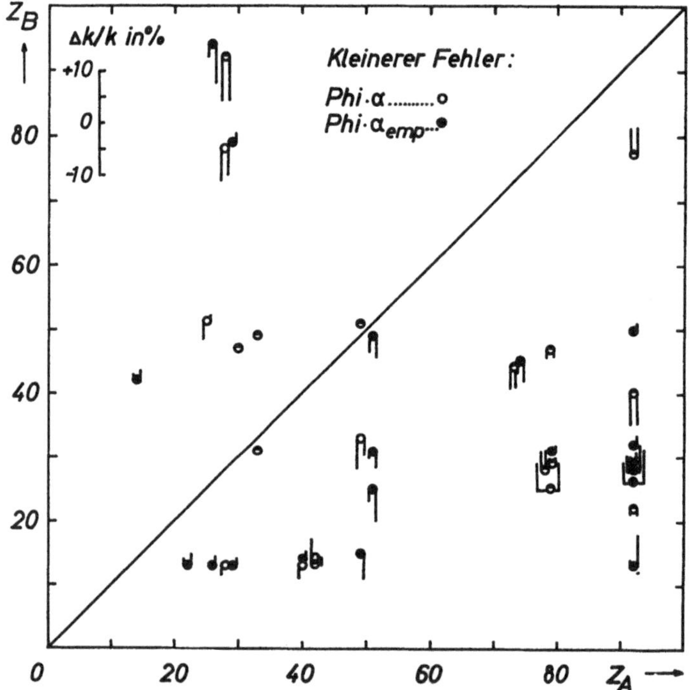

Abb. 8. Vorzeichen und Größe der relativen Korrekturfehler $\Delta k/k$ in Abhängigkeit von den Ordnungszahlen Z_A und Z_B der beteiligten Elemente für die Korrektur nach Phi-α_{emp} (linke Striche) und Phi-α (rechte Striche), ($m_A = m_B = 0{,}5$, $E_0/E_c \leq 3{,}3$)

als $\pm 10\%$ [$\approx 80\%$ der Punkte für $\alpha(S, R)$ und $\approx 86\%$ für α_{emp}]. Für den Zusammenhang zwischen Analysenfehler und Relativfehler des Quotienten α_A/α_B gilt:

$$\frac{\Delta m}{m} = -(1 - m_A) \cdot \frac{\Delta \alpha_A/\alpha_B}{\alpha_A/\alpha_B} \tag{5}$$

Bei gleicher Konzentration der Elemente A und B ($m_A = 0{,}5$) ist mithin der Analysenfehler $\Delta m/m$ für Phi-α bzw. Phi-α_{emp} in ca. 80% bzw. 86% der

Fälle kleiner als $\pm 5\%$. Enthält die Probe hingegen nur eine A-Konzentration von 10%, so ist in ca. 80% bzw. 86% der Fälle $|\Delta m/m| \leq 9\%$! Die Verwendung von Gl. (4) führt gegenüber Phi-α auf eine merkliche Steigerung der mittleren Analysengenauigkeit. Die Verwendung eines analytischen

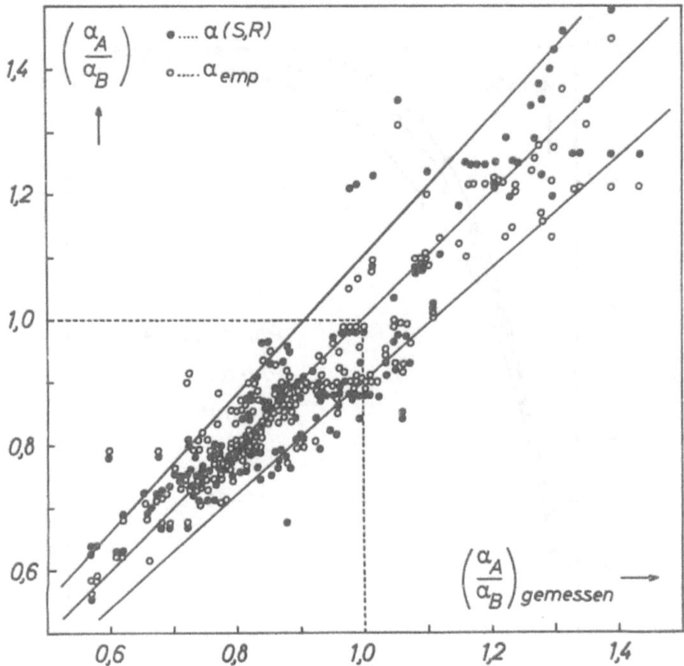

Abb. 9. Vergleich der mittels Gl. (4) bzw. anhand der S/R berechneten Quotienten α_A/α_B mit den jeweils gemessenen Werten

Ausdrucks für α_A/α_B und der damit verbundene Wegfall der Angaben für S und R läßt Phi-α_{emp} insbesondere für die Berechnung von Korrekturen mittels elektronischer Datenverarbeitungsanlagen geeignet erscheinen.

Vergleich mit den Ergebnissen von Poole und Thomas

Die Ergebnisse der eben besprochenen Abschätzung sind im unteren Drittel von Tabelle 1 aufgeführt; sie gelten für eine definierte A-Konzentration von 50 Gew.%. Für die im oberen Teil von Tabelle 1 eingetragenen Ergebnisse des Vergleichs von *Poole* und *Thomas* ist dies nicht der Fall: Diese Autoren ermittelten zu jeder Einzelanalyse den zugehörigen Analysenfehler $\Delta m/m$. Die Zahl der $\Delta m/m$ mit $|\Delta m/m| \leq 5\%$ lieferte, bezogen auf die Gesamtzahl der Einzelanalysen, unmittelbar die Angaben von

Tabelle 1. Diese zuletzt genannte Vergleichsmethode ergibt, angewendet auf die Verfahren *Thomas*, Phi-α und Phi-α_{emp} und die der Abb. 9 zugrunde liegenden Eichmessungen die in Abb. 10 eingetragenen Resultate. Für alle drei Verfahren ist jeweils derjenige Prozentsatz W aller Analysen angegeben, bei dem der Korrekturfehler $|\Delta k/k|$* höchstens gleich dem

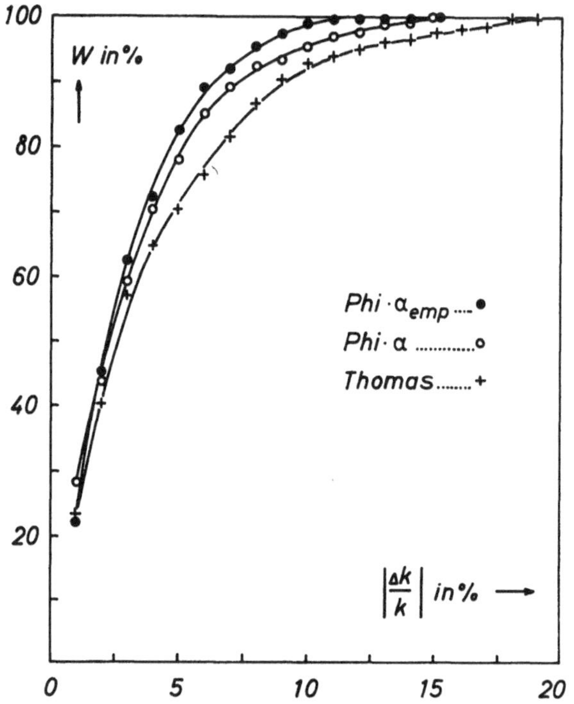

Abb. 10. Vergleich der Genauigkeit verschiedener Korrekturverfahren, vgl. Text

zugehörigen Abszissenwert ist. Die mittlere Korrekturgenauigkeit nimmt in Übereinstimmung mit den vorhergehenden Abschnitten in der Reihenfolge *Thomas*, Phi-α, Phi-α_{emp} zu. Die aus Abb. 10 entnommenen Werte für $|\Delta k/k| \leq 5\%$ sind im mittleren Teil von Tabelle 1 zusammengestellt

* Unter Verwendung der empirischen Beziehung[4] $(m/k) = a + (1 - a)m$ für die Form der Eichkurve ergibt sich:

$$\frac{\Delta m}{m} \approx -\left[1 + \left(\frac{1}{a} - 1\right)m\right] \cdot \frac{\Delta k}{k}.$$

Mithin wird der Absolutbetrag der anhand von $\Delta k/k$ angegebenen relativen Fehler für $a \gtrless 1$ etwas zu groß bzw. zu klein ausfallen. Da beide Fälle ungefähr gleich häufig auftreten dürften, mittelt sich dieser Fehler bei Vergleichen, die wie im folgenden auf zahlreichen Einzelanalysen beruhen, praktisch heraus.

und können nun unmittelbar mit den Resultaten von *Poole* und *Thomas* aus dem Jahre 1964 verglichen werden.

Für das Verfahren nach *Thomas* stimmt die aus Abb. 10 entnommene Angabe mit den Ergebnissen von *Poole* und *Thomas* überein (Tabelle 1). Die Anwendung der σ-Formel von *Duncumb* und *Shields* und die Benutzung korrekterer R-Werte hat damit im Gegensatz zur Erwartung keine Verbesserung der mittleren Korrekturgenauigkeit bewirkt. Die Korrektur nach Phi-α ergibt eine eindeutige Verbesserung der mittleren Korrekturgenauigkeit gegenüber der Methode von *Thomas* (um ca. 8 bis 10% der Fälle). Demgegenüber ist die Erhöhung der mittleren Korrekturgenauigkeit (um ca. 4 bis 6% der Fälle) beim Übergang von Phi-α zu Phi-α_{emp} weniger deutlich ausgeprägt. Die Differenzen bei den Werten für Phi-α (78% bzw. 80%) und Phi-α_{emp} (82% bzw. 86%) dürften durch die oben besprochenen Unterschiede der beiden Auswertverfahren zu erklären sein.

Frl. *Frietzsche* danke ich für die Durchführung eines Teils der Messungen.

Zusammenfassung

Die Genauigkeit verschiedener Methoden zur Ordnungszahl- und Absorptionskorrektur, die auf *Philibert*, *Duncumb* und *Shields*, *Poole* und *Thomas* sowie *Theisen* zurückgehen, wurde an Hand eigener und der Literatur entnommener Eichmessungen überprüft. Bei dem Verfahren mit der höchsten Korrekturgenauigkeit ist der relative Fehler der Korrektur bei etwas mehr als 80% der Analysen kleiner als $\pm 5\%$. Diese Angabe gilt für die Ordnungszahlkorrektur nach *Thomas* in Verbindung mit der Absorptionskorrektur nach *Philibert*, *Duncumb* und *Shields*. Die Philibertsche Formel wird dabei *ohne* die von *Thomas* vorgenommenen Modifikationen für χ und h verwendet. Ferner wird eine empirische Formel zur Berechnung von α_A/α_B angegeben, die anstelle der nach *Thomas* ermittelten α-Quotienten benutzt werden kann. Die Anwendung dieser empirischen Ordnungszahlkorrektur führt ebenfalls mindestens auf die oben genannte Korrekturgenauigkeit.

Summary

The precision of various methods for correcting ordinal numbers and absorption figures, which go back to *Philibert*, *Duncumb* and *Shields*, *Poole* and *Thomas* as well as *Theisen*, was tested on the basis of my own findings and also calibration measurements taken from the literature. The relative error of the method with the greatest correction was found in more than 80% of the analyses to be less than $\pm 5\%$. This statement holds for the atomic number correction after *Thomas* in combination with the absorption correction as reported by *Philibert*, *Duncumb* and *Shields*. The Philibert formula was employed in this case without the modifications suggested by *Thomas* for χ and h. An empirical formula for calculating α_A/α_B is also given;

this can be used in place of the α-quotients determined by the Thomas procedure. The employment of these empirical atomic number correction leads likewise at least to the correction precision noted above.

Literatur

[1] *D. M. Poole* und *P. M. Thomas*, Proc. Symp. Electron Probe Analysis, Washington 1964. New York: Wiley. 1966. S. 269.

[2] *L. S. Birks*, Electron Probe Microanalysis. New York: Interscience. 1963.

[3] *R. Theisen*, Euratom Report **EUR I, 1** (1961).

[4] *T. O. Ziebold* und *R. E. Ogilvie*, Analyt. Chemistry **36**, 322 (1964).

[5] *P. M. Thomas*, Brit. J. Appl. Phys. **14**, 397 (1963).

[6] *J. Philibert*, Proc. 3rd Int. Symp. X-Ray Optics and X-Ray Microanalysis, Stanford 1962. New York: Academic Press. 1963. S. 379.

[7] *P. Duncumb* und *P. K. Shields*, Proc. Symp. Electron Probe Analysis, Washington 1964. New York: Wiley. 1966. S. 284.

[8] *R. Theisen*, Quantitative Electron Microprobe Analysis. Berlin: Springer-Verlag. 1965.

[9] *D. M. Poole* und *P. M. Thomas*, J. Inst. Met. **90**, 228 (1961/62).

[10] *T. O. Ziebold* und *R. E. Ogilvie*, Analyt. Chemistry **35**, 621 (1963).

[11] *D. Calais* und *G. Moreau*, Rep. 323 u. 345, C.E.N. Fontenay-aux-Roses, 1963.

[12] *S. J. B. Reed*, Thesis Univ. Cambridge, 1964.

[13] *A. Kirianenko* et al., Proc. 3rd Int. Symp. X-Ray Optics and X-Ray Microanalysis, Stanford 1962. New York: Academic Press. 1963. S. 559.

[14] *V. D. Scott* und *G. V. D. Ranzetta*, J. Inst. Met. **90**, 160 (1961/62).

[15] *D. B. Clayton*, Brit. J. Appl. Phys. **14**, 117 (1963).

[16] *S. J. B. Reed*, Brit. J. Appl. Phys. **16**, 913 (1965).

[17] *J. Henoc*, Rapport C.N.E.T. n° 655 PCM (1962).

[18] *K. F. J. Heinrich*, Proc. Symp. Electron Probe Analysis, Washington 1964. New York: Wiley. 1966. S. 296.

[19] *A. T. Nelms*, U.S. Nat. Bur. of Standards. Circular No 577, 1956.

[20] *A. T. Nelms*, U.S. Nat. Bur. of Standards. Suppl. zu Circular No 577, 1958.

[21] *H. Kulenkampff* und *W. Spyra*, Z. Physik **137**, 416 (1954).

[22] *R. Stickler*, Einführung in die Grundlagen und Arbeitsmethoden der Elektronenstrahl-Mikroanalyse. München: Kontron GmbH und Co, KG. 1965.

[23] *G. Springer*, Mikrochim. Acta [Wien] **1966**, 487.

Fica, Le Mesnil-Saint Denis, Yvelines, France

Anwendung der Röntgenstrahl-Mikroanalyse für leichte Elemente *

Von

E. Weinryb

Mit 12 Abbildungen

(Eingegangen am 23. Dezember 1966)

Die Anwendung der Röntgenspektrometrie in der chemischen Analyse ist eine schon sehr alte Methode; sie wurde vor einem Jahrhundert entdeckt. 1913 veröffentlichte *Moseley* die physikalische Grundlage dieser Technik. Das Prinzip ist sehr einfach: Ein Volumen Materie, das von einem Elektronenstrahl getroffen wird, strahlt ein kompliziertes Röntgenspektrum aus. Diese Röntgenstrahlen enthalten die charakteristischen Strahlungen jener Elemente, die sich im bombardierten Punkt befinden. Die Analyse dieses Röntgenspektrums ermöglicht die Ermittlung der Zusammensetzung der Probe und ihres Gehalts an diesen Elementen.

Die Verwendung der Röntgenspektrometrie als analytische Routinemethode ist jedoch noch sehr jung. Der Elektronenstrahl-Mikroanalysator, dessen erstes Modell von *Guinier* und *Castaing* (1948) beschrieben wurde, dient der Anwendung dieser Technik, wenn der zu analysierende Bereich sehr klein ist.

Bis noch vor einigen Jahren war es unmöglich, die Analyse von Strahlungen schwacher Energie röntgenspektrometrisch durchzuführen. Mit anderen Worten, Elemente, deren Atomnummer kleiner als 11 ist, waren nicht analysierbar. Diese Lücke wurde durch die neuen Herstellungsverfahren der Dispersivkristalle und Röntgenzählröhren geschlossen.

Da die Wellenlängen dieser leichten Elemente sehr groß sind, ist es nicht mehr möglich, natürliche Kristalle zu verwenden; die Präparationsmethode der synthetischen Kristalle mit großem Gitterabstand ist zur

---

* Vortrag anläßlich des Kolloquiums über metallkundliche Analyse mit besonderer Berücksichtigung der Elektronenstrahl-Mikroanalyse, Wien, 25. bis 27. Oktober 1966.

Zeit bereits gut bekannt. Die besten Ergebnisse wurden bis jetzt mit Bleistearat erzielt.

Das Zählrohr wurde ebenfalls verbessert, um im Bereich von 10 bis 90 Å die beste Ausbeute zu erhalten. Ein kurzer Überblick über diese Änderungen zeigt, daß die größten Schwierigkeiten in der Fenstergestaltung liegen. Das Fenster ist aus Nitrozellulose oder Formvar hergestellt. Da diese Materialien in sehr dünnen Schichten verwendet werden (etwa 2000 bis 3000 Å) und sich das Zählrohr im Vakuum befindet, muß man das Fenster mechanisch stützen und einen Kompromiß zwischen der Durchlässigkeit des Fensters für Röntgenstrahlen und seiner Lebensdauer schließen. Die dünne Fensterschicht ist über ein Gitter von etwa 80% Durchlässigkeit gelegt und wird im Vakuum mit einem leitenden Film bedampft, um elektrische Aufladung zu verhindern. Die Zählgasmischung fließt dann durch das Zählrohr, Zählgasdruck und -strom müssen aber genau reguliert sein. Unter diesen Voraussetzungen kann man die Lebensdauer eines Fensters bis auf ungefähr ein Jahr erstrecken.

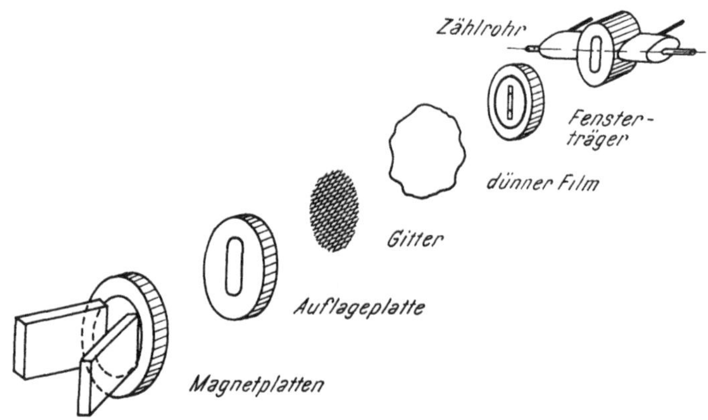

Abb. 1. Detektor für leichte Elemente

Um rückgestreute Elektronen zu vermeiden, die den Untergrund zusätzlich erhöhen, sind zwei Magnete vor dem Fenster angebracht. Dieses magnetische Feld genügt, um die rückgestreuten Elektronen vom Zählrohr abzuhalten. Abb. 1 zeigt eine Skizze der Anordnung eines solchen Zählrohrs.

Die Spektrometer, die die von der Probe emittierte Röntgenstrahlung analysieren, sind rund um die Elektronenoptik angeordnet. Die Zahl der mit jedem Spektrometer analysierbaren Elemente hängt vom verwendeten Kristall ab. Um eine zu große Zahl von Spektrometern zu vermeiden, scheint ein Kristall-Drehstift-Gehäuse die beste Anordnung zu sein. Wenn die Dispersivkristalle gut ausgesucht sind, kann man mit zwei Spektrometern, die je zwei Kristalle enthalten (also 4 Kristalle im ganzen), den Wellenlängenbereich von 1 bis 93 Å analysieren. Das heißt, mit einer Anordnung wie z. B. LiF-ADP einerseits und KAP-Bleistearat andererseits kann man alle Elemente zwischen Bor und Uran abtasten.

Abb. 2. Zentralgehäuse des Mikroanalysators

Abb. 2 zeigt das Zentralgehäuse des von uns benutzten Mikroanalysators bei ganz herausgezogenem Probenhalter.

Nachweis der Elemente mit Z < 11

Die Analyse der leichten Elemente mit einer Ordnungszahl unter 11 wird jedoch von einigen Faktoren erschwert, von denen die Beschleunigungsspannung der Elektronen und die Kontamination am bedeutungsvollsten sind. Die Kontamination wird nur dann kritisch, wenn die Abtastdauer der Probe verlängert wird; sie kann aber in Geräten mit eingebauter Kühlung vermieden werden.

Bei Punktanalysen wird die Kontamination meist nicht stören, wenn die Integrationsdauer kleiner als 50 Sekunden bleibt.

Die Beschleunigungsspannung muß aber sehr sorgfältig ausgewählt werden. Einerseits bestimmt sie das analysierte Volumen Materie, d. h. sie beeinflußt die absolute Nachweisgrenze. Andererseits sind beobachtete Intensitäten der charakteristischen Röntgenlinien und des Untergrundes direkte Funktionen der Beschleunigungsspannung der Elektronen. Nach der Theorie der Erzeugung charakteristischer Röntgenlinien ist die Ausbeute dieser Linien proportional der Differenz zwischen Beschleunigungsspannung und kritischer Anregungsspannung $(E_B - Ek)^{1,6}$; dieselbe Differenz gilt für den Untergrund, aber mit einem Exponenten von nur 1,0. Dies bedeutet: wenn keine Abschwächung der austretenden Röntgenstrahlen stattfände, wäre die absolute Nachweisgrenze um so besser, je größer die Beschleunigung der Elektronen wird. Ein derartiges Phänomen tritt immer bei Röntgenstrahlen auf, die von einer festen Matrix emittiert werden; der Schwächungskoeffizient wächst mit abnehmender Energie der Röntgenstrahlen und mit zunehmender Atomnummer der Matrix. Im Fall leichter Elemente sind die emittierten Röntgenstrahlen sehr weich (= langwellig), und die Schwächungskoeffizienten sind viel größer als gewöhnlich in der Literatur angegeben.

Die Zunahme der Schwächung mit zunehmender Beschleunigung der Elektronen bewirkt ein langsameres Ansteigen der Röntgenausbeute. Somit ergibt sich, daß für verschiedene Beschleunigungsspannungen, die durch $\chi = \mu/\varrho \cdot \operatorname{cosec} \Theta$ festliegen, die Intensität einer bestimmten Röntgenlinie in einer gegebenen Matrix bis zu einem Maximum wächst, mit steigender Hochspannung aber wieder abfällt. Für die χ-Werte dieses weichen Wellenlängenbereichs sind also geringere Hochspannungen zu benutzen, um die höchsten Intensitäten zu erreichen.

Tabelle 1

Analysiertes Element	Kritische Beschleunigung (kV)	Probe	Benutzte Beschleunigung (kV)
C	0,283	Fe_3C	7,5
C	0,283	Graphit	17,5
N	0,399	BN	10
O	0,531	SiO_2	15
Na	1,08	NaCl	25
Na	1,08	Zahn	15
Cu	0,933	Cu	25
Fe	0,708	Fe	17,5
Fe	0,708	Fe_3O_4	13,8

Dies bedeutet, daß für jede charakteristische Röntgenlinie eine verschiedene Anregungsspannung gilt, wenn sie in verschiedenen Matrizes (mit anderen Worten: verschiedenen χ) angeregt wird. Die Nachweisgrenze ein und desselben Elementes ist dann in verschiedenen Matrizes ebenfalls nicht mehr die gleiche. Die Zusammensetzung der Probe wirkt sich somit auch auf die Nachweisgrenze eines Elementes durch den Untergrund aus, der um so intensiver wird, je mehr die „mittlere Atomnummer" der Matrix zunimmt.

Tabelle 1 gibt einige Beschleunigungsspannungen an, die mit verschiedenen Proben experimentell festgestellt wurden. Im vorliegenden Fall ist cosec $\Theta = 1{,}260$, gemäß einem Austrittswinkel der Röntgenstrahlen von 52° 30′.

Genauigkeit der Analyse

Die Genauigkeit der Analyse dieser Elemente hängt von verschiedenen Parametern ab; einige davon gehören der Apparatur an, andere sind in der Theorie der Röntgenemission begründet. Zu letzteren gehören der Einfluß der Zusammensetzung auf die Intensitätsverteilung, die ungenaue Kenntnis der Schwächungskoeffizienten und der Atomnummerkorrektur u. a. Einen sehr großen Einfluß hat jedoch die Abhängigkeit der Röntgenlinien vom Auflösungsvermögen der Dispersivkristalle: im Gebiet der leichten Elemente sind die ausgestrahlten Röntgenstrahlen keine scharfen Linien mehr, sondern richtige Bänder, deren Breite sich bis auf einige Å ausdehnen kann. Dazu kommt noch das geringe Auflösungsvermögen der Kristalle mit großem Gitterabstand (besonders der Kristalle auf Seifenbasis), die kleine Ausbeute der Proportional-Zählrohre in diesem langwelligen Bereich sowie die Koinzidenz des Röntgenspektrums mit den L-Linien der schweren Elemente, die sich in der Probe befinden. Meistens bestehen diese L-Spektren aus einigen intensiven Linien (nicht nur $L\alpha$ und $L\beta$, sondern auch noch L_l und $L\gamma$).

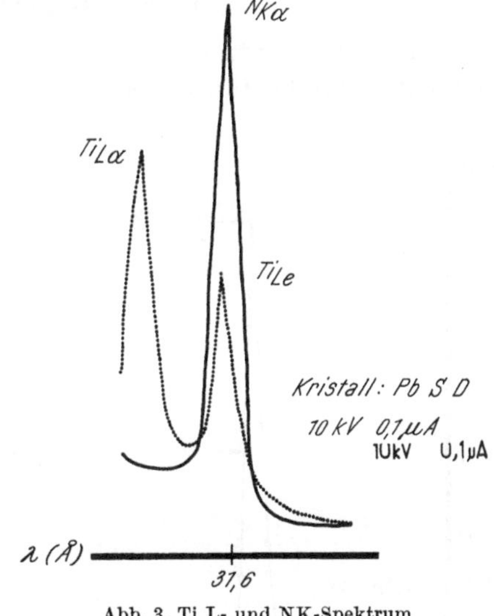

Abb. 3. Ti L- und NK-Spektrum

Ein Beispiel, wie vorsichtig man bei der Analyse leichter Elemente sein muß, gibt das folgende Beispiel von Titannitridteilchen in einem Stahl. Abb. 3 zeigt das Röntgenspektrum von Stickstoff (Kα) und Titan (L-Spektrum) im Wellenlängenbereich von 30 bis 32 Å. Man sieht sofort, daß Ti L_l eine etwas kleinere Intensität als Ti $L\alpha$ besitzt, die Energie aber genau dieselbe ist wie diejenige der N $K\alpha$ (31,6 Å). Weiters ist bekannt, daß das Intensitätsverhältnis $I_{L\alpha}/I_{Ll}$ auch von der vorliegenden Verbindung abhängt.

In diesem Fall ist es unmöglich, ein Element vom anderen zu unterscheiden. Bei der Analyse des Stickstoffs muß die Intensität der Titan-L_l-Linie bei der Berechnung der Zusammensetzung berücksichtigt werden.

Das schlechte Auflösungsvermögen der Kristalle auf Seifenbasis ist leicht aus einer Sauerstoffanalyse in einer Zirkoniummatrix zu ersehen: Sauerstoff $K\alpha$ kann nicht von der 4. Ordnung der Zirkonium $L\alpha$ und $L\beta$ geometrisch getrennt werden; nur eine elektronische Diskriminierung wird eine dieser verschiedenen Energien unterdrücken. Bei Benutzung eines KAP-Kristalls werden aber die Röntgenlinien schärfer und das Spektrum zeigt ohne weiteres die drei Linien Zr $L\alpha^{IV}$, O $K\alpha$ und Zr $L\beta^{IV}$.

Auswertung der Ergebnisse

Wenn eine quantitative Auswertung der Ergebnisse nötig ist, muß sie vorsichtig durchgeführt werden, da die klassischen Korrekturformeln

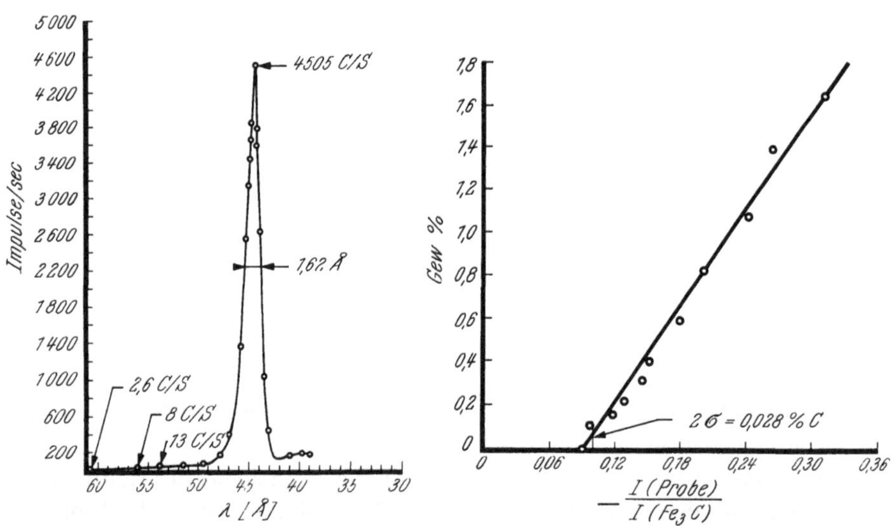

Abb. 4. Linienprofil von C $K\alpha$ (Anregungsspannung = 15 kV)

Abb. 5. Nachweisgrenze von Kohlenstoff in einer Eisenmatrix

nicht geeignet sind: die Abweichung der Intensitäten von der Zusammensetzung kann bis zu 50% betragen. Scheinbar werden die besten Ergebnisse bis jetzt immer noch durch eine empirische Eichung erhalten. Als

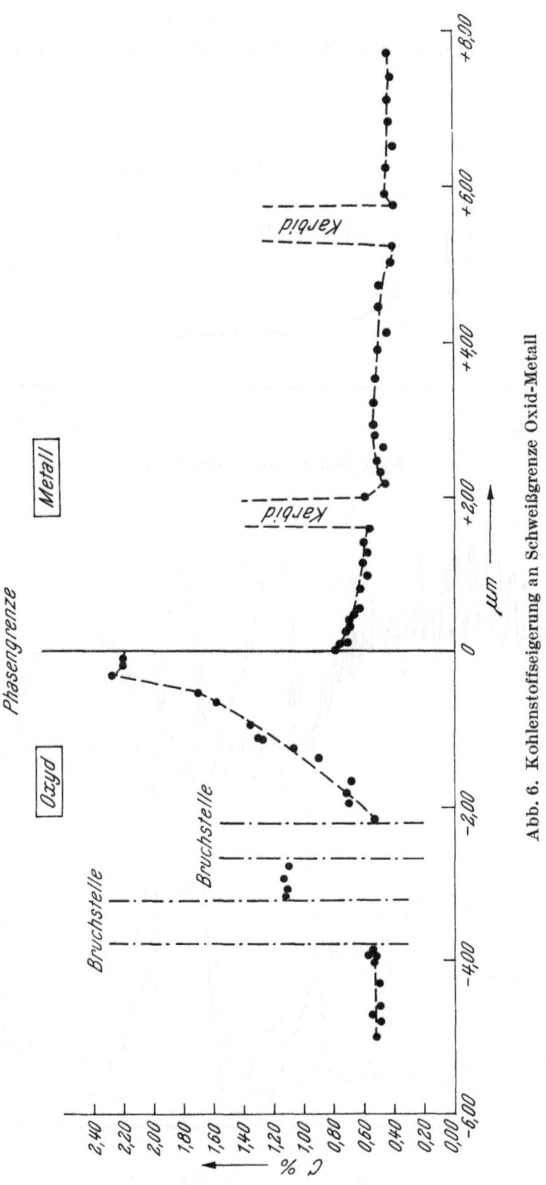

Abb. 6. Kohlenstoffseigerung an Schweißgrenze Oxid-Metall

Eichprobe dient nicht das reine Element, sondern eine bestimmte Verbindung, deren Konzentration an diesem Element mit C_A bezeichnet wird.

Die Eichkurve $k\theta_A$, C_A ist ungefähr eine gerade Linie zwischen dem Nullpunkt und $C_A{}^0$. Zwischen der am reinen Element A gemessenen Intensität $I\ (A)$, der an der Eichprobe $C_A{}^0$ gemessenen Intensität $I_0{}^A$ und

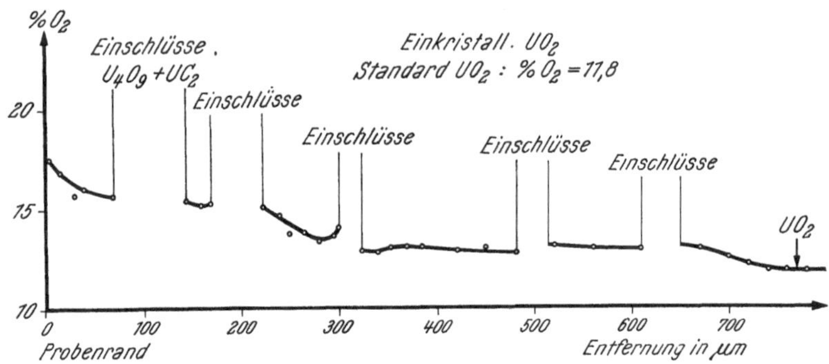

Abb. 7. Sauerstoffseigerung in Uranoxid

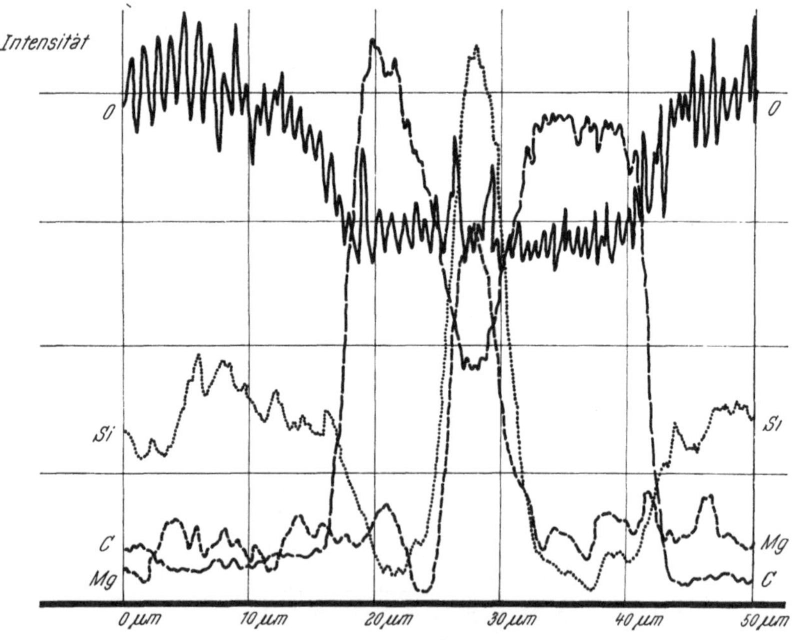

Abb. 8. Analyse einer Graphitkugel in Gußeisen

der an der Probe gemessenen Intensität I^A besteht folgende Beziehung:

$$\frac{I^A}{I_0{}^A} = \frac{I^A/I\ (A)}{I_0{}^A/I\ (A)} = \frac{C_A}{C_A{}^0}$$

Das Verhältnis der gemessenen Intensitäten gibt also den Gehalt des analysierten Elements an.

Im Fall der leichten Elemente sind diese Verbindungen selten elektrische Leiter. Die Probe und die Eichprobe werden dann zugleich im Vakuum bedampft; es ist sehr wichtig, daß die leitenden Metallschichten gleiche Dicke besitzen.

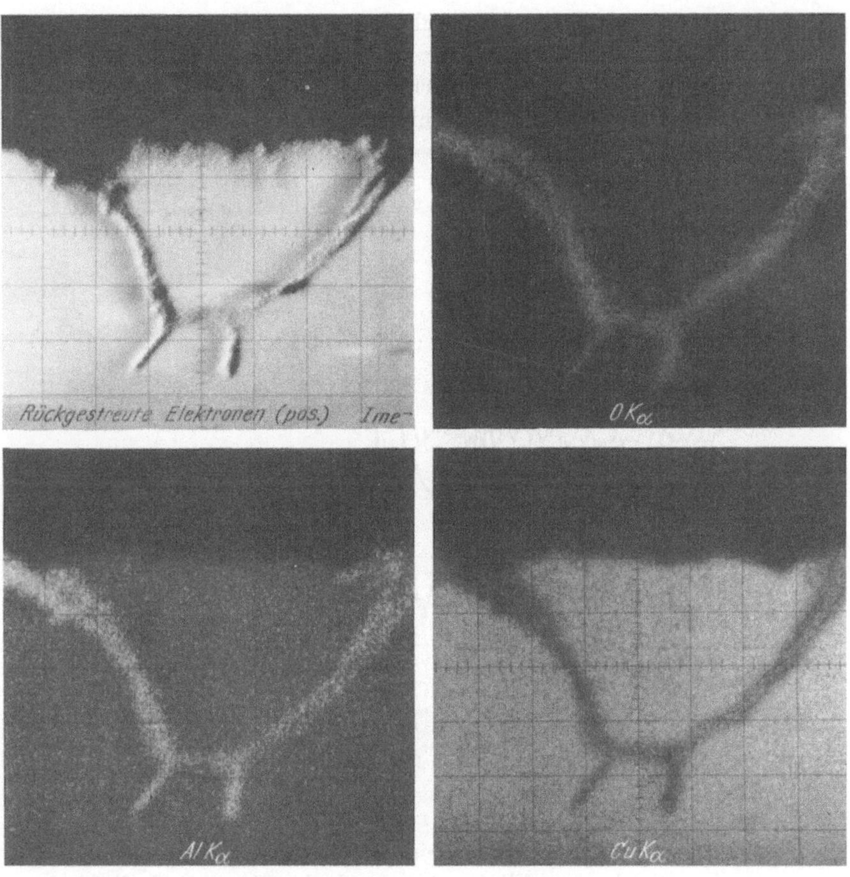

Abb. 9a. Interkristalline Korrosion in Aluminiumbronze

Die folgenden Beispiele erklären den experimentellen Vorgang. Betrachten wir zuerst die quantitative Analyse:

Abb. 4 zeigt eine Aufnahme der C-Kα-Emissionslinie aus reinem Kohlenstoff bei einer Anregungsspannung von 15 kV. Die Breite dieser Linie ist an der Abszissenskala zu erkennen. Man sieht, daß feine Kollimatorspalten die Auflösung des Zählrohrs nicht verbessern würden:

einerseits besitzt die Linie eine physikalisch bedingte Breite, da die Bindungselektronen die Röntgenstrahlen aussenden. Andererseits verbreitert der Bleistearatkristall von sich aus den beobachteten Wellenlängenbereich der Linie.

Abb. 5 zeigt die Nachweisgrenze für Kohlenstoff in einer Eisenmatrix. Der Eichstandard war in diesem Fall eine Zementitprobe, deren Kohlenstoffgehalt 6,7% betrug.

Es ist immer von größter Wichtigkeit, Eichproben zu benutzen, deren Elementgehalte möglichst nahe der Analysenprobe liegen. Abb. 6 zeigt die Analyse einer Kohlenstoffseigerung an einer Oxid-Metall-Schweißgrenze. Da der Kohlenstoffgehalt klein war, wurde als Eichprobe ein Stahl mit 0,45% C verwendet. Diese Eichprobe wurde chemisch und spektralanalytisch getestet.

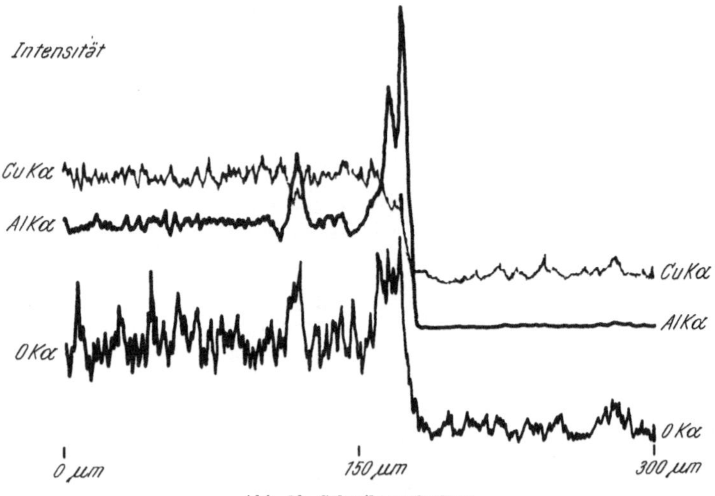

Abb. 9b. Schreiberaufnahme

Der Nachweis von Sauerstoff scheint mit dieser Methode am schwierigsten zu sein: Die Sauerstofflinie wird durch das Fenster des Zählrohrs stark abgeschwächt, und das Verhältnis Linie zu Untergrund ist nicht sehr groß. Außerdem ist es nicht einfach, Eichproben mit kleinen, genau bekannten Sauerstoffgehalten herzustellen.

Die Abb. 7 zeigt eine Sauerstoffseigerung in einem Uranoxidkristall bei hoher Temperatur und langer Dauer. Als Eichprobe diente die Mitte der Uranoxidprobe, wo die Matrix durch den Kohlenstoff nicht gestört war, und deren Sauerstoffgehalt 11,8% betrug. Die Genauigkeit der Bestimmungen ist nicht so gut wie bei der Analyse von Kohlenstoff.

In den meisten Fällen genügt aber eine halbquantitative Analyse, die sich mit einem Schreiber durchführen läßt. Beim folgenden Beispiel wurde ein *X*-*Y*-Schreiber mit zwei Verstärkern benutzt. Die Probe bleibt unbewegt, der Elektronenstrahl bewegt sich langsam in einer vorgewähl-

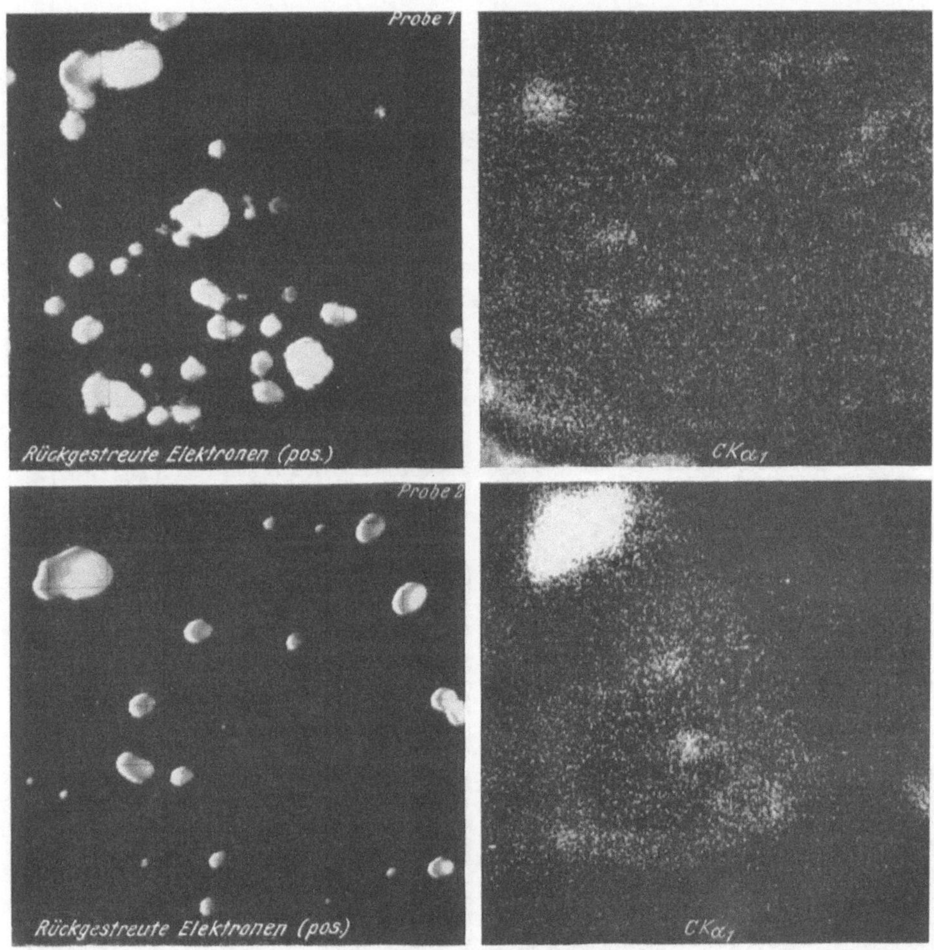

Abb. 10. Kohlenstoffverteilung in Berylliummatrix

ten Richtung. Die *X*-Bewegung des Schreibers ist synchron der Bewegung des Elektronenstrahls, die *Y*-Bewegung stellt die Intensitäten der gemessenen Elemente dar. Abb. 8 zeigt die Verteilung verschiedener Elemente und ihre relative Anreicherung in einer ausgesuchten Graphitkugel einer Gußeisenprobe. Die analysierten Elemente sind C, O, Mg und Si. Das

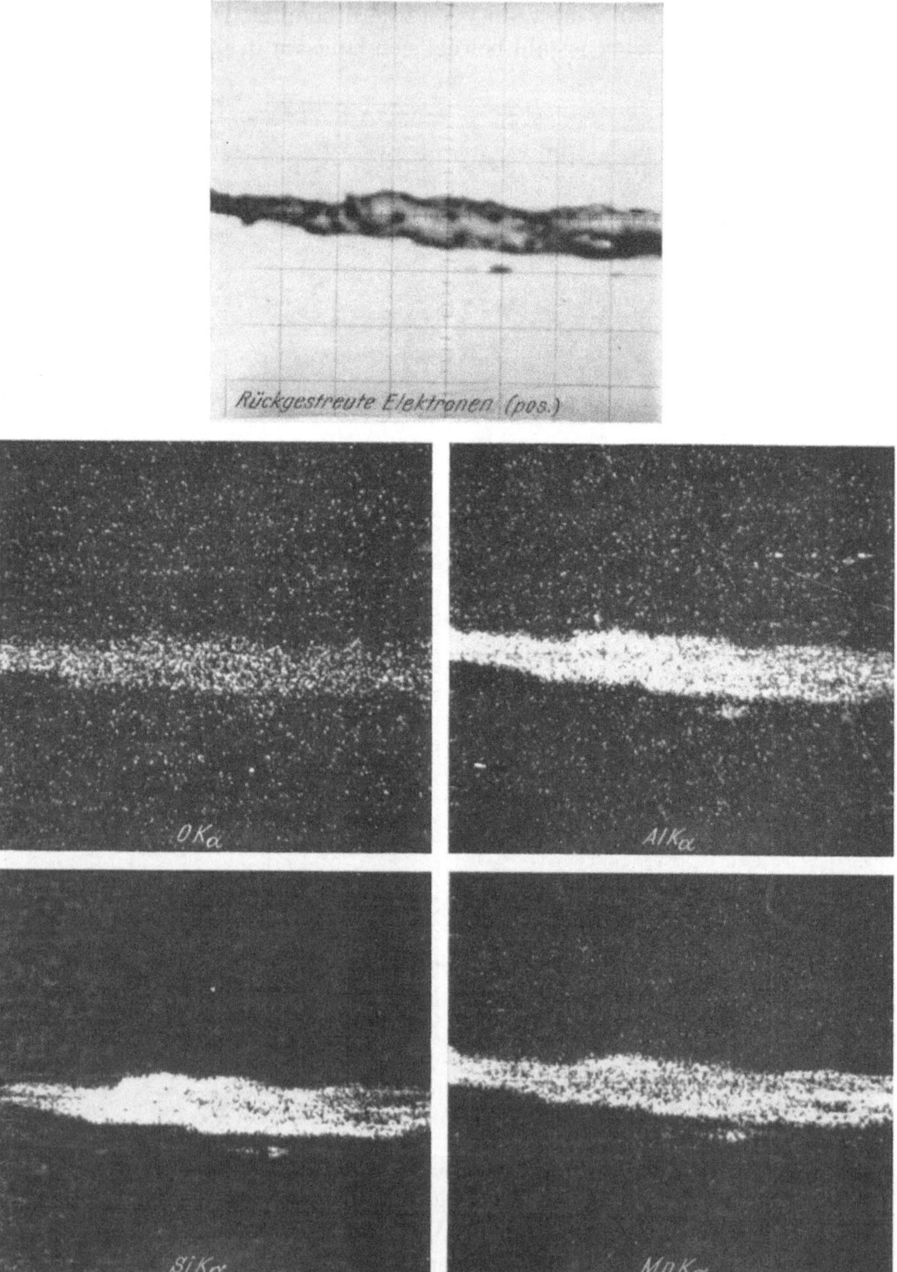

Abb. 11. Nichtmetallischer Einschluß in Stahl

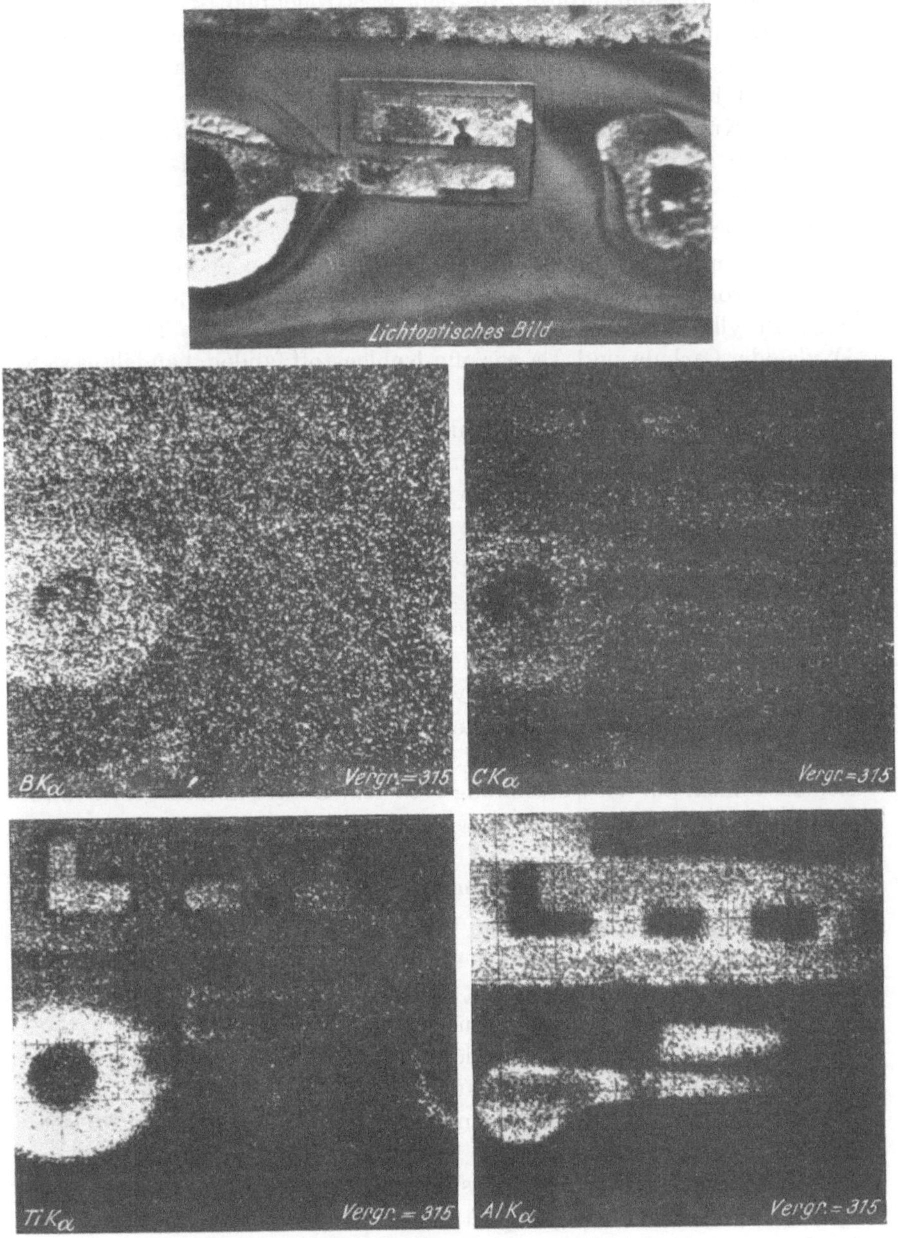

Abb. 12. Transistor: Elektrische Verbindung

Verhältnis Mg/Si zeigt, daß in der Mitte der Graphitkugel eine Mg_3Si-Ausscheidung sitzt.

Abb. 9*a* zeigt die Verteilung der Elemente in einem Schweißpaar Eisen auf Aluminiumbronze. Aus dem Elektronenbild ist zu sehen, daß eine Seigerung eines Elementes in den Korngrenzen auf der Bronzeseite stattfindet. Mit Hilfe der Röntgenbilder erkennt man, daß es sich um Sauerstoff handelt und daß sich Aluminiumoxid in den Korngrenzen befindet. Kupfer ist an diesen Stellen verarmt. Die Registrierung der verschiedenen Elemente quer über eine solche Korngrenze ist in Abb. 9*b* dargestellt.

Die Erzeugung von Bildern mit Abtastgeräten bleibt aber immer noch die schnellste Methode, um qualitativ Verteilungen von Elementen in einer Probe zu zeigen. Abb. 10 zeigt die Verteilung von Kohlenstoff in einer Berylliumelektrode. Das Elektronenbild zeigt helle Teilchen, die Oxide oder Carbide sind. Da wir nun Kohlenstoff fanden, handelt es sich also um Carbide.

Abb. 11 ist der klassische Fall nichtmetallischer Einschlüsse im Stahl. Eine quantitative Analyse ist hier nicht nötig, da direkt aus den Elementverteilungen ein Alumino-Silikat von Mangan zu erkennen ist.

In einem weiteren Arbeitsgebiet der Metallindustrie ist die Analyse leichter Elemente von großer Bedeutung: bei der Herstellung von Halbleitern. Verunreinigungen in der Legierung oder Seigerung der Elemente stören die Herstellung der verschiedenen Erzeugnisse (Transistoren, Dioden usw.).

Abb. 12 zeigt die elektrischen Verbindungen eines Transistors, deren Leitfähigkeit nicht gut ist. Die Legierungen wurden in einem Graphittiegel hergestellt. Die Röntgenbilder zeigen, daß Kohlenstoff und Borax sich zusammen auf der Verbindung befinden. Daraus konnte geschlossen werden, daß der Ofen mit Borax verschmutzt war.

Zusammenfassung

Die Bestimmung der leichten Elemente durch die Röntgenstrahl-Mikroanalyse ist eine Technik, die sich mehr und mehr verbreitet. Die größte Anwendung erfolgt zur Zeit in der Biologie und der Glasindustrie. Auf Grund der durchgeführten Untersuchungen ergibt sich jedoch, daß diese Technik mehr Vorsicht als die Analyse von Elementen mit höheren Atomnummern erfordert. Da es auch immer von großem Interesse ist, die Nachweisgrenzen zu verbessern, sucht man die Geräte stetig zu verbessern.

Die Röntgenleistung eines Kristallspektrometers ist nicht besser als 0,30%. Wird jedoch ein Gitterspektrometer benutzt, so steigt die Leistung bei optimalen Bedingungen bis auf 25% Strahlungsausbeute[1]. Andererseits hat ein derartiges Spektrometer keine Wellenlängengrenze. *Nicholson* und *Hasler*[2] konnten mit einem Gitterspektrometer 0,13% Sauerstoff und 1,30% Beryllium in einer Mineralprobe feststellen. Tabelle 2 zeigt die Ergebnisse eines Vergleichs zwischen Gitter- und Kristallspektrometer bei sonst gleichen Versuchsbedingungen.

Tabelle 2. Linienintensität $[c/s](L-B)/B$

Röntgenlinie	Probe	λ (Å)	100 μm Spalt	50 μm Spalt	Kristall 020″ Spalt
O Kα	Al_2O_3	23,62	$\frac{3619}{30}$	$\frac{2123}{38}$	$\frac{470^*}{70}$
N Kα	BN	31,60	$\frac{1600}{13}$	$\frac{1262}{23}$	$\frac{922}{10}$
C Kα	Graphit	44,7	$\frac{16.000}{86}$	$\frac{9277}{110}$	$\frac{4910}{51}$
B Kα	BN	67,2	$\frac{1495}{19}$	$\frac{778}{22}$	$\frac{598}{22}$
Be Kα	Be-Folie	114	$\frac{230}{45}$	$\frac{115}{49}$	

Anregungsspannung = 5 kV; Probenstrom = 0,1 μA
* KAP

Summary

The determination of the light elements by roentgen beam microanalysis is a technique whose employment is increasing. The greatest fields of application at present are biology and in the glass industry. The studies that have been made show, however, that this technique requires more care than the analysis of elements with higher atomic numbers. Since it is always a matter of great interest to improve the detection limits, attempts to better the instruments are constantly being made. The roentgen efficiency of a crystal spectrometer is not better than 0.30%. If, however, a lattice spectrometer is used, this figure, under optimal conditions, increases to 25% of the emission output[1]. On the other hand, a spectrometer of this kind has no wave length limit. *Nicholson* and *Hasler*[2] were able to establish the presence in a mineral specimen of 0.13% oxygen and 1.30% beryllium with a lattice spectrometer. Table 2 gives the findings of a comparison between the lattice- and crystal spectrometers under otherwise like conditions.

Literatur

[1] *C. A. Andersen*, The Quality of X-Ray Microanalysis in the Ultrasoft X-Ray region — Conf. on E. P. Microanalysis, Maryland 1966. (In Druck.)

[2] *J. B. Nicholson* und *M. F. Hasler*, Advances in X-Ray Analysis, Bd. IX, New York: Plenum Press. 1966. S. 420.

Japan Electron Optics Laboratory Co., Tokyo, und Kontron GmbH., München

Prinzip und Anwendungsmöglichkeiten von zwei neuen elektronenoptischen Geräten: Raster-Elektronenmikroskop und Röntgenanalysator mit Elektronenstrahlanregung *

Von

S. Kimoto und **H. Hantsche**

Mit 16 Abbildungen

(Eingegangen am 25. Januar 1967)

Das Raster-Elektronenmikroskop ist ein speziell dafür neu entwickeltes Instrument, kleinste Bereiche eines beliebigen Festkörpers zu vergrößern und auf einem Oszillographenbildschirm darzustellen.

Wird eine Probenoberfläche von einem fein fokussierten Elektronenstrahl getroffen, so kann man zahlreiche Informationen über die Probe bekommen, wenn man folgende Phänomene untersucht:

1. Röntgenemission,
2. absorbierte Elektronen,
3. rückgestreute Elektronen,
4. Sekundärelektronen.

Falls die zu untersuchende Probe spezielle Voraussetzungen erfüllt, lassen sich noch andere Erscheinungen beobachten:

5. elektromotorische Kraft,
6. Kathodenlumineszenz,
7. Verteilung von elektrostatischen und magnetischen Feldern.

Das Raster-Elektronenmikroskop erlaubt nun besonders die Untersuchung des Phänomens 4 (Sekundärelektronenemission), aber auch die unter 2, 3 und 5 genannten Effekte lassen sich damit beobachten.

---

* Vortrag gehalten am 25. Oktober 1966 anläßlich des 3. Kolloquiums über metallkundliche Analyse unter besonderer Berücksichtigung der Elektronenstrahl-Mikroanalyse in Wien.

Die Wirkungsweise des Gerätes ist kurz folgende: Ein sehr fein fokussierter Elektronenstrahl wird ähnlich wie bei einer Fernsehbildröhre punkt- und zeilenweise über die im Vakuum befindliche Probe geführt. Die durch den Primärstrahl von der Probe emittierten Elektronen gelangen auf einen Detektor, werden anschließend elektronisch verstärkt, nach Energien getrennt und modulieren dann die Helligkeit einer Oszillographenbildröhre, die synchron mit dem Abtaststrahl der Probe gesteuert wird. Man bekommt eine Abbildung der zu untersuchenden Oberfläche,

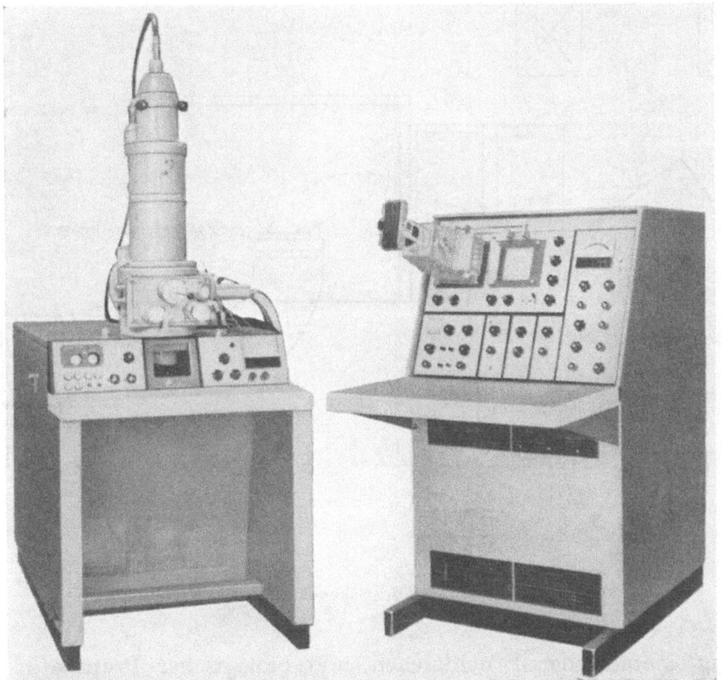

Abb. 1. Ansicht des Rastermikroskops, bestehend aus Hauptgerät und Rasterbildeinrichtung

die in verschiedenen Vergrößerungsstufen einstellbar ist. Die Qualität der erhaltenen Bilder hängt von Auflösungsvermögen, Kontrast, Signal-Untergrund-Verhältnis, Tiefenschärfe und Größe des Gesichtsfeldes ab.

Das Raster-Elektronenmikroskop besitzt Eigenschaften, die verschieden von denen eines konventionellen (Transmissions-)Elektronenmikroskops sind. Die Probe kann direkt beobachtet werden, ohne daß spezielle Behandlungen und Präparationen erforderlich wären, wie z. B. die Replica-Technik. Lediglich zur Herstellung einer Oberflächen-Leitfähigkeit ist eine leichte Bedampfung der Probe notwendig. Durch diese einfache Handhabung wird z. B. die Untersuchung empfindlicher biologischer Präparate möglich. Physikalische und chemische Eigenschaften können neben der geometrischen Struktur studiert werden.

Da die Tiefenschärfe des Raster-Elektronenmikroskops wesentlich größer ist als die eines normalen optischen Mikroskops (bezogen auf gleiche Vergrößerung), erhält man ein plastisches, beinahe dreidimensional erscheinendes Bild der Probe, wenn diese eine rauhe Oberfläche hat. Diese Tatsache macht das Raster-Mikroskop ungemein geeignet zur Untersuchung metallischer Bruchflächen und biologischer Präparate. Für letztere ist es wichtig, daß die Elektronenstrahlintensität so gering ist, daß auch empfindlichste Präparate nicht zerstört werden.

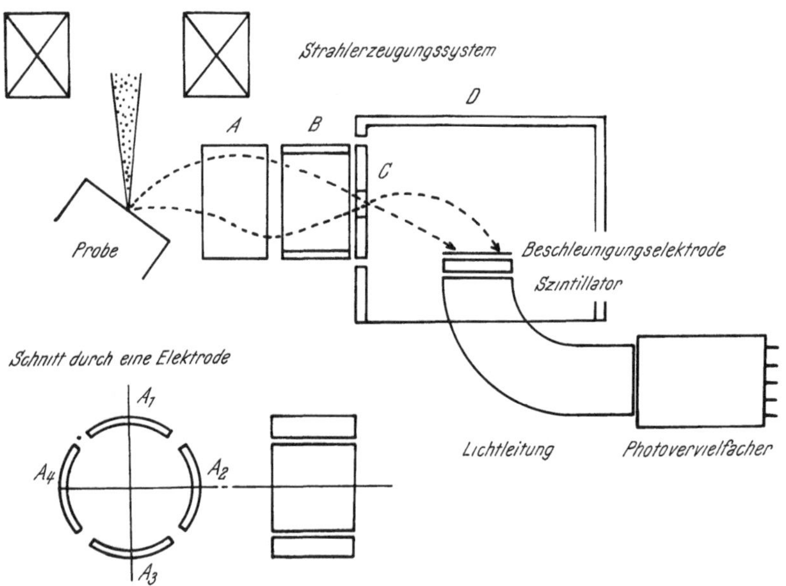

Abb. 2. Schemazeichnung des Sekundärelektronendetektors

Drittens ist dieses Gerät nützlich zum Studium von Halbleitern, da es elektrische Eigenschaften der Probe in ein sichtbares Bild umsetzt. Das Bild eines Halbleiters, an den ein Potential angelegt wird, ergibt eine Menge von Informationen über seine Eigenschaften im Betriebszustand.

Im folgenden sollen nun einige technische Angaben und Anwendungsbeispiele gebracht werden.

Das Raster-Elektronenmikroskop besteht aus dem Hauptgerät mit der Elektronenoptik, Probenbühne, Detektor und Vakuumsystem sowie aus der Rasterbildeinrichtung mit Bedienungssystem, Kontroll- und Warnvorrichtungen (Abb. 1).

Die Konstruktion des Sekundärelektronendetektors ist aus Abb. 2 ersichtlich. Er besteht zunächst aus einem System von Sammel- und Fokussierungselektroden (A, B) und einem Eintrittsspalt (C). Die Sekundärelektronen werden auf Grund ihrer niedrigen Energie durch die Sammelelektroden von den (primären) Rückstreuelektronen hoher Energie getrennt.

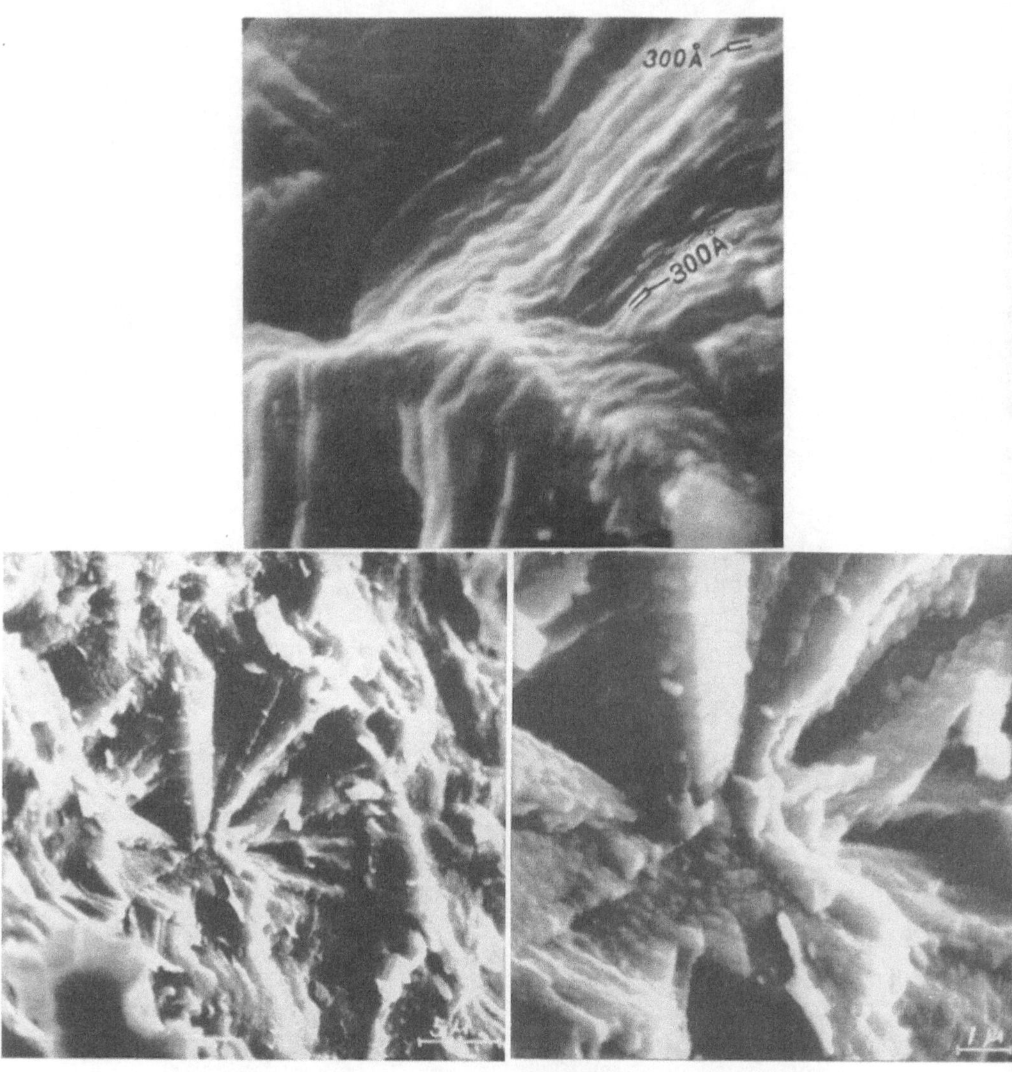

Abb. 3, 4 und 5. Selen-Polykristall bei verschiedenen Vergrößerungsstufen

Die Wirksamkeit der Trennung wird durch das an die Elektrodensektoren angelegte Potential bestimmt. Die Sekundärelektronen gelangen durch den Eintrittsspalt, werden auf 10 kV nachbeschleunigt und regen

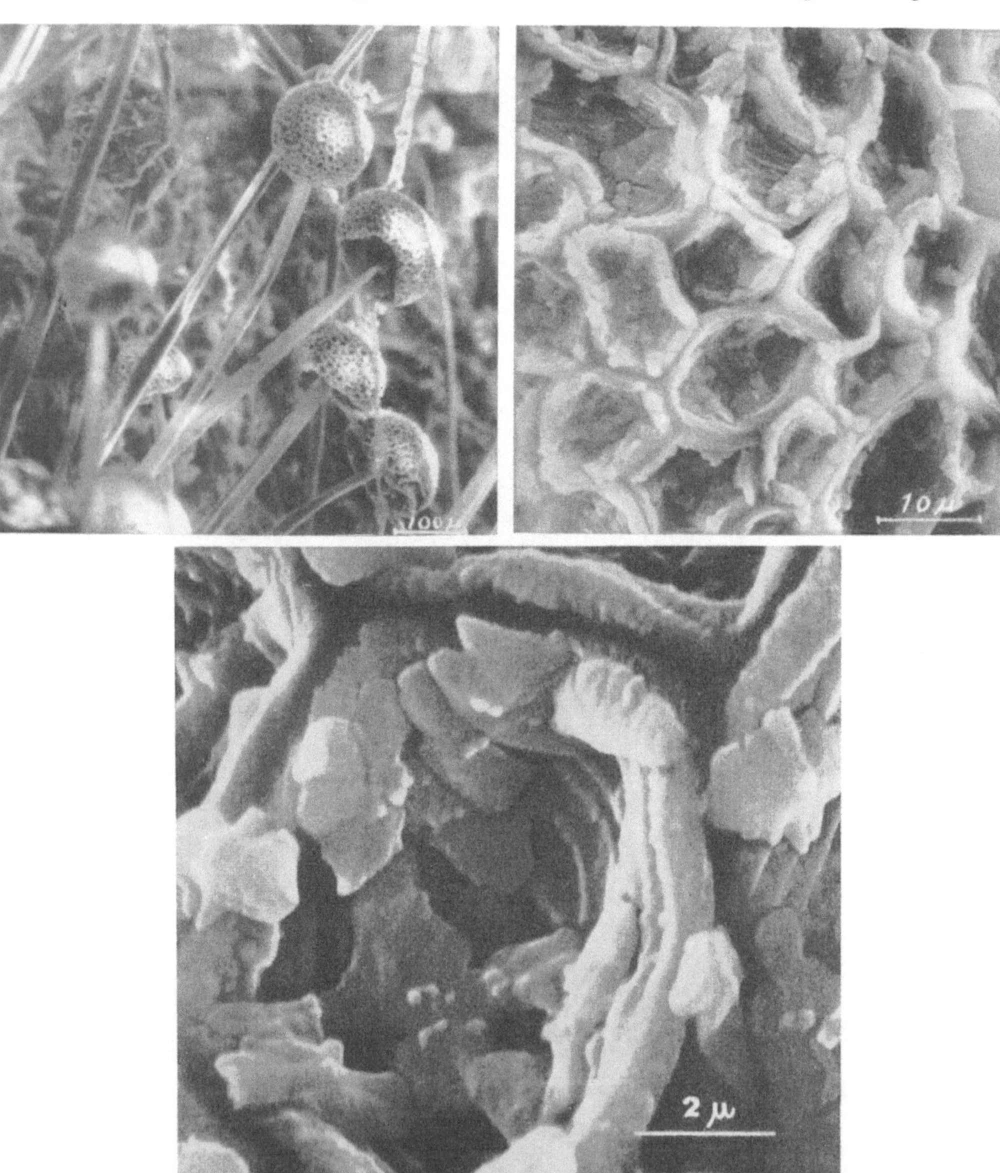

Abb. 6, 7 und 8. Schimmelpilz bei verschiedenen Vergrößerungsstufen

den Szintillator zur Lichtemission an. Eine Lichtleitung führt dann zum Photovervielfacher.

Die rückgestreuten Elektronen passieren keine Fokussierungselektroden und werden nicht nachbeschleunigt, sondern gelangen unmittelbar auf einen Detektor.

Die Abb. 3 zeigt als Beispiel eines Sekundärelektronenbildes einen Selen-Polykristall, bei dem die Auflösung etwa 300 Å beträgt. Die Energie der einfallenden Elektronen beträgt 25 kV, und der Strahlstrom ist in der Größenordnung von 10^{-11} A. Die Abb. 4 und 5 zeigen das gleiche Präparat bei geringeren Vergrößerungen.

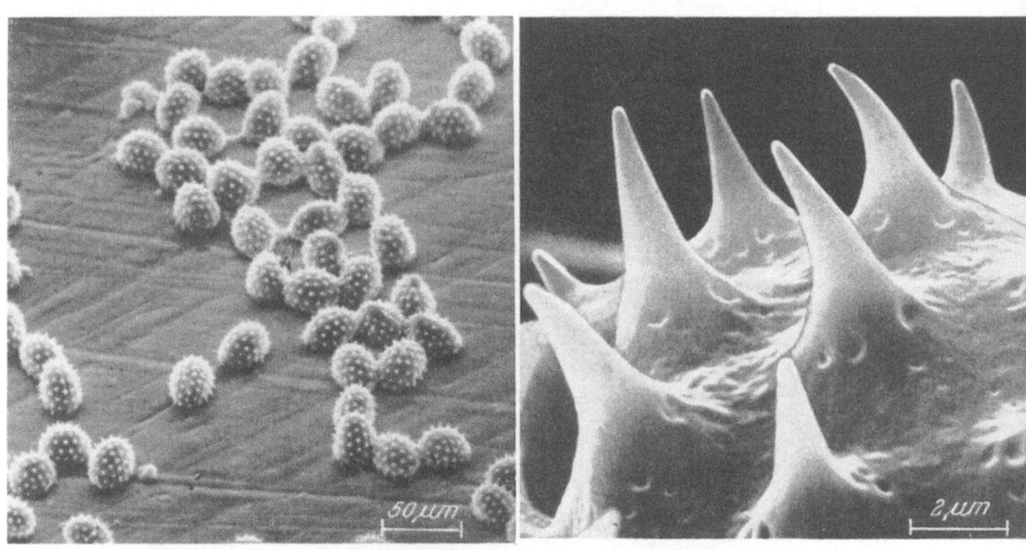

Abb. 9 und 10. Pollen einer Zinnia

Als biologische Beispiele zeigen die folgenden drei Abbildungen (6, 7, 8) einen Schimmelpilz bei 200-, 2000- und 10.000facher Vergrößerung. Man erkennt die enorme Tiefenschärfe, die das Verfahren bietet. Auch die nächsten beiden Abbildungen (9, 10) bestätigen das.

Der Probentisch, der Proben bis zu maximal 1 Zoll Durchmesser aufnehmen kann, ist mit 13 elektrischen Kontakten ausgerüstet, so daß man z. B. auch integrierte Schaltkreise unter Betriebsbedingungen beobachten kann.

Trifft der feinfokussierte Elektronenstrahl die *p*-Schicht einer Diode, unter der ein *p*-*n*-Übergang liegt, so erzeugt er auf seiner Bahn Sekundärelektronen und positive Löcher (Defektelektronen). Einige der Sekundärelektronen, die von der Oberfläche der *p*-Schicht emittiert werden, erreichen den Detektor und geben Aufschluß über die physikalische Oberflächenstruktur und die Potentialverteilung; und zwar nicht nur über die Potentialverteilung an der Oberfläche, sondern auch über die in tiefer liegenden Schichten, gemäß der Tatsache, daß die Bahn von Elektronen von geringer Energie leicht durch elektrische Felder beeinflußt werden kann. Das heißt, das Anlegen verschiedener Spannungen an den Halbleiter beeinflußt die Sekundärelektronenemission und demzufolge die entstehenden Bilder. Die folgenden Abb. 11 (*1* bis *4*) geben ein Beispiel hierfür.

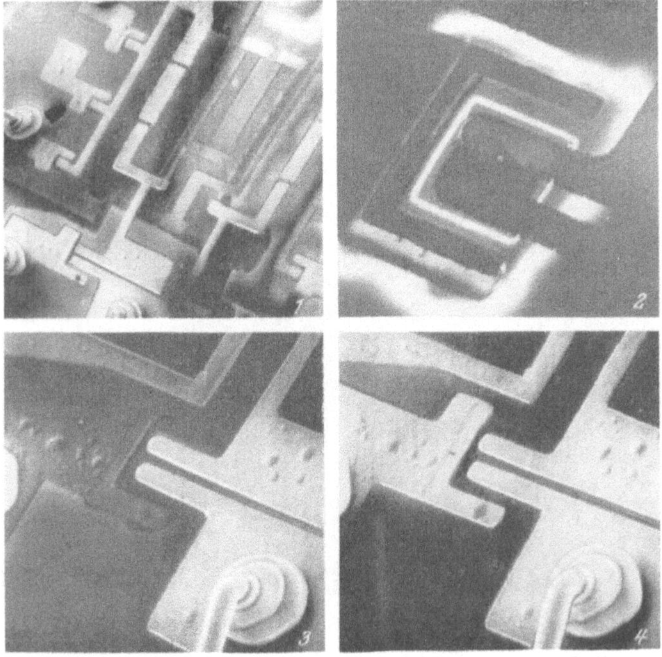

Abb. 11 (*1* bis *4*). **Integrierter Schaltkreis unter verschiedenen Betriebsbedingungen**
1: Sekundärelektronenbild
2: Bild der EMK
3 Vorspannung Kollektor-Basis 3 V
4: Vorspannung Kollektor-Basis 0 V

Bei (*2*) wurde die Oszillographenbildröhre nicht mit der Sekundärelektronenintensität gesteuert, sondern mit der durch den primären Elektronenstrahl im Halbleiter erzeugten elektromotorischen Kraft (EMK). Gerade für die Untersuchung halbleitender Materialien dürfte das Raster-Elektronenmikroskop von besonderem Interesse sein.

Das zweite vorzustellende Gerät führt bis jetzt die Bezeichnung „Primary X-ray Analyzer“ und ist praktisch eine Mikrosonde mit großem Elektronenstrahldurchmesser (zwischen 1 und 8 mm), einem Spektrometer und fehlender Scanningmöglichkeit. Eine genormte deutsche Bezeichnung gibt es wohl bisher noch nicht; „Röntgenanalysator mit primärer Elektronenstrahlanregung“ ist zwar korrekt, aber nicht eben einprägsam. Als Kurzbezeichnung ist das Wort „Makrosonde“ im Umlauf, was zwar den Unterschied zur Mikrosonde sehr gut hervorhebt, aber insofern etwas widersinnig ist, als man wegen des großen Strahlquerschnittes eben nicht „sondieren“ kann.

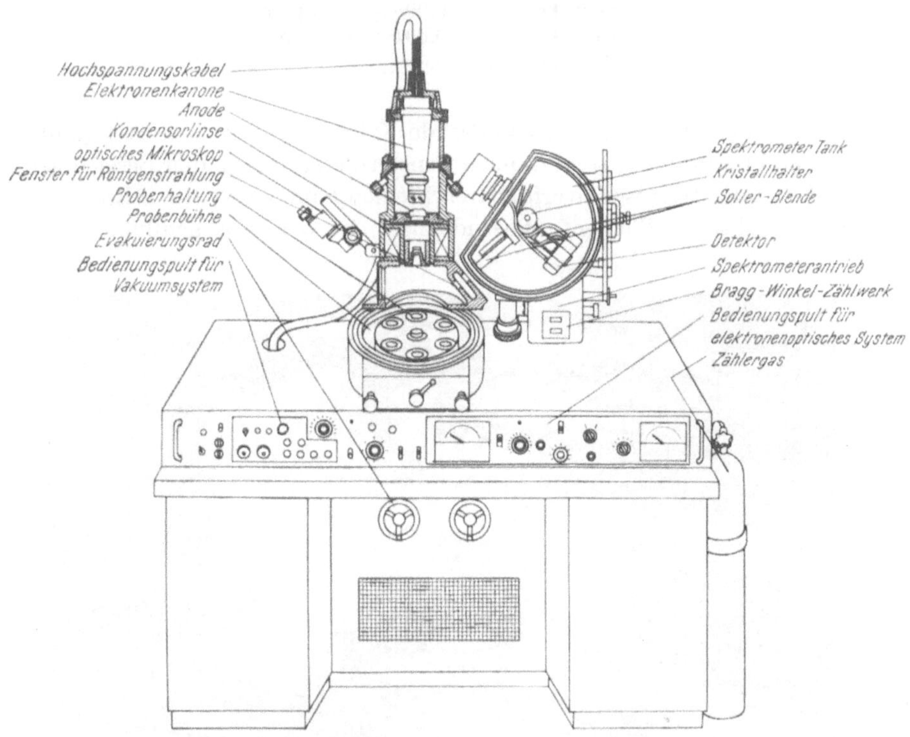

Abb. 12. Schemazeichnung des Aufbaues des Hauptgerätes

Der Anwendungsbereich des Gerätes ist die zerstörungsfreie röntgenspektrochemische Analyse von Festkörpern oder besser von Festkörperoberflächen, womit gleich ein Unterschied zur herkömmlichen Röntgenfluoreszenzanalyse herausgegriffen sei. Der Elektronenstrahl, der die nachzuweisende Röntgenstrahlung erzeugt, dringt nämlich im Normalfall, wie bei der Mikrosonde, nur etwa 1 bis 10 μm in die Probe ein. Die besondere Stärke des Gerätes liegt gegenüber der Röntgenfluoreszenz in der hohen Nachweisempfindlichkeit der leichten Elemente $_5$B bis $_{16}$S. Auf Grund des hohen Strahlstroms und den damit verbundenen hohen

Zählraten der Röntgenimpulse bekommt man Nachweisgrenzen, die auch mit der Mikrosonde bisher nicht erreicht wurden. Die folgende Tabelle gibt einen Eindruck hiervon.

Tabelle 1. Nachweisgrenzen verschiedener Elemente

Element	Nachweisgrenze
S in Fe	0,003% = 30 ppm
P in Fe	0,003% = 30 ppm
Si in Fe	0,003% = 30 ppm
Al in Fe	0,001% = 10 ppm
C in Fe	0,05%

Die Entwicklung neuer, sog. Pseudo-Kristalle und verbesserter Röntgendetektoren mit extrem dünnen Fenstern erlaubte es, den Bereich der noch mit der Mikrosonde erfaßbaren Elemente immer weiter in Richtung noch leichterer Elemente auszudehnen. In der Röntgenfluoreszenz-

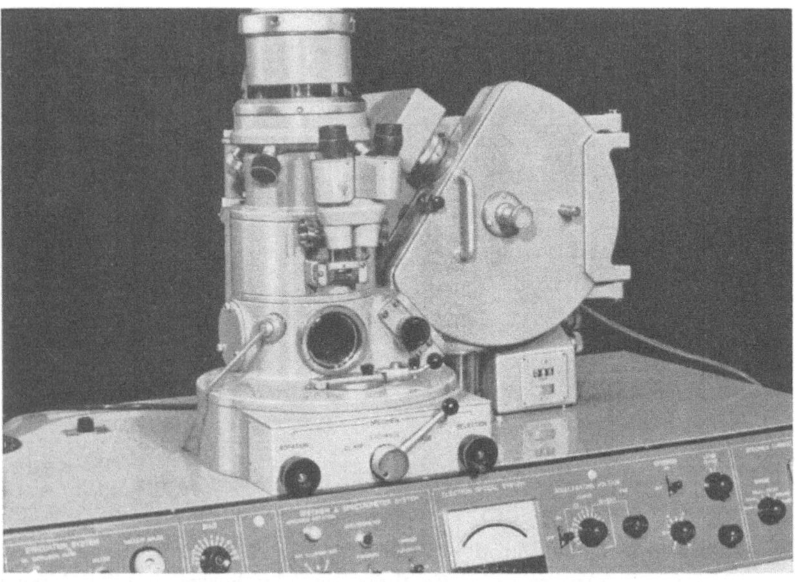

Abb. 13. Ausschnitt aus der Ansicht des Hauptgerätes

spektrometrie ergibt sich dagegen die unumgängliche Schwierigkeit, daß die Sekundäranregung durch die primäre Röntgenquelle bei den leichten Elementen einfach zu gering wird, so daß es trotz der genannten Weiterentwicklungen nur schwer möglich ist, Elemente unterhalb der Ordnungszahl 13 (Aluminium) zu analysieren. Das neue Gerät hat diese Schwierigkeit nicht, da die Primäranregung durch hoch beschleunigte Elektronen erfolgt.

Die Abb. 12 zeigt den schematischen Aufbau des Hauptgerätes. Das Gesamtgerät besteht außerdem noch aus einem Zählschrank für die Röntgenimpulse und einem Zweikanal-Kompensations-Streifenblattschreiber. Das Hauptgerät besteht aus der Elektronenoptik, der Probenkammer, dem Spektrometer, dem Vakuumsystem und dem Bedienungspult. Die Elektronenoptik enthält Kathode, Wehnelt-Zylinder, Anode und einen Kondensor. Die Hochspannung kann zwischen 1 und 50 kV variiert werden, der Elektronenstrahldurchmesser ist zwischen 1 und 8 mm einstellbar, und der Strahlstrom beträgt zwischen 1 und 700 μA.

Die Probenkammer gestattet die Aufnahme von maximal 6 Proben von je 1 Zoll, die zum Ausgleich eventueller Inhomogenitäten automatisch rotiert werden können. Wasserkühlung der Proben ist vorgesehen. Das Vakuum-Spektrometer hat drei flache Analysatorkristalle (LiF, KAP und Pb-Stearat), die ohne Vakuumunterbrechung gewechselt werden können.

Zwei Soller-Blenden dienen zur Fokussierung der Röntgenstrahlen. Der Abnahmewinkel beträgt 40°.

Als Detektoren werden Gasdurchflußzähler mit Methan-Argon-Gemisch benutzt.

Einen Ausschnitt des Hauptgerätes zeigt die Abb. 13.

Das folgende Beispiel (Abb. 14) zeigt das Spektrum eines Borsilikatglases, das neben Boroxid auch Oxide von Al, Si, Ca, Ti, Zn, Ba und Pb sowie Spuren von Kalium enthält.

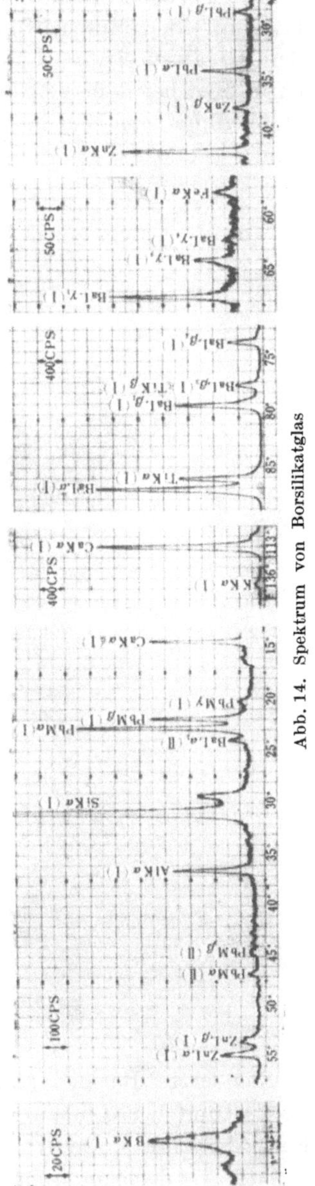

Abb. 14. Spektrum von Borsilikatglas

Die Konzentration des Bors beträgt etwa 3 Gew.% und die des Aluminiums 0,5%.

Die Probenoberfläche wurde zur Herstellung elektrischer Leitfähigkeit mit einer dünnen Kohleschicht bedampft. Welche Impulsraten mit dem Gerät zu erwarten sind, zeigt auch das Spektrum von reinem Bor (Abb. 15), bei dem 216.000 Impulse pro Minute erreicht wurden. Die Meßbedingungen sind im Bild angegeben.

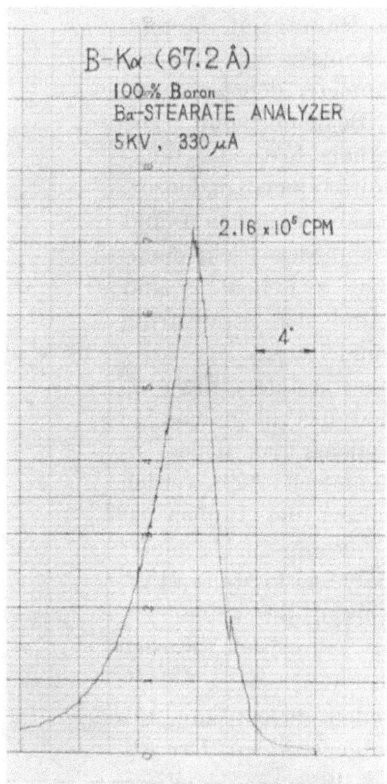

Abb. 15. Spektrum von reinem Bor

Das letzte Beispiel (Abb. 16) zeigt das Spektrum der Sauerstoff-$K\alpha_{1,\,2}$- und $K\alpha_3$-Linien. Man sieht, daß die Lage des Maximums, die Form der Linie sowie die Intensität der charakteristischen Röntgenlinie von der Art der chemischen Bindung bzw. von der Elementkombination abhängen. Dieser Effekt der Linienverschiebung wird praktisch erst bei den leichteren Elementen meßbar.

Schließlich soll noch erwähnt werden, daß die quantitative Auswertung der gemessenen Impulsraten durch einfachere Absorptionskorrektur leichter durchzuführen ist.

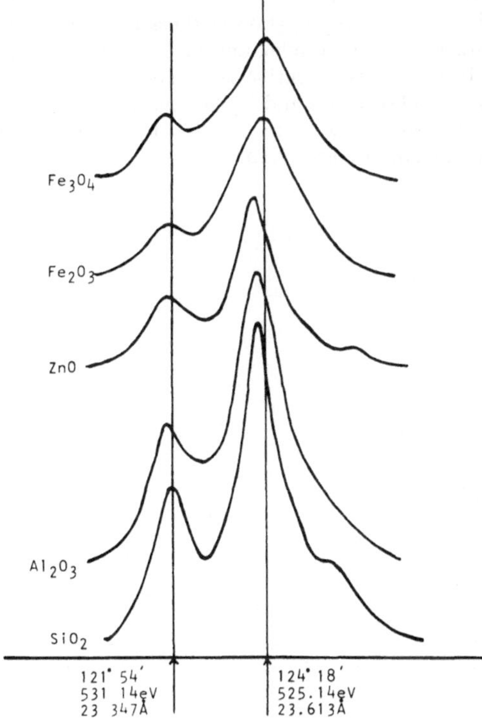

Abb. 16. Linienverschiebung von Sauerstoff

Zusammenfassung

Nach Erläuterung der Wirkungsweise des Raster-Elektronenmikroskops werden anhand von Beispielen einige der zahlreichen Anwendungsmöglichkeiten erläutert, die sich bei der Untersuchung der Sekundärelektronenemission ergeben. Besonders geeignet erscheint das Gerät für biologische Präparate (wegen seiner hohen Tiefenschärfe und der einfachen Probenvorbereitung) und für Halbleitermaterialien.

Der Röntgenanalysator, dessen Wirkungsweise erklärt wird, dient zur röntgenspektrochemischen Untersuchung von Festkörpern und ist zur Ergänzung der Röntgenfluoreszenzgeräte in Richtung leichter Elemente gedacht. Unterschiede gegenüber diesen Geräten werden aufgezeigt und ebenfalls einige Beispiele aufgeführt.

Summary

After explaining the mode of operation of the raster electron microscope, several of the many application possibilities are exhibited, by means of examples, that appear in the study of the secondary electron emission. The device appears to be especially well suited for biological preparations (because of its high depth of focus and the simple preparation of the sample), and for semi-conducting materials.

The roentgen analyzer, whose operation is explained, serves for the roentgen-spectrochemical study of solid bodies and is designed to supplement the roentgen fluorescence devices. Differences with respect to these types of equipment are brought out and several examples are given.

Cameca, Frankreich, 103, Bd. St.-Denis, Courbevoie/Seine

Studie und Anwendung eines kombinierten Gerätes „Mikrosonde-Elektronenmikroskop“ *

Von

J. M. Rouberol, M. Tong, C. Conty und **P. Deschamps**

Mit 8 Abbildungen

(Eingegangen am 23. Dezember 1966)

Die Anwendung der Elektronensonde auf das Abdruckverfahren in der Metallkunde und die Analyse dünner Schnitte in der Biologie stößt auf Schwierigkeiten einerseits wegen des schwachen Auflösungsvermögens des optischen Mikroskops (das theoretische Auflösungsvermögen unserer Mikrosonde beträgt 0,7 Mikron im gelben Licht) und andererseits wegen des schlechten Reflexionsvermögens dieser Präparate. Es ist nämlich nicht leicht, die vorher mit Hilfe des Elektronenmikroskops untersuchten Einschlüsse oder Niederschläge im Metall mit Präzision unter die Mikrosonde zu bringen. Wie *P. Duncumb*[1] zeigt, soll man also die Kombination „Mikrosonde-Elektronenmikroskop“ gebrauchen.

Deshalb haben wir für die Mikrosonde Cameca MS 46 ein Elektronenmikroskop entwickelt, das in der Mikrosonde unter dem Objektiv an Stelle der Objektkammer liegt.

Die Abb. 1 zeigt die allgemeine Anordnung: ein Paar Linsen (Objektiv und Projektiv) ersetzt die Objektkammer. Unter dem Projektiv befindet sich der Fluoreszenzbeobachtungsschirm und unter diesem liegt die Plattenkamera.

Ein Arm, dessen verjüngtes äußeres Ende zwischen die zweite Verkleinerungslinse der Mikrosonde und das Objektiv des Mikroskops reicht, trägt das Objekt. Außer den zwei Bewegungsrichtungen X und Y ist eine Bewegung in der Z-Richtung möglich, die es erlaubt, das Präparat auf den Rowlandkreis des Spektrometers zu bringen. Das Objektiv des

* Vortrag anläßlich des Kolloquiums uber metallkundliche Analyse mit besonderer Berücksichtigung der Elektronenstrahl-Mikroanalyse, Wien, 25. bis 27. Oktober 1966.

Mikroskops besitzt eine zentrierbare Blende. Diese ist auf ein Rohr montiert, das in die Öffnung des unteren Polschuhs ragt. Zu diesem Rohr gehört ein glockenförmiger Teil, der sich zwischen den Polschuhen des Objektivs bewegt.

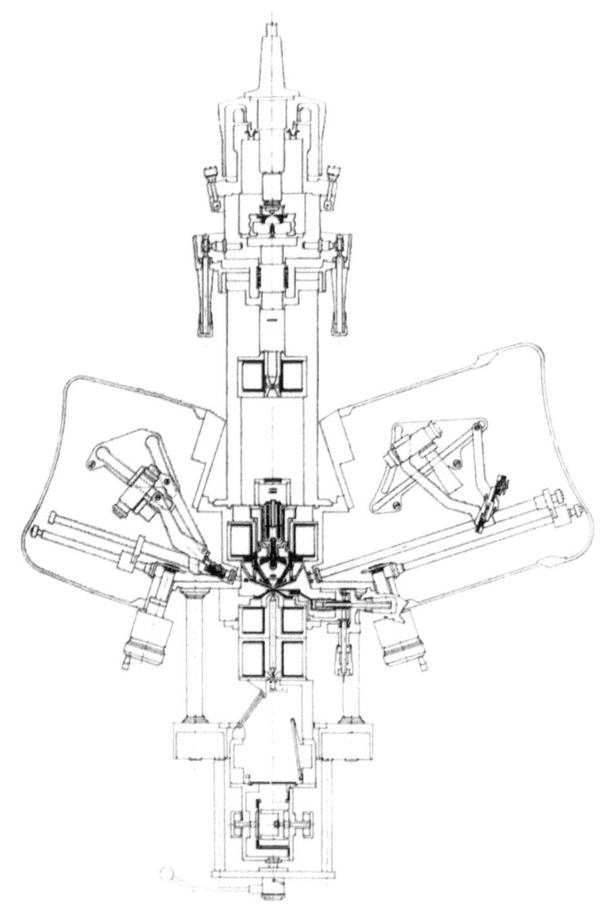

Abb. 1

Abb. 2 ist eine Allgemeinansicht des Mikroskops. Die Forderung, das Beobachtungsfenster in der Nähe des Tisches mit der Mikrosonde anzubringen, hat uns dazu geführt, ein Mikroskop mit zwei Linsen von ziemlich kurzer Brennweite zu bauen. Man könnte daher annehmen, die Resultate dieses Apparates seien ganz unbedeutend im Vergleich zu denen der modernen Elektronenmikroskope. Jedoch seine direkte 8000fache Vergrößerung und die bei 100 Å liegende Grenze des Auflösungsvermögens genügen vollauf, um die Aufgaben der Mikroanalyse dünner Schichten zu lösen.

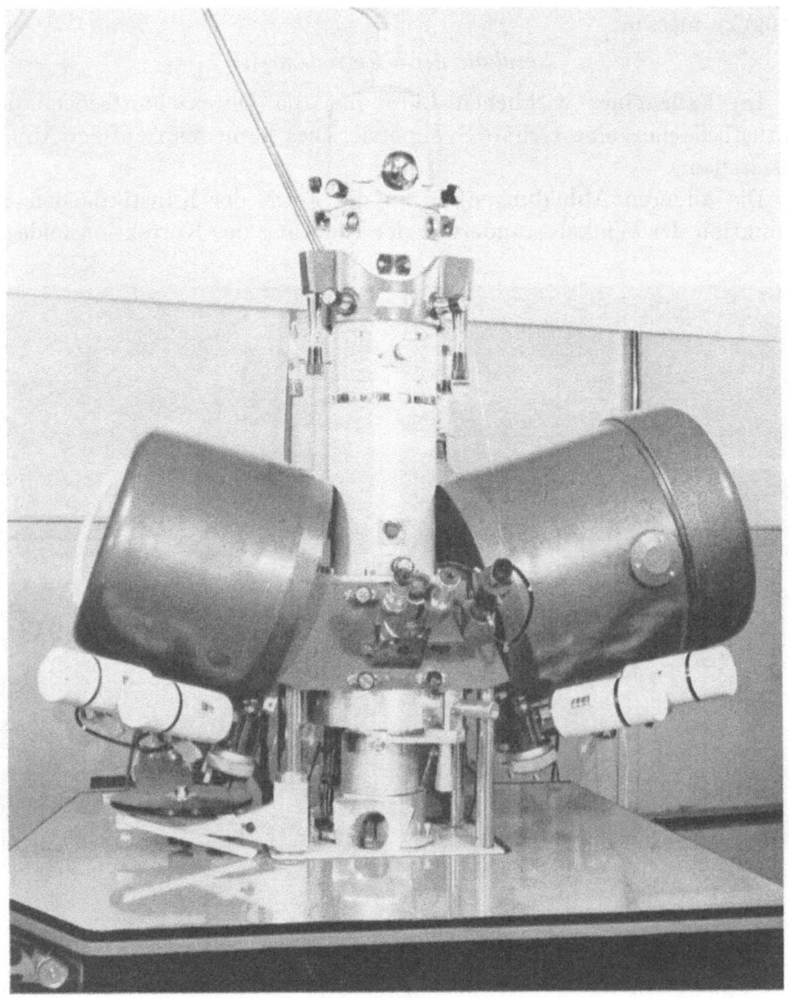

Abb. 2

Das Hinzufügen eines Stigmators würde das Auflösungsvermögen bestimmt bis auf 20 Å verbessern. Wir weisen hier darauf hin, daß *Duncumb* ebenfalls ein Auflösungsvermögen von 100 Å erreichte.

Das Ganze, „Kondensor + Objektiv" der Mikrosonde, arbeitet vom Mikroskop aus gesehen wie ein Doppelkondensor. Wenn man den Elektronenstrahl defokussiert, kann man das Objekt beleuchten und sein Bild auf dem Schirm beobachten. Wenn man aber den Elektronenstrahl fokussiert, visiert man die zu analysierende Zone.

Da wir ein vergrößertes Bild des Strahls zur Verfügung hatten, war es interessant, seine charakteristischen Größen (Durchmesser, Astigmatismus) zu messen.

Resultate der Elektronenoptik

Im Falle einer wirklichen Linse hat die Durchschnittsebene der Kaustikflächen eine ternäre Symmetrie. Dies kann man auf der Abb. 3 feststellen.

Die anderen Abbildungen zeigen die Form der Kaustikflächen als Funktion der Winkelveränderung der Richtung des Korrektionsfeldes.

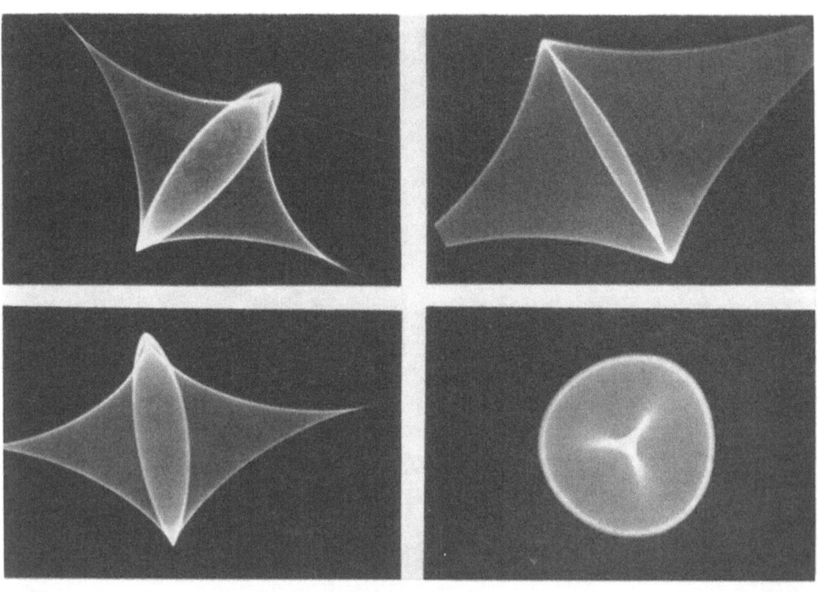

Abb. 3

Messung des Strahldurchmessers

Statt einer sensitometrischen oder visuellen Methode bevorzugten wir folgende Einrichtung, um den Strahldurchmesser zu bestimmen (Abb. 4).

Eine Blende von 400 Mikron wird in einer Öffnung des Fluoreszenzschirmes angebracht und ein darunter befindlicher Faradayzylinder wird mit Hilfe eines schnellen Nanoamperemeters an einen Kathodenstrahloszillographen angeschlossen. Das Abtasten des Oszillographen ist mit dem der Sonde synchron.

Abb. 5*a* zeigt die Verteilungskurve der Stromstärke der Sonde (Beschleunigungsspannung der Elektronen 30 kV, Stromstärke 100 nA, Objektivblende der Sonde 200 Mikron). Wir stellten fest, daß die Kurve die Form einer Gaußschen Kurve hat, und daß der Durchmesser des Elektronenstrahls weniger als 0,8 Mikron beträgt (eine Teilung am

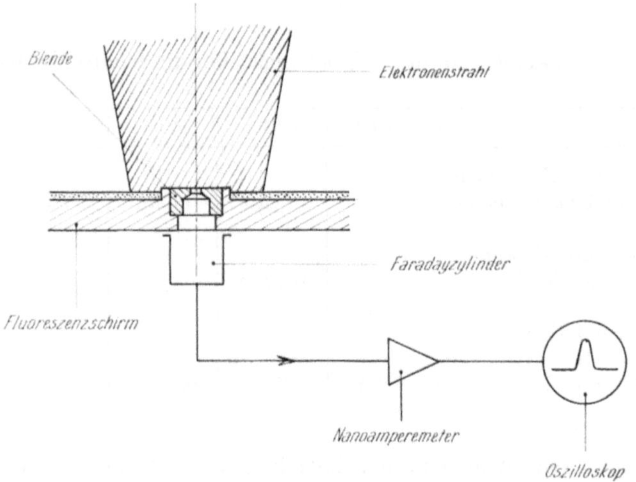

Abb. 4

Oszillographenschirm ist gleich 0,4 Mikron). Abb. 5*b* zeigt, daß die Größenordnung des Gaußschen Durchmessers um 0,2 Mikron liegt (bei gleichen Bedingungen). Da der Verlauf der Kurve dem der vorhergehenden ähnelt, scheint es, daß fast die gesamte Stromstärke des Strahls in

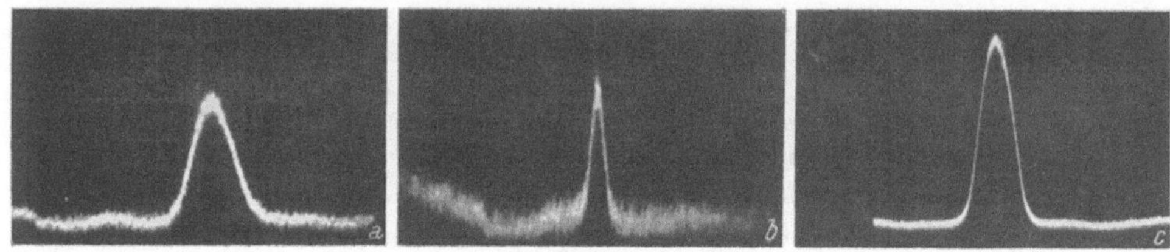

Abb. 5

den Gaußschen Durchmesser strömt. In einigen sehr bestimmten Fällen (Analyse feiner Niederschläge in einer Matrix, welche von der Matrix verschiedene Elemente enthalten), wäre es also gut, den Gaußschen Durchmesser zu gebrauchen.

Es ist übrigens wahrscheinlich, daß der Bedienungsmann, der das elektronische Bild auf dem Schirm des Oszilloskops einstellt, den Gaußschen Durchmesser gebraucht. Die Anwendung einer Anodenblende von 100 Mikron erlaubt noch eine Verringerung des Strahldurchmessers, wie es Abb. 5*c* zeigt. Man sieht, daß sich der Strahldurchmesser von 0,8 Mikron auf 0,6 Mikron verkleinert. Mit diesen Bedingungen erreicht man praktisch die theoretische Brillanz.

Die folgende Tabelle gibt einen Überblick über die erhaltenen Resultate:

	250 nA	100 nA	50 nA	5 nA	1 nA
Durchmesser d. Elektronenstrahls mit Objektivblende		0,8 μm	0,6 μm	0,3 μm*	0,25 μm*
Gaußscher Durchmesser (ohne Objektivblende)		0,2 μm			
Durchmesser d. Elektronenstrahls mit Objektivblende und Anodenblende	1 μm	0,6 μm	0,4 μm		

Folgende zwei Anmerkungen beziehen sich auf diese Zahlen:

1. Die Angaben sind um 0,08 Mikron zu hoch, da die Größe der Öffnung des Faradayzylinders gegenüber dem Strahldurchmesser nicht vernachlässigt werden darf. Die Kurve ist also um 0,08 Mikron erweitert (das ist: der Blendendurchmesser [= 400 Mikron] dividiert durch die Vergrößerung 5000). Also hat man bei 100 nA und 30 kV einen Elektronenstrahldurchmesser von 0,72 Mikron.

2. Die niedrigeren, mit einem Sternchen versehenen Zahlen haben wir durch Abschätzen des Strahldurchmessers auf dem Fluoreszenzschirm erhalten. Diese Zahlen scheinen übrigens mit den anderen Resultaten übereinzustimmen.

Die Möglichkeit, geringe Strahldurchmesser mit geringer Intensität zu verwenden, ist oft sehr interessant. Es ist zu bemerken, daß die Empfindlichkeit des Spektrometers in den letzten Jahren außergewöhnlich zugenommen hat. Es ist zum Beispiel sehr häufig, daß man mit einem Quarz $(10\bar{1}1)$ auf der $K\alpha_1$-Linie des Kupfers bei 30 kV und 100 nA 50.000 Impulse/sec erhält, oder mit einem KAP-Kristall auf der $K\alpha_1$-Linie des Siliciums bei 20 kV und 100 nA 60.000 Impulse/sec.

Außerdem erlaubt die Schaltung eines Vorverstärkers zwischen Probe und dem schnellen Nanoamperemeter, elektronische Bilder auch mit geringer Stromstärke zu erhalten.

Anwendungen

Abb. 6 zeigt eine dünne Schicht elektrolytisch polierten Aluminiums. Man sieht Extinktionskonturen und Streifen gleicher Dicke. Dieses im

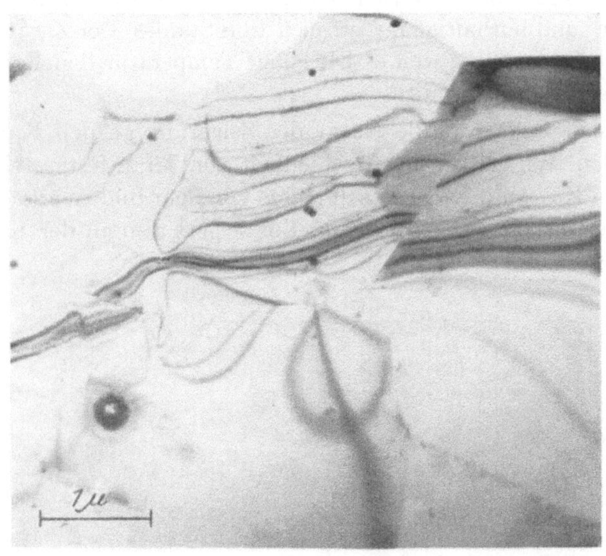

Abb. 6

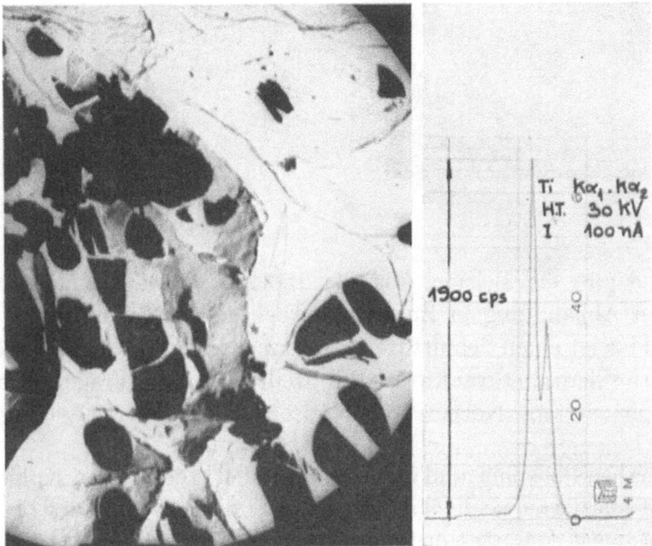

Abb. 7

Aspekt sehr klassische Bild zeigt trotzdem, daß es möglich ist, dünne Schichten bei 40 kV zu beobachten, wenn sehr sorgsam poliert wurde. Wir müssen jedoch hinzufügen, daß Aluminium ein sehr geeignetes Material ist.

Abb. 7 zeigt einen Abdruck einer intergranularen Bruchoberfläche eines titan- und borhaltigen, rostfreien 18/8 Stahles. Der Zusatz von Bor ist deshalb interessant, weil es bei hoher Temperatur den Kriechwiderstand dieses Stahles erhöht.

In diesem Falle war die Natur der Seigerung an den Korngrenzen festzustellen. Wir haben die Anwesenheit von Titan festgestellt, dessen registrierte $K\alpha_1$- und $K\alpha_2$-Spitzen rechts von dem Bild zu erkennen sind, und wir haben auch Bor gefunden. Bor seigert also an der Korngrenze mit Titan.

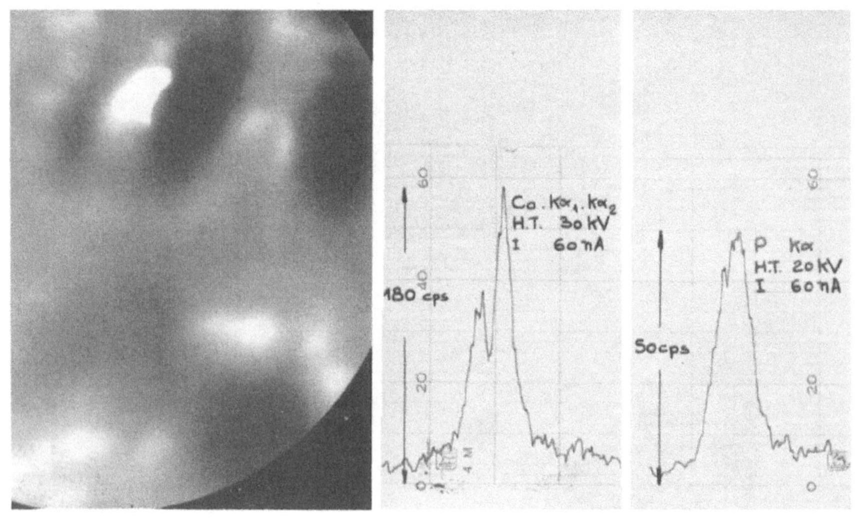

Abb. 8

Abb. 8 gibt ein Beispiel aus der Biologie, das aus einer mehr allgemeinen Abhandlung in Zusammenarbeit mit *Galle*[2] herrührt. Dieses Mikrobild zeigt einen Schnitt durch eine menschliche Herzkranzader, die an Arteriosklerose erkrankt ist. Wir stellten uns die Frage, ob die von uns beobachteten Körperchen Hydroxyapatit oder Carbonatapatit waren.

Wir haben Phosphor und Calcium gefunden; aber keinen Kohlenstoff. Dies läßt uns darauf schließen, daß die in Frage kommenden Körperchen Hydroxyapatit sind, da sonst ein ziemlich großer Gehalt an Kohlenstoff zu erwarten wäre.

Die mit diesem Gerät erhaltenen Ergebnisse zeigen seine Anwendungsmöglichkeiten: die Analyse feiner Einschlüsse in den Zellen sowie die Analyse der verschiedenen Phasen der Niederschläge mit Hilfe des Abdruckverfahrens.

Die Beschleunigungsspannung von 40 kV begrenzt jedoch die Beobachtungsmöglichkeit bei dünnen metallischen Schichten; nur leicht zu polierende Stoffe oder durch Verdampfen erhaltene Schichten lassen sich durch Durchstrahlung beobachten.

Das von uns beschriebene Mikroskop ist ein Prototyp; die endgültige Fassung wird verschiedene Verbesserungen erhalten, die den Gebrauch erleichtern.

Zusammenfassung

Bei der Analyse von Abdrucken metallischer Proben oder bei biologischen Proben kann man den Elektronenstrahl mit Hilfe des optischen Mikroskops der Sonde nicht genau auf Einschlüsse oder Niederschläge einstellen. Um dieser Schwierigkeit zu begegnen, haben wir ein Elektronenmikroskop für das Cameca-Gerät konstruiert. Es besteht aus zwei Linsen, einem Objektiv und einem Projektor, liefert eine 8000fache Vergrößerung und hat ein Auflösungsvermögen von 100 Å. Wir haben damit die physikalischen Charakteristiken der Mikrosonde (Astigmatismus, Durchmesser) gemessen. Anwendungsbeispiele aus Metallurgie und Biologie zeigen die Vorteile des Gerätes.

Summary

In the particular case of replicate analysis or a biological sample, the optical microscope of the microsonde does not permit the accurate localization of the sonde on the inclusions or precipitates observed prior to the examination under the electron microscope. To remedy this disadvantage, we have constructed in our laboratories an electron microscope for the Cameca MS 46 microsonde. This microscope, composed of two lenses, an objective and a projector, permits us to obtain a magnification of 8000 on the plate and has a resolving power of 100 Å.

With the aid of this electron microscope, we have measured the physical characteristics of the sonde (astigmatism, diameter). The possibilities of this instrument are illustrated with respect to its application by examples taken from the fields of metallurgy and biology.

Résumé

Dans le cas particulier de l'analyse sur réplique ou échantillon biologique, le microscope optique de la Microsonde ne permet pas de localiser avec précision la sonde sur les inclusions ou précipités observés au préalable au microscope électronique.

Pour remédier à cet inconvénient, nous avons construit dans nos laboratoires pour la Microsonde Cameca MS 46 un microscope électronique. Ce microscope, composé de deux lentilles, un objectif et un projecteur, permet d'obtenir un grossissement de 8.000 sur plaque et un pouvoir de résolution de 100 Å.

A l'aide de ce Microscope électronique, nous avons mesuré les caractéristiques physiques de la sonde (astigmatisme, diamètre). Des exemples d'application, tant en métallurgie qu'en biologie, illustrent les possibilités de cet appareil.

Seit Abschluß dieser Arbeit ist es den Autoren gelungen, eine Sonde mit einem Durchmesser von 1 Mikron und einer Anodenblende von 50 Mikron zu konstruieren, bei der die Intensität des Strahlenbündels 6.10^{-7} Å bei 30 kV beträgt. Anderseits erhält man mit dem handelsüblichen Elektronenmikroskop eine 10.000fache Vergrößerung auf der photographischen Platte und ein Auflösungsvermögen von 50 Å mit Hilfe eines elektrischen Stigmators.

Literatur

[1] *P. Duncumb,* Technical Report No 182 — Tube Investments — Hinxton Hall, Oktober 1964.

[2] *P. Galle,* Thèse Paris 1965.

Institut für Material- und Festkörperforschung, Kernforschungszentrum Karlsruhe

Abhängigkeit des Röntgenspektrums von chemischer Bindung und Struktur *

Von

R. Theisen * *

Mit 4 zum Teil farbigen Abbildungen

(Eingegangen am 23. Dezember 1966)

1. Einleitung

Die Energieänderungen der Elektronen der äußeren Schalen, insbesondere der Valenzelektronen beim Einbau in einen Molekül- oder Kristallverband, sind im Vergleich zur Energie der Röntgenstrahlen sehr klein. Deshalb werden für diese Untersuchungen geeignete Meßordnungen bei Primär- oder Sekundäranregung mit besonders konstruierten Doppelkristallspektrometern verwendet.

Das Auflösevermögen der meist voll fokussierenden Vakuumspektrometer kann bei der quantitativen Elektronenstrahl-Mikroanalyse der Elemente der zweiten und dritten Periode eine unerwünschte zusätzliche Korrektur erforderlich machen. Andererseits ist die Dispersion der Spektrometer bei richtiger Auswahl der experimentellen Bedingungen und des geeigneten Monochromatorkristalls ausreichend für Studien über die Verschiebung der langwelligen Röntgenlinien durch Valenz oder Kristallfeldeffekte.

Die wesentlichen Vorteile der Anwendung eines Elektronenstrahl-Mikroanalysators basieren auf dem extrem geringen Emissionsvolumen der Probe sowie auf der neueren Entwicklung von Pb-Stearat-Monochromatoren für Geräte mit Primäranregung.

---

* Vortrag anläßlich des Kolloquiums über metallkundliche Analyse mit besonderer Berücksichtigung der Elektronenstrahl-Mikroanalyse, Wien, 25. bis 27. Oktober 1966. — Diese Untersuchungen wurden im Rahmen des Assoziationsvertrages zwischen der Europäischen Atomenergiebehörde (Euratom) und dem Kernforschungszentrum Karlsruhe über Entwicklung von schnellen Brutreaktoren durchgeführt.

** Euratom, Brüssel.

Phasengleichgewichte in extrem dünnen Diffusions- oder Oberflächenschichten sowie in feinkörnigen Gemischen, von Elementen der zweiten Periode bis zu den schwersten Elementen, können durch die Linienverschiebung des langwelligen Röntgenspektrums charakterisiert werden.

2. Versuchsdurchführung

Die absolute Bestimmung der Wellenlänge der Röntgenemissionslinien erfordert einen erheblichen instrumentellen Aufwand, insbesondere für Temperaturkonstanz und Monochromatorjustierung.

Hingegen sind relative Bestimmungen der Wellenlängenverschiebung vom reinen Element und den zu untersuchenden Verbindungen durch Messung der Änderung des Reflexionswinkels leicht durchzuführen.

Die für die Mikroanalyse unbedingt erforderliche Verbesserung der elektrischen und thermischen Leitfähigkeit bei Keramik und Mineralien durch eine ca. 50 bis 100 μm dicke metallische Aufdampfschicht wird bei den Untersuchungen über Wellenlängenverschiebung sinnvoll so ausgewählt, daß die Interferenz einer Emissionslinie dieses Metalls als invariable Bezugsgröße benutzt werden kann.

Für die Untersuchungen über die Verschiebung der Si-Kβ-Linien, λ-Si-K$\beta = 6{,}7530$ Å, wurde eine Goldaufdampfschicht und die Au-Mα_1-Interferenz als Referenz benutzt; für die Verschiebung der Al-Kα-Linien kann unter anderem eine Nickelschicht und die NiKα_V-Linie verwendet werden. Ein zusätzlicher Vorteil der Schutzschichten ist die Vermeidung einer chemischen Oberflächenreaktion in der Mikrosonde zwischen den Zersetzungsprodukten (Kontamination) der Öldämpfe der Diffusionspumpe und der frisch polierten Probenoberfläche.

In dem von uns leicht veränderten Cameca MS 46 werden als Monochromatoren Quarzkristalle mit den Reflexionsebenen $11\overline{2}0$ ($d = 2{,}451$ Å), $10\overline{1}1$ ($d = 3{,}343$ Å) und $10\overline{1}0$ ($d = 4{,}246$ Å), Glimmer ($d = 9{,}96$ Å), Gips ($d = 7{,}578$ Å), KAP ($d = 13{,}3$ Å) und Bleistearat ($d = 50{,}0$ Å) verwendet. Zur Erreichung der notwendigen Statistik wurden die Spektrometer durch einen elektrischen Synchronmikromotor mit einer gleichmäßigen Geschwindigkeit von ca. $1{,}6 \cdot 10^{-3}$ Å/Minute bis $4{,}0 \cdot 10^{-4}$ Å/Minute, je nach Monochromatorkristall, abgerastert und die Intensität der Röntgenstrahlung mit einem Schreiber registriert.

Die Auswahl des Analysatorkristalls ist deshalb wichtig, weil mit der Vergrößerung des Abstandes zwischen Monochromator und Strahlungsdetektor das Auflösevermögen des Spektrometers zunimmt. Eine weitere Erhöhung der Dispersion erreicht man durch optimales Ausblenden des Analysatorkristalls und des Eintrittsfensters des Zählrohrs. Dazu wird mittels einer Schneidenblende die effektive Fläche des gebogenen Kristalls an den beiden Enden, die meist von der Fabrikation aus einen unregelmäßigen Gitteraufbau zeigen, abgeschirmt.

Im Rahmen der zulässigen Intensitätsverringerung wird die Öffnung des Eintrittsfensters des Strahlendetektors auf ein Minimum reduziert. Bei Anwendungsbeispielen, bei denen die geometrische Auflösung des Emissionsvolumens keinen gegensätzlichen Beschränkungen unterworfen ist, sollte deshalb für Bestimmungen der Linienverschiebung wegen der erreichbaren Intensitätserhöhung eine Elektronenbeschleunigung von 8- bis 10mal der kritischen Anregungsspannung der Röntgenlinie verwendet werden.

Unter diesen Voraussetzungen lassen sich die Aluminium-Kα_1- und -Kα_2-Linien mit den Wellenlängen $\lambda = 8{,}33934$ Å und 8,34173 Å selbst mit dem relativ ungünstigen Glimmerkristall vollständig trennen; die Grenze des Auflösungsvermögens dürfte in den meisten Fällen bei etwa 0,0002 Å liegen.

3. Ergebnisse

Für die nachfolgend erwähnten Untersuchungen und zur Kontrolle unserer Versuchsanordnung wurden die von *E. W. White*[1, 2] und *Brindley*[3] veröffentlichten Werte der Wellenlängenverschiebung der Aluminium-Kα_1- und der Silizium-Kβ-Linie an verschiedenen Aluminiumoxid- und Silikatverbindungen überprüft.

Die in Abb. 1 graphisch dargestellten Werte der Wellenlängenveränderung der Aluminium-Kα_1-Linie bestätigt eindeutig die Messungen von *Brindley* und den eindeutigen Einfluß der Koordinationszahl gegenüber den umgebenden Sauerstoffatomen. Das teilweise Zurückfallen des Kaolinits von der Viererkoordination auf die Sechserkoordination nach einer zweistündigen Wärmebehandlung von 1024° C ist im Einklang mit den Kenntnissen der Reaktivität und Stabilität dieser Mineralien, genauso wie der kleinere, aber reproduzierbare Kristallfeldeffekt zwischen Natriumfeldspat und dem Kalifeldspat Adular. Abb. 1*b* zeigt die Verschiebung der Kα_1-Linie vom Metall zum Oxid (Al_2O_3) sowie die Veränderung der Intensität der α'-Satellitenlinie sowie der α_3-, α_4-Satellitengruppe.

Die Verschiebung der Si-Kα_1-Linie durch Valenzänderung kann mit der beschriebenen Methode nicht mehr ermittelt werden.

Bei Erregung der Si-Kβ_1-Linie ($M_{II,\,III}$ — K) werden die Valenzelektronen direkt betroffen und neu verteilt, so daß bei verschiedenen Silikaten ein besonders deutlicher Effekt erwartet werden kann. Die Ergebnisse zeigen, daß die Si-Kβ_1-Linie größenordnungsmäßig in der Reihenfolge folgender Faktoren beeinflußt wird:

a) Koordinationszahl gegenüber den Sauerstoffatomen

Vom Si-Metall zur Viererkoordination im Quarzkristall beträgt die Wellenlängenänderung 0,014 Å; zur Sechserkoordination in Stichovite 0,010 Å.

b) Zunehmender Ionenradius des Additionspartners

Die Verschiebung vom Natronglas DGG 3 zum Kaliglas VAL 81 beträgt 0,003 Å.

c) Ordnungszustand des kristallographischen Aufbaus

Die Verschiebung vom Quarzglas zum Kristall beträgt etwa 0,001 Å.

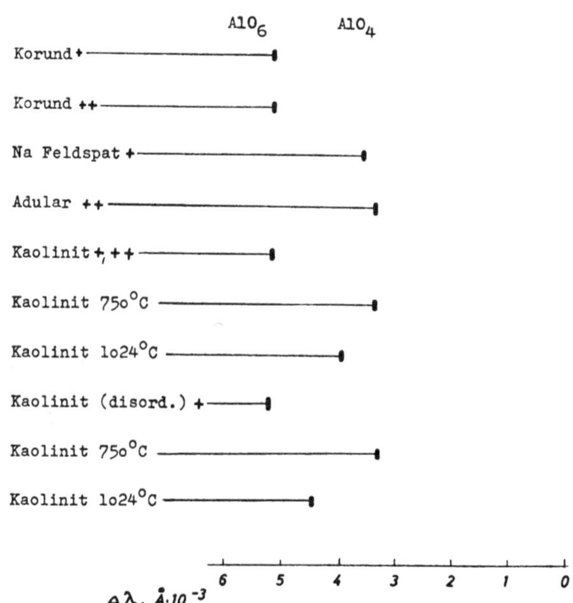

Abb. 1*a*. Al-Kα-Wellenlängenverschiebung in Abhängigkeit von chemischer Bindungsart
+ Werte von *Brindley* und *McKinstry*
++ eigene Werte

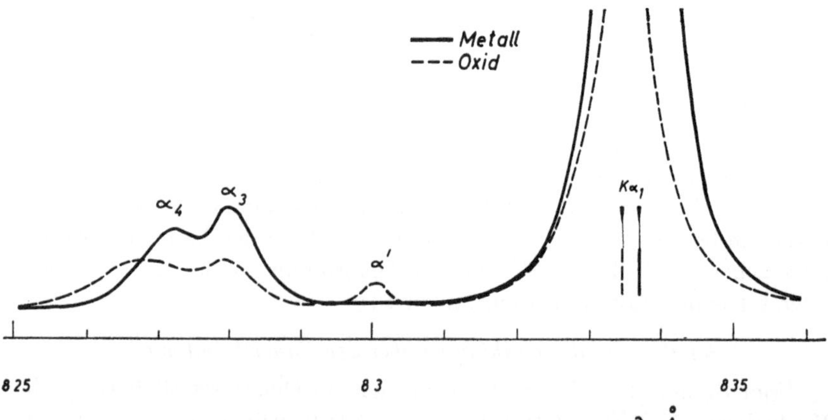

Abb. 1*b*. Verschiebung der Aluminium-Kα-Linien vom Metall zum Al_2O_3 (Glimmer-Kristall)

Die nur in der Mikrosonde erreichbare geometrische Auflösung und Lokalisierung des Emissionsvolumens sind in den zwei folgenden Anwendungsbeispielen eine notwendige Voraussetzung.

Durch mikroanalytische Punktanalyse konnte die chemische Zusammensetzung der nur 5 bis 40 μm dicken attischen Schwarzmalschicht, der Intentional-Red-Malschicht und des Scherbens quantitativ untersucht werden[4]. Abb. 2 zeigt eine aus gebranntem Ton hergestellte, schwarz-rot-figurige, panathenaische Preisamphore von 490 bis 480 v. Chr. Die Schwarzmalschicht enthält mehr Kalium und mehr Eisen als die Scherbenmasse, während der Siliziumgehalt fast der gleiche ist. Die Intentional-Red-Schicht enthält erhebliche Mengen an Eisen, aber sehr wenig Kalium (Abb. 3). Wahrscheinlich wurde für den Schwarzmalschlicker eisenhaltiger illitischer Ton und für den Intentional-Red-Schlicker ein eisenhaltiger kaolinitischer Ton fein ausgeschlämmt. Für die Scherben wurde ein kalkhaltiger Ton verwendet.

Die in Tabelle 2 dargestellten Wellenlängenverschiebungen der Al-Kα_1-Linie gegenüber der Linienlage bei metallischem Aluminium rechtfertigen in guter Übereinstimmung mit der chemischen Zusammensetzung und der Farbtönung die Annahme, daß in der Schwarzmalschicht das Eisen als Eisenaluminiumspinell, Hercynit (mit teilweisem Rückfall zur Sechserkoordination) im reduzierenden Brand schon bei ca. 950° C dicht sinterte, wobei sicher der hohe Kaliumgehalt als Flußmittel wirkte. Diese Annahme wurde durch Röntgenfeinstrukturbestimmung an neueren Reproduktionen nach *A. Winter* bestätigt[5].

Tabelle 2. Wellenlängenverschiebung der Al-Kα_1-Linie in Tonmineralien und antiker Keramik im Vergleich zum metallischen Aluminium

	$\Delta\lambda$ Al Kα_1
Metakaolin (750° C)	−0,0035
Scherben	−0,0035
Intentional-Red-Malschicht	−0,0035
Hercynit, gegluht bei 950° C	−0,0045
Schwarze Malschicht	−0,0045
Korund	−0,005

Im Intentional Red und im Scherben hingegen bewirkt Fe_2O_3 im teilweise porösen kaolinitischen Ton die rote bis terrakottarote Färbung.

Das Alter von Aubrit-Meteoriten kann durch die Isotopenzusammensetzung der Edelgasgehalte auf 40 bis 50 Jahrmillionen geschätzt werden[6]. *Grögler* u. a. haben nach chemischer Ätzung der Oberflächen von feingepulverten Khor-Temiki-Meteoritteilen und nach anschließender

Edelgasbestimmung im Massenspektrometer festgestellt, daß die Konzentration der Urgase in der Oberflächenschicht von weniger als 1 μm um ein Vielfaches angereichert ist.

Da sich die Struktur dieses Aubriten in der Aufsichtmikroskopie wegen des nur wenig verschiedenen Reflexionsvermögens nicht erkennen läßt, wurde der Elektronenstrahl vor der Analyse absichtlich auf

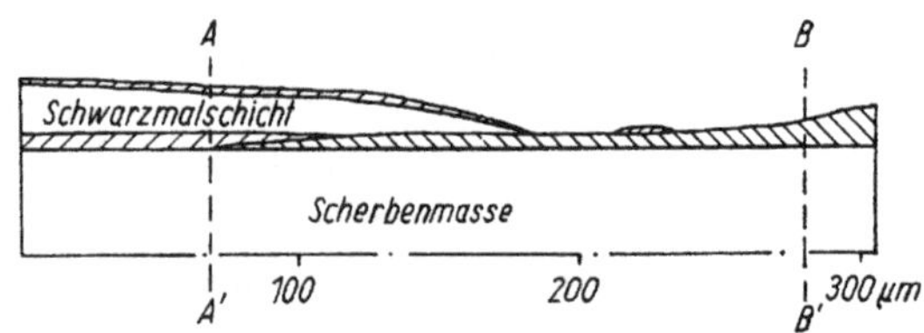

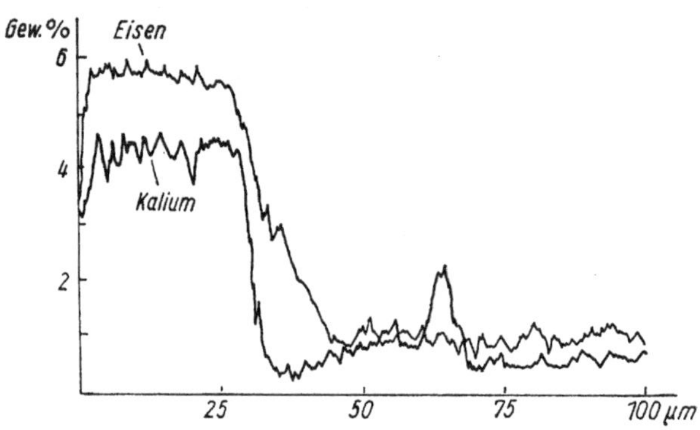

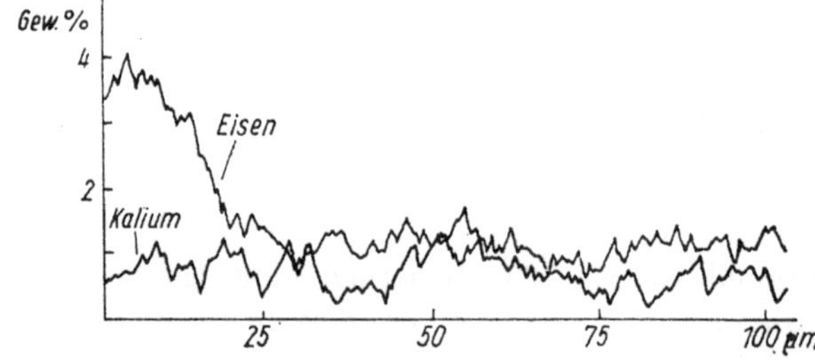

Abb. 3. Intentional-Red-Scherben-Querschnitt durch Malschichten und Scherbenübergang Schwarzmalschicht-Intentional-Red

einen Durchmesser von mehreren hundert μm vergröbert, um mit dem dem Elektronenstrahl koaxial verlaufenden Mikroskop das in Abb. 4 gezeigte Kathodolumineszenzbild aufzunehmen. Die Verschiebung der

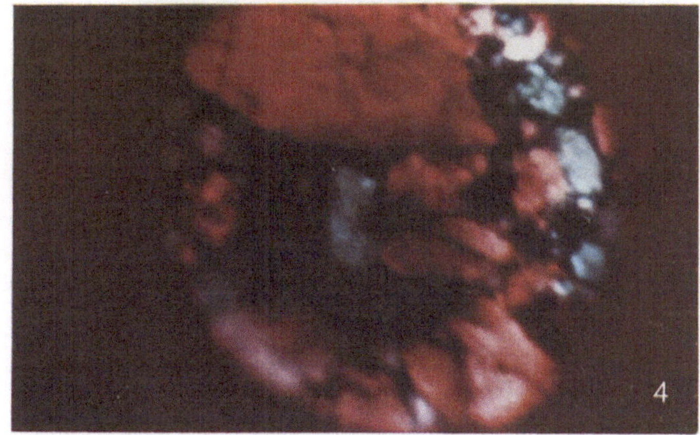

Abb. 2. Schwarz-rot-figurige panathenaische Preisamphore
Abb. 4. Kathodenlumineszenzbild des Khor-Temiki-Meteoriten

Si-Kβ-Linie von der äußeren Randzone zum Zentrum läßt darauf schließen, daß die Struktur der Randzone durch äußere Einwirkung stark beeinflußt wurde.

Der Ursprung dieser typischen Spaltgase (Helium, Neon, Xenon) dürfte, wegen der Tiefe der Strukturumwandlung, in einer energiereichen Strahlung während der Urzeiten vor der Agglomerierung der einzelnen Körner liegen.

Tabelle 3. Wellenlängenverschiebung der Si-Kβ-Linie bei der Untersuchung des Khor-Temiki-Meteoriten im Vergleich zum metallischen Silizium

	$\Delta\lambda$SiKβ
Enstatite	+0,013
Enstatite amorph	+0,012
Khor Temiki (Kornzentrum)	+0,013
Khor Temiki (Randzone)	+0,012

Die Verschiebung der Wellenlänge und die Veränderung der Röntgenspektren kann bis zu den schwersten Elementen verfolgt werden.

Als Zusatzbestimmung für die experimentell sehr schwierigen Untersuchungen über das Gleichgewichtsdiagramm U-UO_2 wurden die Wellenlängenverschiebungen der Uran-M- und N-Strahlungen untersucht.

Für die Uran-$O_{IV}-N_{VI}$-Linie, $\alpha = 42{,}08$ Å, wurde ein Bleistearatanalysatorkristall und für die intensivste N-Linie $N_{II}-P_I$, $\lambda = 10{,}38$ Å, ein Glimmerkristall verwendet.

Obschon wegen der Beeinflussung der äußeren Elektronenschalen bei der N-Strahlung ein deutlicher Einfluß der Oxydationsstufen zu erwarten war, sind diese Untersuchungen wegen der experimentell ermittelten Linienbreite sogar qualitativ schlecht auswertbar.

Hingegen kann die Verschiebung der Uran-Mβ-Strahlung bei $\lambda = 3{,}716$ Å sowie der beiden kurzwelligen Satelliten mit einem Quarzanalysator $10\bar{1}0$ verfolgt werden. Die Satellitenlinien treten besonders intensiv im unterstöchiometrischen Uranoxid auf und liegen bei $UO_{1,90}$ bei etwa $\lambda = 3{,}706$ Å und 3,697 Å.

Zusammenfassung

Die Verschiebung der langwelligen Röntgenlinien durch Änderung der Ionenladung, der chemischen Bindung und der strukturellen Veränderung durch äußere Einflüsse, wie Wärmebehandlung oder Bestrahlung, kann auch in feinkörnigen Aggregaten und Legierungen mit dem Elektronenstrahl-Mikroanalysator bis zu den schwersten Elementen verfolgt werden.

Als Beispiele werden Verschiebungen der Al-Kα-Strahlung in dünnen Malschichten griechischer Keramik, eine Verschiebung der Si-Kβ-Linie in einem kosmischer Strahlung unterworfenen Chondriten sowie die Veränderung der Uran-Mβ-Strahlung in Abhängigkeit von der Stöchiometrie von Uranoxiden angegeben.

Summary

The shift of the long wave roentgen rays by change of the ionic charge, the chemical bonding and the structural modification by external influences such as thermal treatment or irradiation can be followed by means of the electron beam microanalyzer to as far as the heaviest elements even in fine-grained aggregates and alloys. As examples there are cited shifts of the Al Kα radiation in thin painted pictures on Greek ceramic articles, a shift in the Si Kα line in chondrites subjected to cosmic irradiation, and also the modification of the uranium Mα radiation in dependence on the stoichiometry of uranium oxides.

Literatur

[1] *E. W. White, H. McKinstry* und *R. Roy,* Annual Meeting Geol. Soc. Univ. Houston (1962).

[2] *E. W. White,* Proc. Conf. X-Ray Analysis Denver (1958).

[3] *G. W. Brindley* und *H. McKinstry,* J. Amer. Ceram. Soc. **44**, 10, 506 (1961).

[4] *U. Hofmann* und *R. Theisen,* Z. anorg. Chem. **341**, 3 (1965).

[5] *U. Hofmann, R. Theisen* und *Y. Yetmen,* Ber. dtsch. Keram. Ges. **43,** 581 (1966).

[6] *N. Grögler, P. Eberhardt* und *J. Geiss,* J. Geophys. Res. **70,** 17, 4357 (1965).

Metallwerk Plansee AG., Reutte, Tirol

Über das Verhalten von Silicium in Molybdän*

Von

E. Lassner und **R. Püschel**

Mit 20 Abbildungen

(Eingegangen am 23. Dezember 1966)

Es dürfte nicht allgemein bekannt sein, daß Silicium eine der Hauptverunreinigungen im technischen Molybdän darstellt. Je nach dem Herstellungsverfahren, nach dem man das als Ausgangsprodukt dienende Molybdäntrioxid gewinnt, schwankt der Siliciumgehalt etwa zwischen 30 und 200 ppm. Durch naßchemische Verfahren gereinigtes Oxid weist durchwegs niederere Siliciumgehalte auf als durch Sublimation gewonnenes.

Aus der Literatur ist bis heute nichts über den Einfluß kleinerer Mengen Silicium auf die mechanischen Eigenschaften und auf die Verarbeitbarkeit von Molybdän bekannt geworden. In der Praxis scheint es so, als ob erhöhte Siliciumgehalte bei bestimmten Arten der Verarbeitung Schwierigkeiten hervorrufen würden. Gewissen Molybdänsorten setzt man zur Erhöhung der Rekristallisationsfestigkeit Siliciumdioxid oder Silikate zu, entsprechend einem Siliciumgehalt des Molybdäns von etwa 1000 ppm. Die Verarbeitung dieses Sondermolybdäns ist wesentlich schwieriger, als die von gewöhnlichem Molybdän. All dies scheint für einen Einfluß des Siliciums auf die mechanischen Eigenschaften von Molybdän zu sprechen.

Bei Untersuchungen der Entgasung von Molybdän im festen Zustand im Hochvakuum konnten wir feststellen, daß Silicium die Beweglichkeit des Sauerstoffes in Molybdän bei 2000° C weitestgehend einschränkt, ja bei größeren Konzentrationen sogar ganz hemmt. Dabei ist zu erwähnen, daß dieser offensichtlich in irgendeiner Form an das Silicium gebundene Sauerstoff keine nachteiligen Wirkungen auf die mechanischen

* Vortrag anläßlich des Kolloquiums über metallkundliche Analyse mit besonderer Berücksichtigung der Elektronenstrahl-Mikroanalyse, Wien, 25. bis 27. Oktober 1966.

Eigenschaften des Molybdäns hat. Mit anderen Worten: Es ist z. B. ein siliciumhaltiges Molybdän mit relativ hohen Sauerstoffgehalten (1000 ppm) noch verarbeitbar, während weitgehend siliciumfreies Molybdän mit einem gleich großen Sauerstoffgehalt nicht mehr verarbeitbar ist.

Aus dem bisher Gesagten läßt sich erkennen, daß kleinere Siliciumkonzentrationen Einflüsse auf Molybdän ausüben. Wir haben nun versucht und sind heute noch dabei, diese Effekte und ihre Ursache genauer zu studieren. Es muß jedoch betont werden, daß dieser Bericht nur ein Teilergebnis darstellt, da die Untersuchungen bei weitem noch nicht abgeschlossen sind.

Experimentelles

In erster Linie haben wir das Verhalten von Silicium und einigen Siliciumverbindungen im Kontakt mit Molybdän bei Temperaturen zwischen 1800 und 2200° C untersucht. Folgende siliciumhaltige Substanzen wurden zu den Untersuchungen verwendet: elementares Silicium, mit Molybdän vorlegiertes Silicium in Form der Verbindung Molybdändisilicid, Siliciummonoxid, Siliciumdioxid und Silikate.

Die Proben für die zu besprechenden Untersuchungen wurden wie folgt hergestellt:

Zylindrische Molybdänstücke wurden mit einer axialen Bohrung (Tiefe zwei Drittel der Zylinderhöhe) versehen, dann wurde Silicium in einer der oben erwähnten Formen in die Bohrung gefüllt und dieselbe mit Molybdändraht verschlossen. Zum Zwecke vollkommener Dichtheit wurde dieser Verschluß elektronenstrahlverschweißt. Die Proben wurden nun Glühbehandlungen in einem Wolframröhrenofen im Hochvakuum (10^{-5} Torr) unterworfen. Die Zylinder wurden axial durchschnitten und folgenden Prüfungen unterzogen:

Metallographische Gefügebetrachtung, Mikrohärtemessungen und Siliciumanalysen mittels der Mikrosonde *.

1. Proben mit Siliciumzusatz

Die Proben wurden drei Stunden bei 2000° C im Hochvakuum geglüht. Der Querschnitt durch eine Kapsel zeigt eine etwa 30 bis 40 μm breite Zone, konzentrisch zur Bohrung, die sich in ihrem Gefüge durch Kolumnarkristalle deutlich vom übrigen Material unterscheiden (Abb. 1). Aus diesem Schliffbild ist ferner ersichtlich, daß die Diffusion bevorzugt entlang der Korngrenzen (dünne Perlenkette und stärker angeätzte Korngrenzen in der Bohrungsnähe) verläuft. Die Mikrosondenuntersuchungen

* Es ist uns eine angenehme Pflicht, auch an dieser Stelle der Fa. Gebr. Böhler & Co., AG., insbesondere Herrn Dr. *R. Blöch* sowie seinen Mitarbeitern, für die Untersuchungen auf der Mikrosonde unseren besonderen Dank auszusprechen.

haben gezeigt, daß die Siliciumkonzentration in der inneren, abgegrenzten Diffusionsschicht annähernd konstant ist (Abb. 2 und 3). Abb. 2 ist ein SiKα-Rasterbild, Abb. 3 stellt ein Konzentrationsprofil dar, radial von

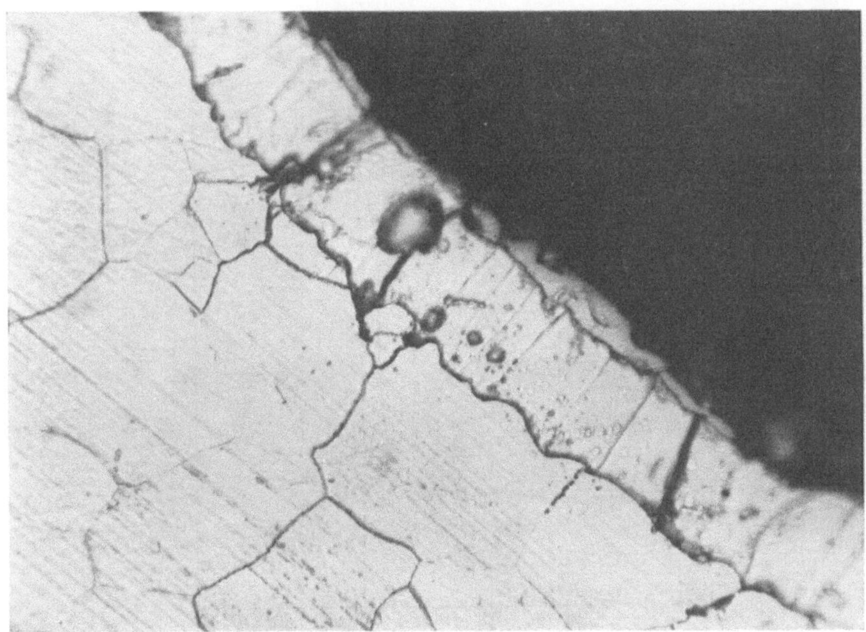

Abb. 1. Diffusionszone Mo-Si 1,3 h, 2000° C; 200fach

Abb. 2. Si-Kα-Rasterbild des Gefüges aus Abb. 1

der Bohrung nach außen verlaufend. Der Siliciumgehalt der inneren Zone, bei der es sich offenbar um eine einheitliche intermetallische Phase handelt, liegt entsprechend den Mikrosondenbefunden zwischen 8 und

9 Gew.%. Dies würde nach dem Molybdän-Silicium-Zustandsdiagramm[1] der bekannten Verbindung Mo_3Si mit einem theoretischen Siliciumgehalt von 8,89% entsprechen. Im weiteren schließt sich an obige Mo_3Si-Schicht

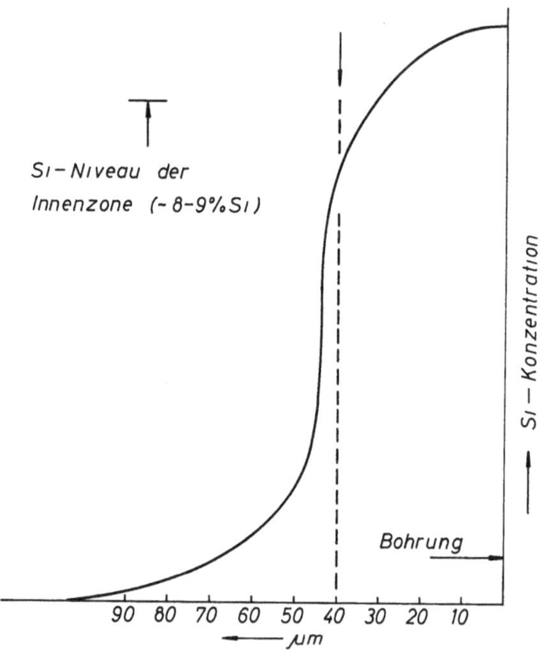

Abb. 3. Konzentrationsprofil auf Si radial von innen nach außen

eine im Schliffbild jedoch nicht erkennbare Diffusionszone an, die ebenfalls etwa 30 bis 40 μm breit ist und einen gegen außen hin fallenden Siliciumgehalt aufweist. Diese Schicht geht allmählich ohne Begrenzung in das reine Molybdän über.

2. *Proben mit Molybdändisilicidzusatz*

Die Proben wurden 13 Stunden bei 2200° C im Hochvakuum geglüht. Das Schliffbild des Querschnittes durch eine Kapsel zeigt in der Umgebung der Bohrung ein im Vergleich zur darauf folgenden grobkristallinen Zone fast korngrenzenfreies Gefüge (Abb. 4). In diesem Gebiet ist der Siliciumgehalt verhältnismäßig niedrig und vergleichbar mit jenem der Grundmasse der nächsten Zone. In dieser sind die Korngrenzen meist stark verbreitert und zeigen Anschmelzungen von Perlenschnurcharakter. Auch sind in den Kristallen dunkle Stellen (Schmelztropfen oder Lunker) zu beobachten (Abb. 5). Schon daraus läßt sich wiederum erkennen, daß die Siliciumdiffusion bevorzugt entlang der Korngrenzen, aber auch ent-

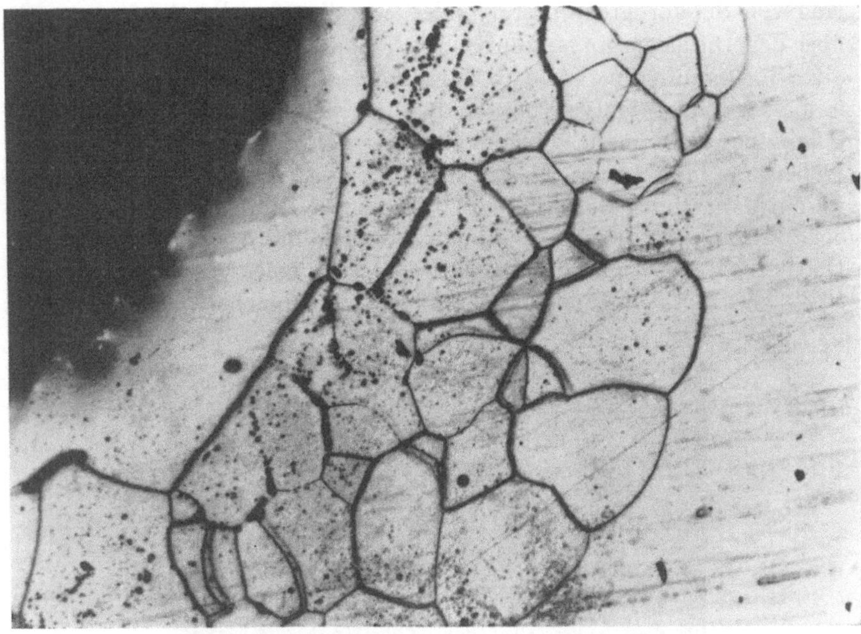

Abb. 4. Diffusionszone Mo-$MoSi_2$, 13 h, 2200° C; 75fach

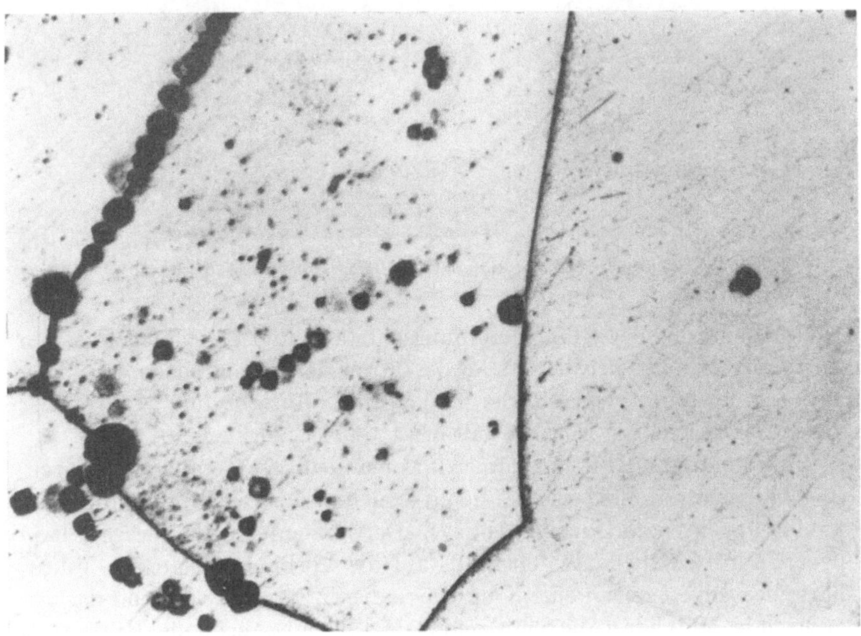

Abb. 5. Sonst wie Abb. 4; 400fach

lang von Subkorngrenzen stattfindet, wie dies aus den Anschauungen über den Diffusionsvorgang in vielkristallinen Stoffen bekannt ist. Eine SiKα-Rasteraufnahme (Abb. 6) zeigt eine deutliche Siliciumanreicherung in diesem Gebiet. Durch Punktanalyse ließ sich feststellen, daß die Verteilung des Siliciums in dieser Zone sehr ungleichmäßig ist. An solchen Stellen, die im Schliffbild als Loch oder Schmelztropfen zu sehen sind, waren immer hohe Siliciumkonzentrationen zu finden. Im Mittel liegt der Siliciumgehalt dieser sogenannten Ausscheidungen bei etwa 16 Gew.%. Dabei dürfte es sich um die Phase Mo_5Si_3 (theoretischer Si-Gehalt 16,32%), unter Umständen mit gelöstem Silicium, handeln. Daß diese

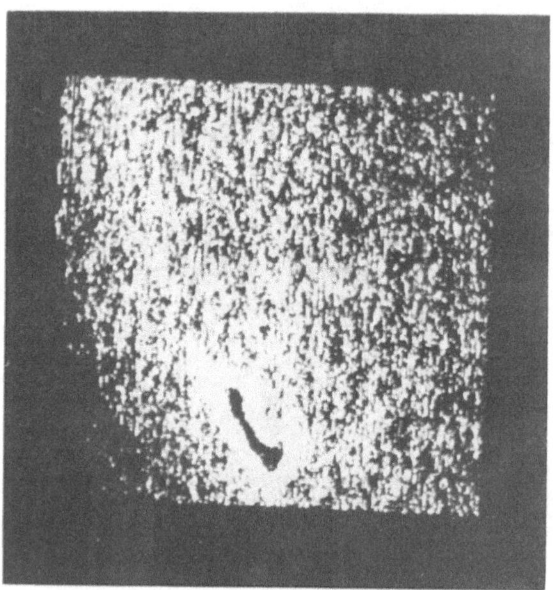

Abb. 6. Si-Kα-Rasterbild des Gefüges aus Abb. 4

Komponente bei der Glühbehandlung entstand und im schmelzflüssigen Zustand war, läßt sich bereits an der Form der Korngrenzen erkennen. Der Schmelzpunkt von Mo_5Si_3 wird in der Literatur mit 2190° C, der des Eutektikums mit Silicium mit etwa 1800° C angegeben.

Führt man die Glühung kürzer und bei niedriger Temperatur durch, so erhält man, ähnlich wie bei den Versuchen mit reinem Silicium, eine streng abgegrenzte Phase (Abb. 7). Der Siliciumgehalt dieser Phase liegt bei 15% und deutet ebenfalls auf die Verbindung Mo_5Si_3. Mikrohärtemessungen zeigen eine hohe Härte dieser Schicht, während das angrenzende Molybdän die dem reinen Metall entsprechende Härte aufweist. Auch das mit der Mikrosonde aufgenommene Konzentrationsprofil zeigt an der Phasengrenze einen jähen Abfall der Siliciumintensität auf Null. Es hat daher noch keine Eindiffusion von Silicium stattgefunden, wie sie bei den vorher gezeigten Aufnahmen zu sehen war.

Konzentrationsprofile bei den bei 2200° C geglühten Proben haben aber weiter noch ergeben, daß die Molybdängrundmasse, in welche die Mo_5Si_3-Teilchen eingebettet sind, ebenfalls einen erhöhten Siliciumgehalt im Vergleich zu reinem Molybdän aufweist. Dabei handelt es sich offenbar um im Molybdän gelöstes Silicium. Dieser Gehalt an Silicium liegt in der Größenordnung von 0,5 bis 0,8 Gew.%. Die Angaben der Literatur[1]

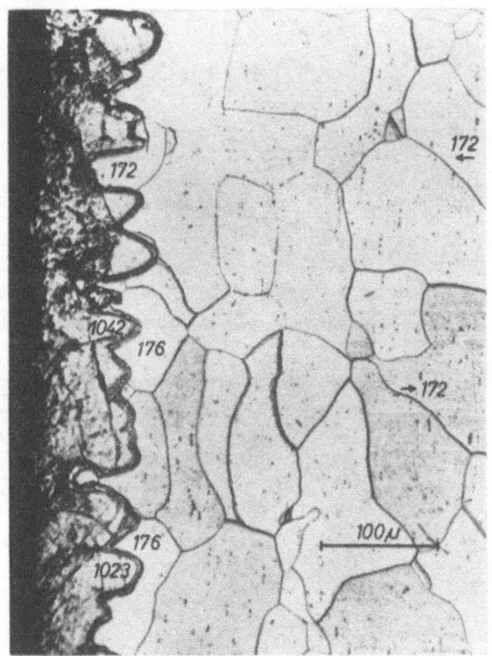

Abb. 7. Mikrohärteverlauf an Diffusionsschichten Mo-$MoSi_2$; 200fach

über die Löslichkeit von Silicium in Molybdän sind sehr schwankend und besagen, daß die Löslichkeit bei 1500° C und 2000° C zwischen 0,3 und 1,0% liegt. Die von uns ermittelten Werte würden also größenordnungsmäßig damit übereinstimmen. Wir möchten jedoch darauf verweisen, daß die Messungen mit der Mikrosonde, besonders bei so kleinen Siliciumgehalten, nicht allzu genau sein können, da es keine geeigneten Bezugsstandards gibt. Immerhin erscheinen uns diese Werte für die Löslichkeit von Silicium in Molybdän im festen Zustand genauer als frühere Aussagen.

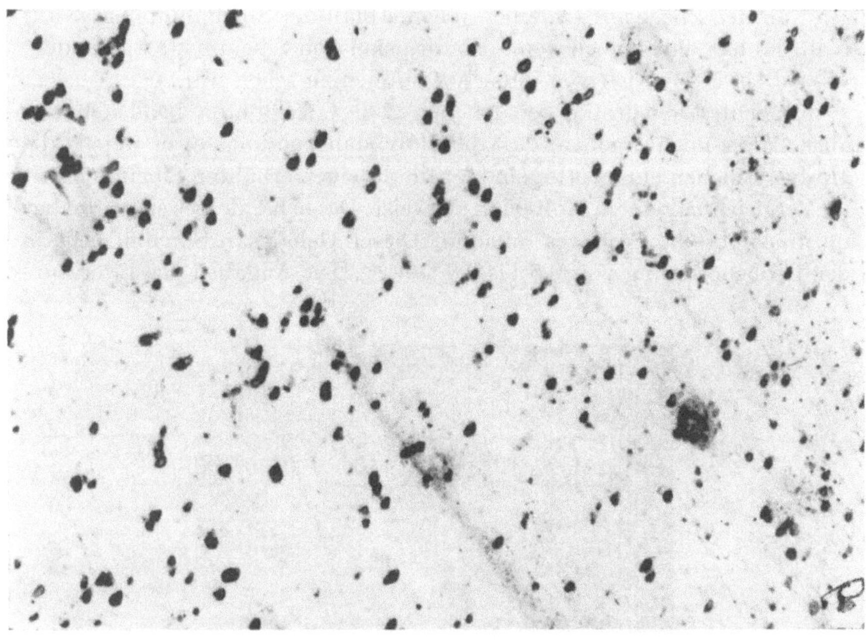

Abb. 8. Ausscheidungen in Diffusionszonen Mo-SiO nach 13 h, 2200° C; 400fach

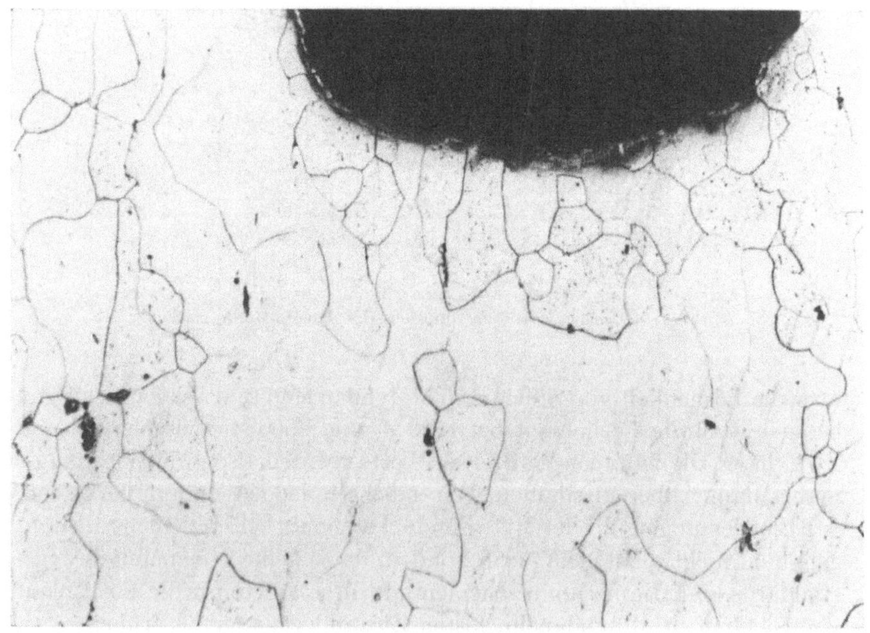

Abb. 9. Diffusionsschicht Mo-SiO; 75fach

3. Proben mit Siliciummonoxidzusatz

Die Proben wurden 13 Stunden bei 2200° C im Hochvakuum geglüht. Ähnlich wie bei $MoSi_2$-Zusatz zeigen sich hier zwar keine abgegrenzten Diffusionszonen, aber sehr tief reichend kleine, hoch siliciumhaltige, dunkle Punkte, bei denen es sich, wie früher besprochen, um ein Molybdänsilicid handelt (Abb. 8 und 9). Die Grundmasse ist wieder durch einige Zehntelprozente Silicium in fester Lösung gekennzeichnet und ist bezüglich der

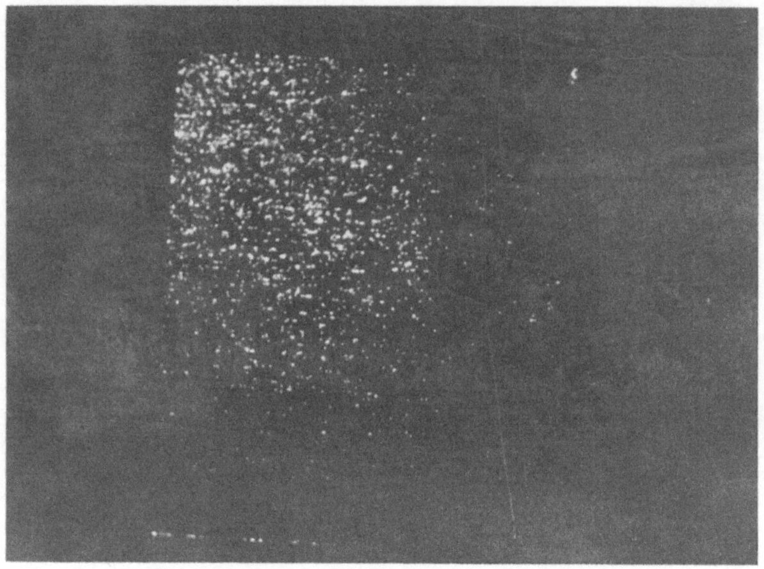

Abb. 10. Si-Kα-Rasterbild des Gefüges aus Abb. 8 und 9

Kristallitengröße wenig beeinflußt. All dies ergibt, daß das Silicium aus der Verbindung Siliciummonoxid bei der Diffusion viel aktiver zu sein scheint als das elementare bzw. mit Molybdän vorlegierte Silicium. Die Verteilung wird durch die Rasteraufnahme (Abb. 10) wiedergegeben. Auch hier konnte durch Mikrohärtemessungen ein Härteanstieg durch das gelöste Silicium um etwa 100 kp/mm² beobachtet werden.

4. Proben mit Siliciumdioxidzusatz

Die Probe wurde bei 2000° C drei Stunden im Hochvakuum geglüht. Das Schliffbild (Abb. 11) zeigt in der Umgebung der Bohrung eine schmale, etwa 20 bis 30 μm breite, hellere Zone. Ein mit der Mikrosonde aufgenommenes Konzentrationsprofil auf Silicium ergab einen Siliciumgehalt von 0,2 bis 0,3%, aber noch 130 μm von der Bohrung entfernt ist ein geringer Mehrgehalt an Silicium (im Vergleich zum Untergrund) er-

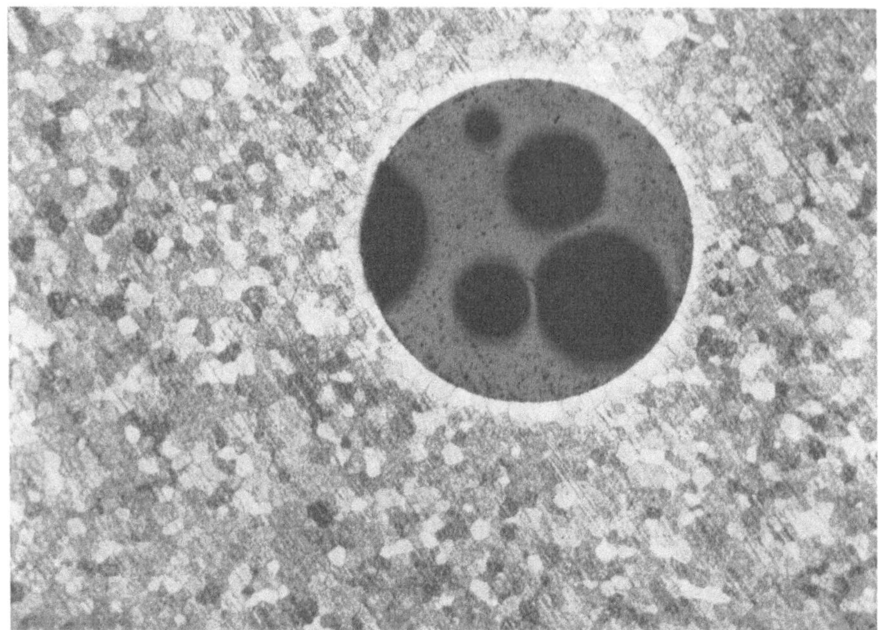

Abb. 11. Diffusionsschicht Mo-SiO_2, 80 min, 2000° C; 40fach

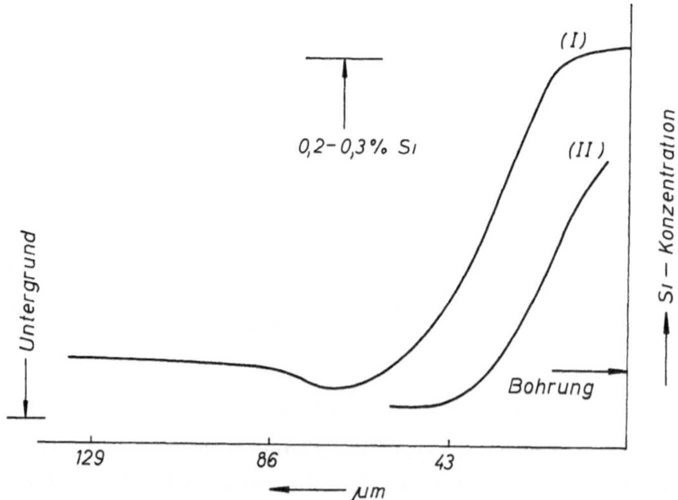

Abb. 12. Konzentrationsprofil: Probe mit SiO_2 nach 3 h, 2000° C (I) und nach 80 min, 2000° C (II)

kennbar (Abb. 12). In demselben Diagramm sind auch die Ergebnisse einer weiteren Probe eingezeichnet, die nur 80 Minuten auf 2000° C erhitzt wurde. Der Diffusionsverlauf ist ähnlich.

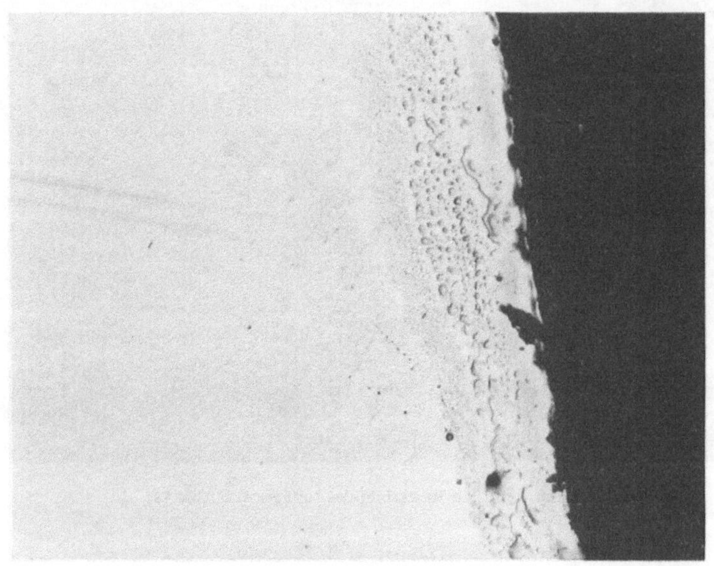

Abb. 13. Diffusionsschicht Mo-SiO_2, 13 h, 2200° C; 75fach

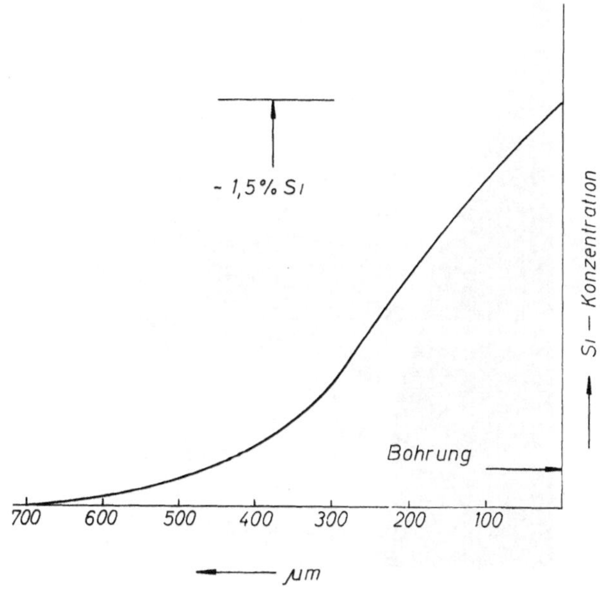

Abb. 14. Konzentrationsprofil: Probe mit Silikat nach 13 h, 2200° C

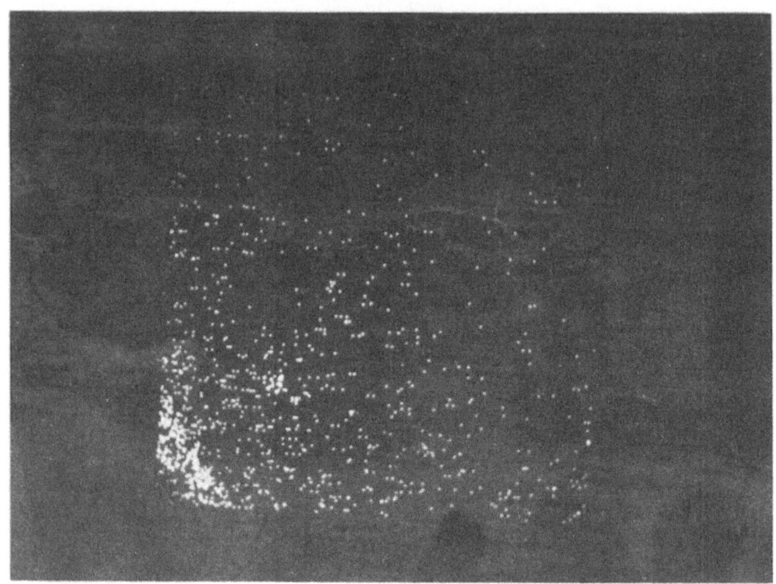

Abb. 15. Si-Kα-Rasterbild des Gefüges aus Abb. 13

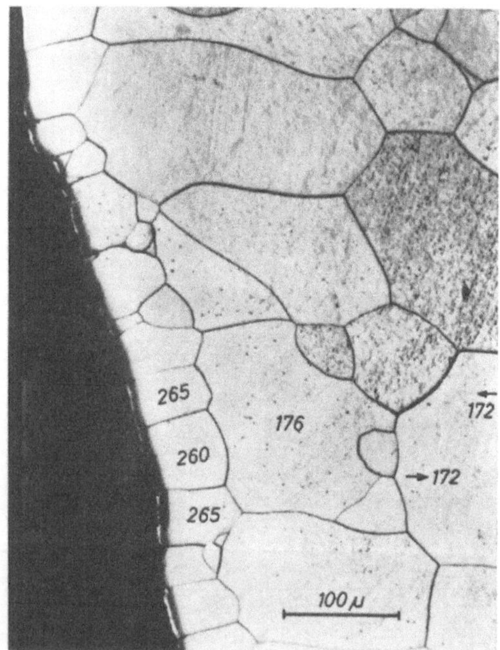

Abb. 16. Härteverlauf an einer Diffusionsschicht Mo-SiO_2; 200fach

Eine 13 Stunden bei 2200° C geglühte Probe zeigt ein sehr grobes Korn (Abb. 13). Das mit der Elektronensonde aufgenommene Konzentrationsprofil zeigt eine sehr starke, etwa 500 μm breite, nicht abgegrenzte Diffusionszone mit verlaufendem Siliciumgehalt, beginnend mit einer Siliciumkonzentration an der Bohrung von etwa 1,5% (Abb. 14). Die Rasteraufnahme zeigt ein entsprechendes Bild (Abb. 15).

Auch hier ist eine Härtezunahme zu verzeichnen. In Abb. 16 sind die Mikrohärteergebnisse in ein Gefügebild eingetragen. Wie bei den vorangegangenen Versuchen beträgt auch hier die Härtezunahme etwa 100 kp/mm^2.

Die Diffusionstiefe ist unter vergleichbaren Bedingungen bei Siliciumdioxid nur ein Viertel derjenigen von Molybdändisilicid bzw. von Silicium.

5. *Proben mit Oxidgemischzusätzen*

An einer Probe, die 80 Minuten bei 2000° C geglüht wurde, sei das unterschiedliche Diffusionsverhalten der Elemente Kalium, Calcium und Silicium eines K_2O-CaO-SiO_2-Glases in Molybdän gezeigt: Abb. 17 zeigt

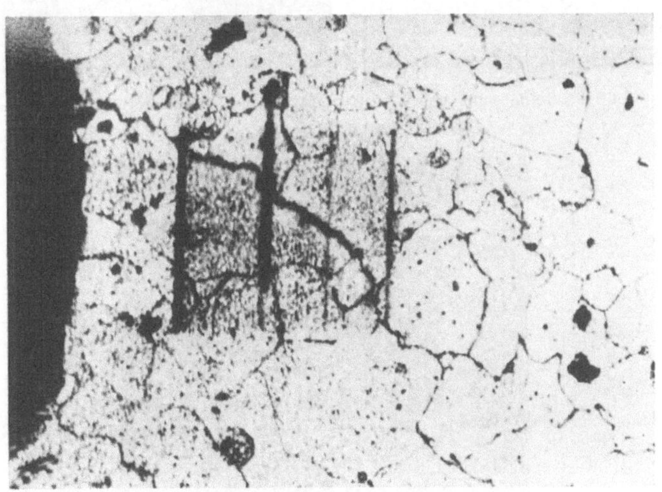

Abb. 17. Gefüge einer Diffusionsschicht Mo-Glas; 100fach

eine optische Aufnahme des bei der Scanninganalyse vom Elektronenstrahl überstrichenen Bereiches. Die folgenden Abb. 18, 19 und 20 sind die zugehörigen Rasteraufnahmen auf Silicium, Kalium und Calcium. Silicium zeigt bereits deutliche Eindiffusion in das Metallkorn, während Kalium und Calcium nur an den Korngrenzen nachweisbar sind. Dieser Befund besagt, daß die genannten Elemente unterschiedlich rasch diffundieren.

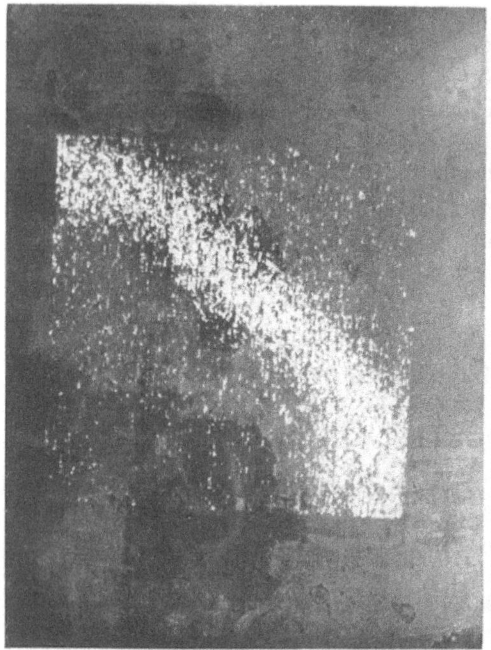

Abb. 18. Si-Kα-Rasterbild des Gefüges aus Abb. 17

Abb. 19. K-Kα-Rasterbild des Gefüges aus Abb. 17

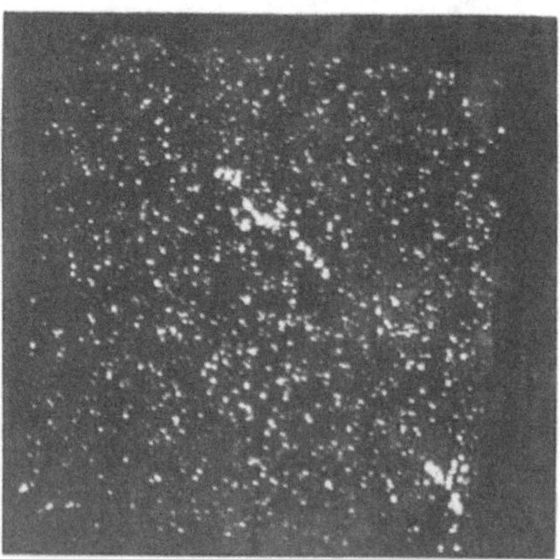

Abb. 20. Ca-Kα-Rasterbild des Gefüges aus Abb. 17

Zusammenfassung

Die Diffusion des Siliciums wird sehr wesentlich vom Siliciumspender beeinflußt. Unter vergleichbaren Bedingungen diffundiert Silicium aus Siliciummonoxid rascher als elementares bzw. solches aus Molybdändisilicid. Dagegen diffundiert Silicium aus Siliciumdioxid und aus Silikaten wesentlich langsamer. Die Geschwindigkeiten verhalten sich wie etwa 4:1.

Silicium oder Molybdändisilicid ergeben im Kontakt mit Molybdän bei höheren Temperaturen Zwischenschichten. Ihr Siliciumgehalt läßt auf die Bildung der bekannten Verbindungen Mo_3Si und Mo_5Si_3 schließen. Welche von diesen beiden Verbindungen entsteht, hängt von dem Siliciumangebot ab. Die Bestätigung dieser Befunde durch Röntgendiffraktionsmessungen steht noch aus. Bei längeren Glühzeiten diffundiert immer mehr Silicium aus diesen Schichten in das Molybdän ein. Bei hohen Temperaturen um 2200° C bilden sich auch schmelzflüssige Phasen, die besonders entlang der Korngrenzen sehr rasch diffundieren. Dadurch kommt es zur Ausbildung kleiner Anreicherungen. Aus dem Siliciumgehalt der Umgebung dieser Anreicherungen wurde die Löslichkeit von Silicium in Molybdän mit etwa 0,5 bis 0,8 Gew.% Si bestimmt.

Aus Siliciumdioxid bzw. Silikaten im Kontakt mit Molybdän entstehen keine eigenen Phasen. Silicium diffundiert wohl deutlich, jedoch verlaufend in das Molybdän ein. Inwieweit Sauerstoff mit- oder nachdiffundiert, konnte bislang nicht geklärt werden. Untersuchungen mit der Mikrosonde in dieser Richtung sind im Gange.

In Molybdän gelöstes Silicium bedingt immer — gleichgültig in welcher Form es zugesetzt wurde — einen Härteanstieg. Dies steht in guter Übereinstimmung mit Befunden, die wir an Molybdän-Silicium-Proben (0,5 bis 1,0 At.% Si) bei anderen Untersuchungen fanden: Debye-Scherrer-Aufnahmen zeigten eine schwache Gitterkontraktion. Der Härteanstieg, der durch das im Molybdän lösliche Silicium verursacht wird, beträgt durchschnittlich 100 kp/mm^2.

Das Kornwachstum wird ebenfalls beeinflußt. Besonders SiO_2 führt zu Kornvergröberung, während elementares bzw. mit Molybdän vorlegiertes oder aus Siliciummonoxid stammendes Silicium eher hemmend auf das Kornwachstum wirkt.

Ähnliche Untersuchungen an Einkristallen, die vor allem auch die Berechnung der Diffusionskoeffizienten ermöglichen sollen, sind im Gange und es wird andernorts darüber berichtet werden.

Summary

The diffusion of silicon is substantially influenced by the silicon donor. Under comparable conditions, silicon diffuses more rapidly out of silicon monoxide than does elemental silicon or from molybdenum silicide. On the other hand, silicon diffuses much more slowly from silicon dioxide and silicates. The velocities stand in the ratio of about 4 : 1.

Intermediate layers result when silicon or molybdenum silicide are brought into contact with molybdenum at higher temperatures. Their silicon content leads to the conclusion that the known compounds Mo_3Si and Mo_5Si_3 are formed. Which of these two compounds results depends on the amount of silicon available. The confirmation of these findings by roentgen diffraction measurements is not available as yet. On prolonged incandescence more silicon continues to diffuse into the molybdenum from these strata. At high temperatures around 2200 °C fusible phases also result that diffuse very rapidly especially along the grain boundaries. The consequence is the formation of small enrichments. The solubility of silicon in molybdenum was found to be approximately 0.5 to 0.8 weight per cent silicon from the silicon content of the neighborhood of these enrichments.

No independent phases result from silicon dioxide or silicates in contact with molybdenum. Silicon diffuses plainly into the molybdenum but in an irregular manner. Up to the present it has not been possible to learn to what extent oxygen diffuses along with or after the silicon. Studies with the microsonde along these lines are now in progress.

Silicon dissolved in molybdenum always occasions an increase in hardness, no matter in what form it is introduced. This finding is in excellent agreement with the observations that we have made on specimens of molybdenum-silicon (0.5 to 0.1 atomic% Si) in other studies. Debye-Scherrer photographs showed a weak lattice contraction. The increase in hardness, produced in the molybdenum by the soluble silicon, amounts on an average to 100 kp/mm^2.

The grain growth is also influenced. SiO_2 especially leads to a coarsening of the grains, whereas elementary silicon or silicon coming from the element prealloyed with molybdenum, or from silicon monoxide has rather an inhibitory effect on grain growth.

Similar investigations on single crystals, that above all should permit the calculation of the diffusion coefficients, are under way. A report on these findings will be published elsewhere.

Literatur

[1] *M. Hansen,* in „Constitution of Binary Alloys". New York: McGraw-Hill. 1958. S. 973.

Aus der Versuchsanstalt der Röchlingschen Eisen- und Stahlwerke GmbH., Völklingen (Saar)

Über die Zusammensetzung und die Mengenanteile verschiedener Carbidtypen in Schnellarbeitsstählen *

Von

W. Peter und **E. Kohlhaas**

Mit 1 Abbildung

(Eingegangen am 23. Dezember 1966)

Von großer Bedeutung für die Eigenschaften der Schnellarbeitsstähle sind die in ihnen vorkommenden Carbide. Zahlreiche Arbeiten[1–11] befassen sich daher mit Untersuchungen über ihre Struktur und ihre Gitterkonstanten, über ihre chemische Zusammensetzung und die gebildeten Carbidmengen. In den Schnellarbeitsstählen tritt eine ganze Reihe von Carbidtypen auf: M_6C, VC, W_2C bzw. Mo_2C, $M_{23}C_6$, Cr_7C_3 und Fe_3C, deren Beständigkeitsbereiche noch nicht ganz geklärt sind. Die bei der Erstarrung von Schnellarbeitsstählen ausgeschiedenen Primärcarbide des Ledeburiteutektikums liegen als M_6C und VC vor. Im weiteren Verlauf der Abkühlungsvorgänge bis 1100° C bildet sich vorzugsweise M_6C und erst bei tieferen Abkühlungstemperaturen $M_{23}C_6$. Die erwähnten anderen Carbidtypen werden beim Anlassen und Glühen ausgeschieden. Bei Temperaturen oberhalb 1150° C sind jedoch nur M_6C und VC beständig.

Für die Härtbarkeit und Anlaßbeständigkeit der Schnellarbeitsstähle ist es wichtig zu wissen, wieviel Carbid nach dem Härten ungelöst bleibt, wie es zusammengesetzt ist und welche Mengen an Kohlenstoff und Legierungselementen demnach die Matrix enthält. Um diese Frage zu klären, wurden bisher die Carbide elektrolytisch isoliert, wobei dann nur eine summarische Analyse möglich war. Die angegebenen Gehalte beziehen sich daher immer nur auf die gesamte Carbidmenge und nicht auf ein spezielles Carbid. Durch Rechnung ließ sich anschließend die chemische

---

* Vortrag anläßlich des Kolloquiums über metallkundliche Analyse mit besonderer Berücksichtigung der Elektronenstrahl-Mikroanalyse, Wien, 25. bis 27. Oktober 1966.

Zusammensetzung der Matrix bestimmen. Auf die besonderen Schwierigkeiten der elektrolytischen Carbidisolierung gehärteter Schnellstahlproben soll an dieser Stelle nicht eingegangen werden. In diesem Zusammenhang sei auf Arbeiten von *D. J. Blickwede* und *M. Cohen*[7] und *J. Papier*[9] verwiesen.

Die Elektronenmikrosonde bietet die Möglichkeit, an gehärteten Schnellarbeitsstahlproben die ungelösten M_6C- und VC-Carbide, die meist eine Größe von einigen Mikron besitzen, einzeln auf ihre Zusammensetzung hin zu untersuchen. Auch läßt sich die chemische Analyse der Matrix bis auf den Kohlenstoffgehalt direkt vornehmen. Letzterer wird jedoch in Kürze durch entsprechende Zusatzeinrichtungen mit der Elektronenmikrosonde meßbar sein.

Der Volumanteil der ungelösten Carbide war bisher nur durch eine recht mühselige mikroskopische Ausmessung zu erfassen, die sehr viel Arbeitsaufwand erforderte. Diese Bestimmung ist heute mit dem „Quantitativen Fernsehmikroskop" Typ „Quantimet" der Firma Metals Research verhältnismäßig schnell auszuführen. Über die Genauigkeit solcher Messungen wird jedoch noch zu diskutieren sein.

In der vorliegenden Arbeit wurde der Versuch unternommen, für eine Reihe von Schnellarbeitsstählen, deren chemische Zusammensetzung in Tabelle 1 angegeben ist, mit Hilfe der Elektronenmikrosonde die Zusammensetzung der Matrix und der M_6C- und VC-Carbide an gehärteten Proben zu untersuchen. Da der Gußzustand der Schnellarbeitsstähle weit vom Gefügegleichgewicht entfernt ist, wurden bei einigen Qualitäten — sie sind in der Tabelle 1 mit einem Stern gekennzeichnet — auch Gußproben in die Messungen einbezogen. Es sollte untersucht werden, ob sich die Zusammensetzung der ledeburitischen M_6C- und VC-Carbide durch die Schmiedung und die damit verbundenen verschiedensten Wärmebehandlungen wesentlich ändert. Weiterhin interessierte auch die Frage, inwieweit die Anteile der verschiedenen Legierungselemente für einen Carbidtyp innerhalb einer Probe schwanken. Die Menge der in den gehärteten Proben ungelösten M_6C- und VC-Carbide wurde mit dem quantitativen Fernsehmikroskop „Quantimet" bestimmt. Daneben erfolgte in einigen Fällen auch eine Isolierung der Carbide und die Ermittlung ihres Gewichtsanteils.

Die Carbide M_6C und VC

Das Komplexcarbid M_6C kristallisiert im kubisch flächenzentrierten $E9_3$-Strukturtyp. Es tritt in zwei Formen auf: η_1 in einer Zusammensetzung zwischen den Grenzen A_4B_2C und A_3B_3C und η_2 als A_2B_4C. In den Schnellarbeitsstählen wurde bisher nur die Form η_1 gefunden. A-Elemente können Fe, Co, Cr, Mn, Ni und V sein, als B-Elemente wirken W, Mo, Nb, Ta und V.

Das Vanadin nimmt demnach eine doppelte Stellung ein. *H. J. Goldschmidt*[5] vermutet, daß auch Cr B-Plätze einnehmen kann. Einige Aussagen über die Löslichkeit der genannten Elemente im M_6C wurden von *H. Krainer*[4] aus röntgenographischen Gitterkonstantenmessungen gefolgert.

Das Vanadincarbid kristallisiert im Steinsalz(B_1)-Typ und neigt zur Defektgitterbildung, d. h. daß Kohlenstoffplätze im Gitter unbesetzt bleiben können. Daher findet man seine formelmäßige Angabe als VC oder V_4C_3 bzw. VC_{1-x}. Nach *H. Krainer*[4] können im Vanadincarbid etwa 25 Atom% Wolfram gelöst werden, die Löslichkeit für Molybdän soll beträchtlich höher liegen, und für Cr werden von ihm 20 bis 25 Atom% angegeben. Über die Aufnahme anderer, in den Schnellarbeitsstählen vorkommender Elemente in das Vanadincarbid ist nichts bekannt. Aus den genannten Arbeiten geht auch nicht hervor, wie nun in den Schnellarbeitsstählen das M_6C- und das VC-Carbid chemisch zusammengesetzt sind. Von *G. Steven*, *A. E. Nehrenberg* und *T. V. Philip*[11] wird in einer neueren Untersuchung einfach so verfahren, daß der im Isolat gefundene Vanadingehalt dem Vanadincarbid zugeteilt wird. Alle übrigen Elemente ergeben dann für das M_6C die formelmäßige Zusammensetzung (Fe_a, Cr_b, W_c, Mo_d) C, wobei $a + b + c + d = 6$ ist. Mikrosondenmessungen zeigen jedoch, daß die Verhältnisse anders liegen, da das Vanadincarbid beträchtliche Anteile an Chrom, Wolfram und Molybdän zu lösen vermag.

Für die Härtbarkeit der Schnellarbeitsstähle ist das Verhalten des Kohlenstoffs für die beiden Carbidtypen beachtenswert. Im M_6C werden durch ein Atom Kohlenstoff zwei bis drei Atome Wolfram oder Molybdän abgebunden, dagegen bindet das im Vanadincarbid gelöste Wolfram- bzw. Molybdänatom ein Atom Kohlenstoff. Die Menge an ungelösten M_6C- und VC-Carbiden hängt daher bei gleichem Kohlenstoffgehalt eines Schnellarbeitsstahles davon ab, ob durch höhere Vanadingehalte die VC-Bildung begünstigt wird.

Untersuchungsmethode

Die für die Versuche benutzten Proben lagen im allgemeinen als Knüppel mit einer Kantenlänge von 50 mm vor und entstammten der normalen Produktion. Nach dem Härten bei Austenitisierungstemperaturen, die in Tabelle 1 für die verschiedenen Qualitäten aufgeführt sind, wurden die Proben geschliffen und auf Diamantpaste poliert, um ein möglichst ebenes Carbid zu erhalten. Die Gußproben stammten aus 25-kg-Versuchsblöcken mit einem mittleren Durchmesser von 115 mm. Um die Probenentnahme des Gußzustandes zu ermöglichen, mußte eine 4stündige Glühung bei 800 bis 820° C vorgeschaltet werden. Im Lichtmikroskop erfolgte bei 500facher Vergrößerung die Auswahl der für die Mikroanalyse in Frage kommenden M_6C- und VC-Carbide, die mit dem Objektmarkierer gekennzeichnet wurden. Zur Mikroanalyse der Matrix und der Carbide diente die Cameca-Elektronenmikrosonde MS 46 D. Die benutzte Strahlspannung betrug 20 kV. Auf die durchgeführten Korrekturrechnungen wird noch weiter unten eingegangen werden.

Für die Auswertung des Gesamtcarbidgehaltes mit dem „Quantitativen Fernsehmikroskop" mußten die Proben angelassen werden, da sich sonst wegen des hohen Restaustenitgehaltes die Matrix nicht genügend kontrastreich anätzen ließ. Die Anlaßbehandlung betrug 2mal 550° C 1 h/Luft. Sie dürfte auf die Messung der ungelösten Carbidmenge keinen Einfluß gehabt haben, da die feinsten Carbidausscheidungen nicht erfaßt werden können. Bei der Besprechung der Meßergebnisse wird hierauf noch eingegangen werden. Die Ätzung erfolgte in 6%iger wäßriger H_2SO_3-Lösung; dabei wurde die Grundmasse dunkel gefärbt. Zunächst wurde bei 200facher Vergrößerung die Probe auf Stellen mittlerer Carbidverteilung abgesucht und eine solche Stelle gekennzeichnet. Diese vormarkierte Stelle wurde dann bei 1000facher Vergrößerung vermessen. Es wurden jeweils 200 Meßbilder aufeinanderfolgend ausgewertet. Dies entspricht einer Meßbahn von 26,7 μm Breite und 8000 μm Länge. Von den Einzelergebnissen wurde das arithmetische Mittel gebildet. Um die Carbidmengen getrennt nach M_6C- und VC-Anteilen erfassen zu können, erfolgte eine elektrolytische Ätzung der gehärteten Proben in einer 10%igen wäßrigen Oxalsäurelösung bei 2 Volt über 20 Sekunden. Das VC-Carbid wird durch diese Behandlung aus der Schlifffläche herausgelöst. Die entstandenen Löcher waren genügend kontrastreich und gleichzeitig scharf umrandet, so daß die Messungen mit dem quantitativen Fernsehmikroskop einwandfrei auszuführen waren. Für Proben mit VC-Gehalten unter 1% erwies sich eine Messung als wenig sinnvoll; in diesem Falle wurde sorgfältig abgeschätzt.

Die Analysenergebnisse der Mikrosondenmessung der Matrix und der Carbide wurden auf Fluoreszenz und Absorption korrigiert, und zwar die Fluoreszenz nach *R. Castaing*[12] und die Absorption nach *L. S. Birks*[13]. Die Fluoreszenzkorrektur nach *R. Castaing* erwies sich als das brauchbarste Verfahren. Es beschränkt sich auf einige wenige Fälle wie Cr und V in der Stahlmatrix. Die zahlenmäßig größten Korrekturen sind die Absorptionskorrekturen, vor allem in den Carbiden. Unter den in der vorliegenden Arbeit erprobten Korrekturverfahren nach *M. Tong*[14], nach *L. S. Birks*[13] und nach *R. Theisen*[15] brachten die Rechnungen nach *L. S. Birks* und *R. Theisen* im allgemeinen gute Übereinstimmung. Dabei dürfte die Genauigkeit der Korrektur nach *R. Theisen* am größten sein; sie erfordert jedoch einen höheren Rechenaufwand. Es wurde nicht das jeweilige Einzelergebnis korrigiert, sondern die Korrekturfaktoren für mittlere Elementzusammensetzungen errechnet. Die Rechnungen zeigten nämlich, daß sich die Korrekturfaktoren innerhalb eines Intervalls von 5 Gew.% kaum ändern (zweite Stelle hinter dem Komma). Diese Ungenauigkeit ist bei dem Korrekturverfahren wohl hinzunehmen, da die Korrekturkurven für die Intensitätsfunktion $f(\mu \cdot \operatorname{cosec} \vartheta)$ auch nur eine verhältnismäßig grobe Ablesung gestatten. Wenn anzunehmen war, daß $L\alpha$-Strahlung — z. B. für Wolfram — zusätzlich $K\alpha$-Linien zu Fluoreszenz anregen könnte, erfolgte die Fluoreszenzkorrektur nach *L. S. Birks*[13], da *R. Castaing* seine Formeln ausdrücklich nur für $K\alpha$-Linien ausgearbeitet hat. Soweit der Faktor der Absorption oder der Fluoreszenz praktisch allein bestimmend für das jeweilige System war, wurde nur nach einer der beiden Größen korrigiert.

Ergebnisse

Bevor die Meßergebnisse der vorliegenden Arbeit besprochen werden, sei auf die Untersuchungen von *F. Kayser* und *M. Cohen*[6] eingegangen. Da sich deren Messungen am eingehendsten mit den bisher angeschnittenen Fragen befaßten, sind ihre Ergebnisse, soweit sie die eigenen Untersuchungen berühren, in Tabelle 2 zusammengestellt. Die genannten Autoren haben die Carbide elektrolytisch isoliert und die Matrixwerte errechnet. Ihre Angaben für die chemische Zusammensetzung der Carbide beziehen sich daher auf die Gesamtcarbidmenge und lassen bei den höher vanadinlegierten Schnellarbeitsstählen keine Rückschlüsse auf die Zusammensetzung von M_6C und VC zu. Ein Vergleich der Werte aus Tabelle 2 mit den in Tabelle 1 wiedergegebenen Mikrosondenmessungen weist jedoch auch für die Schnellarbeitsstähle mit sehr geringen Vanadincarbidgehalten, wie z. B. die Qualität S 18-0-1, bei denen die Werte der Tabelle 2 praktisch die Zusammensetzung des M_6C angeben, einige beachtliche Abweichungen auf. Während *F. Kayser* und *M. Cohen*[6] in dem Stahl S 18-0-1 einen Eisengehalt von 20% im Carbid finden und einen Wolframgehalt von 73%, ergeben die Mikrosondenmessungen 33% Eisen und 56% Wolfram. Ähnliche Unterschiede in den Eisen- und Wolframgehalten der Carbide sind auch in allen anderen Stahlqualitäten erkennbar. Zudem werden in der vorliegenden Arbeit höhere Chrom- und Vanadingehalte und, falls in dem Schnellarbeitsstahl vorhanden, höhere Kobaltanteile im M_6C gemessen. Andererseits errechnen *F. Kayser* und *M. Cohen*[6] für die Matrix einen höheren Wolframgehalt, als er mit der Mikrosonde gefunden wird. Offensichtlich gehen bei der elektrolytischen Isolierung der Carbide von gehärteten Proben einige Gew.% Carbid verloren. *F. Kayser* und *M. Cohen* haben den im Isolat vorhandenen magnetischen Anteil mittels eines Magneten abgetrennt. Eigene Röntgenfeinstrukturaufnahmen ergaben, daß im magnetischen Isolatanteil auch noch Carbid vorhanden ist. Daher wurde in der vorliegenden Arbeit das Isolat mit Salzsäure (Dichte 1,12) behandelt. Hierdurch erfolgte eine Auflösung des

Tabelle 1. Chemische Zusammensetzung der Schnellarbeitsstähle

Stahl Nr.	Werkstoff-bezeichnung	Chemische Zusammensetzung							Wärmebehandlung	Chem. Zusammensetzung 1. M_6C; 2. MC^+; 3. Matrix						
		C	Si	Cr	W	Mo	V	Co			Fe	Cr	W	Mo	V	Co
1	S 18-1-2-10	0,76	0,26	4,30	18,4	0,72	1,48	10,5	1280°250″/ü. WB	1	28,3	4,4	54,8	2,7	2,8	5,1
										2	1,95	5,8	21,4	2,75	49,1	0,44
										3	75,6	3,7	9,2	0,40	0,99	11,8
2*	S 18-1-2-5	0,80	0,30	4,30	18,0	0,70	1,51	5,3	1280°250″/ü. WB	1	29,0	4,1	50,0	2,5	3,0	2,8
										2a	1,40	8,3	15,4	1,8	51,9	0,2
										2b	1,90	9,0	15,2	2,1	47,7	0,3
										3	82,2	3,75	6,1	0,44	0,90	6,7
3*	S 18-0-2	0,78	0,28	4,23	18,3	0,85	1,50	—	1250°250″/ü. WB	1	32,7	4,7	52,1	4,00	4,2	—
										2	—	—	—	—	—	—
										3	86,6	3,7	8,9	0,6	1,1	—
4	S 18-0-1	0,78	0,33	4,22	17,9	0,73	1,07	0,67	1250°250″/ü. WB	1	32,6	4,2	56,1	3,2	2,8	—
										2a	1,8	8,5	23,1	2,3	49,5	—
										2b	1,7	8,8	25,2	2,8	46,8	—
										3	83,9	4,1	5,7	0,6	0,8	—
5*	S 12-1-4-5	1,41	0,26	4,09	12,2	1,41	3,90	4,59	1240°250″/ü. WB	1	32,7	4,6	49,7	5,0	3,6	2,5
										2a	1,7	4,7	19,0	1,3	46,9	0,2
										2b	2,2	5,9	32,1	2,1	34,5	0,25
										3	83,6	4,0	5,1	0,44	1,1	5,1
6	S 12-1-4	1,24	0,20	4,03	12,3	0,95	3,72	—	1250°250″/ü. WB	1	39,0	4,2	51,3	4,1	4,1	—
										2a	2,3	4,4	24,7	1,5	47,3	—
										2b	2,7	4,5	29,6	1,6	41,9	—
										3	86,2	3,5	7,4	0,6	1,4	—
7	S 12-1-2	0,89	0,35	4,39	12,7	0,80	2,41	—	1250°250″/ü. WB	1	33,1	4,8	50,1	5,9	4,5	—
										2a	2,2	4,0	26,5	2,0	49,6	—
										2b	3,1	—	33,4	2,5	43,6	—
										3	87,8	4,1	6,8	0,7	1,1	—
8		1,28	0,27	4,45	11,5	2,30	3,06	14,5	1230°250″/ü. WB	1	25,6	4,6	41,8	7,6	3,3	6,3
										2a	1,7	6,3	28,4	7,0	38,4	0,6
										2b	1,9	5,4	30,8	8,8	34,8	0,6
										3	70,9	3,9	4,6	1,2	1,1	16,9
9*	S 10-5-3-10	1,25	0,37	4,40	8,7	5,30	2,77	12,3	1220°250″/ü. WB	1	30,9	4,8	33,8	18,2	3,7	6,4
										2a	2,2	4,0	20,1	12,9	48,7	0,6
										2b	2,2	4,1	24,0	15,3	39,5	0,7
										3	75,4	3,6	3,6	2,8	0,9	13,9
10	S 9-5-3-11	1,07	0,27	4,31	8,5	5,40	2,75	11,2	1220°250″/ü. WB	1	28,4	3,9	31,8	20,5	4,0	6,2
										2	1,8	4,8	21,3	10,2	43,1	0,5
										3	76,7	3,7	3,8	2,5	0,9	12,9
11		1,49	0,26	4,50	9,35	3,80	2,92	11,1	1230°250″/ü. WB	1	30,8	4,3	40,0	13,9	2,6	5,5
										2a	1,5	5,2	24,5	10,3	42,2	0,4
										2b	2,0	5,1	26,6	7,8	40,7	0,5
										3	78,3	3,9	3,9	2,2	0,9	12,1
12*	S 6-5-2	0,83	0,26	4,30	6,45	5,00	1,90	—	1220°250″/ü. WB	1	31,5	5,1	29,1	25,6	4,7	—
										2a	2,6	—	12,6	9,0	53,1	—
										2b	2,7	6,1	15,7	10,3	45,3	—
										3	89,6	3,8	3,9	3,1	0,8	—
13	S 6-5-2-5	0,82	0,31	4,25	6,20	5,05	1,80	4,65	1220°250″/ü. WB	1	31,8	4,3	28,0	27,2	4,7	2,6
										2	3,0	5,6	15,2	12,1	46,7	0,4
										3	80,9	3,7	3,5	3,1	0,8	5,1
14*	S 2-9-1	0,76	—	4,45	1,36	8,5	1,17	—	1220°250″/ü. WB	1	36,7	4,0	7,2	45,5	3,0	—
										2	—	—	—	—	—	—
										3	87,6	3,75	1,19	6,3	0,6	—
15	S 2-9-2	0,87	—	4,10	1,48	7,9	1,82	—	1220°250″/ü. WB	1	35,0	4,9	2,4	46,0	3,9	—
										2	2,5	5,9	4,1	23,5	47,8	—
										3	90,1	3,8	1,2	5,1	0,8	—

ü. WB = über Warmbad

* = Von diesen Qualitäten wurden auch Gußproben untersucht.

Ergebnisse der Mikrosondenmessungen für M_6C, MC und Matrix

Formelmäßige Zusammensetzung		
M_6C		MC
$(Fe_{2,87}Cr_{0,48}Co_{0,42}V_{0,31}W_{1,69}Mo_{0,16})C$		$(Fe_{0,03}Cr_{0,09}W_{0,09}Mo_{0,02}V_{0,76})C$
$(Fe_{3,11}Cr_{0,47}Co_{0,28}V_{0,36}W_{1,36}Mo_{0,16})C$	2a	$(Fe_{0,02}Cr_{0,12}W_{0,07}Mo_{0,01}V_{0,78})C$
	2b	$(Fe_{0,03}Cr_{0,14}W_{0,07}Mo_{0,02}V_{0,75})C$
$(Fe_{3,24}Cr_{0,50}V_{0,46}W_{1,57}Mo_{0,23})C$		—
$(Fe_{3,31}Cr_{0,45}V_{0,31}W_{1,73}Mo_{0,19})C$	2a	$(Fe_{0,02}Cr_{0,13}W_{0,11}Mo_{0,02}V_{0,75})C$
	2b	$(Fe_{0,02}Cr_{0,12}W_{0,10}Mo_{0,02}V_{0,74})C$
$(Fe_{3,17}Cr_{0,48}Co_{0,23}V_{0,39}W_{1,46}Mo_{0,28})C$	2a	$(Fe_{0,03}Cr_{0,08}W_{0,09}Mo_{0,01}V_{0,79})C$
	2b	$(Fe_{0,04}Cr_{0,11}W_{0,17}Mo_{0,02}V_{0,66})C$
$(Fe_{3,55}Cr_{0,41}V_{0,41}W_{1,42}Mo_{0,22})C$	2a	$(Fe_{0,03}Cr_{0,08}W_{0,11}Mo_{0,01}V_{0,77})C$
	2b	$(Fe_{0,04}Cr_{0,08}W_{0,14}Mo_{0,01}V_{0,72})C$
$(Fe_{3,21}Cr_{0,50}V_{0,48}W_{1,47}Mo_{0,38})C$	2a	$(Fe_{0,03}Cr_{0,06}W_{0,12}Mo_{0,02}V_{0,77})C$
	2b	$(Fe_{0,05}Cr_{0,06}W_{0,15}Mo_{0,02}V_{0,72})C$
$(Fe_{2,68}Cr_{0,52}Co_{0,62}V_{0,38}W_{1,33}Mo_{0,46})C$	2a	$(Fe_{0,03}Cr_{0,11}W_{0,14}Mo_{0,06}V_{0,67})C$
	2b	$(Fe_{0,03}Cr_{0,10}W_{0,15}Mo_{0,08}V_{0,63})C$
$(Fe_{2,77}Cr_{0,46}Co_{0,54}V_{0,36}W_{0,92}Mo_{0,95})C$	2a	$(Fe_{0,03}Cr_{0,06}W_{0,08}Mo_{0,10}V_{0,73})C$
	2b	$(Fe_{0,03}Cr_{0,07}W_{0,11}Mo_{0,13}V_{0,66})C$
$(Fe_{2,65}Cr_{0,39}Co_{0,55}V_{0,41}W_{0,90}Mo_{1,11})C$		$(Fe_{0,03}Cr_{0,08}W_{0,10}Mo_{0,09}V_{0,71})C$
$(Fe_{2,90}Cr_{0,50}Co_{0,49}V_{0,27}W_{1,15}Mo_{0,76})C$	2a	$(Fe_{0,02}Cr_{0,08}W_{0,11}Mo_{0,09}V_{0,69})C$
	2b	$(Fe_{0,03}Cr_{0,08}W_{0,12}Mo_{0,07}V_{0,69})C$
$(Fe_{2,87}Cr_{0,50}V_{0,47}W_{0,80}Mo_{1,36})C$	2a	$(Fe_{0,03}Cr_{0,08}W_{0,05}Mo_{0,07}V_{0,76})C$
	2b	$(Fe_{0,04}Cr_{0,09}W_{0,07}Mo_{0,09}V_{0,71})C$
$(Fe_{2,79}Cr_{0,40}Co_{0,22}V_{0,45}W_{0,75}Mo_{1,39})C$		$(Fe_{0,04}Cr_{0,08}W_{0,07}Mo_{0,10}V_{0,71})C$
$(Fe_{3,03}Cr_{0,36}V_{0,21}W_{0,12}Mo_{2,18})C$		—
$(Fe_{2,83}Cr_{0,42}V_{0,35}W_{0,23}Mo_{2,17})C$		$(Fe_{0,03}Cr_{0,08}W_{0,02}Mo_{0,18}V_{0,69})C$

+ = Wenn in der Zusammensetzung der einzelnen MC-Carbide größere Schwankungen auftraten, gibt jeweils die Zeile 2a die Zusammensetzung der Carbide mit dem höchsten und 2b die mit dem niedrigsten Vanadingehalt an.

Tabelle 2. Untersuchungsergebnisse von F. Kayser und M. Cohen[6]

Werkstoff-bezeichnung	Chemische Zusammensetzung der Schnellarbeitsstähle						Wärme-behandlung	Gesamtcarbid-menge		Menge		Chemische Zusammensetzung 1. Carbide; 2. Matrix						
										M_6C	VC							
	C	Cr	W	Mo	V	Co		Gew.%	Vol.%	Vol.%	Vol.%	C	Fe	Cr	W	Mo	V	Co
S 18-0-1	0,72	4,13	18,16	0,40	1,04	—	1288° C/Öl	14,8	10,2	9,9	0,3	2,1 0,5	19,4 85,3	2,5 4,4	73,2 8,6	1,4 0,2	1,4 1,0	— —
S 18-0-2	0,82	4,23	17,92	0,40	2,02	—	1288° C/Öl	15,9	12,0	11,0	1,0	2,8 0,5	18,9 85,3	3,3 4,4	70,2 8,0	1,3 0,2	3,6 1,7	— —
S 18-1-2-5	0,73	4,25	17,92	0,78	1,12	4,95	1288° C/Öl	15,6	11,2	10,8	0,4	2,6 0,4	20,2 79,5	1,6 4,7	70,0 8,3	2,5 0,5	1,4 1,1	1,6 5,6
S 12-1-4-5	1,49	4,79	12,13	0,32	4,90	4,95	1250° C/Öl	12,4	12,4	4,3	8,1	9,1 0,4	8,7 81,2	2,9 5,1	47,2 7,3	1,4 0,2	29,8 1,4	1,0 4,3
S 0-9-2	0,88	4,26	—	8,21	2,00	—	1205° C/Öl	5,1	6,8	4,1	2,7	8,0 0,5	7,3 88,8	5,9 4,2	— —	60,5 5,4	18,3 1,1	— —
S 2-9-2	0,80	3,80	1,75	8,61	1,23	—	1205° C/Öl	9,8	9,8	8,5	1,3	3,5 0,6	34,5 89,1	3,0 3,9	9,8 0,9	45,0 4,7	4,3 0,9	— —
S 6-5-2	0,83	4,22	6,38	5,25	1,92	—	1218° C/Öl	11,8	9,2	7,8	1,4	3,7 0,5	23,6 89,0	2,0 4,6	39,7 2,0	22,3 3,0	8,8 1,0	— —
S 6-5-3	1,27	4,52	5,48	4,54	4,13	—	1218° C/Öl	8,0	9,8	4,3	5,5	8,7 0,5	11,2 86,1	3,0 4,7	27,5 3,5	20,4 3,2	29,1 1,9	— —

magnetischen Bestandteiles, und weiterhin wurde auch wohl ausgeschiedene Wolframsäure gelöst. Für den Stahl S 18-0-1 betrug die isolierte Carbidmenge 19 Gew.%. Die chemische Analyse ergab einen Eisenanteil von 24 Gew.% und einen Wolframgehalt von 61 Gew.%. Die Summe aller Elemente war 90% und wurde auf 100% umgerechnet. *J. Papier*[9] isolierte unter besonderen Vorsichtsmaßnahmen gehärtete Proben des Stahles S 18-0-2 und behandelte das Isolat mit einer Ammoniaklösung. Gegenüber den Mikrosondenmessungen zeigen auch seine Analysenergebnisse mit 62,3% W und 24,1% Fe größere Abweichungen. Die Summe der Elemente betrug bei ihm 97%. *F. Kayser* und *M. Cohen* erhielten bei ihren Untersuchungen nur eine Gesamtsumme der Elemente von 82 bis 86%. Wie aus der Tabelle 1 zu entnehmen ist, liegen die Werte der Mikrosondenmessungen stets um 100%. Vermutlich lassen sich bei der Isolierung ausgeschiedene Wolframsäureverbindungen weder durch alkalische noch durch Säurebehandlungen vollständig beseitigen und ergeben zu hohe Wolframgehalte und zu geringe Anteile an Eisen, Chrom, Kobalt und Vanadin im Carbid.

Aus Tabelle 1 geht hervor, daß das M_6C-Carbid der verschiedensten Schnellarbeitsstähle stets etwa 30 bis 35% Eisen enthält. Die Aufnahme von Chrom in das Carbid weicht nicht sehr stark vom Chromgehalt der Stahlanalyse ab. Falls der Stahl Kobalt enthält, ist dessen Gewichtsanteil im Carbid etwa 50% des Wertes der Stahlzusammensetzung. Die formelmäßige Schreibweise für das M_6C in Tabelle 1 gibt wohl den besten Überblick über die Beteiligung der einzelnen Elemente am Carbid wieder. Dabei blieben die Elemente Mn, Si unberücksichtigt. Für Kohlenstoff wurden 2 Gew.% angenommen. Zu bemerken ist, daß die Siliziumgehalte im M_6C merkbar höher lagen als in der Matrix; es wurden Werte bis zu 1% Si ermittelt.

Während die M_6C-Carbide innerhalb einer Probe eine gleichmäßige Zusammensetzung aufwiesen, wurden bei den Vanadincarbiden in einigen Fällen größere Schwankungen gemessen. Die Angabe für ihre chemische Zusammensetzung in Tabelle 1 wurde daher nach Carbiden mit höchsten (2*a*) und niedrigsten (2*b*) Vanadingehalten aufgeteilt. In einigen Schnellarbeitsstählen waren die VC-Carbide zu fein, um mit der Mikrosonde einwandfrei gemessen zu werden. Aus den Meßergebnissen geht hervor, daß das VC in Schnellarbeitsstählen nur eine geringe Eisenmenge aufnimmt. Der höchste Anteil, der gemessen wurde, betrug 3 Gew.%. Kobalt wird nur mit Gehalten unter 1% aufgenommen. Chrom dagegen wird in höherem Maße gelöst als im M_6C. Es wurden bis zu 9% Chrom ermittelt.

Wie Tabelle 1 zeigt, sind die ins Vanadincarbid aufgenommenen Wolfram- und Molybdängehalte beachtlich. Sie hängen im jeweiligen Falle von der Zusammensetzung des Stahles ab. Die Aufnahme von Silicium konnte nicht festgestellt werden. Auch für das Vanadincarbid

Tabelle 3. Chemische Zusammensetzung einiger Schnellarbeitsstähle und ihrer Carbide im Gußzustand

Stahl Nr.	Werkstoff-bezeichnung	Chem. Zusammensetzung der Stähle							Chem. Zusammensetzung der Carbide 1. M_6C^+; 2. MC^+							Formelmäßige Zusammensetzung der Carbide
		C	Si	Cr	W	Mo	V	Co		Fe	Cr	W	Mo	V	Co	
1	S 18-1-2-5	0,89	0,30	4,30	19,5	0,78	1,70	5,75	1a	31,0	5,5	51,6	2,2	4,8	3,0	$(Fe_{3,00}Cr_{0,57}Co_{0,27}V_{0,51}W_{1,52}Mo_{0,13})C$
									1b	34,2	5,5	47,8	2,6	5,4	3,0	$(Fe_{3,16}Cr_{0,55}Co_{0,27}V_{0,55}W_{1,34}Mo_{0,14})C$
									2a	6,8	9,6	22,7	1,7	46,8	0,4	$(Fe_{0,09}Cr_{0,13}W_{0,09}Mo_{0,02}V_{0,67})C$
									2b	7,2	12,5	25,8	2,5	44,4	0,4	$(Fe_{0,09}Cr_{0,17}W_{0,10}Mo_{0,03}V_{0,62})C$
2	S 18-0-2	0,91	0,30	4,46	19,2	0,89	1,57	—	1a	34,4	6,3	42,9	2,6	4,7	—	$(Fe_{3,40}Cr_{0,67}V_{0,51}W_{1,28}Mo_{0,15})C$
									1b	31,6	6,1	48,3	4,0	6,9	—	$(Fe_{3,02}Cr_{0,63}V_{0,72}W_{1,40}Mo_{0,22})C$
									2a	3,8	9,8	15,8	2,9	41,3	—	$(Fe_{0,06}Cr_{0,16}W_{0,07}Mo_{0,03}V_{0,68})C$
									2b	7,1	10,7	17,4	3,4	36,6	—	$(Fe_{0,11}Cr_{0,17}W_{0,08}Mo_{0,03}V_{0,61})C$
3	S 12-1-4-5	1,31	0,32	4,25	13,2	0,90	4,60	4,75	1	8,5	11,1	52,4	4,8	16,4	0,6	$(Fe_{0,89}Cr_{1,24}Co_{0,06}V_{1,87}W_{1,65}Mo_{0,29})C$
									2	5,6	5,0	32,7	2,3	40,7	0,5	$(Fe_{0,08}Cr_{0,08}W_{0,15}Mo_{0,02}V_{0,67})C$
4	S 10-4-3-10	1,28	0,27	4,30	10,4	3,7	3,15	12,5	1a	31,0	5,3	39,8	13,9	4,9	6,9	$(Fe_{2,71}Cr_{0,49}Co_{0,57}V_{0,47}W_{1,05}Mo_{0,70})C$
									1b	16,7	6,0	15,1	8,7	24,0	3,8	$(Fe_{1,60}Cr_{0,61}Co_{0,34}V_{2,52}W_{0,44}Mo_{0,48})C$
									2a	3,8	4,9	30,5	10,4	36,3	0,7	$(Fe_{0,06}Cr_{0,08}W_{0,14}Mo_{0,09}V_{0,61})C$
									2b	5,1	4,9	19,7	11,4	35,6	0,8	$(Fe_{0,08}Cr_{0,09}W_{0,07}Mo_{0,11}V_{0,64})C$
5	S 6-5-2	0,83	0,34	4,30	6,50	5,00	1,82	—	1	38,2	6,8	27,1	25,1	5,5	—	$(Fe_{3,08}Cr_{0,59}V_{0,49}W_{0,66}Mo_{1,18})C$
									2	4,6	7,0	12,1	20,6	39,4	—	$(Fe_{0,06}Cr_{0,10}W_{0,05}Mo_{0,17}V_{0,61})C$
6	S 2-9-1	0,78	0,35	4,55	2,23	9,10	1,43	—	1	35,1	7,2	9,2	43,7	4,1	—	$(Fe_{2,79}Cr_{0,61}V_{0,35}W_{0,22}Mo_{2,01})C$
									2	—	—	—	—	—	—	—

+ Wenn in der Zusammensetzung der einzelnen Carbide größere Unterschiede auftreten, sind zwei Analysenwerte zur Kennzeichnung der Schwankungen angegeben.

Tabelle 4. Carbidanteile der gehärteten Schnellstähle, ausgewertet mit dem „Quantitativen Fernsehmikroskop"

Stahl Nr.	Werkstoff-bezeichnung	Chemische Zusammensetzung						Wärmebehandlung	Gesamtcarbid-menge in Vol.%	Menge	
		C	Cr	W	Mo	V	Co			M_6C in Vol.%	VC in Vol.%
1	S 18-1-2-10	0,76	4,30	18,4	0,72	1,48	10,5	1280° 250″/ü. WB	11,8	11,1	0,7
2	S 18-1-2-5	0,80	4,30	18,0	0,70	1,51	5,3	1280° 250″/ü. WB	12,3	11,8	0,5
3	S 18-0-2	0,78	4,23	18,3	0,85	1,50	—	1250° 250″/ü. WB	12,1	11,3	0,8
4	S 18-0-1	0,78	4,22	17,9	0,73	1,07	0,67	1250° 250″/ü. WB	12,7	12,3	0,4
5	S 12-1-4-5	1,41	4,09	12,2	1,41	3,90	4,59	1240° 250″/ü. WB	12,0	4,7	7,3
6	S 12-1-4	1,24	4,03	12,3	0,95	3,72	—	1250° 250″/ü. WB	9,0	5,9	3,1
7	S 12-1-2	0,89	4,39	12,7	0,80	2,41	—	1250° 250″/ü. WB	7,3	4,8	2,5
8		1,28	4,45	11,5	2,30	3,06	14,5	1230° 250″/ü. WB	11,4	5,4	6,0
9	S 10-4-3-10	1,25	4,40	8,7	5,30	2,77	12,3	1220° 250″/ü. WB	13,3	10,3	3,0
10	S 9-5-3-11	1,07	4,31	8,5	5,40	2,75	11,2	1220° 250″/ü. WB	10,8	7,5	3,3
11		1,49	4,50	9,35	3,80	2,92	11,1	1230° 250″/ü. WB	9,5	3,8	5,7
12	S 6-5-2	0,83	4,30	6,45	5,00	1,90	—	1220° 250″/ü. WB	6,7	5,4	1,3
13	S 6-5-2-5	0,82	4,25	6,20	5,05	1,80	4,65	1220° 250″/ü. WB	7,0	5,3	1,7
14	S 2-9-1	0,76	4,45	1,36	8,5	1,17	—	1220° 250″/ü. WB	5,9	5,5	0,4
15	S 2-9-2	0,87	4,10	1,48	7,9	1,82	—	1220° 250″/ü. WB	9,2	7,3	1,9

ü. WB = über Warmbad

wurde die formelmäßige Zusammensetzung errechnet. Der Kohlenstoffgehalt ist dabei mit 17 Gew.% in Rechnung gesetzt.

Die Meßergebnisse an Proben des Gußzustandes sind in Tabelle 3 zusammengestellt worden. Ein Vergleich mit den Werten der Tabelle 1 zeigt einige Unterschiede. Auffallende Abweichungen ergaben sich für die Schnellarbeitsstähle S 12-1-4-5 und S 10-4-3-10 mit höheren Vanadin-

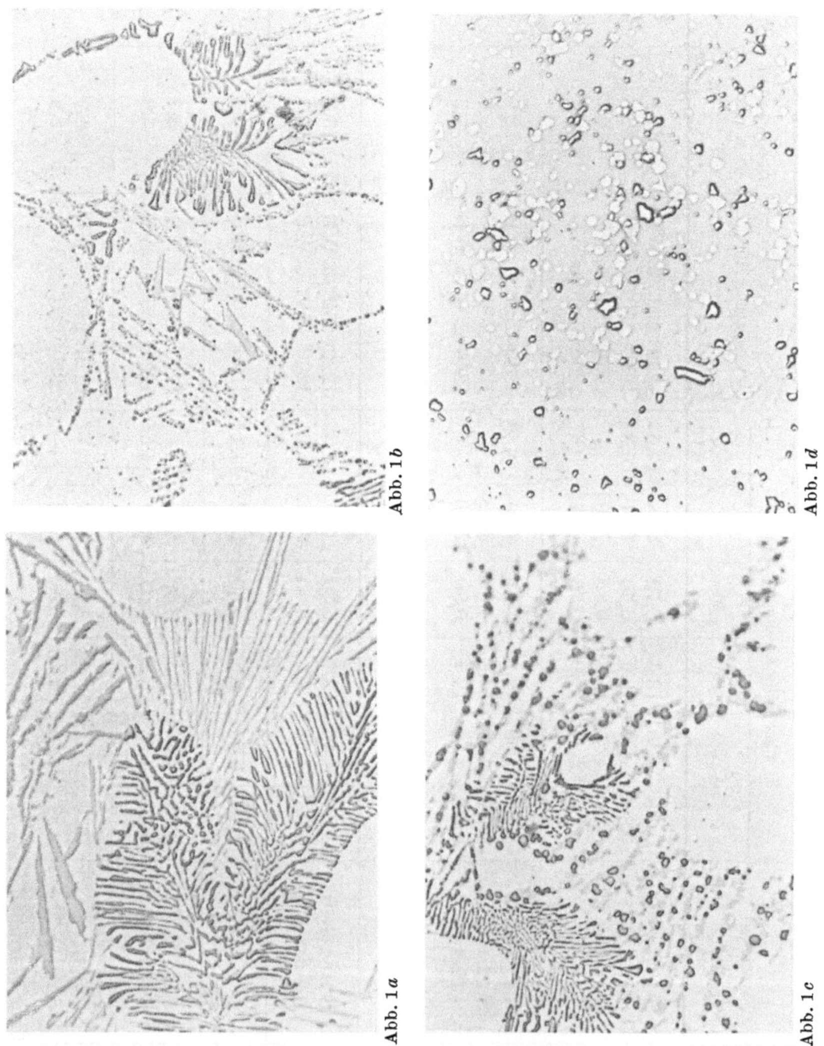

Abb. 1. M_6C- und VC-Carbide im Stahl S 10-4-3-10 (die schwarz umrandeten Teilchen sind VC-Carbide). Vergrößerung: 500fach, Proben ungeätzt

1*a*. Gußzustand
1*b* Gußzustand +1150 °C 15′/Öl
1*c*. Gußzustand +1220 °C 250″/u. WB
1*d*. geschmiedet +1220 °C 250″/u. WB

gehalten in der Zusammensetzung der M_6C-Carbide. Der Eisenanteil lag sehr niedrig, dagegen wurde ein hoher Vanadingehalt gefunden. In den M_6C-Carbiden des Stahles S 10-4-3-10 mit niedrigstem Eisengehalt ergab die Summe der Elemente trotz mehrfacher Überprüfung nur 76%. Es wurde jetzt auch eine unterschiedliche Zusammensetzung der M_6C-Carbide innerhalb einer Probe gefunden. Die Carbidzusammensetzung mit hohem Vanadingehalt ist nicht stabil, schon nach kurzem Glühen oberhalb 1150° C wird das Vanadin als eigenes Carbid ausgeschieden. Das M_6C hat danach eine Zusammensetzung, die sich derjenigen in der geschmiedeten und gehärteten Probe annähert. Den Ablauf dieses Ausscheidungsvorganges verdeutlichen die Abb. 1*a* bis 1*c*.

Die Ergebnisse der Carbidmengenauswertungen mit dem „Quantitativen Fernsehmikroskop" sind in Tabelle 4 wiedergegeben. Ein Vergleich der ermittelten Werte mit den Ergebnissen der mikroskopischen Linearausmessungen von *F. Kayser* und *M. Cohen*[6] in Tabelle 1 zeigt eine recht gute Übereinstimmung. Bei der Auswertung mit dem Fernsehmikroskop sind bei den Schnellarbeitsstählen die Carbidteilchen unter 1 μm kaum zu erfassen. Vergleichende mikroskopische Auswertungen mit dem Meßokular ergaben, daß der normale Auswerter diese Carbide ebenfalls vernachlässigt, insbesondere wenn eine routinemäßige Anätzung die feinen Carbide nicht genügend deutlich entwickelt. Eine für den Stahl S 18-0-1 durchgeführte Berechnung des Carbidgehaltes in Gew.% aus dem gemessenen Volumanteil von 12,7% ergab einen Wert von 22 Gew.%; dabei wurde die Gesamtcarbidmenge als M_6C angenommen und die Dichtewerte $\varrho M_6C = 11{,}95$[16] und ϱMatrix $= 7{,}85$ benutzt. Die elektrolytische Isolierung hatte 19 Gew.% ergeben und eine Berechnung aus den Mikrosondenmessungen 24 Gew.%.

Die Bildung von VC konnte in allen untersuchten Schnellarbeitsstählen beobachtet werden, auch in den Gußproben. Nur liegt, wie aus Tabelle 4 zu ersehen ist, der Mengenanteil des VC in Stählen mit Vanadingehalten bis zu 1,5% stets unter 1%. Die ermittelten Anteile beider Carbidarten zeigen deutlich, wie durch hohe Kohlenstoff- und Vanadingehalte die Vanadincarbidbildung begünstigt wird.

Zusammenfassung

An gehärteten Schnellarbeitsstählen wurden mit der Mikrosonde die chemische Zusammensetzung der Matrix, der M_6C- und der VC-Carbide ermittelt. Auf diese Weise ließ sich ein Überblick gewinnen, in welchem Maße die einzelnen Legierungselemente an der Bildung der beiden Carbidtypen beteiligt sind. Für die Ledeburitcarbide des Gußzustandes konnte eine etwas andere Zusammensetzung als für die entsprechenden Carbide nach dem Schmieden und Härten der Schnellarbeitsstähle nachgewiesen werden. Ein Vergleich der Meßergebnisse der Mikrosonde mit den Werten der elektrolytischen Isolierung ergab einige beträchtliche Abweichungen, die auf im Isolat enthaltene, nicht vollständig zu lösende Wolframsäure-Verbindungen zurückgeführt wurden. Eine Carbidmengenauswertung erfolgte mit dem „Quantitativen Fernsehmikroskop" sowohl für die Gesamtcarbidmenge als auch für die nach M_6C- und VC-Carbiden getrennten Anteile.

Summary

The chemical composition of the matrix, the M_6C- and the VC-carbides, were determined in a number of hardened high speed steels by means of the microsonde. An overview was obtained in this way as to the extent the individual alloying elements participate in the formation of the two carbide types. A somewhat different composition was detected for the Ledeburite carbide of the casting condition than for the corresponding carbides after the forging and hardening of the high speed steels. A comparison of the observed results of the microsonde with the values of electrolytic isolation revealed several considerable deviations, that could be attributed to the tungstic acid compounds contained in the isolate and which could not be completely dissolved. An evaluation of the carbide amounts was made with the "Quantitative telemicroscope" both for the total amount of carbide and also for the portions separated into M_6C- and VC-carbides.

Literatur

[1] *A. Westgren*, Jernkontorets Ann. **88**, 1 (1933).
[2] *R. Mitsche* und *E. M. Onitsch*, Berg- und Hüttenmännische Mh. **92**, 13 (1947).
[3] *H. Krainer* und *R. Mitsche*, Arch. Eisenhüttenwes. **20**, 197 (1949).
[4] *H. Krainer*, Arch. Eisenhüttenwes. **21**, 33, 39 (1950).
[5] *H. J. Goldschmidt*, J. Iron Steel Inst. **170**, 189 (1952).
[6] *F. Kayser* und *M. Cohen*, Met. Prog. **61**, 79 (1952).
[7] *D. J. Blickwede* und *M. Cohen*, Trans. AIME **185**, 578 (1949).
[8] *K. Kuo*, J. Iron Steel Inst. **173**, 363 (1953).
[9] *J. Papier*, Rev. met. **51**, 723 (1954).
[10] *T. Malkiewicz, Z. Bojarski* und *J. Foryst*, J. Iron Steel Inst. 193, 25 (1959).
[11] *Steven, A. E. Nehrenberg* und *T. V. Philip*, Trans ASM **57**, 925 (1964).
[12] *R. Castaing*, O.N.E.R.A., Publ. Nr. 55 (1952).
[13] *L. S. Birks*, Electron Probe Microanalysis, New York: Interscience 1963.
[14] *M. Tong*, unveröffentlicht.
[15] *R. Theisen*, Quantitative Electron Microprobe Analysis, Berlin: Springer-Verlag. 1965.
[16] *H. Goldschmidt*, J. Iron Steel Inst. **186**, 68 (1957).

Institut für Material- und Festkörperforschung, Laboratorium für Werkstoffuntersuchung, Kernforschungszentrum Karlsruhe

Untersuchungen mit dem Mikroanalysator über Kristallabscheidungen an Blechproben nach statischen Langzeitversuchen in flüssigem Natrium *

Von

W. Hein

Mit 16 Abbildungen

(Eingegangen am 23. Dezember 1966)

Beim Massetransport in einem Kühlkreislauf — um diesen Vorgang einmal kurz zu charakterisieren — wird in einem abgeschlossenen System an einer Stelle Material gelöst und an anderer Stelle wieder abgeschieden. Man erkennt, daß es sich hierbei um ein bei flüssigen Metallen typisches Korrosionsproblem handelt; denn ein Ablösen eines Stoffes aus einer Oberflächenschicht muß man als Korrosion auffassen, da hierbei eine Veränderung der Oberfläche eintritt, die im schlimmsten Falle zur vollständigen Auflösung und Zerstörung des Werkstoffes führt.

Umgekehrt kann es an den Stellen, an denen sich das Material wieder abscheidet, dazu kommen, daß ein ganzer Rohrquerschnitt langsam zuwächst und den Durchfluß des Kühlmittels behindert. Insofern ist dort ebenfalls eine Unterbrechung des Kühlkreislaufes zu befürchten.

Beim Massetransport unterscheidet man grundsätzlich zwei verschiedene Erscheinungen; den thermischen und den chemischen Massetransport. Beim thermischen Massetransport löst das Korrosionsmedium an der heißesten Stelle im Kreislauf den Legierungswerkstoff langsam auf oder aus der Oberfläche nur einzelne bestimmte Elemente heraus; die bei höherer Temperatur gelösten Stoffe werden an einer kälteren Stelle des Kreislaufes wieder abgeschieden.

---

* Vortrag anläßlich des Kolloquiums über metallkundliche Analyse mit besonderer Berücksichtigung der Elektronenstrahl-Mikroanalyse, Wien, 25. bis 27. Oktober 1966.

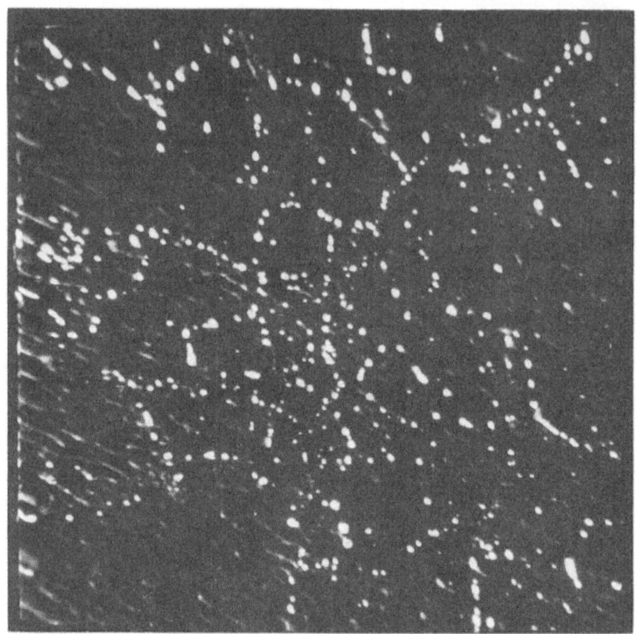

Abb. 1. Kristalline Abscheidungen auf Inconel 625 (250fach)

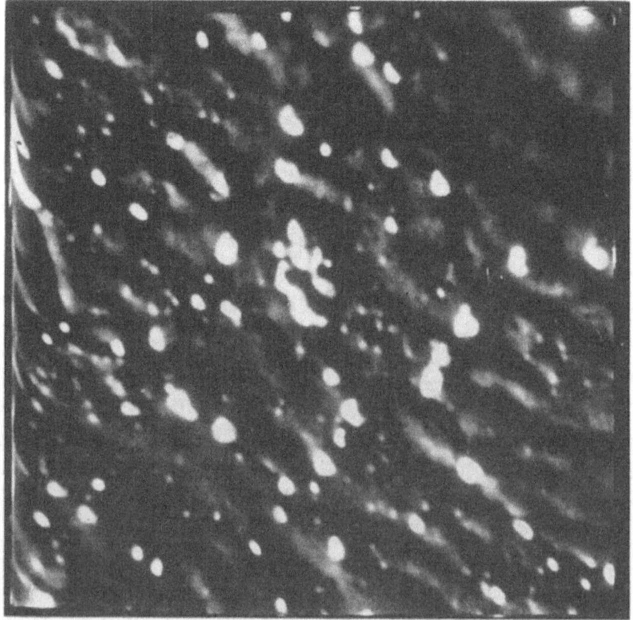

Abb. 2. Kristalline Abscheidungen auf Inconel 625 (1000fach)

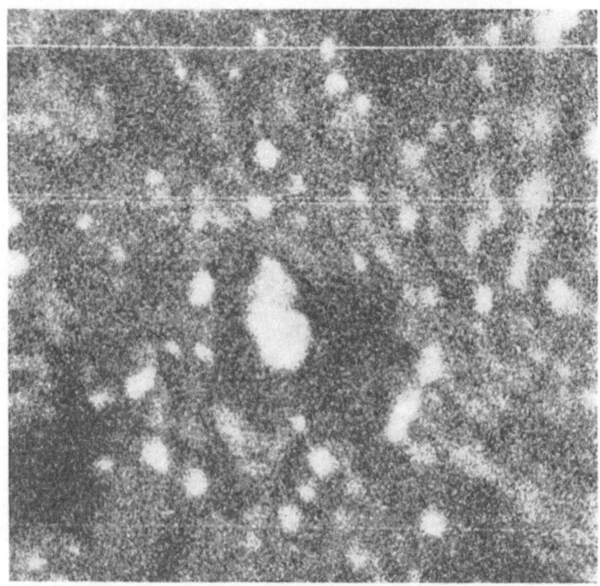

Abb. 3. Starke Fe-Anreicherung in den Abscheidungen auf Inconel 625 (Aufnahme der Fe-Kα-Strahlung)

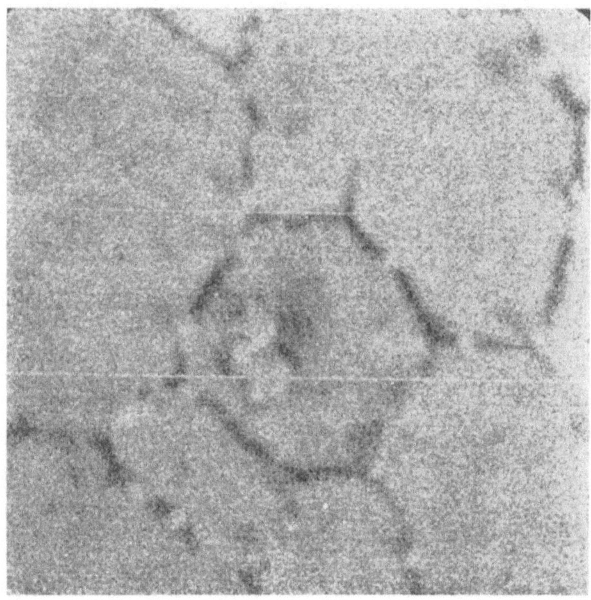

Abb. 4. Ni-Verarmung in den Abscheidungen auf Inconel 625 (Aufnahme der Ni-Kα-Strahlung)

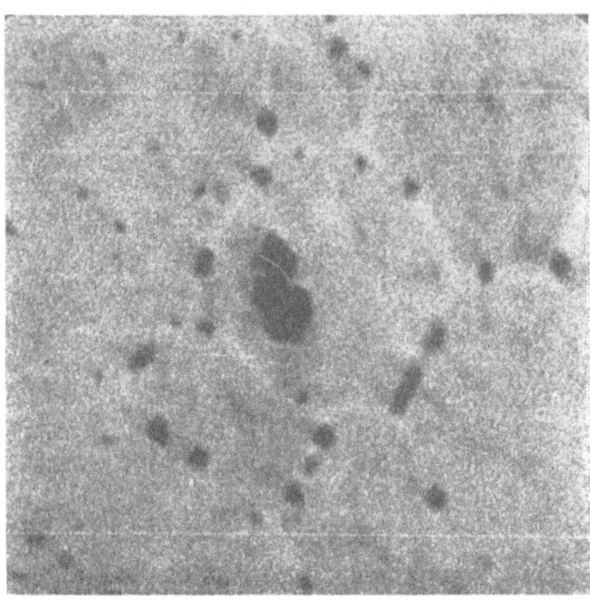

Abb. 5. Cr-Verarmung in den Abscheidungen auf Inconel 625 (Aufnahme der Cr-Kα-Strahlung)

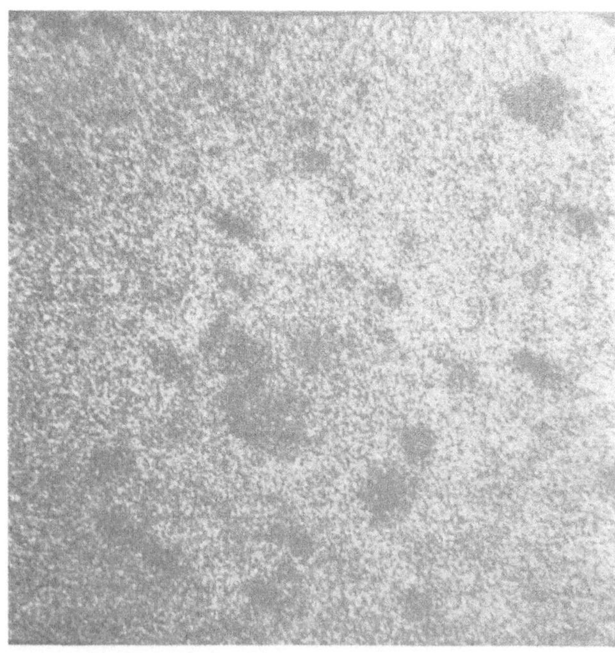

Abb. 6. Mo-Verarmung in den Abscheidungen auf Inconel 625 (Aufnahme der Mo-Kα-Strahlung)

Ein Temperaturgefälle ist aber für einen Massetransport keinesfalls Voraussetzung. Schon geringe chemische Unterschiede in den einzelnen Werkstoffen können zu Auflösungs- und Abscheidungsvorgängen führen. In diesem Falle spricht man von einem chemischen Massetransport. Diese Erscheinung tritt also auch unter isothermen, statischen Bedingungen auf.

Über einige Versuchsergebnisse, wie sie bei statischen Langzeitversuchen, und zwar nach 1000 h und mehr in flüssigem Natrium von 600° C auftraten, soll kurz berichtet werden.

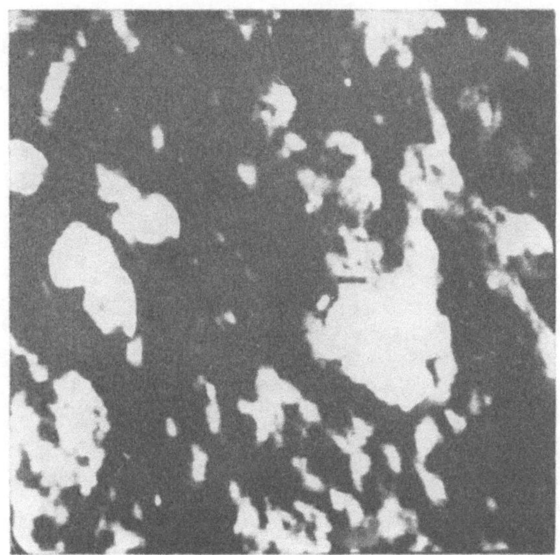

Abb. 7. Abscheidungen auf Incoloy 800 (1000fach)

Für die statischen Untersuchungen standen uns Kapseln aus *V4A Stahl* zur Verfügung, die zwei gleich große Kammerräume besitzen. In die erste Kammer wurde das Natrium auf Zirkoniumspäne filtriert und zur Beseitigung des letzten Restes Sauerstoff erhitzt. Nach dieser Reinigung erfolgte die Überführung des flüssigen Natriums in die eigentliche Versuchskammer, wo die zu untersuchenden Bleche dann in das flüssige Bad eintauchen. Für die Langzeitversuche befanden sich die Kapseln in Öfen, mit denen eine Temperaturkonstanz des Natriums von 600 $\pm$ 5° C erreicht wurde. Nach Beendigung des jeweiligen Versuches wurden die eingehängten Bleche aus den Kapseln herausgenommen, vom Natrium befreit und unter anderem auch mit der Mikrosonde untersucht.

Schon bei oberflächlicher Betrachtung zeigt sich, daß es durch Massetransport unter obigen Bedingungen zwar in jedem Falle zu Abscheidungen auf dem Blech kommt, die Erscheinungsformen jedoch sehr unterschiedlich sind. Es ist also keinesfalls so, daß der chemische Massetransport nur einen unterschiedlichen Chemismus der eingehängten Bleche und der Kapsel voraussetzt, sondern im Gegenteil sogar sehr spezifisch für die einzelnen Paarungen ist. Das wird besonders deutlich, wenn man die Untersuchungsergebnisse mit dem Mikroanalysator betrachtet.

Bei einem Blech aus Inconel 625 (eine Nickelbasislegierung mit 21,8% Cr, 8,5% Mo, 2,65% Fe, Rest Ni) zeigen sich in Höhe des Badspiegels kleine kristalline Abscheidungen (Abb. 1). Der weitaus größte Teil der

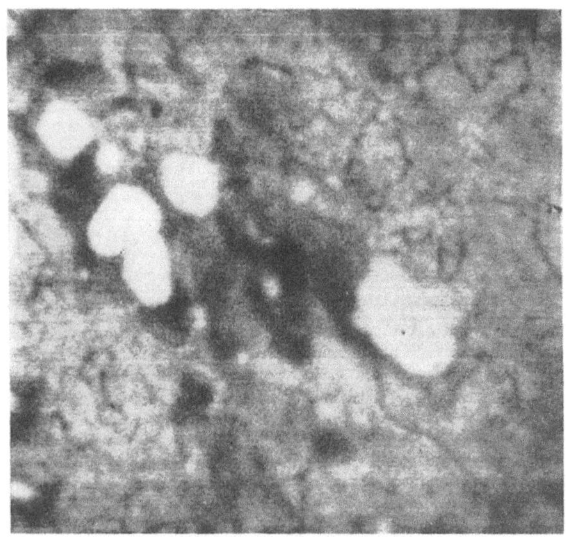

Abb. 8. Starke Fe-Anreicherung in den Abscheidungen auf Incoloy 800 (Aufnahme der Fe-Kα-Strahlung)

Abscheidungen scheint an den Korngrenzen aufgewachsen zu sein, wie aus der Übersichtsaufnahme, d. h. bei kleiner Vergrößerung, zu ersehen ist. Aus der Mitte des Bildes ist eine Stelle herausgenommen und qualitativ näher untersucht worden (Abb. 2).

Um die Ergebnisse nicht zu komplizieren, haben wir bei allen vorliegenden Untersuchungen mit Absicht nur die stark auftretenden Elemente analysiert. Elemente, die in geringen Gehalten oder gar Spuren vorhanden sind, wurden nicht berücksichtigt, obwohl bei Korrosionsuntersuchungen sehr wohl gerade diese Stoffe eine wichtige Rolle spielen können.

Eisen ist in den vorliegenden Abscheidungen das vorherrschende Element, wie die Rasteraufnahme der Fe-Kα-Strahlung beweist (Abb. 3). Es ist in den Kristallen sehr stark angereichert, obwohl es im Grundmetall nur mit 2,65% vorhanden ist. Anders verhält es sich mit den anderen Hauptelementen. Nickel (Abb. 4) fehlt in den Korngrenzen fast vollständig oder ist von den eisenhaltigen Kristallen überdeckt. In den Kristallen ist es gegenüber seinem Ausgangsgehalt zumindest deutlich verarmt.

Auch Chrom (Abb. 5) zeigt in den Kristallen eine deutliche Verarmung, jedoch finden sich in einzelnen Korngrenzen des Grundwerkstoffes Andeutungen einer leichten Anreicherung. Molybdän schließlich (Abb. 6) zeigt ein ähnliches Verhalten wie Chrom; es ist in den Kristallen nicht vorhanden.

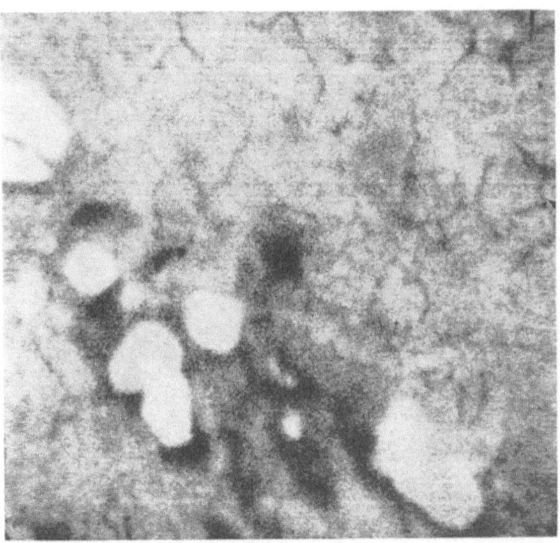

Abb. 9. Ni-Anreicherung in den Abscheidungen auf Incoloy 800 (Aufnahme der Ni-Kα-Strahlung)

Andere Elemente konnten in erkennbaren Mengen nicht nachgewiesen werden. — Leichte Elemente, wobei in diesem Falle insbesondere Natrium interessieren würde, können zur Zeit mit unserem Gerät noch nicht bestimmt werden. — Allein aus dieser rein qualitativen Untersuchung läßt sich schließen, daß die auf dem Inconel 625 abgeschiedenen Kristalle vorwiegend aus Eisen mit nur geringen Beimengungen bestehen.

Ein vollkommen anderes Bild erhält man bei einem Blech aus Incoloy 800 (einer Eisenbasislegierung mit 49,9% Fe, 31,3% Ni und 20,5% Cr). In der Höhe des Badspiegels haben sich auch hier Kristalle abgeschieden (Abb. 7); es handelt sich hier aber um verhältnismäßig große, flächenhafte Abscheidungen, bei denen die Kristallflächen nicht gut ausgebildet sind (Abb. 8). Die Rasteraufnahme der Fe-Kα-Strahlung zeigt auch hier wieder eine starke Anreicherung dieses Elementes in den Abscheidungen. Außerdem treten zahlreiche dunkle Linien auf, in denen es verarmt ist; wahrscheinlich handelt es sich hier um Korngrenzen. Diese Stellen wurden jedoch nicht näher untersucht. Das Bild der Ni-Kα-Strahlung (Abb. 9) sieht dem des Eisens sehr ähnlich. Auch Ni tritt in den Abscheidungen stark auf. Bei genauerer Betrachtung ist jedoch festzustellen, daß die Anreicherung nicht so stark wie bei Eisen sein kann. In den „Korngrenzen" ist Ni ebenfalls wie Fe verarmt. Chrom (Abb. 10) hingegen zeigt ein vollkommen anderes Verhalten. In den Abscheidungen ist dieses Metall nicht oder wenigstens nur in geringem Maße vorhanden; die

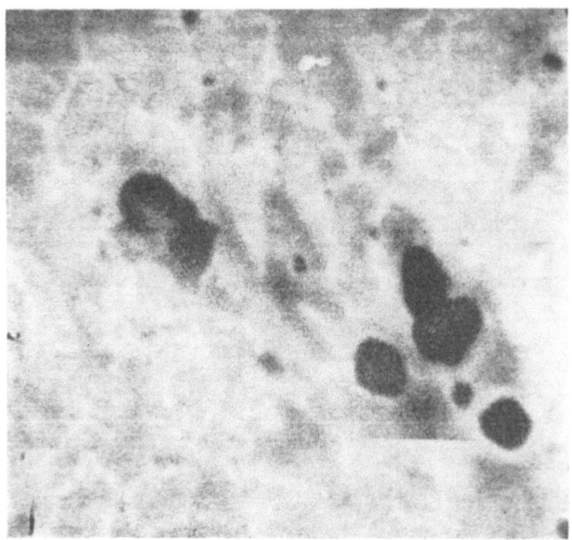

Abb. 10. Cr-Verarmung in den Abscheidungen auf Incoloy 800 (Aufnahme der Cr-Kα-Strahlung)

„Korngrenzen" sind heller gezeichnet, was auf eine deutliche Anreicherung des Cr an diesen Stellen hinweist. Man kann demnach feststellen, daß Cr sich komplementär zu Eisen und Nickel verhält.

Es bedarf kaum der Erwähnung, daß exakte quantitative Analysen nicht durchführbar sind. Verschiedene Gründe sind dafür maßgebend. So liegen unter anderem die Kristalle mit ihren Flächen meistens unregelmäßig gegen die Horizontalebene geneigt. Der auftreffende Elektronenstrahl tritt also nicht unter 90° auf, der Abnahmewinkel ist — in unserem Falle — nicht mehr 20°. Weiter liegen die Abscheidungen nur mit wenigen Stellen in der Fokussierungsebene. Schon diese beiden Tatsachen lassen z. B. einen Vergleich mit Standards und damit eine quantitative Analyse nicht zu.

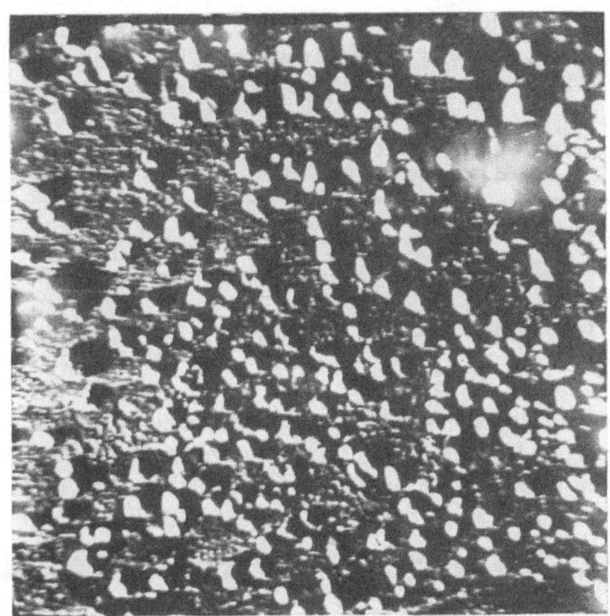

Abb. 11. Abscheidungen auf Mo-Blech (250fach)

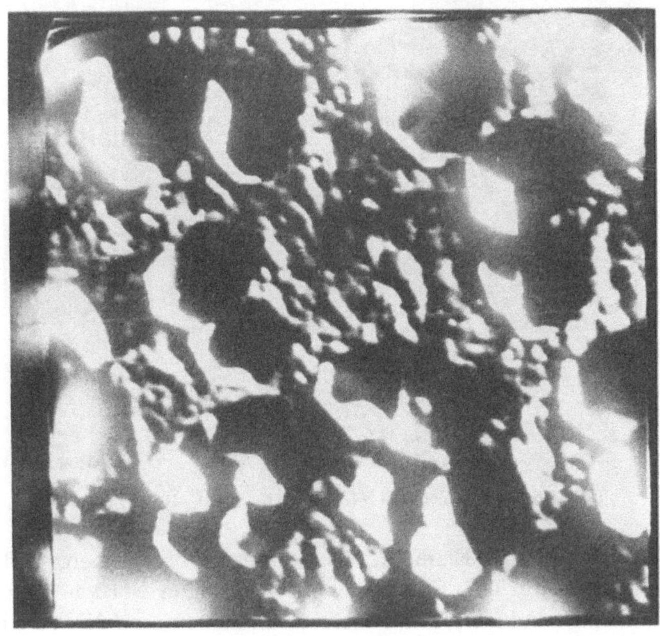

Abb. 12. Abscheidungen auf Mo-Blech (1000fach)

Trotzdem wurden probeweise quantitative Analysen auf die drei Elemente Fe, Ni, Cr in den Abscheidungen und auf dem Blech durchgeführt (Tab. 1). Die Summe der drei Elemente schwankt zwischen 90 und

Tabelle 1. Chemische Zusammensetzung einzelner Abscheidungen und des Incoloy-800-Bleches in Gew.%

Grundmetall	Kristalle				Blech	
	bezogen auf 100					
Fe 46,9	62,4	60,6	67,2	64,1	44,1	45,0
Ni 31,3	34,7	36,3	30,5	33,9	28,4	29,8
Cr 20,5	2,8	3,1	2,3	1,9	26,7	25,2

110%, was auf die eben erwähnten Gründe zurückzuführen ist. Weitere Elemente liegen höchstens in geringen Mengen vor, von den leichten, bei uns nicht bestimmbaren Elementen eventuell abgesehen. Um nun einmal

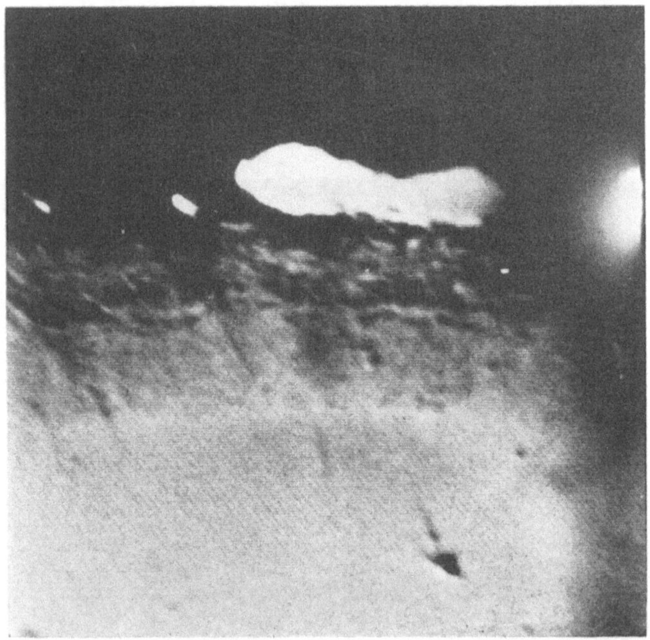

Abb. 13. Korrosionsschicht auf V4A-Stahl (Na 600° C, 1000 h) (1000fach)

das Verhältnis der drei Elemente zueinander zu bestimmen, sind die erhaltenen Anteile auf eine Summe von 100 bezogen worden. Aus diesem Ergebnis ist zu erkennen, daß in den Kristallen Fe und Ni etwa im Verhältnis 2 : 1 vorhanden sind, während Cr fast bedeutungslos geworden ist.

Auf der Oberfläche des Bleches selbst findet sich hingegen eine leichte Anreicherung des Cr, während Fe und Ni in geringem Maße verarmt sind.

Sehr gut geformte Kristalle treten an Molybdänblechen auf (Abb. 11 und 12). Die gut ausgebildeten Kristallflächen lassen vermuten, daß es sich hier sogar um Einkristalle handelt; ja es hat den Anschein, als ob die Kristalle mit einer bevorzugten Fläche auf der Unterlage aufgewachsen wären, da die Flächen, soweit erkennbar, etwa den gleichen Neigungswinkel aufweisen.

Tabelle 2. Chemische Zusammensetzung von Abscheidungen auf Mo-Blech in Gew.%

	Fe	Mo
	42,5	57,5
	38,9	61,1
$Fe_7 Mo_6$	40,4	59,6

Bei qualitativer Untersuchung der Kristalle konnte neben Molybdän nur noch Eisen festgestellt werden. Die quantitative Analyse (Tab. 2) weist ein Verhältnis Fe zu Mo von ca 4 : 6 auf, wenn man auch hier die Summe jeweiliger Einzelanalysen der beiden Elemente auf 100 bezieht.

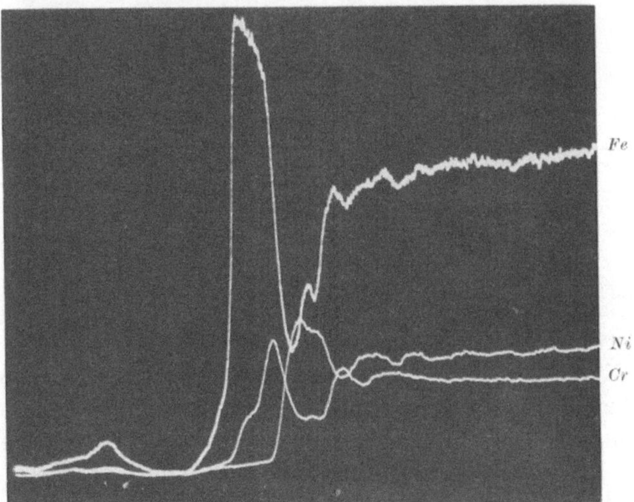

Abb. 14. Profile des Fe-, Cr- und Ni-Konzentrationsverlaufes in der Korrosionsschicht

Auf dem Mo-Blech treten verhältnismäßig große Mengen dieser Kristalle auf, weshalb hier mit einer Röntgenfeinstrukturuntersuchung eine nähere Aufklärung versucht wurde. Neben den Interferenzen des Grundmetalls liegen noch einige weitere vor. Diese lassen sich gut den Interferenzen der Verbindung FeMo beziehungsweise Fe_7Mo_6 zuordnen. Von den quantitativen Bestimmungen her würden die Verhältnisse in den Kristallen der letzten Formel recht gut entsprechen.

Auf die Frage, woher das Material kommt, das am Aufbau der Abscheidungen beteiligt ist, gibt insbesondere das Molybdänblech Auskunft. Die Kristalle bestehen aus Mo und Fe. Da das Kapselmaterial aus einem V4A-Blech besteht, muß an dem Aufbau der Kristalle das Mo des eingehängten Bleches selbst mitwirken. Auf der anderen Seite fehlt in dem Mo-Blech aber Fe. Dieses kann nur durch das Medium — im vorliegenden Falle Natrium — herantransportiert worden sein.

Abb. 15. Natriumanreicherung in der Korrosionsschicht (Aufnahme der Na-K-Strahlung)

Bei der Untersuchung der inneren Kapselwand läßt sich eine recht kräftige Korrosionsschicht erkennen (Abb. 13). Auf Grund der unterschiedlichen Helligkeit der einzelnen Zonen ist eine inhomogene Zusammensetzung anzunehmen. Die Konzentrationsprofile von Fe, Cr, Ni (Abb. 14) geben tatsächlich unterschiedliche Zonen wieder. — Es sei bemerkt, daß es sich bei der Aufnahme nur um die Konzentrationsprofile handelt, quantitativ dürfen die Linienhöhen zueinander nicht in Beziehung gesetzt werden.

In der äußersten, dem Natrium zugewandten Schicht ist Fe dem Grundmaterial gegenüber sehr stark angereichert. Zwischen dieser Schicht und dem Grundwerkstoff liegt eine an Eisen verarmte Zone. Eine ähnliche

Profilstruktur weist Cr auf, jedoch ist das Maximum nicht so kräftig und nicht so weit nach außen verschoben. Auch bei Ni tritt ein geringes Maximum auf, es schließt aber praktisch direkt ans Grundmetall an.

Aus diesen Konzentrationsprofilen läßt sich somit folgern, daß Fe unter den vorherrschenden Bedingungen am stärksten aus dem Kapselwerkstoff nach außen ins Na wandert.

Schon bei oberflächlicher Betrachtung fällt auf, daß im Fe-Minimum sowohl die Cr- und Ni-Anreicherungen als auch die übrigen im Stahl vorhandenen Elemente, wie Mn, Si, C, das sichtbare Defizit nicht decken können. Wenn im vorliegenden Falle auch keine vollständige Korrosions-

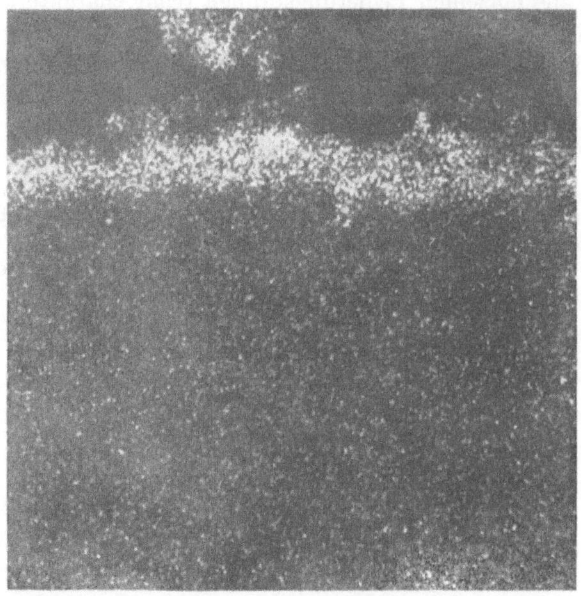

Abb. 16. Sauerstoffanreicherung in der Korrosionsschicht (Aufnahme der O-K-Strahlung)

untersuchung am Kapselmaterial durchgeführt werden sollte, so war es doch zur Deutung der Versuchsergebnisse von Interesse, welche Elemente sich hier anreichern. Es liegt auf der Hand, daß sich die Untersuchungen in erster Linie auf Natrium, das Korrosionsmedium, und Sauerstoff konzentrieren müssen. Diese leichten Elemente können wir, wie bereits erwähnt, mit unserer Cambridge-Sonde zur Zeit noch nicht bestimmen. Herr Dr. *Giacchetti* hat an der Cameca-Sonde in Paris diese Analysen für uns freundlicherweise durchgeführt.

Die Aufnahme der Natrium-K-Strahlung (Abb. 15) zeigt, daß das Korrosionsmedium in der Korrosionsschicht recht kräftig vorhanden ist. Auch Sauerstoff (Abb. 16) läßt sich einwandfrei nachweisen.

Als Ergebnis der Mikrosondenuntersuchungen kann man feststellen, daß bei 600° C im statischen Dauerversuch einerseits das flüssige Natrium in das Kapselmaterial aus V4A-Stahl korrodierend eindringt und andererseits dabei die einzelnen Bestandteile mehr oder weniger selektiv herauslöst und abtransportiert.

Zusammenfassung

Bei Mikrosondenuntersuchungen von Abscheidungen an Blechproben verschiedener chemischer Zusammensetzung, die durch chemischen Massetransport hervorgerufen wurden, zeigte sich, daß diese Abscheidungen für die einzelnen Legierungsproben recht charakteristisch sind. Ihre chemische Zusammensetzung hängt dabei sowohl von der Natur des Abscheidungsbleches als auch von der chemischen Zusammensetzung des Kapselmaterials ab.

Summary

During microsonde studies of deposits on sheet metal samples of various chemical composition, brought about by chemical mass transport, it was observed that these deposits are quite characteristic for the particular alloy samples. Their chemical composition depends here not only on the nature of the deposition sheet but also on the chemical composition of the capsule material.

Aus dem AEG-Forschungsinstitut Frankfurt/Main

Analyse von Verunreinigungen auf geläppten und geätzten Siliziumscheiben mit der Mikrosonde *

Von

J. Hesse

Mit 9 Abbildungen

(Eingegangen am 23. Dezember 1966)

1. Ziel der Untersuchung

Die elektrischen Eigenschaften der Halbleiter werden durch metallische Verunreinigungen geändert. Das zeigt eine Reihe von Untersuchungen, in denen über die Abhängigkeit der Ladungsträger-Lebensdauer und der Sperrspannung der p-n-Übergänge von der Art der Verunreinigungsatome, ihrer Konzentration und Verteilung im Kristall berichtet wird[1–5]. Meist sind jedoch Art und Verteilung der Verunreinigungen weitgehend unbekannt, was die Interpretation der elektrischen Daten außerordentlich erschwert. Man ist daher bemüht, Verunreinigungen von vornherein zu vermeiden. Das gelingt in der Regel aber nur dann, wenn die Quellen bekannt sind. Die Suche nach solchen Quellen führte zum Teil zu überraschenden Ergebnissen. So muß neueren Arbeiten zufolge der Probenverschmutzung durch metallische Bestandteile des Tiegelmaterials bei der Kristallherstellung oder einer nachträglichen Glühung erhebliche Bedeutung beigemessen werden. Es wurde gefunden, daß die für Temperzwecke benutzten Quarzrohre bei hohen Temperaturen unter anderem Au, Cu und Na emittieren und diese Elemente an der Si-Oberfläche adsorbiert werden[6]. Ferner konnte gezeigt werden, daß auf Epitaxieschichten die gleichen Metalle (Cu, Fe u. a.) zu finden waren wie im Graphit, der als Unterlage diente[7]. Diese Untersuchungen haben u. U. praktische Be-

---

* Vortrag anläßlich des Kolloquiums über metallkundliche Analyse mit besonderer Berücksichtigung der Elektronenstrahl-Mikroanalyse, Wien, 25. bis 27. Oktober 1966.

deutung, da sich Sperrspannung und Ladungsträger-Lebensdauer mit abnehmendem Verunreinigungsgehalt erhöhen.

Das Ziel der vorliegenden Arbeit ist, den Einfluß der mechanischen Bearbeitung, insbesondere des Läppens, auf die Oberflächenverschmutzung von Si-Einkristallen zu prüfen und Verfahren zur Vermeidung eventuell nach Reinigung verbliebener Verunreinigungen anzugeben. Daraus ergibt sich eine kritische Beurteilung bereits bekannter Reinigungsvorschriften.

2. Experimenteller Teil

a) Probenvorbereitung

Für eine Reihe technischer Anwendungen werden Si-Einkristallscheiben benötigt. Sie werden im allgemeinen aus stangenförmig gezogenen Einkristallen herausgesägt und zur Beseitigung der durch das Sägen eingeführten Oberflächenrauhigkeit plan geläppt. Beide Prozesse hinterlassen Verunreinigungen, die man durch mehrfaches Waschen und durch Ultraschallreinigung zu beseitigen versucht. Der anschließende Ätzprozeß dient in erster Linie der Abtragung der durch das Läppen gestörten Oberflächenschicht. Die Ätzlösung wird danach abgespült und die Probe getrocknet. Für die am Ende „saubere" Oberfläche haben diese Bearbeitungsschritte unterschiedliches Gewicht. So hat die eigentliche Reinigung sicher die größte Bedeutung, doch kann deren Erfolg u. U. von der Art, der Zahl und der Größe der durch das Sägen und Läppen eingeführten Verunreinigungen abhängen. Man wird ferner zu prüfen haben, inwieweit der Ätzprozeß zur Beseitigung noch verbliebener Verunreinigungen beiträgt. Im folgenden wird untersucht, wie Art, Zahl und Größe der Verunreinigungspartikeln auf Si-Scheiben von den speziellen Versuchsbedingungen der obengenannten Bearbeitungsschritte abhängen. Die Ergebnisse sollten von der hier gewählten Form der Kristalle unabhängig und daher allgemeingültig sein. Da der Verunreinigungsgehalt nach dem Durchlaufen aller Prozesse interessiert, werden die anderen, nicht geänderten Versuchsbedingungen nach einem der Praxis angepaßten Standardprogramm durchgeführt. Das hat gleichzeitig den Vorteil, daß die Bestimmung des Verunreinigungsgehaltes stets auf planen Oberflächen erfolgen kann.

Standardprogramm

1. *Sägen:* Mit der Diamantsäge (Diamantsplitter auf Aluminiumbronze) werden von einem Si-Einkristallstab (in $\langle 111 \rangle$-Richtung zonengezogen, Durchmesser 2 cm) 650 μm dicke Scheiben abgetrennt.

2. *Läppen:* Als Läppunterlage dient Gußeisen, als Läppkorn Korund 1800 (Al_2O_3), als Läppflüssigkeit Läppträger Nr. 3 von Lapmaster. Von

den gesägten Scheiben werden nacheinander maschinell beidseitig je 75 μm abgeläppt.

3. *Ultraschallreinigung:* Wiederholte Reinigung (insgesamt etwa 15 min) in destilliertem Wasser, dem ein Entfettungsmittel („Grisiron", Farbwerke Hoechst) zugegeben wird. Die Senderfrequenz beträgt 0,8 MHz, die vom Sender abgegebene Leistung 50 Watt.

4. *Ätzen:* Von jeder Seite werden 50 μm abgeätzt, davon 35 μm mit einer Vor-, 15 μm mit einer Schlußätze.

a) Vorätze: 2 T. HNO_3 (rauchend), 2 T. CH_3COOH, 1. T. HF (40%ig), 1 T. HCl.
Ätzgewindigkeit bei 20° C: 6 μm/min.

b) Schlußätze: 5 T. HNO_3, 3 T. CH_3COOH, 3 T. HF (50%ig).
Ätzgewindigkeit bei 20° C: 60 μm/min.

5. *Trocknung:* Spülen in destilliertem Wasser und Abtupfen mit sauberem Filterpapier.

b) Analyse der Verunreinigungen

Zur optischen Identifizierung der Verunreinigungspartikel wird die mit der Mikrosonde beobachtbare Abhängigkeit der Elektronenabsorption von der Ordnungszahl des im bestrahlten Volumen vorliegenden Elements benutzt. Der Elektronenstrahl tastet dazu auf der Probe ein Quadrat der Kantenlänge 80 μm rasterförmig ab. Die in jedem Punkt registrierten absorbierten Elektronen werden als Probenstrom abgeführt, mit dessen Spannungsabfall an einem Widerstand die Gleichspannung eines synchron laufenden Oszillographen moduliert wird. Man erhält so Bilder nach Art der Abb. 1*a*. Zur Analyse eines kleinen Bereichs wird die Rasterung unterbrochen und der Strahl auf die zu untersuchende Stelle gerichtet. Die Wellenlänge und die Intensität der von dort ausgehenden charakteristischen Röntgenstrahlung werden bestimmt, woraus sich die qualitative bzw. quantitative Zusammensetzung der Fremdpartikel ergibt. Wir verzichten im Rahmen dieser Untersuchung auf eine quantitative Analyse, da die Ergebnisse nicht genügend gesichert erscheinen und hier auch keine große Bedeutung haben. Beispiele einer qualitativen Analyse von Verunreinigungspartikeln zeigen die Abb. 1*b* und *c* in Verbindung mit Abb. 1*a*.

Das benutzte Analysenverfahren begrenzt bei einem Strahldurchmesser von 1 μm das räumliche Auflösungsvermögen auf einige μm^3. Kleinere Verunreinigungspartikel können damit also nicht nachgewiesen werden und sind in den Ergebnissen dieser Untersuchung auch nicht berücksichtigt. Ferner sind aus apparativen Gründen nur Elemente mit einer Ordnungszahl $Z > 10$ zu identifizieren. Diese Einschränkung sollte jedoch von untergeordneter Bedeutung sein, da sie die für die vorliegende

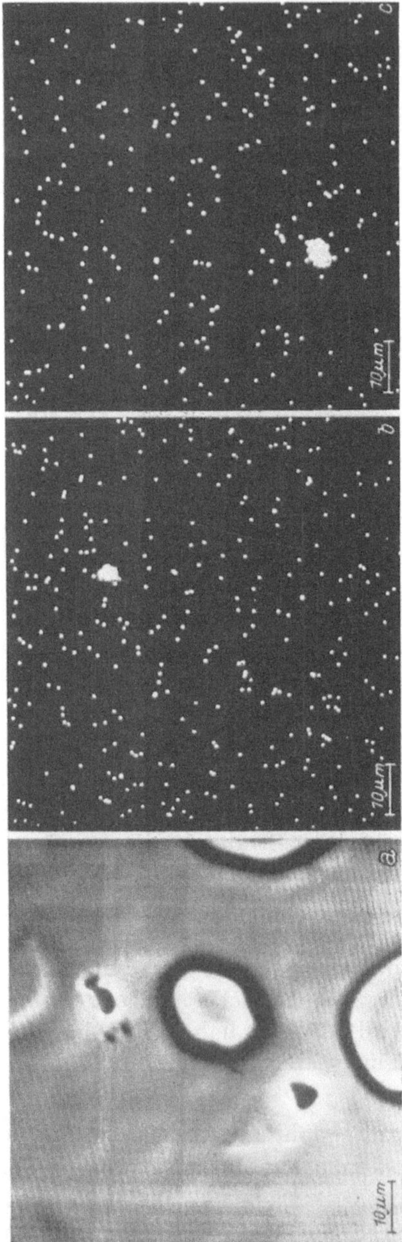

Abb. 1. Qualitative Analyse von Verunreinigungspartikeln nach dem „Scanning"-Verfahren

a) absorbierte Elektronen

b) Fe Kα

c) Cu Kα

Untersuchung vermutlich wichtigen Elemente, insbesondere die Metalle, nicht betrifft.

Die im folgenden angegebenen mittleren Flächendichten der Verunreinigungspartikel wurden aus einer Analyse von 100 Feldern der obengenannten Größe errechnet.

3. Ergebnisse

Die unter 2 a genannten Bearbeitungsschritte wurden in den Teilen abgeändert, die im Rahmen der experimentellen Möglichkeiten lagen und von denen man einen Einfluß auf die hier zur Diskussion stehenden Verunreinigungen erwarten konnte.

a) Variation der Läppbedingungen

Geändert wurden Läppunterlage, -flüssigkeit, -korn und -korngröße. Die Ergebnisse zeigt die Abb. 2. Danach nimmt die Gesamtzahl aller Verunreinigungspartikel (Z_{ges}) mit der Korngröße zu, und zwar unabhängig von den übrigen Parametern. Die metallischen Bestandteile sind dagegen im wesentlichen durch die Wahl der Läppunterlage und des Läppkorns vorgegeben (Tab. 1). Dabei fällt die große Zahl Fe-haltiger Partikel (Z_{Fe}) nach Läppen auf Gußeisen auf. Wie auch Z_{ges}, ist Z_{Fe} proportional der Korngröße (Abb. 2). Der Durchmesser der Teilchen beträgt im Mittel einige μm, selten mehr als 10 μm. Diese Werte sind unabhängig von den speziellen Läppbedingungen. Das zeigen auch die Ergebnisse der Abschnitte 3 b und c.

Tabelle 1. Analyse von Verunreinigungspartikeln nach Benutzung verschiedener Läppunterlagen und Läppmittel

Unterlage	Lappkorn	Z_{ges}/mm²	Z_{Fe}/mm²	Z_{Al}/mm²	Z_{Cu}/mm²	Z_{Ti}/mm²
Gußeisen	Al_2O_3 1800	72	9	6	1	—
Gußeisen	Al_2O_3 1800	53	8	5	—	1
Gußeisen	SiC	75	8	—	—	—
Glas	Al_2O_3 1800	48	—	4	2	—

Ordnet man die Verunreinigungen versuchsweise einzelnen Bestandteilen des Läppprozesses zu, so liegt es nahe, das Al (dann in Form von Al_2O_3) mit Resten des Läppkorns in Verbindung zu bringen. Die Fe-Teilchen sollten als Abrieb der Läppunterlage deutbar sein. Das Cu könnte aus dem Sägeblatt stammen. Die Herkunft des Ti, mehrfach nachgewiesen, ist unklar. Der größte Teil der beobachteten Verunreinigungspartikel konnte nicht gedeutet werden. Das kann mehrere Ursachen haben und überrascht kaum. So mußte aus dem Probenstrom in einigen Fällen geschlossen werden, daß Elemente mit $Z < 11$ vorliegen. Auch waren Siliziumcarbid- und Borcarbidteilchen nach Benutzung dieser Läppmittel nicht zu identifizieren, obwohl ihr Vorhandensein wahrscheinlich ist, wie die Al-Partikel nahelegen. Mitunter war auch die Analyse unsicher, nicht zuletzt wegen der Unebenheit der Partikel. Dann wurde auf eine Klassifizierung verzichtet. Dennoch darf die oben

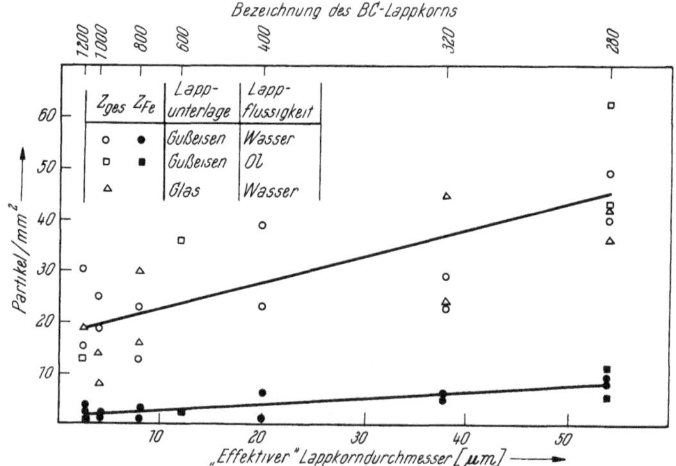

Abb. 2. Abhängigkeit der Zahl der „Läpp"-Partikel von der Läppkorngröße für verschiedene Läppbedingungen

ausgesprochene Vermutung, daß ein wesentlicher Teil der beobachteten Verunreinigungspartikel aus Abrieb- und Läppkornresten besteht, als bestätigt angesehen werden. Das heißt gleichzeitig, daß die unter 2 a genannte Reinigung unvollständig ist und der Korrektur bedarf.

b) Variation der Ultraschallreinigung

Untersucht wurde die Änderung der Verunreinigungspartikeldichte mit der Schallzeit t_s und der Schallintensität I_s, worunter die vom Sender abgegebene Leistung verstanden werden soll. Eine an sich wünschenswerte Frequenzänderung konnte nicht durchgeführt werden. Die Ergebnisse sind in den Abb. 3*a* und *b* dargestellt. Danach nehmen Z_{ges} und Z_{Fe} mit t_s beträchtlich, mit I_s jedoch nur unwesentlich ab. Diese Resultate zeigen in Verbindung mit Abschnitt 3 a, daß die „Läpp"-Partikel relativ fest mit der Si-Oberfläche verbunden sind. Offenbar werden diese Partikel in die durch den Läppvorgang aufgerissenen, oberflächennahen Bereiche der Si-Scheibe eingedrückt und verklemmt. Ist diese Vorstellung richtig, so sollte man eine Zunahme der Partikeldichte mit der Rißtiefe erwarten können. In der Tat nimmt nun die Rißtiefe (hier: die maximale Rißtiefe l^r_{max}) mit der Läppkorngröße zu (Abb. 4*a*), und eine Zunahme der Partikeldichte mit der Läppkorngröße ergab sich bereits aus Abb. 2.

Dabei ist es für die hier beschriebenen Abhängigkeiten unwesentlich, wie die „Korngröße“ definiert wird. Das zeigt eine Analyse der Häufigkeitsverteilung der einzelnen Korngrößen in den benutzten Läppmitteln. Es

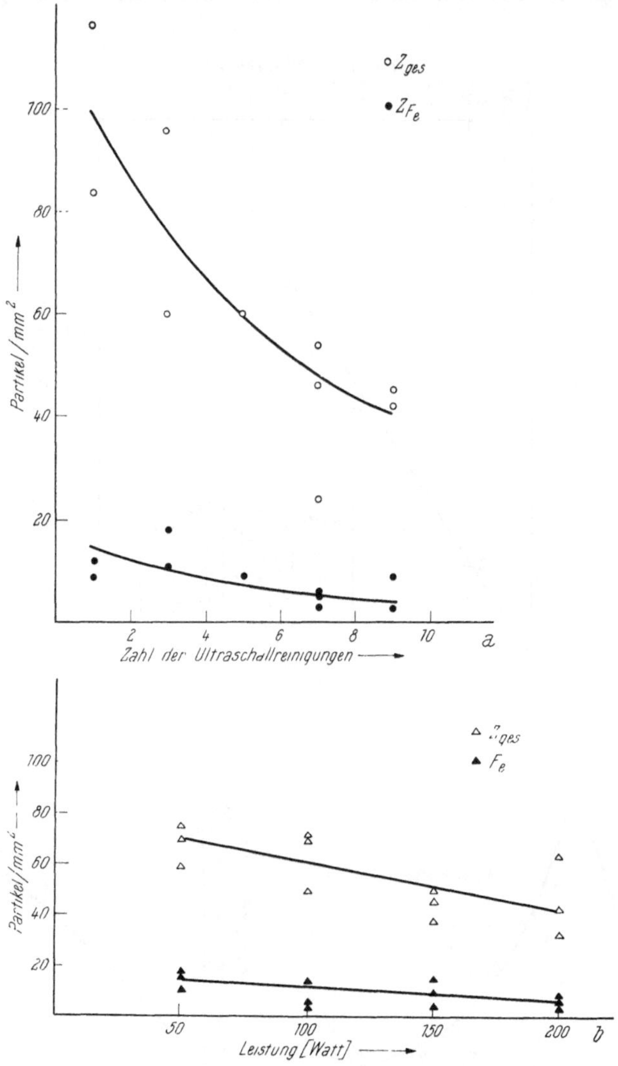

Abb. 3. Zahl der „Läpp“-Partikel in Abhängigkeit von
a) der Dauer der Ultraschallreinigung (in 5-min-Intervallen)
b) der Ultraschall-Leistung bei konstanter Schalldauer (15 min)

ergibt sich nämlich Proportionalität zwischen denjenigen Größen, durch die die „Korngröße“ zweckmäßig beschrieben werden könnte: dem maximalen (d_{max}), dem häufigsten (d_h) und dem „effektiven“ Korndurchmesser (d_{eff}). Als „effektiver“ Korndurchmesser wird der dem Schwerpunkt der Verteilungskurve entsprechende Korndurchmesser definiert. Je nach Zweckmäßigkeit benutzen wir d_{max}, d_h oder d_{eff} zur Beschreibung der Korngröße. Für Korund 1800 ist die Häufigkeitsverteilung der ein-

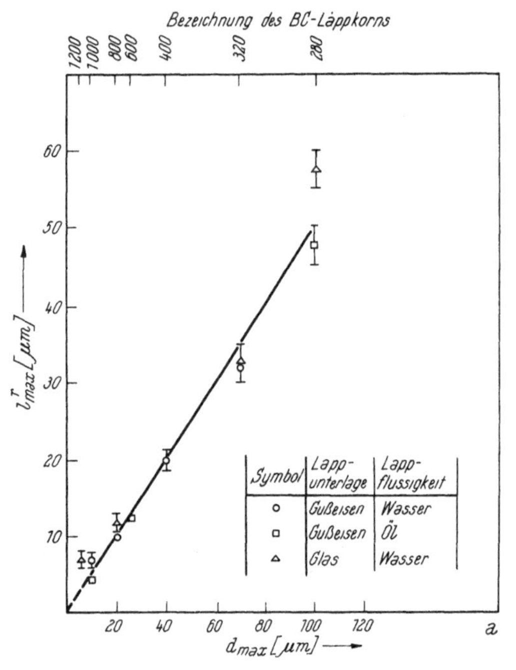

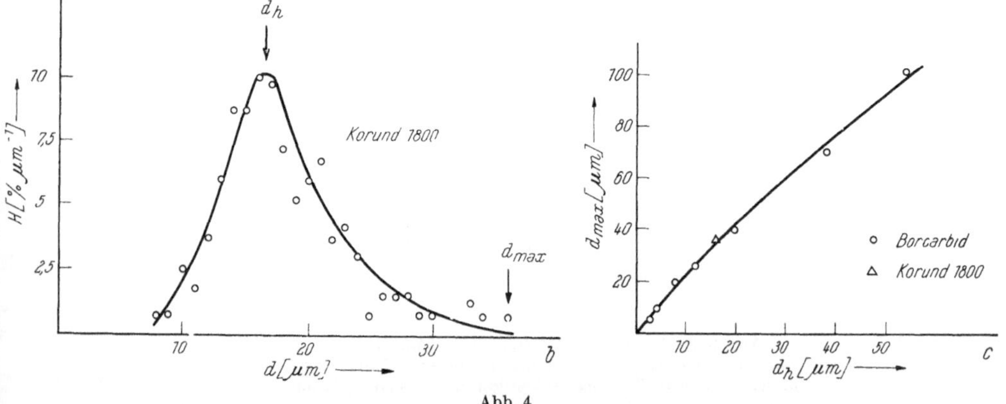

Abb. 4

a) Maximale Rißtiefe l^r_{max} in Abhängigkeit von der Läppkorngröße (hier: maximaler Korndurchmesser d^r_{max}) für Borcarbid unter verschiedenen Läppbedingungen. Läppdruck 500 p/cm² Si-Scheibe
b) Korngrößenverteilung in Korund 1800. H = Haufigkeit, d = mittlerer Korndurchmesser
c) Zusammenhang zwischen „häufigstem“ und „maximalem“ Korndurchmesser für Borcarbid und Korund 1800

zelnen (mittleren) Korndurchmesser in Abb. 4*b* wiedergegeben. In Abb. 4*c* ist der Zusammenhang von d_{max} und d_h dargestellt.

Die Abhängigkeit der maximalen Rißtiefe vom maximalen Korndurchmesser führt im übrigen zu

$$l^r{}_{max} = \frac{d_{max}}{2},$$

und zwar unabhängig von der Art des Läppkorns und der Läppunterlage. In der Literatur liegen ähnliche Messungen bereits vor[8, 9, 10]. Sie stimmen darin überein, daß die Rißtiefe mit dem Korndurchmesser linear zunimmt. Darüber hinaus ist die Proportionalitätskonstante stets dann 0,5, wenn als Korngröße d_{max} gewählt und die maximale Rißtiefe — wie im vorliegenden Fall – nach vorsichtiger *mechanischer* Abtragung der gestörten Schicht bestimmt wird[8, 10].

c) Variation des Ätzens

Überraschend ist der geringe Einfluß der beim Ätzen gemäß der unter 2 a genannten Vorschrift abgetragenen Si-Schicht auf Z_{ges} und Z_{Fe},

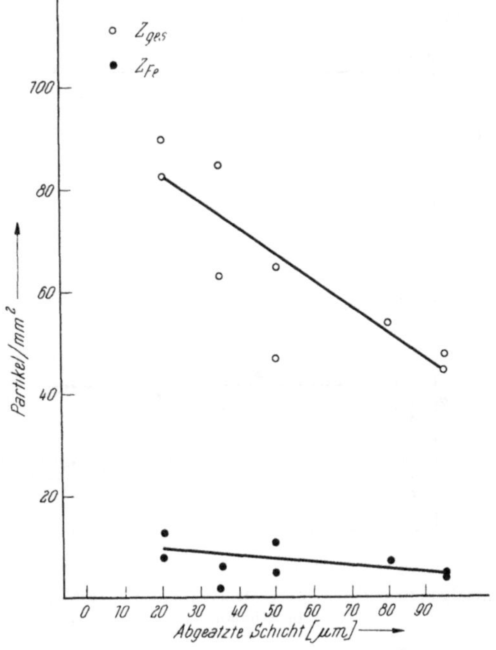

Abb. 5. Zahl der „Läpp"-Partikel nach Ätzen

in Abb. 5 dargestellt für verschiedene Ätztiefen. Eine Variation der quantitativen Zusammensetzung des benutzten Ätzmittels änderte diesen Befund nicht. Man muß daher annehmen, daß Ätzmittel, die speziell

Si lösen, die Verunreinigungen nicht angreifen und daher nur einen geringen Reinigungseffekt haben, will man die Probengeometrie nicht wesentlich ändern. Die Alternative hierzu scheint ein 2-Stufen-Ätzen zu sein, das in seiner ersten Phase die metallischen Verunreinigungen löst und in der zweiten Si unter gleichzeitiger Glättung der Oberfläche abträgt. Als Ätzmittel der ersten Stufe erwies sich 60 bis 70° C warme Salzsäure bei einer Ätzzeit von einigen Minuten als geeignet. Es gelang auf diese Weise, den metallischen Anteil der Verunreinigungspartikel (gemessen am Fe) um mehr als die Hälfte zu reduzieren. Als Ätzmittel der zweiten Stufe sind die unter 2 a genannten Gemische nach wie vor brauchbar.

d) Variation der Trocknung

Einige Proben wurden nach dem Ätzen versuchsweise in kaltem Alkohol gespült und anschließend an Luft getrocknet. Dieses Verfahren schien gegenüber dem Waschen in destilliertem Wasser und nachfolgendem

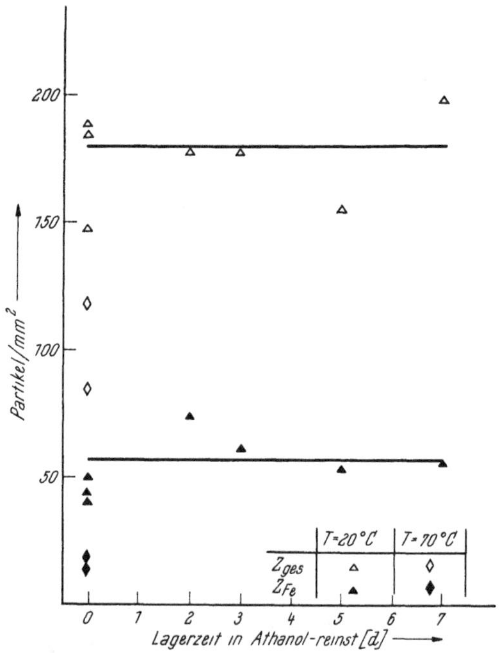

Abb. 6. Zahl der Verunreinigungspartikel in Abhängigkeit von der Aufbewahrungszeit der Si-Scheiben in Äthanol

Abtupfen mit Filterpapier vorteilhaft, unter anderem auch deshalb, weil die Sauberkeit des Filterpapiers nur schwer zu kontrollieren ist. Überraschend wiesen nun gerade diese Proben etwa dreimal soviel Verunreinigungen auf wie die nach Spülen in destilliertem Wasser. Der Fe-

Anteil war mit 30% auffallend hoch, die Fe-Partikel enthielten in der Regel noch Schwefel. Der mittlere Partikeldurchmesser lag mit 10 bis 20 μm deutlich über dem unter 3 a genannten Wert. Der Versuch mit Alkohol von unterschiedlichem Reinheitsgrad änderte diese Verhältnisse ebensowenig wie eine unterschiedliche Lagerungszeit der Scheiben in reinstem Alkohol (Abb. 6). Danach können diese durch den Trocknungsprozeß zusätzlich eingeführten Verunreinigungen nicht aus dem Alkohol

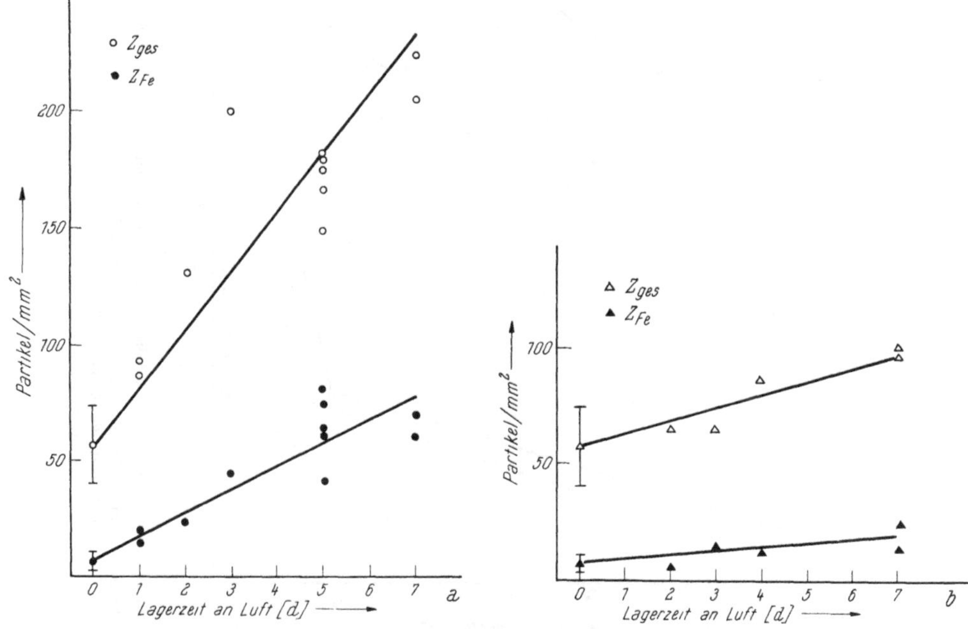

Abb. 7. Zahl der Verunreinigungspartikel auf Si-Scheiben in Abhängigkeit von der Aufbewahrungszeit an Luft

a) in Frankfurt
b) in Göttingen

stammen. Das besagt nicht, daß sich nicht eventuell auch aus dem Alkohol Verunreinigungen abscheiden, doch erklären diese unsere Beobachtungen nicht. Die Resultate lassen sich dagegen leicht unter der Annahme deuten, daß es sich um Staubpartikel der Luft handelt, die mit dem Wasserdampf bei dessen Kondensation auf die kalten Si-Scheiben während der Trocknung an Luft gelangen. Diese Hypothese wird durch folgende Beobachtungen gestützt:

1. Läßt man Si-Scheiben an Luft offen liegen, so erhöhen sich Z_{ges} und Z_{Fe} mit der Lagerzeit t_L (Abb. 7*a*). Die mittlere Partikelgröße entspricht dabei mit 10 bis 20 μm der der „Alkohol"-Teilchen. Der Betrag

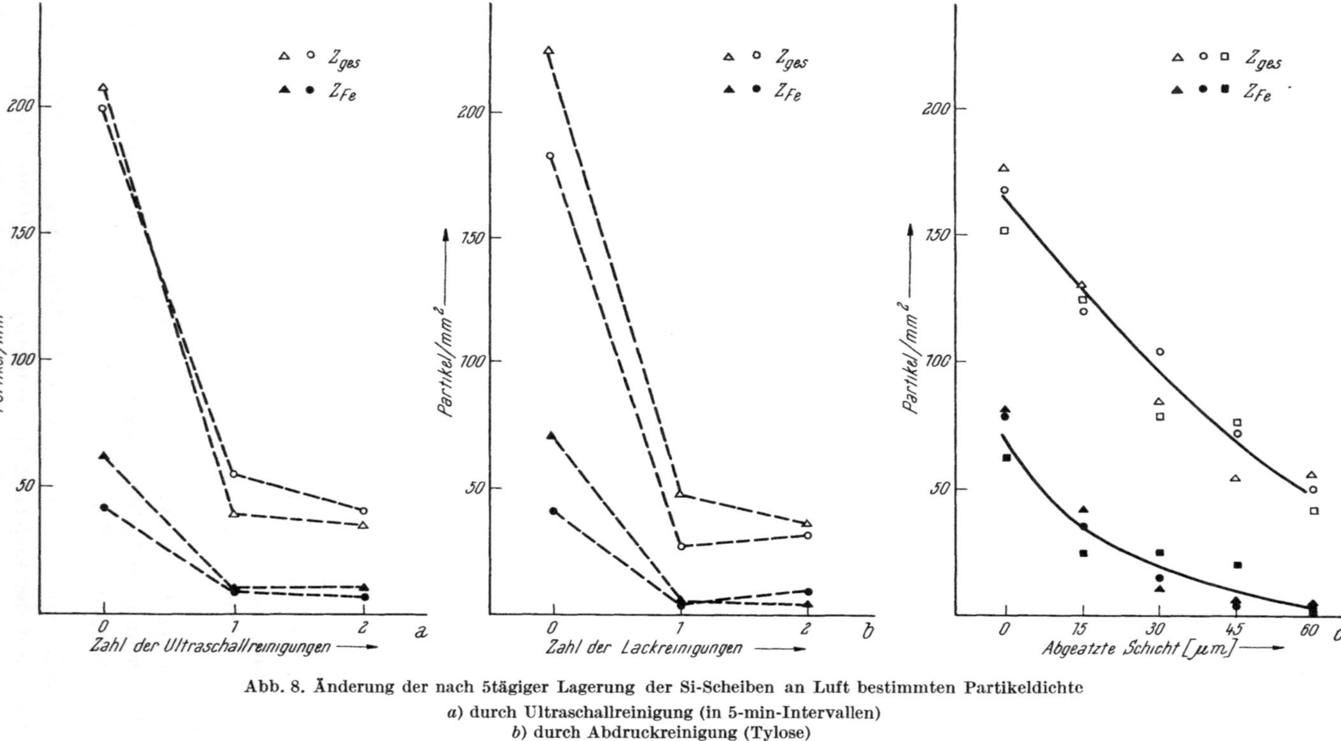

Abb. 8. Änderung der nach 5tägiger Lagerung der Si-Scheiben an Luft bestimmten Partikeldichte
a) durch Ultraschallreinigung (in 5-min-Intervallen)
b) durch Abdruckreinigung (Tylose)
c) durch Ätzen

der aus den Kurven zu entnehmenden Zuwachsrate von 30 Part./Tag und mm^2 bzw. davon 10 Fe-Part./Tag und mm^2 sollte allerdings nicht überbewertet werden, da dieser Wert stark von den Umweltbedingungen abhängt. Das beweist Abb. 7*b*, in der die Ergebnisse nach Lagerung der Scheiben unter analogen Bedingungen in Göttingen erhalten wurden.

2. Eine qualitative Analyse dieser Partikel ergab, daß die Fe-Teilchen in der Regel noch Schwefel enthalten. Schwefel wurde aber auch in den Fe-Partikeln der Alkoholtrocknung gefunden.

3. Sowohl „Luft"- als auch „Alkohol"-Teilchen sind nur relativ locker an die Si-Scheibe gebunden. Ihre Separation gelingt praktisch quantitativ durch kurzzeitige Ultraschallreinigung (Abb. 8*a*) oder mittels eines Reinigungsabdrucks, wie er in der elektronenmikroskopischen Präparation üblich ist (Abb. 8*b*). (Die danach noch verbleibenden Verunreinigungen sind die bereits beschriebenen, schwer ablösbaren „Läpp"-Partikel.) Auch hier ist der Einfluß der durch Ätzen abgetragenen Oberflächenschicht, wie auch bei den „Läpp"-Partikeln, gering (Abb. 8*c*).

4. Erwärmt man den Alkohol auf 60 bis 70° C, so nehmen Z_{ges} und Z_{Fe} merklich ab, wie aus Abb. 6 ebenfalls hervorgeht.

Damit ist gezeigt, daß eine Alkoholtrocknung im allgemeinen eine Oberflächenverschmutzung mit sich bringt und diese neuen Verunreinigungspartikel Staubteilchen der Luft sind.

4. Diskussion der Ergebnisse

a) Schlußfolgerungen für die experimentellen Läppbedingungen

Die vorstehenden Ergebnisse zeigen, daß der Verunreinigungsgrad von Si-Oberflächen dann gering ist, wenn die unter 2 a genannten Bearbeitungsschritte wie folgt durchgeführt werden:

1. Als Läppunterlage verwende man Glas. Zwar ändert das offenbar im Vergleich zu einer Gußeisenunterlage die Gesamtzahl der Verunreinigungen nicht, vermeidet jedoch einen sonst beträchtlichen Fe-Anteil aus dem Abrieb. Gleichzeitig macht eine Glasunterlage das für Gußeisen notwendige rostverhindernde Spezialöl entbehrlich. Hier genügt destilliertes Wasser.

2. Es empfiehlt sich, mit kleinem Korn zu läppen. Das vermindert nicht nur die Zahl der Verunreinigungspartikel, sondern läßt auch das Kristallgitter weniger stark gestört zurück. Das wiederum macht erhebliches Nachätzen und damit Materialverlust unnötig.

3. Die Ultraschallreinigung sollte besonders sorgfältig sein. Daher empfiehlt es sich, die optimalen Bedingungen für jedes Problem gesondert zu untersuchen.

4. Eine anschließende Ätzbehandlung ist wohl geeignet, die durch das Läppen eingeführten mechanischen Gitterstörungen zu beseitigen, wobei

sich die Ätztiefe in etwa aus der von uns bestimmten Rißtiefe ergibt, wenn man weiterreichende Gitterstörungen unberücksichtigt läßt. Sie liefert jedoch keinen bedeutenden Beitrag zur Verminderung der „Läpp"-Partikel. Ein diesem Prozeß vorgeschaltetes Ätzen, das speziell die metallischen Anteile herauslöst, ist zu empfehlen.

5. Sowohl eine Trocknung der Si-Scheiben im Anschluß an den Ätzprozeß als auch eine Aufbewahrung der Si-Scheiben in kaltem Alkohol führen zu einem hohen Verunreinigungsgrad der Oberfläche. Ursache hierfür sind Staubteilchen aus der Luft. Das wird weitgehend vermieden, wenn die Scheiben nach dem Ätzen in destilliertem Wasser gespült und mit Filterpapier leicht abgetupft werden. Die nachfolgende Lagerung erfolgt am besten in einer verschlossenen Dose.

b) Zur Reaktion des Fe mit dem Si bei hohen Temperaturen

Im folgenden soll gezeigt werden, daß die hier nachgewiesenen Fe-Verunreinigungen bei hinreichend hohen Temperaturen mit dem Si reagieren. Dazu wurden Si-Scheiben, für die sowohl Zahl als auch Anordnung

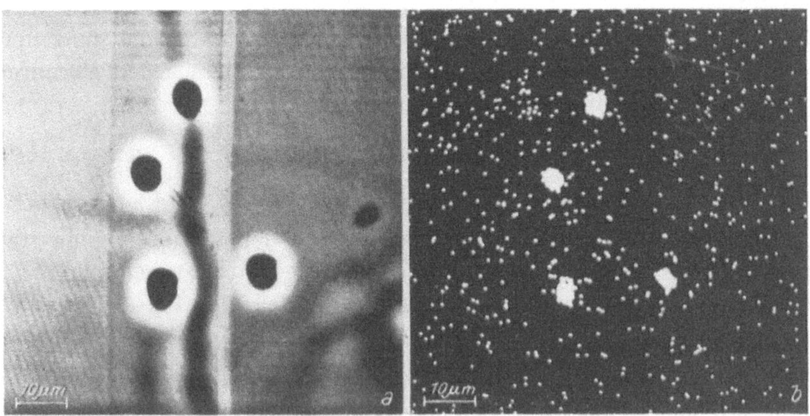

Abb. 9. „Scanning"-Analyse von Fe-Verunreinigungen nach Glühung der Si-Scheiben bei 1250° C im H_2-Strom

a) absorbierte Elektronen
b) Fe K*α*

der Fe-Partikel in ausgewählten Probenbereichen bekannt waren, eine Stunde im H_2-Strom bei 1250° C geglüht und anschließend rasch abgekühlt. Die gewählte Temperatur liegt in der Größenordnung der üblichen Diffusionstemperaturen. Das charakteristische Oberflächenbild nach Glühung zeigt die Abb. 9. Wesentlich ist die Halbkugelform der Teilchen, die nur bei Glühung oberhalb 1200° C beobachtet wird. Unterhalb dieser Temperatur wurde lediglich ein sinterähnliches Verhalten der Partikel gefunden. Die Resultate erklären sich aus dem Fe-Si-Zustandsdiagramm, das einen eutektischen Punkt bei 1208° C aufweist[11]. Für eine Fe-Si-Reaktion spricht ferner, daß sich die Teilchen oberhalb 1200° C unter Furchenbildung im Si bewegen. Da man bei dieser Temperatur eine noch relativ feste Oberfläche erwarten kann, erklärt sich diese Beobachtung allein aus dem lokalen Aufschmelzen unter Legierungsbildung. Treibende Kraft ist der Druck des strömenden Gases, wie eingehendere Untersuchungen zeigten.

Setzt man die Reaktion der Fe-Teilchen mit dem Si damit als bewiesen voraus, kann man eine merkliche Diffusion des Fe in das Si nicht ausschließen. Obwohl die Löslichkeit von Fe in Si vergleichweise gering ist[12], sollte die hohe Diffusionsgeschwindigkeit von Fe in Si[13] ausreichen, auch bei kurzzeitiger Glühung und relativ niedrigen Temperaturen genügend Fe im Si zu lösen. Nach *Goetzberger* und *Shockley*[2] verschlechtert aber eindiffundiertes Fe die Sperrfähigkeit von p-n-Übergängen. Wieweit andere, hier ebenfalls nachgewiesene metallische Verunreinigungen (Cu, Ti, Al) bei hohen Temperaturen mit dem Si reagieren, wurde nicht untersucht. In jedem Fall legen die vorstehenden Ergebnisse nahe, die unter 4 a genannten experimentellen Bedingungen zu beachten oder nach äquivalenten Verfahren zu arbeiten. Dies gilt auch für die Epitaxie. Hier wurde bereits auf den störenden Einfluß von Verunreinigungspartikeln hingewiesen[7].

Den Herren *G. Grabe* und *G. Kehm* bin ich für ihre Hilfe bei der Präparation der Si-Scheiben zu Dank verpflichtet.

Zusammenfassung

Über Untersuchungen mit der Mikrosonde an Verunreinigungspartikeln von der Größe einiger μm auf geläppten und geätzten Siliziumscheiben wird berichtet. Ein Teil der Verunreinigungen wird durch den Läppprozeß eingeführt. Dabei handelt es sich unter anderem um Reste des Läppulvers und den Abrieb der Läppunterlage. Die Zahl dieser Teilchen kann durch intensive Ultraschallreinigung im Anschluß an den Läppvorgang weitgehend, durch nachträgliches Ätzen jedoch nur wenig reduziert werden. Eine weitere Verschmutzungsquelle ist die Ablagerung von Staub aus der Luft auf den Scheiben. Der metallische Anteil (insbesondere Fe) dieser Partikel ist besonders hoch.

Eine Glühung derart verschmutzter Proben im Wasserstoffstrom führt bei hinreichend hoher Temperatur zu einer Reaktion des Eisens mit dem Silizium.

Summary

A report is given of studies with the microsonde of impurity particles, whose size is several μm, on polished and etched silicon disks.

A portion of the impurities is introduced by the polishing process. Among other things, this contamination involves residues of the grinding powder and the abrasion of the grinding base. The number of these particles can be considerably reduced by intensive ultrasonic cleansing following the polishing process, but subsequent etching reduces their number very little.

Another source of contamination is the deposition of dust from the air into the disks. The metallic portion (especially iron) of these particles is particularly high. Ignition of such previously contaminated specimens in a stream of hydrogen leads to a reaction of the iron with silicon if the temperature is high enough.

Literatur

[1] *A. Goetzberger* und *W. Shockley*, in: *C. A. Neugebauer* et al. "Structure and Properties of Thin Films", New York: Wiley. 1959. S. 298.

[2] *A. Goetzberger* und *W. Shockley*, J. Appl. Phys. **31**, 10 (1960).

[3] *W. Shockley*, Solid-State Electron. **2**, 35 (1961).

[4] *C. S. Fuller* und *R. A. Logan*, J. Appl. Phys. **28**, 1427 (1957).

[5] *E. J. Mets*, J. Electrochem. Soc. **112**, 420 (1965).

[6] *I. Fränz* und *W. Langheinrich*, Frühjahrstagung der Deutschen Physikalischen Gesellschaft, Bad Pyrmont, 1966.

[7] *F. James*, University of Wales, Bangor; private Mitteilung.

[8] *J. W. Faust* jr. in *H. G. Gatos*, "The Surface Chemistry of Metals and Semiconductors", New York: Wiley. 1960. S. 130.

[9] *T. M. Buck*, l. c. 8, S. 107.

[10] *R. Stickler* und *G. R. Booker*, Phil. Mag. **8**, 859 (1963).

[11] *M. Hansen*, "Constitution of Binary Alloys" (Second Ed.), New York: McGraw-Hill. 1958. S. 713.

[12] *F. A. Trumbore*, Bell System Techn. J. **39**, 205 (1960).

[13] *Landolt-Börnstein*, Zahlenwerte und Funktionen aus Physik, Chemie etc., Bd. IV/2/c, 6. Aufl., Berlin: Springer-Verlag, 1965. S. 734.

Aus dem Forschungsinstitut der Deutschen Edelstahlwerke AG., Krefeld

Mehrfarbige Wiedergabe von Röntgenrasterbildern bei Untersuchungen heterogener Gefüge mit der Elektronenstrahl-Mikrosonde *

Von

G. Lennartz und **H. de Laffolie**

Mit 5 zum Teil farbigen Abbildungen

(Eingegangen am 31. Januar 1967)

Bei Untersuchungen mehrphasiger Gefüge mit der Elektronenstrahl-Mikrosonde kommt der Aufnahme der Elektronen- und Röntgenrasterbilder eine große Bedeutung zu, da der Vergleich der Bilder eine qualitative Aussage über die Verteilung der Elemente zwischen den einzelnen Phasen ermöglicht. Bei sehr feinkörnigem und feinlamellarem Gefüge ergeben sich aber Schwierigkeiten bei der lokalen Zuordnung der Einzelbilder. Durch Ausmessen der Einzelbilder können auch hier Aussagen gewonnen werden, doch hat die bildliche Darstellung ihren Wert als Beleg oder zur Dokumentation verloren. Es wäre in diesen Fällen günstig, die Bilder übereinander kopieren zu können. Mit Hilfe farbphotographischer Mittel lassen sich die Einzelbilder so auf einem Farbbild vereinigen, daß sich die Lichtpunkte der Einzelbilder wiedererkennen und zuordnen lassen.

Sieht man von der Verwendung eines Farboszillographen ab, so gibt es zwei Möglichkeiten der farbigen Darstellung:

1. Nach Herstellung transparenter schwarzweißer Positive der Einzelbilder werden diese unter Verwendung farbiger Filter übereinander auf eine farbphotographische Emulsion kopiert. Ein exaktes Übereinanderkopieren erfordert einen hohen Aufwand, so daß dieser Weg nach anfänglichen Versuchen nicht weiter verfolgt wurde.

---

* Vortrag anläßlich des Kolloquiums über metallkundliche Analyse mit besonderer Berücksichtigung der Elektronenstrahl-Mikroanalyse, Wien, 25. bis 27. Oktober 1966.

2. Bei dem direkten Verfahren werden die einzelnen Röntgenoszillographenbilder unter Verwendung farbiger Filter auf das gleiche Farbmaterial photographiert.

Bei diesem zweiten Verfahren, das im weiteren beschrieben werden soll, darf sich während der Gesamtaufnahmezeit weder die Lage des Oszillographenbildes selbst ändern, noch darf sich die Lage des Filmmaterials relativ zum Oszillographen beim Filterwechsel oder Verschlußspannen verschieben. Stark farbstichige Oszillographen sind nicht geeignet, da die notwendigen dichten Filter zuviel Licht verschlucken. So konnte an der eingesetzten Elektronenstrahl-Mikrosonde der Japan Electron Optics Laboratory der nichtnachleuchtende Photographieroszillograph nicht benutzt werden. Für diese Aufnahmen wurde einer der nachleuchtenden Röntgenoszillographen verwendet, die einen wesentlich geringeren ausfiltrierbaren Blauüberschuß aufweisen. Als Aufnahmekamera diente die Steinheil-Oszillographenkamera mit Rollfilmkassette für das Aufnahmeformat 6×6.

Die Absorption in den Farbfiltern und die niedrige Empfindlichkeit der Farbemulsionen erfordern eine große Helligkeit des einzelnen Lichtpunktes auf dem Oszillographen. Es erwies sich als zweckmäßig, diese Punkthelligkeit konstant zu halten und die unterschiedliche Absorption der Farbfilter durch die Blendeneinstellung auszugleichen. Unterschiede in der Punkthäufigkeit, gegeben durch die Konzentration des Elementes und seine Nachweisempfindlichkeit, wurden durch die Belichtungszeit berücksichtigt. Entsprechende Angaben sind den Bildunterschriften zu entnehmen.

Die Abb. 1*a* bis *e* zeigen die Elektronenstrom- und Röntgenrasterbilder eines heterogenen Einschlusses in Wälzlagerstahl nach dem üblichen Darstellungsverfahren. Es handelt sich um einen heterogenen Calcium-Aluminiumoxid-Einschluß, der von einer 2 bis 3 μm dicken Hülle aus Calciumsulfid umgeben ist. Eine Zuordnung von Calcium und Schwefel ist nicht möglich. Abb. 2 zeigt den gleichen Einschluß in mehrfarbiger Wiedergabe. Obgleich die Dicke der Sulfidhülle etwas unter der Grenze des Röntgenauflösungsvermögens der Mikrosonde liegt, deutet sich doch an einigen Stellen der Hülle durch Verschiebung der gelben Farbe des Schwefels zum Orange hin durch die Überlagerung mit roten Punkten des Calciums die Zuordnung von Calcium und Schwefel an. Darüber hinaus tritt, wie auch die nächsten Bilder zeigen, in der mehrfarbigen Wiedergabe der Gefügeaufbau wesentlich plastischer hervor, da die oft schwierige gedankliche Kombination mehrerer Einzelbilder entfällt.

Abb. 3 gibt den Gefügeaufbau eines Schnellstahlgusses in farbiger Darstellung wieder. Das blaue Vanadincarbid und das bräunlichrot erscheinende eutektisch gebildete Schnellstahlcarbid M_6C heben sich deutlich aus der Matrix hervor. Das in der Matrix gelöste Wolfram führt zu

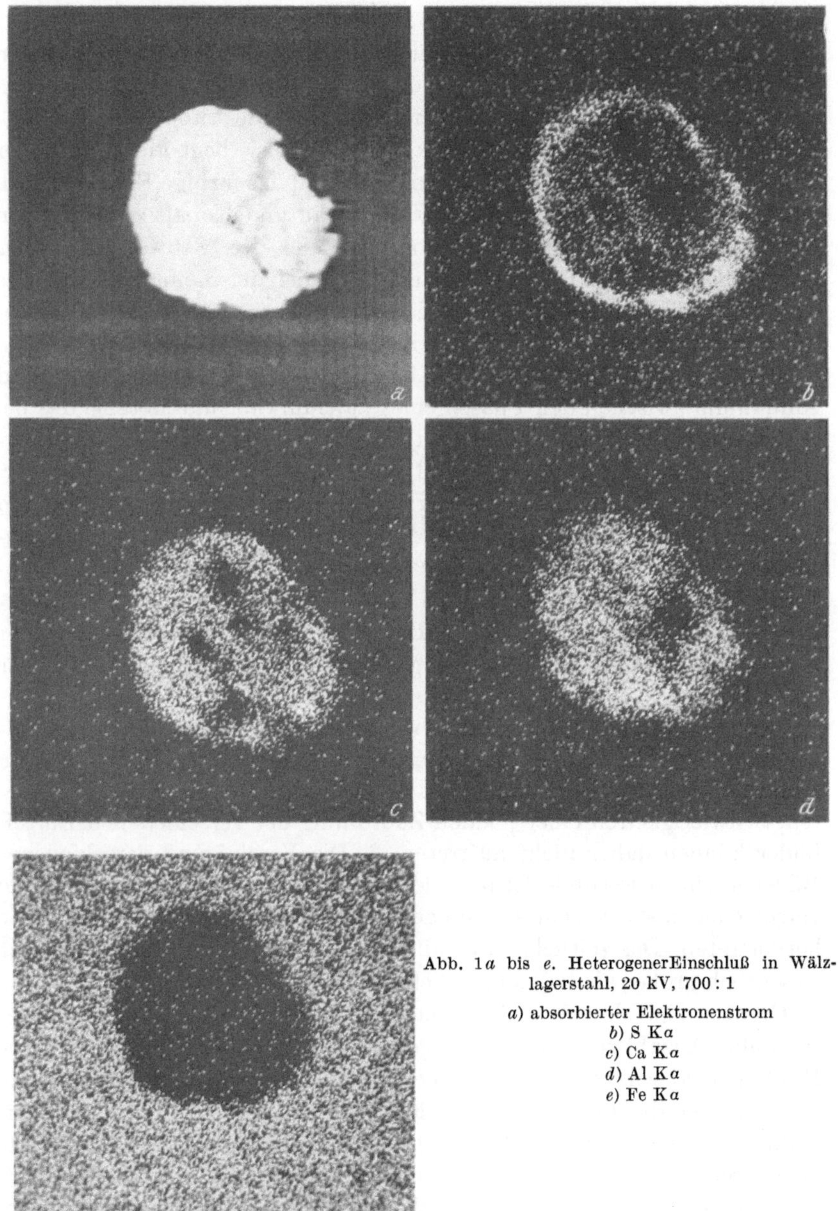

Abb. 1*a* bis *e*. HeterogenerEinschluß in Wälzlagerstahl, 20 kV, 700 : 1

a) absorbierter Elektronenstrom
b) S Kα
c) Ca Kα
d) Al Kα
e) Fe Kα

einer Farbverschiebung von gelborange nach braun, wie auch die Farbverschiebung von karminrot nach braunrot im Carbid durch den Eisengehalt des M_6C bedingt ist.

Abb. 4 zeigt den Gefügeaufbau eines titan- und wolframcarbidhaltigen Hartmetalls. Die hexagonalen Wolframcarbide, die keine merklichen Titancarbidmengen lösen, erscheinen rot und die kubischen TiC-WC-Mischcarbide orangefarben. Die Kobaltbindephase liegt in Form blauer Einsprengsel zwischen den Carbiden. Während das farbige Bild hier noch eindeutig die Verteilung von Wolfram, Titan und Kobalt zwischen den Phasen wiedergibt, wäre eine Zuordnung der drei Schwarzweißbilder nach dem üblichen Darstellungsverfahren bei der Feinkörnigkeit des Gefüges — die mittlere Korngröße liegt bei $\sim 3\ \mu m$, für die Kobaltbindephase sogar darunter — nicht möglich.

Abb. 5 gibt die Verteilung der Elemente Silicium, Calcium, Eisen und Aluminium zwischen den Phasen eines Calcium-Silicium-Metalls, das bei der Stahlerschmelzung als Reduktions- und Desoxydationsmittel verwendet wird, mit etwa 34% Ca, 63% Si, 1,5% Fe und 1,5% Al wieder. Deutlich lassen sich folgende vier Phasen unterscheiden: 1. Silicium ($\sim$98% Si) rot, 2. $CaSi_2$ orange, 3. blau mit rot $FeSi_2$ und 4. eine Calcium-Aluminium-Phase von nicht näher bestimmter Zusammensetzung gelbgrün. Dieses Bild zeigt, wie auch schon andeutungsweise die vorhergehenden, daß die mehrfarbige Darstellung der Röntgenrasterbilder hervorragend geeignet ist, den Gefügeaufbau heterogener Gefüge sichtbar zu machen.

Die mehrfarbige Wiedergabe der Röntgenrasterbilder bietet also folgende Vorteile: 1. Die verschiedenen Röntgenrasterbilder lassen sich im Rahmen des theoretisch überhaupt Möglichen exakt übereinanderkopieren. Schwierigkeiten einer lokalen Zuordnung der verschiedenen Einzelbilder können daher nicht auftreten. 2. Die Vereinigung verschiedener Bilder in einem Farbbild ist in vielen Fällen übersichtlicher und läßt die verschiedenen Phasen eines heterogenen Gefüges deutlich unterscheidbar hervortreten. Der zeitliche Aufwand und die Materialkosten sind nicht wesentlich größer als bei dem üblichen Verfahren.

Grenzen sind dem Verfahren dadurch gesetzt, daß sich nur eine beschränkte Anzahl verschiedenfarbiger Punkte noch erkennen und in ihrer Häufigkeit abschätzen läßt. Bei Verwendung eines rein weißen Oszillographen, der die Benutzung von Farbfiltern geringerer Farbdichte erlauben würde, kann die Helligkeit des einzelnen Lichtpunktes und damit seine Größe herabgesetzt werden, wodurch sich die Qualität und Aussagekraft der Bilder steigern läßt. Verzichtet man aber auf die Möglichkeit, an Hand des Bildes Aussagen über die Verteilung der Elemente zu machen und benutzt das Verfahren nur zur Sichtbarmachung der einzelnen Gefügebestandteile, so ist natürlich eine größere Anzahl verschieden-

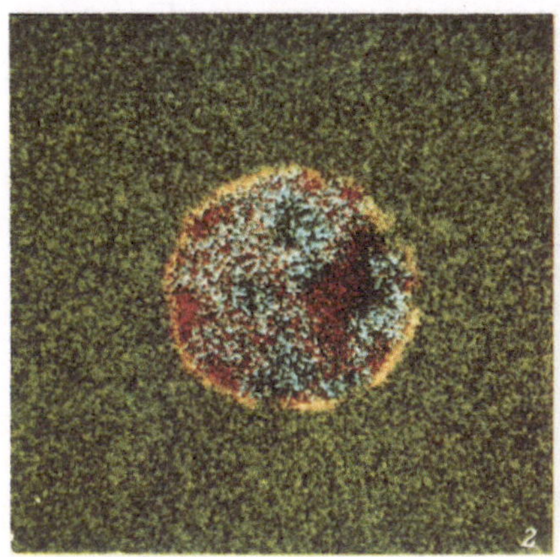

Abb. 2. Einschluß in Wälzlagerstahl, 20 kV, 500 : 1

S Kα gelb, Bl. 5,6, 7 min
Ca Kα rot, Bl. 4, 5 min
Al Kα blau, Bl. 11, 1,5 min
Fe Kα grun, Bl. 8, 1 min

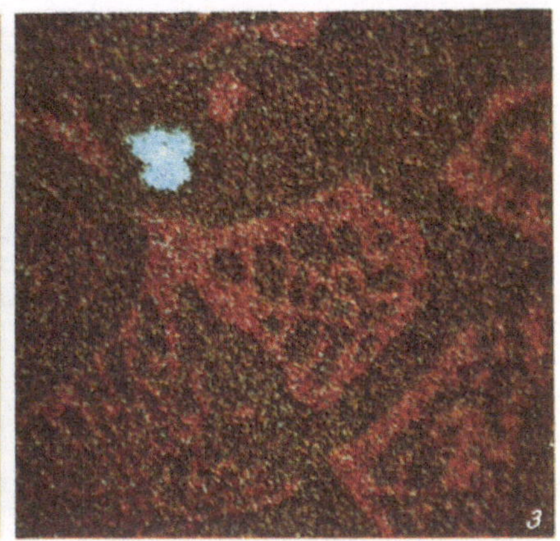

Abb. 3. Gußgefüge Schnellarbeitsstahl, 20 kV, 500 : 1

V Kα blau, Bl. 11, 4 min
W Lα karminrot, Bl. 4, 10 min
Fe Kα gelb, Bl. 5,6, 5 min

Abb. 4. Hartmetallgefuge, 20 kV, 500 : 1

Ti Kα gelb, Bl. 5,6, 2 min
W Lα rot, Bl. 4, 4 min
Co Kα blau, Bl. 11, 3 min

Abb. 5. Calcium-Silicium-Metall, 20 kV, 500 : 1

Si Kα rot, Bl. 4, 1 min
Ca Kα gelb, Bl. 5,6, 2,5 min
Fe Kα blau, Bl. 11, 1,5 min
Al Kα grun, Bl. 8, 3 min

Springer-Verlag / Wien-New York Druck. R. Spies & Co., Wien V

farbiger Einzelbilder übereinanderzukopieren. Das gleiche gilt auch beim Einsatz des von *G. Dörfler* und *E. Plöckinger*[1] beschriebenen Phasenintegrators.

Trotzdem wird die Methode der mehrfarbigen Wiedergabe die übliche Darstellung nicht grundsätzlich ersetzen können. Sie wird in gewissen Fällen aber ein wertvolles Darstellungshilfsmittel sein.

Zusammenfassung

Zur Bestimmung der Verteilung verschiedener Elemente zwischen den Phasen eines heterogenen Gefüges hat bei Untersuchungen mit der Elektronenstrahl-Mikrosonde die Aufnahme der Röntgenrasterbilder eine große Bedeutung. Mit Hilfe von Farbfiltern ist es möglich, die einzelnen Oszillographenbilder nacheinander auf eine farbphotographische Emulsion zu photographieren und damit die Aussage mehrerer Einzelbilder in einem Bild zu vereinigen. Das Verfahren wird beschrieben und einige Beispiele werden gebracht. Vorteile und Grenzen lassen erkennen, daß die übliche Wiedergabeart nicht generell ersetzt werden kann, daß aber die mehrfarbige Methode in bestimmten Fällen eine wertvolle Ergänzung sein wird.

Summary

The taking of roentgen raster pictures has a great significance in investigations with the electron beam microsonde when determining the distribution of different elements between the phases of a heterogeneous structure. With the aid of colored pictures it is possible to photograph the individual oscillograph pictures in succession on a color photographic emulsion and thus to bring together the information given by a number of single pictures in one picture. The procedure is described and several examples are given. Advantages and limits reveal that the usual type of reproduction cannot be replaced in general but that the multicolor method will be a valuable supplement in certain instances.

Literatur

[1] *G. Dörfler* und *E. Plöckinger*, Arch. Eisenhüttenwes. **36**, 649 (1965).

Aus den Rheinischen Kalksteinwerken Wülfrath und dem Institut für analytische Chemie und Mikrochemie der Technischen Hochschule Wien

Untersuchungen im System CaO-MgO mit dem Elektronenstrahl-Mikroanalysator *

Von

K. H. Obst und **H. Chr. Horn**

Mit 6 Abbildungen

(Eingegangen am 25. Januar 1967)

Wird die Mischkristallbildung zwischen CaO und MgO als ein wesentlicher Faktor für die Beständigkeit des Sinterdolomits z. B. gegen Hydratation und Schlackenangriffe angesehen, so ist es sehr wesentlich, den Ca- bzw. Mg-Gehalt in den CaO- bzw. MgO-Körnern des Sinterproduktes genau zu kennen.

Messungen im System CaO-MgO

R. C. Doman und Mitarbeiter[1] haben erst 1963 genaue Studien im Zweistoffsystem CaO-MgO veröffentlicht (siehe Abb. 1). In dem für Sinterdolomit interessanten Temperaturbereich — unter 1700° C — sind die Aussagen dieses Diagramms zu ungenau. Dazu kommt, daß *Obst*[2] zeigen konnte, daß die Methode der Röntgenbeugung, die zur Erstellung dieses Diagramms verwendet wurde, nicht erlaubt, ohne besonderen Aufwand — wie z. B. Präzisionsbestimmung der Gitterkonstanten — die sehr geringe Mischbarkeit (1 bis 2% CaO in MgO) nachzuweisen. Man ist also gezwungen, andere Methoden zur Bestimmung der gegenseitigen Löslichkeit heranzuziehen. Der Elektronenstrahl-Mikroanalysator ist in der Lage, geringe Gehalte von MgO bzw. CaO in CaO bzw. MgO zu bestimmen. Bei der quantitativen Analyse mit der Mikrosonde müssen aber die Matrixeffekte berücksichtigt werden. Dies geschieht entweder rechnerisch mit Hilfe von Korrekturformeln oder durch Verwendung geeigneter Standards.

---

* Vortrag anläßlich des Kolloquiums über metallkundliche Analyse mit besonderer Berücksichtigung der Elektronenstrahl-Mikroanalyse, Wien, 25. bis 27. Oktober 1966.

Mit Hilfe von Messungen an Feldspat-Borax-Schmelzen konnte die Beobachtung gemacht werden, daß die Korrekturformel nach *Philibert*[6] für dieses oxidische System nicht geeignet ist (siehe Abb. 2).

Feldspate mit verschiedenem, genau bekanntem Al_2O_3- bzw. SiO_2-Gehalt wurden in Borax aufgeschmolzen und die Al- und Si-Gehalte in den verschiedenen Proben gemessen. Unter Bezugnahme auf Reinstmetalle wurden die „Ersten Näherungen" ermittelt. Diese „gemessenen Konzentrationen" sind in den gezeigten Diagrammen gegen die „wahren Konzentrationen" aufgetragen (voll ausgezeichnete Linien). Werden die Matrixeffekte rechnerisch mittels Korrekturformel nach *Philibert* unter Verwendung der Absorptionskoeffizienten von *Birks*[4] kalkuliert, ergeben sich Verhältnisse, die die strichlierten Linien in der Abb. 2 wiedergeben. Liegen im Feldspat z. B. 5% Al vor, so wurden mit der „Ersten Näherung" — bezugnehmend auf Reinstaluminium — nur 2,2%, nach der Korrektur nach *Philibert* 2,8% Al gefunden. Ähnliches erhält man bei der Si-Bestimmung: Bei 10% Si ergibt die „Erste Näherung" 5,5% Si, die Korrekturformel 6% Silicium.

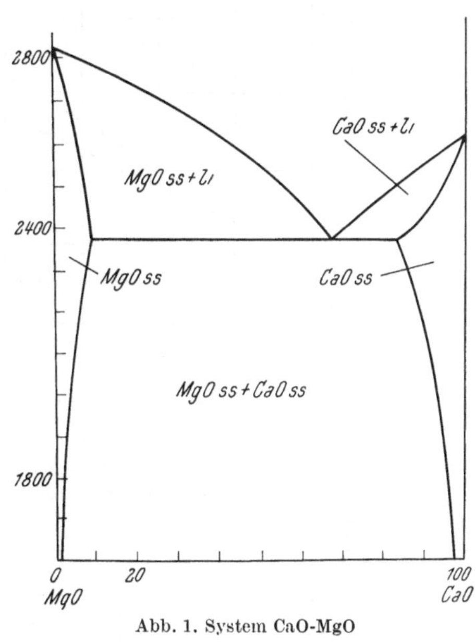

Abb. 1. System CaO-MgO

Bei der Untersuchung des Systems CaO-MgO wurden zunächst die Oxide Schmelzmagnesia und Kristallkalk als 100%-Standards herangezogen. Versucht man, in diesem System die Einflüsse der Matrix durch Berechnung abzuschätzen, erhält man Korrekturfaktoren, die aus Abb. 3 zu entnehmen sind. Die „Ersten Näherungen" — bezogen auf die reinen Oxide — erfahren durch die Korrekturberechnungen Erhöhungen bis zu 50%. Die Korrekturberechnungen wurden mit der IBM-Rechenanlage 7040 des Rechenzentrums der Technischen Hochschule Wien unter Verwendung des von *G. Jellinek*[5] erstellten Programms durchgeführt.

Da die Ergebnisse in den Feldspat-Borax-Schmelzen zeigen, daß die Korrekturformel die Verhältnisse in oxidischen Systemen nicht richtig berücksichtigt und daß im System CaO-MgO die Abweichungen der ersten Näherung vom korrigierten Wert im Bereich geringer Konzentrationen zu groß sind, um analytisch vertretbare Ergebnisse zu liefern, ist man gezwungen, die Matrixeffekte durch die Verwendung geeigneter Standardproben auszuschließen.

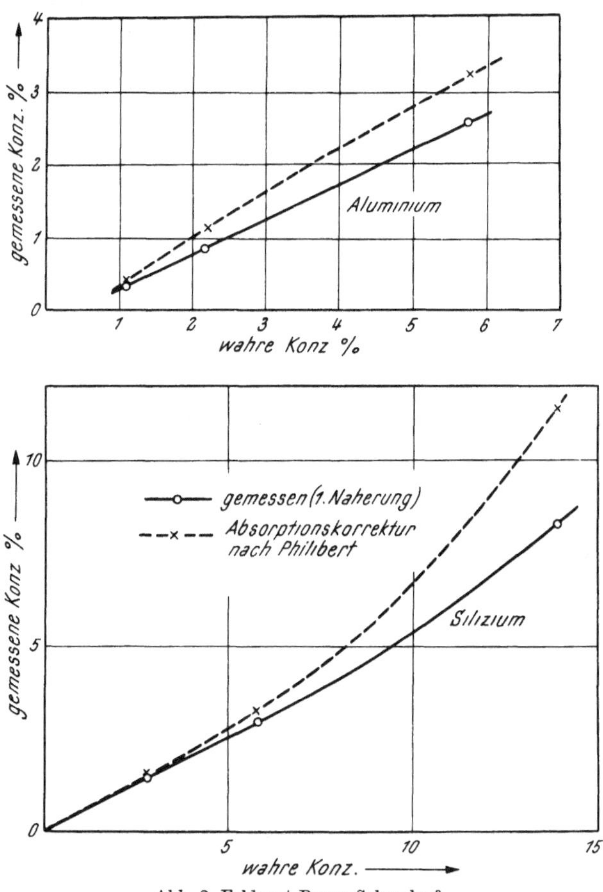

Abb. 2. Feldspat-Borax-Schmelze[3]

Die Forderungen an die Standardproben lauten:

a) gleiche Matrixeffekte wie in der zu untersuchenden Probe;
b) homogene Verteilung der Komponenten.

Für die Mikrosondenuntersuchungen kommen daher entweder homogene Mischkristalle oder Proben in Frage, in denen die CaO- und MgO-Partikel so klein sind, daß sie von dem Elektronenstrahl der Sonde nicht mehr aufgelöst werden.

Bisher wurden folgende Wege verfolgt:

1. Untersuchung der Proben von *R. C. Doman* mit der Zusammensetzung 10% MgO + 90% CaO und 10% CaO + 90% MgO. Die Proben waren dicht, hart und gut zu polieren. In den einzelnen, etwa 50 μm großen Körnern waren die interessierenden Komponenten zwar homogen gelöst, aber an den Korngrenzen waren Zonen mit einer Breite von ungefähr 10 μm aus reinem MgO bzw. CaO. Das plötzliche Ansteigen der CaO-Konzentration bis zu einem Wert von 100% (siehe Abb. 4) weist auf das Vorliegen von Ausscheidungen hin. In Abb. 5 sind das positive Absorberbild und das sauerstoffspezifische Scanningbild gezeigt. Die perlschnurartigen Ausscheidungen an den Korngrenzen sind deutlich zu erkennen. Da der Gehalt an CaO bzw. MgO, die in den Kristallen homogen verteilt sind, naßchemisch nicht erfaßbar ist, sind diese Proben als Standard nicht geeignet.

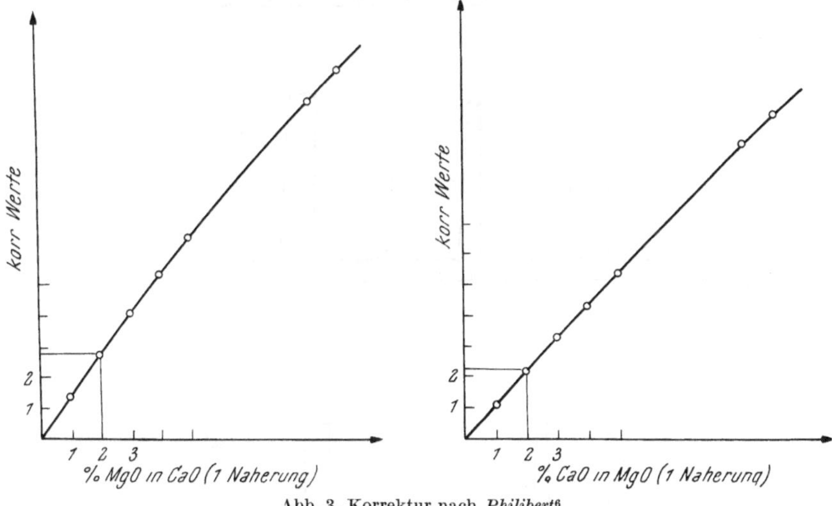

Abb. 3. Korrektur nach *Philibert*[6]

2. Löst man entsprechende Mengen $CaCO_3$ und $MgCO_3$, sodaß z. B. 3% CaO + 97% MgO vorliegen, in Salpetersäure und fällt aus dieser Lösung die Carbonate gemeinsam wieder aus, so erhält man nach der Calcinierung ein Oxidgemisch, das, mit 500 kg/cm^2 zu quaderförmigen Stäbchen ($50 \times 5 \times 3$ mm) verpreßt, bei 1800° 1 Stunde im Tammanofen gebrannt werden konnte. Diese Proben zeigen neben einer ungleichmäßigen Verteilung des CaO im MgO auch verschieden große CaO-Partikel. Wie aus Abb. 4 ersichtlich, ist auch diese Art der Probenherstellung nicht geeignet, den gewünschten Standard zu erhalten.

3. Wesentlich bessere Erfolge konnten erzielt werden, wenn die salpetersaure Lösung unter Rühren bis zur Trockene eingedampft und die

so erhaltenen Nitrate durch Erhitzen in die Oxide umgewandelt wurden. Verpreßt man dieses Oxidgemisch mit einem Druck von 5000 kg/cm² und brennt bei 1950° 1 Stunde im Tammanofen, so erhält man Proben, deren CaO-Verteilung schematisch in Abb. 4 („Nitrate") gezeigt wird. In den Körnern liegt das CaO homogen verteilt vor. An den Korngrenzen finden sich Anreicherungen, die nicht mehr als reines CaO angesprochen

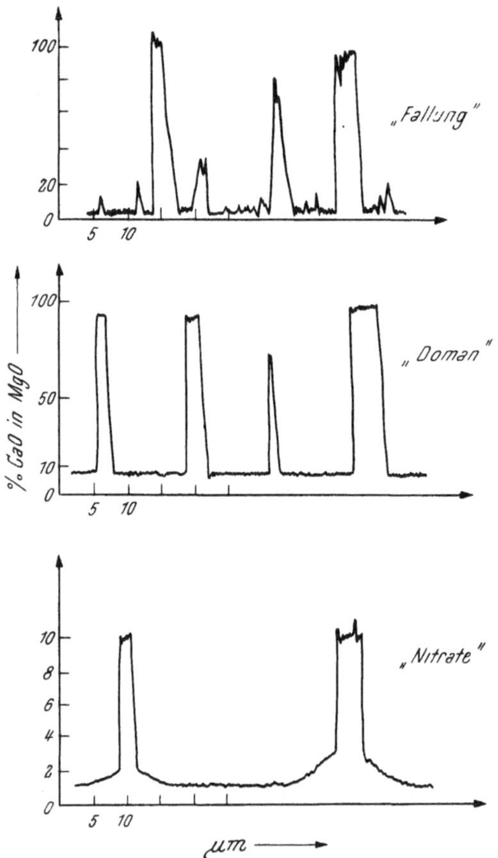

Abb. 4. Schematische Darstellung der Meßergebnisse

werden können. Der allmähliche Übergang vom Korninneren zur Anreicherung an den Korngrenzen läßt den Lösungsvorgang erkennen. Durch geeignete Temperatur- und Zeitwahl ist es möglich, homogene Proben zu erhalten.

Herrn Prof. *Kieffer*, Vorstand des Institutes für chemische Technologie anorganischer Stoffe, sei an dieser Stelle für die Bereitstellung der Öfen und Pressen höflichst gedankt. Unser Dank gilt auch Herrn Prof. *Stetter*, Vorstand des Institutes für numerische Mathematik, für die Erlaubnis, die IBM-Rechenanlage zu benützen.

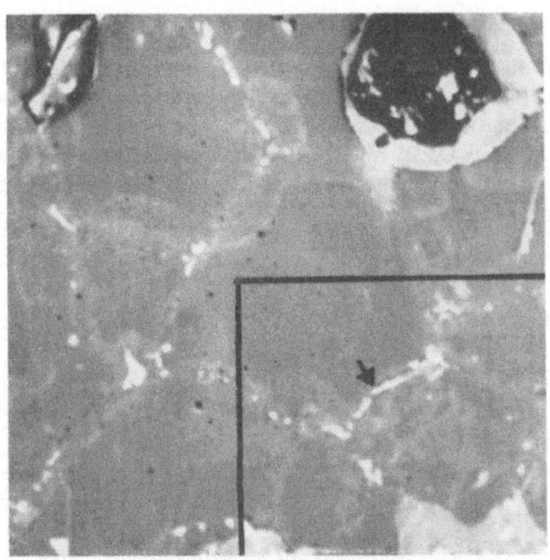

Abb. 5. Standardproben; pos. Absorberbild von CaO, Vergr.: 380fach

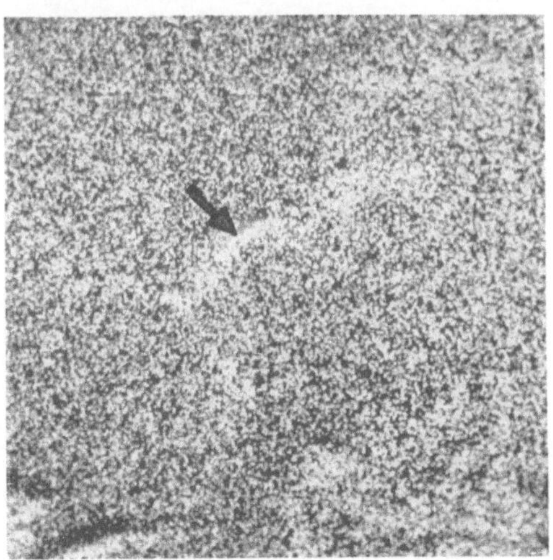

Abb. 6. Elementspezifisches Scanningbild O-Kα. Bildausschnitt siehe Pfeil; MgO-Anreicherungen in den Korngrenzen, Vergr.: 760fach

Zusammenfassung

Zur Bestimmung der gegenseitigen Löslichkeit von CaO und MgO in Sinterdolomiten sind Standardproben erforderlich, deren Herstellung in homogener Verteilung schwierig ist. Der bisher günstigste Weg zur Herstellung solcher Proben ist das Eindampfen einer Lösung von $CaCO_3$ und $MgCO_3$ in HNO_3, die Umwandlung der homogen vermischten Nitrate, Verpressen der Oxide unter Drucken von 5 t/cm^2 und Brennen bei 1900°.

Summary

Standard specimens are essential when determining the mutual solubility of CaO und MgO in dead-burned dolomites. The preparation of such standards in a state of homogeneous distribution is difficult. The best method now available is to dissolve $CaCO_3$ and $MgCO_3$ in nitric acid, evaporate, and then convert the homogeneously mixed nitrates into the corresponding oxides by pressing under pressures of 5 t/cm^2 and then igniting at 1900 °C.

Literatur

[1] *R. C. Doman, J. B. Barr, R. N. McNally* und *A. M. Alper*, J. Am. Ceram. Soc. **46**, 313 (1963).

[2] *K. H. Obst*, Tonindustrie-Zg. **90**, 411 (1966).

[3] *H. Malissa, H. H. Arlt* und *W. Kandler*, IVeme Congrès International sur l'Optique des Rayons X et la Microanalyse. (Im Druck.)

[4] *L. Birks*, Electronprobe Microanalysis, New York: Interscience. 1963.

[5] *H. Malissa, K. H. Obst, G. Jellinek* und *H. Chr. Horn*, Tonindustrie Ztg. **90**, 408 (1966).

[6] *J. Philibert*, L'Analyse quantitative en Microanalyse par Sonde Electronique Metaux **465**, 157 (1964); **466**, 216 (1964); **469**, 325 (1964).

Fortsetzung von der II. Umschlagseite

Die Verfasser erhalten 100 Separata ihrer Arbeiten kostenlos und können weitere Separata zu angemessenem Preis beziehen. Die Bestellung muß mit einem dem Fahnenabzug beigelegten Bestellzettel bei der Rücksendung der korrigierten Fahnen erfolgen.

Die Verfasser erhalten eine Fahnenkorrektur; Revisionen können grundsätzlich nicht geliefert werden. Die Korrekturen der Beiträge von weit entfernt wohnenden Autoren werden im Interesse eines beschleunigten Erscheinens von der Schriftleitung gelesen. Wird jedoch die Zusendung von Fahnenabzügen zur Korrektur gewünscht, so muß die sich daraus ergebende spätere Veröffentlichung von dem Verfasser in Kauf genommen werden.

Der Verlag

One volume per year (6 numbers, about 1200 pages). Annual subscription for 1967: Austrian shillings 1100.—, German marks 176.—, Dollars (USA) 44.— plus postage.

As for microchemical monographs, supplement volumes are published available for subscribers of the journal at a reduced price.

Original papers will be accepted for publication in the field of general and applied microchemistry including trace analysis in German, English and French, provided they do not comprise more than 1.5 printed sheets (24 pages). The order of publication is determined in general by the date of receipt of the manuscripts by the editorial office.

Manuscripts intended for the periodical from America and Asia should be sent to:
Prof. T. S. Ma, Department of Chemistry, City University of New York, Brooklyn, N. Y. 11210

Other manuscripts in English should be sent to:
Dr. R. A. Chalmers, Department of Chemistry, University of Aberdeen, Old Aberdeen

Manuscripts in French should be sent to:
Prof. Clément Duval, Laboratoire de Recherches micro-analytiques de l'E. N. S. C. P., 11, rue Pierre Curie, Paris, 5

Manuscripts in German should be sent to:
Prof. Dr. M. K. Zacherl, 1010 Wien, Mölkerbastei 5

Business correspondence should be addressed to:
Springer-Verlag, 1010 Wien, Mölkerbastei 5, Austria
Telephone: 63 96 14, Cable and Telegram address: Springerbuch Wien

Mail from U. S. A. should be addressed to:
Springer-Verlag New York Inc., 175 Fifth Avenue, New York, N. Y. 10010

Please direct subscription orders for U. S. A. and Canada to:
Springer-Verlag New York Inc., 175 Fifth Avenue, New York, N. Y. 10010

other countries to: *Springer-Verlag, 1010 Wien, Mölkerbastei 5, Austria,*
or to: *Springer-Verlag, 1 Berlin 33 (Wilmersdorf), Heidelberger Platz 3, Germany.*

Basically only manuscripts are accepted that have not previously been published either in Austria or any other country; the author pledges that they will not be published subsequently elsewhere. The acceptance and publication of the manuscript confers on the publisher the exclusive publication rights for all languages and countries. Furthermore, without express permission of the publisher, it is not permitted to prepare photographic reproductions, microfilms etc. of issues of the periodical, individual papers or parts thereof.

In the interest of more rapid publication, the authors in countries other than Austria are requested to use *Air Mail Paper* in the preparation of the manuscripts and to keep a copy for themselves to avoid the necessity of returning the original with the proof sheets. A summary should accompany the manuscripts in German, English, and French. In every case the author should furnish a summary in the language employed for the body of the paper; if need be the editorial office will provide the necessary translations. In general the texts should be written as concisely as is possible without impairing the clear and precise presentation of the subject matter. The Title should be preceded by the name of the Institute, School, etc. where the work was carried out. It is expected that the manuscripts will be submitted in cleanly typed and clearly stated form. Proper names in the text should be underlined, titles (headings) of the various sections should be underlined twice, and headings of the sub-sections should be underlined with a wavy line. Illustrations, figures, and tables should accompany the manuscript on separate sheets; they should be clear and well executed, numbered, and provided with distinct lettering, legends, and captions. The places where they are to be inserted in the text should be stated in the margin of the typed pages. Illustrations, cuts, etc. slow down the composition of the pages and increase the cost, and consequently they should be used as sparingly as possible. Author's corrections, i. e. subsequent alterations and additions to the text will be charged to the author if their cost exceeds 10% of the composition cost.

The authors receive gratis 100 reprints of their papers and they can order additional reprints at an acceptable price. The order for additional reprints must be made on an order blank that accompanies the proofs and that must be returned with the corrected proofs.

The authors will be sent a set of galley proofs; revisions cannot be furnished in the normal instance. In the case of authors who are situated at great distance from the editorial office, the correction of the galleys will be done at this office in the interest of speedier publication. However, if the author desires to read the galleys himself, he must be prepared to accept the later time of publication that inevitably results.

The Publisher